U0159577

工程师职业素养

（第二版）

主　编　胡泽民　莫秋云

副主编　杨元妍　李　刚　钟　洁

西安电子科技大学出版社

内 容 简 介

本书以基于国家战略发展新需求、国际竞争新形势、立德树人新要求而提出的"新工科"工程教育改革为背景编写而成。全书分为四篇，分别是工程师职业意识与思维、工程师职业支撑能力、工程师职业品质养成、压力调适与人际关系。工程师职业意识与思维篇主要介绍工程师的职业素养以及现代工程意识素养的内容；工程师职业支撑能力篇主要介绍工程技术人员的市场能力、工程应用文写作、技术标准、团队协作沟通能力、工程师的法律素养、信息化工程与技术服务能力和新技术学习能力等内容；工程师职业品质养成篇主要介绍人文素养培养、艺术素养培养、体育素养培养；压力调适与人际关系篇包括工程师的心理压力与管理、工程师积极心理资本的开发、工程师的人际关系与交往等内容。

本书适用于工科院校各类工程技术人才的培养，也能对已步入社会的工程技术人员综合素质的提升与发展起到良好的指导作用。

图书在版编目(CIP)数据

工程师职业素养/胡泽民，莫秋云主编. —2 版. —西安：
西安电子科技大学出版社，2022.9
ISBN 978 - 7 - 5606 - 6639 - 6

Ⅰ. ①工… Ⅱ. ①胡… ② 莫… Ⅲ. ①工程师－职业道德 Ⅳ. ①T - 29

中国版本图书馆 CIP 数据核字(2022)第 157331 号

策　　划　陈　婷
责任编辑　阎　彬
出版发行　西安电子科技大学出版社(西安市太白南路 2 号)
电　　话　(029)88202421　88201467　　邮　编　710071
网　　址　www.xduph.com　　　　电子邮箱　xdupfxb001@163.com
经　　销　新华书店
印刷单位　陕西日报社
版　　次　2022 年 9 月第 2 版　2022 年 9 月第 1 次印刷
开　　本　787 毫米×1092 毫米　1/16　印张 20.25
字　　数　481 千字
印　　数　1～3000 册
定　　价　49.00 元
ISBN 978 - 7 - 5606 - 6639 - 6/T

XDUP 6941002 - 1

*** 如有印装问题可调换 ***

前言

    工程架起了科学发现、技术发明与产业发展之间的桥梁，是产业革命、经济发展和社会进步的推动力，是直接的生产力。因此，每一项工程的实施都关系着社会主义现代化的建设和伟大复兴中国梦的实现。当然，如何做好每一项工程以及如何成为一名合格的工程师也就成了每个工程技术人员和工科学生职业发展面临的重要问题。目前，高校对理工科学生的培养不限于专业方面，高校不仅开设了大量的专业课程，同时也开设了大量与工程素质品质相关的课程，形成了较为系统的人文社会科学培养体系，对提升学生的人文社会科学综合工程职业素养，将学生培养成高素质的工程应用人才起到了至关重要的作用。

    "工程师职业素养"是工程师综合素质品质培养的一门支撑课程，其目的是使学生具有一定的人文社会科学知识、较高的人文修养、较强的理论思维能力和创造能力及审美能力、强烈的民族自豪感和高尚的道德情操，提升学生在经济、环境、法律、安全、健康、伦理等方面的素养，将学生培养成高素质的工程应用技术人才。

    在长期的相关教育理论研究和教学实践基础上，本教学团队对已有各类工科院校广泛开设的相关课程进行了系统性知识结构优化，并整合教学过程安排，突出现代工程素养的培养核心点，凝炼成了本书。我们希望通过开设在线课程，构建一个线上线下互动、虚实结合、校企协同的工程师职业素养课程教学新模式，解决现下形势与政策、就业指导、职业生涯与发展规划、形势与政策实践、大学生安全教育、入学教育与国防教育、社会实践、技能训练、文体实践活动、逻辑学导论、网络文化与网络道德、现代信息检索、大学生KAB创业基础、大学生心理与调适、大学生与社会礼仪、网络法律制度、劳动与社会保障法、法律热点文体透视、工程经济、项目管理、管理学概论、领导科学与艺术等人文与社会科学类课程、自然科学与技术工程类课程和文化与艺术类课程所实现的工程师综合素质品质的系统性培养问题。

本书第一版由胡泽民担任主编，莫秋云担任副主编。具体的编写分工情况如下：黄少波执笔第一章，刘江执笔第二章，李文斯、陈哲执笔第三章，莫秋云、钟洁执笔第四章，莫秋云、李刚、王净执笔第五章，胡泽民、宋善华执笔第六章，王晶、禹路兵执笔第七章工程师的法律职业素养，曾宪立、丰硕、蔡续执笔第八章、第九章、第十章，王仕龙、宁飞萍、张华东执笔第十一章、第十二章、第十三章。

本书在第一版的基础上，一方面对各章节内容进行了一定的更新，如案例的更新、法律素养部分有关《中华人民共和国合同法》中内容发展为《中华人民共和国民法典》等的更新；另一方面增加了"信息化工程与技术服务能力""新技术学习能力"等章节，以提高教材内容对前沿工程领域发展的适应性；此外，还对第一版中的一些内容或标题等进行了提炼和完善。

胡泽民、莫秋云担任本书主编，杨元妍、李刚、钟洁担任本书副主编。胡泽民教授统筹全书的撰写思路和框架设计，莫秋云教授组织修订并整合处理编修过程中的具体问题。各章的具体分工情况是：黄少波修订第一章，张佳修订第二章，李刚修订第三章，莫秋云、钟洁修订第四章和第五章，张佳、李刚、高添修订第六章，张佳、高添、李刚修订第七章，莫秋云、钟洁撰写第八章和第九章，杨元妍、李彦修订第十章至第十五章（原第八章至第十三章）。

在本书的修订过程中，编者做了很大的努力，但由于水平有限，书中难免存在不妥之处，恳请广大读者批评指正。

桂林电子科技大学，桂林航天工业学院

《工程师职业素养》教材编写组

目录

第一篇 工程师职业意识与思维

第二篇　工程师职业支撑能力

第三篇　工程师职业品质养成

第四篇　压力调适与人际关系

第一篇　工程师职业意识与思维

第一章 工程师的职业素养

学习目标

通过本章的学习，熟悉工程师必须具备的职业素养的基本要求，明确职业素养的重要性，尤其要对职业伦理、职业精神、职业技能和职业规范有深刻的认识。通过工程案例，学会分析工程师素养问题。

面对挑战，工程教育如何开展？

当前，全球科技竞争日益激烈，我国经济已由高速增长阶段转向高质量发展阶段，推动高质量发展是"十四五"时期经济社会发展的重点任务。我国经济社会发展对工程科技的需求比过去任何时候都更加迫切。贯彻新的发展理念，落实立德树人的根本任务，实现高水平科技自立自强，关键是要有一大批爱党爱国、坚持学术报国的科技工作者和工程师。

中国工程师作为一个为社会发展和人民福祉作出巨大贡献的职业群体，随着近现代产业革命和经济发展的进程而逐步形成、发展并壮大，创造了"两弹一星"、载人航天、探月工程等一大批重大工程科技成就。从钱学森、钱三强、邓稼先，到陈景润、黄大年、南仁东……正是这些心系祖国、崇尚钻研、无私奉献的科学家前赴后继，我国科技事业才能取得今天这样的成就。

中国工程师队伍是建设科技强国、人才强国、制造强国的核心力量。今天，中国工程师承担着新时代赋予的新使命，要持续传承和发扬工程师的敬业爱国、科学奉献精神，才能在全面建设社会主义现代化国家新征程中不断发挥更大作用、作出更大贡献。

我们要探索形成中国特色、世界水平的工程师培养体系，就需要努力建设一支爱党报国、敬业奉献、具有突出技术创新能力、善于解决复杂工程问题的工程师队伍。

1.1 工程师的职业素养

十九大报告专列一个段落阐述青年的作用，这在党代会历史上尚属首次。青年兴则国家兴，青年强则国家强。青年一代有理想、有本领、有担当，国家就有前途，民族就有希望。中国梦是历史的、现实的，也是未来的；是我们这一代的，更是青年一代的。中华民族伟大复兴的中国梦终将在一代代青年的接力奋斗中变为现实。全党要关心和爱护青年，为他们实现人生出彩搭建舞台。广大青年要坚定理想信念，志存高远，脚踏实地，勇做时代的弄潮儿，在实现中国梦的生动实践中放飞青春梦想，在为人民利益的不懈奋斗中书写人生华章！

工程是科技转化为生产力的重要环节，是联系科技与经济的桥梁。纵观人类社会发展的历史进程，正是工程科技的持续发展极大地推动了生产力的革命性飞跃，才使得人类的生产方式和生活方式发生了根本性变革。工程科技人才是中国实现创新发展的中坚力量，是人类物质文明的创造者和建设者。当代工程师从事工程技术活动时，不仅要自觉遵守国家的法律法规，而且还必须具备高尚的伦理道德、正确的职业价值观、娴熟的职业技能和良好的职业规范，才能为国家的创新发展提供持续动力。

但是，一名在校园里表现优秀的工科大学生到工作单位后是否就是一名优秀的工程师？很显然，这两者之间是不能画等号的，因为学校与社会对优秀的判断标准是很不一样的。甚至可以说，社会对优秀的判断标准更严格，其中很重要的一项就是对员工职业素养的要求。那么大学生需要具备怎样的职业素养，又如何去提高和培养职业素养？

1.1.1　职业素养的含义

1. 职业素养的概念

"素养"一词在《汉书·李寻传》中这样记载："马不伏枥，不可以趋道；士不素养，不可以重国。"其含义就是修炼涵养。素养就是在遗传因素的基础上，受后天环境、教育的影响，通过个体自身的体验认识和实践磨炼，形成的比较稳定的、内在的、长期发生作用的基本品质结构，包括人的思想、道德、知识、能力、心理、体格等。从层次结构上划分，素养可分为深层、中层和外层，其中深层为自然生理素养，包括体质、体格、本能、潜能、体能、智能等；中层为心理素养，包括认知素质与才能品质、需要层次与动机品质、气质与性格意志品质、自我意识与个性心理品质；外层为社会文化素养，包括科学精神、道德素养、审美素养等。素养通常也被称为素质。

职业素养是职业内在的规范和要求的综合，是在从事某种职业过程中表现出来的综合品质，是员工素质的职场体现。它包含职业道德、职业观念、职业技能、职业规范等方面。在工程领域，职业素养体现着一个工程师在职场中的素养及智慧。

进入 21 世纪，面对以知识创新和应用为主要特征的知识经济时代，美国加强了保持世界领先地位的意识和举措。2006 年，美国总统布什在其签署发布的《美国竞争力计划》(American Competitiveness Initiative，ACI)中提出加强科学、技术、工程和数学(STEM)教育，以宽阔的领域、协同的策略来培养具有 STEM 素养的科技人才，以持续保持美国国际领导力和全球竞争力。2009 年 11 月，美国总统奥巴马启动"创新教育"运动(Educate to Innovate Campaign)，计划公私联合投入 2.6 亿美元推进 STEM 教育，使得未来 10 年内美国学生的科技和数学水平能名列世界前茅。2011 年，奥巴马又在《美国创新战略》(Strategy for American Innovation)中将加强 STEM 教育作为推进美国未来经济增长和国际竞争力的国家战略之一。

STEM 教育中的科学、数学教育一直是美国教育的核心内容，而技术和工程教育原来并未得到重视(Andrew Gillies，2015)。现在美国各州根据本地科技、人力、财力等资源情况，各自开展校内、校外的 STEM 教育，或以校外工作坊的方式，或校内独立开课，或融入学校的科学、社会研究以及语言艺术等课程(Corlu M. S.，Capraro R. M.，& Capraro M. M.，2014)。为了推进美国技术和工程教育的标准化、规范化，同时也为了促进各州对其的重视，美国国家评估管理委员会(National Assessment of Educational Progress，NAEP)开设技术与工程素养评价项目，并在 2013 年进行了预测。2014 年底，NAEP 在全国 840 所学校中共抽取 21 500 名 8 年级学生进行了首次测评(NAEP，2016)，揭示了学生关于技术和工程"知道什么，能做什么"的素养情况，从而以评价提供证据的方式促进技术和工程教育质量的提升。

目前，工程素养的内涵尚未得到工程教育理论和实践界的统一界定，已有的界定主要从三个维度来分析。第一个维度从工程素养本身来理解工程素养。例如，NAEP将"技术和工程素养"界定为"一个人运用、理解和评估工程技术的能力，并要求其了解工程技术的原理和策略，以便开发解决方案和实现目标"。第二个维度从一个具有良好工程素养的人应该具备的与工程相关的素质来描述工程素养。例如，美国工程与技术认证委员会（ABET）对21世纪新的工程人才提出了"能应用数学、科学与工程等知识的能力，进行设计、实验分析与数据处理的能力"等11条评估标准，对非工程师的工程素养也提出了"了解基本工程知识，能解决一些最基本、最常见的工程技术问题"等基本要求。美国工程院与自然科学基金委员会在《2020的工程师：新世纪工程的愿景》中提出"未来的工程师应当具备以下关键特征，即分析能力、实践能力、创造能力、沟通能力、商务与管理能力、伦理道德及终身学习能力"。仝美娟等学者认为，工程师应具备基本知识、基本理论和基本技能，以及一定的工程实践训练、严格有素的工程习惯和综合能力。第三个维度则综合了前两个维度的界定，既提出了工程素养的内涵，也提出了一个具有良好工程素养的人应该具备的能力。例如，涂善东认为工程素养是对工程性质的理解及其之于世界与人类生活作用的认识，工程素养也是应用这些认识来回答和解决问题的能力；一个具备工程素养的人，应具有工程系统的思维，知晓身边的工程技术及其来源，对工程知识、信息具有判断力，能以合理的方式就工程问题进行沟通，对工程问题能够进行终身学习。

综上所述，对于从事工程相关工作的人员来说，应该深度了解工程相关知识，并且能够综合考虑技术、政治、经济、环境等因素解决工程问题；对于从事非工程相关工作的人员来说，应该具备一定的工程知识，并且能够处理日常生活中涉及的工程问题，能对公共工程项目和问题做出科学、理性、独立的判断和选择。

2. 职业素养包含的要素

职业人员的职业素养程度的高低，决定了企业未来的发展，也决定了该职业人员自身未来的发展。职业素养包括职业道德、职业观念、职业技能和职业规范等要素。是否具备职业化的意识、道德、态度和职业化的技能、知识与行为，直接决定了企业和职业人员自身发展的潜力和成功的可能性。

（1）职业道德。

职业道德是同人们的职业活动紧密联系的、符合职业特点的道德准则、道德情操与道德品质的总和。它既是对本职员工在职业活动中行为的要求，又是职业对社会所担负的道德责任与义务。换句话讲，职业道德是指从事一定职业劳动的人们在特定的工作和劳动中以其内心信念和特殊社会手段来维系的、以善恶进行评价的心理意识、行为原则和行动规范，是人们在从事职业的过程中形成的一种内在的、非强制性的约束机制。职业道德是职业素养的基础，也是职业素养最重要的组成部分。但职业素养比职业道德的范围更广、层次更高，对一个从业者的影响也更深远。

（2）职业观念。

职业观念是指具有其职业特征的职业精神和职业态度。职业精神是与人们的职业活动紧密联系的、具有自身职业特点的精神。它由职业责任、职业技能、职业纪律、职业良心、职业理想、职业作风等基本要素组成。职业精神既是一个人的人生观、世界观、价值观的集中体现和正确荣辱观的具体化，又是企业发展、企业竞争和个人生存的需要。不同行业的岗位特征反映着不同的职业精神，但是从工作的基本要求来看，职业精神是一个员工做好本职工作的根本要求。职业态度是从业者对职业的看法和采取的行动，它是一个综合概念，包括一个人的自我职业定位、职业忠诚度，以及按照岗位要求履行职责、达成工作目标的态度和责任心。职业态度是从业者对社会、其他职业和广大社会成员履行职业义务的基础。它不仅揭示了从业者在职业活动中的客观状态（即成绩的取得）、从业者参与职业活动的方式（即职业的实践），同时也揭示了从业者的主观态度（即职业的认识）。职业态度决定自身的职业发展，对取得就业创业的成功具有重要意义。

（3）职业技能。

职业技能是从业人员在职业活动中能够娴熟运用的，并能保证职业生产、职业服务得以完成的特定能力和专业本领。人们的职业技能是由多种能力复合而成的，是人们从事某项职业必须具备的多种能力的总和。它是择业的标准和就业的基本条件，也是从业人员胜任职业岗位工作的基本要求。

（4）职业规范。

职业规范是指维持职业活动正常进行或合理状态的成文和不成文的行为要求，这些行为要求是人们在长期活动实践中形成和发展起来的，是大家共同遵守的各种制度、规章、秩序、纪律、风气、习惯等。它们有的反映了人与人之间的关系，如组织观念、劳动纪律、集体准则、人事制度等，这些属于组织系统方面；有的反映了职业劳动中人与物的关系，如职业劳动的操作规程、安全要求等，这些多属于技术系统方面。职业规范是保证职业劳动过程中人、物、财、事等因素之间协调一致和有条不紊的手段。职业规范是员工履行职业责任时所遵循的标准和原则，是员工言行的重要依据，贯穿于职业行为过程中的各个阶段，适用于企业所有部门和层级的员工。不同的企业会在长期运作中逐渐形成自己的职业规范，企业性质不同、行业不同，职业规范也会有所不同。了解职业规范并培养相应的好习惯，既可以适应多元化经济体制的人才需求，也能对人的可持续发展和终身发展产生深远影响。

1.1.2 职业素养的特征

职业素养不仅体现在工作中，还体现在生活中，这其实是一种个人习惯，在于个人平时的用心修炼。一般来说，职业素养具有下列主要特征。

1. 职业性

职业素养是一个人从事职业活动的基础，不同的职业，其职业素养也有所不同。例如，建筑工人的职业素养要求不同于工程师的职业素养要求，商业服务人员的职业素养要求不同于教师的职业素养要求。

2. 稳定性

一个人的职业素养是在长期的从业过程中日积月累所形成的，一旦形成，便具有相对的稳定性。比如，一位工程师经过三年五载的工程训练，就会形成扎实的工程基础、健康的职业道德和稳定的职业观念等职业素养，并且保持相对的稳定。随着继续学习、工作和环境的影响，这种素养还可继续提升。

3. 内在性

职业素养是一个人接受知识、技能的教育和培养，并通过实践磨炼后逐步养成、内化、积淀和升华的结果，是一个人能做什么、想做什么和如何做的内在特质的组合。例如，我们经常会听到"把这件事情交给某某去做，有把握，能放心。"这就是因为他（或她）具有做好这件事情的内在素养。

4. 整体性

现代社会的职业岗位要求具有复杂性的特点，这就要求从业人员的职业素养是多方面的，既要有崇高的职业理想、职业态度，又要遵守职业道德、职业规范，还要具备一定的职业知识、职业技能等，只有这样才能胜任本职工作。因此，职业素养一个很重要的特征就是整体性。

5. 发展性

一个人的职业素养是通过教育、自身社会实践和社会影响逐步形成的，具有稳定性。但是，随着社会经济的发展和科学技术的进步，必然对从业人员提出新的职业素养要求，因而从业人员必须不断提高自己的职业素养，以适应社会的需求。

1.1.3 职业素养的作用

对于职场中的人来说，良好的职业素养是最重要的素质，这也是企业在录用新人时尤其重视其职业素养的原因。职业素养决定了企业未来的发展，也决定了员工自身未来的发展。职业素养在个人职业发展中发挥着巨大的作用。一般地，职业素养具有下列主要作用。

1. 驱动作用

人的核心能力是创造力。工程教育的目的不仅仅是为了学生就业，而是为了学生实现职业理想，前者是机械地适应职业岗位，后者是主动地创造生活。教育的本质不像物质生产领域那样把学生批量地复制成"劳动工具"，也不是让年轻一代仅仅满足于为了就业而机械地适应工作岗位，而是激励他们在继承既有文明的基础上进一步超越，创造人类史上新的文明成果。这种超越和创造的驱动力不是职业技能本身，而是职业素养。

2. 彰显作用

职业素养是从业者充分展示职业技能的精神动力，它彰显了从业者的职业素质。强烈的工作热情、端正的工作态度、负责的工作精神、规范的职业行为能够推动从业者职业技能的充分发挥，进而提高工作效率。

3. 弥补作用

"有志者，事竟成""勤能补拙"的范例并不鲜见。很多用人单位在招聘人才时，不仅仅是以职业技能作为标准，更多的是注重求职者的职业素养。因为对于个体而言，职业素养可以弥补能力上的不足，尤其是敬业的职业态度是克服困难的保证，其弥补作用更为突出；对企业而言，终归要靠发挥员工群体的力量来发展企业自身，而在群体力量的整合过程中，员工个体的职业素养显得更为重要。

4. 提升作用

职业素养是以人文素养为基础的。职业素养与人文素养的结合，实质上是人文精神和科学精神的汇合。传统的方法是通过学习技术、训练技能、改进工艺、科学发明等来创造出更优良和更高效的生产手段。为达到这一目的，在现代不再仅限于在"物"上下功夫，而是越来越注重开发人的积极性和创造精神。于是，人丰富的精神需求就成为科学管理的重要视角。在现代化大工业生产中人文精神越来越多地贯彻以人为本的主旨，提倡尊重人、关心人、发展人、激发人的热情，从而极大地提高生产力。

职业素养具有十分重要的意义。从个人的角度来看，适者生存，个人缺乏良好的职业素养会很难取得突出的工作业绩，更谈不上建功立业；从企业角度来看，唯有集中具备较高职业素养的人员才能实现求得生存与发展的目的，他们可以帮助企业节省成本，提高效率，从而提高企业在市场的竞争力；从国家的角度来看，国民职业素养的高低直接影响着国家经济的发展，是社会稳定的前提。

案例 1-1　一个新的职业素养要求——提高全民全社会数字素养和技能（来源：人民日报 2022-02-22）

随着大数据、人工智能等数字技术的快速发展，数字经济时代来临，对全民全社会数字素养提出了更高要求。

提升对新一代数字技术的认知和使用数字技术的能力有深远意义。随着数字技术的广泛应用，全民全社会数字素养不断提升，但也面临数字意识还不强、数字产权保护还不够、普通劳动者的数字技能还不高等短板，不同社会群体在获取、处理、创造数字资源等方面的能力差距较大。2018 年，由国家发展改革委等 19 部门联合印发的《关于发展数字经济稳定并扩大就业的指导意见》明确提出：到 2025 年，伴随数字经济不断壮大，国民数字素养达到发达国家平均水平。可见，提高全民全社会数字素养和技能已成为数字经济发展面临的迫切现实问题和重要发展任务。

数字素养和技能对于供给端和需求端都非常重要。当前，实体经济与数字经济深度融合，数字产业化与产业数字化加速推进。对劳动者来说，必须提升数字素养和技能，才能适应数字经济发展的步伐，提升人力资本水平。同时，数字技术也广泛地应用到社会生活和文化消费中，尤其是智能手机的普及，为数字化交往和数字化消费的推广创造了条件。以网络购物、网络娱乐、在线医疗等为代表的数字消费迅猛发展，也催生了新的消费方式和消费习惯。对于消费者来说，只有提升数字素养和技能，才能尽享数字经济时代的便利。

提高全民全社会数字素养和技能，就需要将数字素养和技能纳入教育体系。针对老年人和残疾人等重点群体，加速推进数字基础设施和 APP 适老化、无障碍化改造；针对偏远地区和农村地区人群，加快数字基础设施建设，培养其利用数字技术和设备致富的技能；针对新成长劳动力等群体，加强数字技能培训，提升数字技能实训能力等。

当前，数字经济发展速度之快、辐射范围之广、影响程度之深是前所未有的，数字经济正在成为重组全球要素资源、重塑全球经济结构、改变全球竞争格局的关键力量。不断提高全民全社会数字素养和技能，才能为数字经济的发展奠定坚实社会基础，以全社会各领域数字化实践的广度和深度支撑数字经济发展的高度。

互动环节
　1. 数字素养和技能是工程师最重要的素养吗?
　2. 分组讨论:每个班级可以分成三组,辩论如何提升工程师的数字素养和技能。

1.2　工程师的职业伦理

案例 1-2　自动驾驶的伦理困境:假如事故不可避免,救乘客还是路人?(来源:(1) 2017 年 11 月 冰川思想库 (2) 2021 年 11 月 腾讯网:应对自动驾驶带来的伦理问题,值得深思)

一旦自动驾驶汽车上路,必然面临这种伦理难题,也就是让汽车在事故之前选择杀一人还是杀几人的问题,并且,人工智能的设计可能会陷入无尽的矛盾中。

自动驾驶安全吗?

我们可以拿智能汽车的急先锋特斯拉的 Autopilot 来说。Autopilot 是一个自动驾驶软件,它配备于特斯拉的一款称为 Model S 的汽车上。2016 年 5 月 7 日,美国俄亥俄州坎顿市的前海军海豹突击队员约书亚·布朗(Joshua Brown)驾驶 Model S 在佛罗里达州威利斯顿附近的双向高速公路上行驶时,与一辆拖挂车相撞,不幸身亡。这是全球第一起因自动驾驶而致死的事故。

事后,美国国家高速公路交通安全管理局(NHTSA)针对 Autopilot 功能展开调查。经过半年的调查,NHTSA 于 2017 年 1 月 19 日宣布,未发现 Autopilot 功能存在问题,同时不会要求特斯拉对汽车进行召回。NHTSA 的结论是,特斯拉 Autopilot 不是完全自动驾驶系统,它根本无法应对所有路况,司机不应该依靠它来防止此类事故。

Autopilot 装备的 Model S 属于自动驾驶的 L2 级,离完全自动的 L5 级差得太远,并且布朗本人有太多疏忽。在事发前 37 分钟的行程中,约书亚·布朗的手仅有 25 秒被检测到手握方向盘。Autopilot 自动辅助驾驶系统向布朗发出了 7 次视觉警告,该系统还发出了持续一到三秒的警告铃声,并 6 次发出"手需要放在方向盘上,但系统未检测到"的语音警告,但布朗无动于衷。而且,车祸发生之前,布朗是超速行驶。在车祸发生前 2 分钟,布朗采取的最后一个动作是将车速设定为每小时 74 英里(时速约 119 公里),高于每小时 65 英里的限速。而且,最令人唏嘘的是,在车祸发生时布朗正在车上观看哈利·波特电影(DVD)。

除了人祸,自动驾驶技术并非没有缺陷。尽管 Autopilot 开启了功能并提醒布朗注意,但强烈的日照和拖挂车白色车身让 Model S 的 Autopilot 系统摄像头短暂"失明",未能够在白天强光下及时发现拖车白色侧面的反光,导致在自动驾驶模式下的刹车功能未能紧急启动,使得 Model S 挡风玻璃与挂车底部直接发生撞击。

不过,调查人员利用这些数据计算了 Autopilot 系统安装前后的撞车率,得出特斯拉安装了 Autopilot 系统后汽车更安全的结论。美国高速公路交通安全管理局也承认,自从特斯拉汽车于 2015 年安装了 Autosteer(方向盘自主转向)软件以来,特斯拉汽车的撞车率已经下降了 40% 左右。Autosteer 是 Autopilot 系统的功能之一,能够让特斯拉汽车保持在自己的车道上行驶,即使遇到弯道仍能够让汽车自行转弯。

自动驾驶面临的伦理难题

即便所有的技术都能解决，无论从理论还是实践看，自动驾驶不会100％的安全，总会出错，因此，出错前如何躲避？目前，人都解不了这个方程，自动汽车能解答吗？

如果人驾驶汽车，一个普遍的现象是，在出车祸的一瞬间驾驶员是往左打方向盘的，以避免自己被撞上，这是下意识的举动。但也有调查发现，驾驶员在右前方有障碍（人和物）时是往左打方向盘的，反之则往右打方向盘，这也是一种本能。但是，更多的可能是，人驾驶汽车在出车祸的一刹那来不及做出什么反应，因为车速太快和事故发生太突然，无法做出规避动作。

自动驾驶汽车要面临一种选择，即电车难题——最早由英国哲学家菲利帕·福特（Philippa Foot）在1967年发表的《堕胎问题和教条双重影响》中提出。如果5名无辜的人被绑在电车轨道上，一辆失控的电车朝他们驶来，片刻后就要碾压到他们。幸运的是，你可以拉一个拉杆，让电车开到另一条轨道上。但是在那另一条轨道上也绑了一个人。因此，你有两个选择：不拉杆，5人死亡；拉杆，一人死亡。你会怎么做？

一旦自动驾驶汽车上路，必然面临这种伦理难题，也就是让汽车在事故之前选择杀一人还是杀几人的问题，并且，人工智能的设计可能会陷入无尽的矛盾中。例如，如果是以死人的多少来设计人工智能的操作程序，那么接下来是否还会根据年龄、性别、地位的高低来选择事故中的拉杆。例如，面对一位孕妇和一位老人，汽车出事前该撞向谁。如果这样的话，是否也把人变成三六九等，并违背生命面前人人平等的原则。

无人驾驶就是迫使人工智能把人分等级，按人的多与少、高贵与贫贱、穷与富来选择，所以躲不开功利主义。当然，这种功利主义还是人的选择，因为智能软件是人设计的，不过，人工智能的选择也许要优于人的选择。因为，在面临5人与1人时，如果人类驾驶员看到的那1人是自己的亲朋，或许会选择冲撞陌生的5人，但无人驾驶汽车只会按设计的救多数牺牲少数的程序来行事，所以似乎显得更公平。

伦理道德问题三大解决方案

上述伦理问题着眼于自动驾驶发展和应用中诸多行为的合理规范，旨在探索正确认识和有效应对这些行为可能带来的风险的合理基础，体现人们的谨慎态度和社会关注。致力于自动驾驶的开发和应用时，解决这些问题对于合理规范自动驾驶相关行为，促进自动驾驶健康发展，确保其应用能够真正提升社会福祉具有重要意义。对此，目前需要重点关注以下措施。

（1）提高自动驾驶伦理问题的重要性。这些问题并非空穴来风，自动驾驶相关行为可能带来的风险也不容忽视。这给传统汽车的推广应用可谓是"上了一课"。时至今日，全球每年仍有超过120万人死于交通事故，超过5000万人受伤，经济损失超过5000亿美元。自动驾驶虽然在技术上可以大大提高道路交通的安全性，但其潜在的一些风险也直接关系到人们的生命财产安全。如果得不到妥善的预防和控制，也可能给社会带来不可估量的损失。同时，面对风险，要客观认识和对待与自动驾驶相关的行为，及时制定相关的道德准则，并根据需要对这些行为进行规范。合理的道德标准也是保障自动驾驶监管"良性"法律法规的基础和前提，否则可能成为"恶法"。

（2）确立解决自动驾驶伦理问题的价值取向。这些问题涉及人类自主、基本人权、公共安全、消费者安全、个人隐私和数据保护、交通效率、出行改善、行业发展、社会公平等诸多价值选择。价值取向的不同在很大程度上决定了人们对解决这些问题的不同看法。在众多的价值选择中，不可能每个人都具有相同的价值取向，但需要做出一定的选择和取舍，建立一个相对统一、正确的价值取向。在价值取向的确立上，要坚持应用自动驾驶是增强人类自主性和保障基本人权的基本前提，强调自动驾驶的安全性和可靠性，以及对个人隐私和数据的保护。

（3）制定伦理准则，规范自动驾驶相关行为。自动驾驶伦理问题的最终解决方案需要一套权威、公开、清晰、可操作的伦理准则。这套道德规范不仅包括规范所有自动驾驶相关行为的通用道德规范，还包括规范各种自动驾驶相关行为的具体道德规范。从自动驾驶汽车的研发、设计、制造到驾驶、运行、维护、监管，都需要关注其可能产生的风险，基于伦理理论分析，结合人工智能相关的基本伦理原则，并加强相关研究。为消除或降低这些风险，或控制其可能造成的损失，分别针对公司的功能和特点制定合理的道德标准。这些道德规范可以有多种形式，包括政策文件、技术指南、推荐技术标准、强制性技术标准、法律规范等。

新事物的发展往往并不顺利，自动驾驶就是如此。如果它面临的这些伦理问题得不到妥善解决，就会成为其发展的"拦路虎"甚至"大坑"。解决这些伦理问题意味着构建新的相关价值体系，将面临诸多不同的观点和意见，困难重重，既要坚持"包容审慎"的原则，又要有开拓创新的勇气和力量。

广大青年要把正确的道德认知、自觉的道德养成、积极的道德实践紧密结合起来，不断修身立德，打牢道德根基，在人生道路上走得更正、走得更远。面对复杂的世界大变局，要明辨是非、恪守正道，不人云亦云、盲目跟风。面对外部诱惑，要保持定力、严守规矩，用勤劳的双手和诚实的劳动创造美好生活，拒绝投机取巧、远离自作聪明。面对美好岁月，要有饮水思源、懂得回报的感恩之心，感恩党和国家，感恩社会和人民。要在奋斗中摸爬滚打，体察世间冷暖、民众忧乐、现实矛盾，从中找到人生真谛、生命价值、事业方向。

近几年来，一批环境污染事件不断被曝光，在经济利益的驱动下，牺牲环境导致的每一个事件背后，都暴露出了工程项目决策者和实践者在趋利心态下的错误行动，这值得我们思考。假如不为了钱，我们是否会有不同的选择？

早在 20 世纪 70 年代，西方一些发达国家在工业革命的进程中也面临过类似的环境污染和安全事故，有些事故甚至危及人类长期的生存和发展。1986 年，因 O 型环密封圈失效而导致的美国"挑战号"航天飞机灾难事件震惊世界。事后发现，在决策中无视已知的缺陷，忽视工程师提出的低温下发射具有危险性的警告，是导致这次事件的关键因素。在应对这些挑战和压力的过程中，西方发达国家开始开展工程伦理教育，并将其作为未来工程师所必备的基本素质。

这些冲突大致上体现了两类问题，一是工程本身是否可能带来近期的或长期的环境影响或生态破坏；二是工程决策时决策者、设计者和实施者都承担着怎样的伦理角色。伦理决策和价值选择对社会的可持续发展来说至关重要，因而工程伦理教育应该是全过程、全方位的教育，需要从源头抓起。2016 年，中国科协代表中国成为"华盛顿协议"正式会员，这标志着我国正向工程教育强国迈进，同时也给高校工程教育的培养目标和培养质量提出了更高的要求。

工程伦理应该成为工程教育的"开学第一课"，培养具有伦理意识的、以造福人类和可持续发展为理念的工程师，才能在面临忠诚于股东还是公众利益冲突等道德困境时做出正确的判断和选择。

1.2.1　职业伦理的含义

　　工程师的职业伦理责任是指经过工程师资格权威认证机构认证的工程师在工程活动中依据公正和关护原则，自觉地为包括当代人和后代人在内的工程利益相关者的行为承担事前、事中、事后的责任。工程师应该深入理解工程师职业伦理的核心要义，始终将公众利益置于个人利益之上，在工程活动的各个时期，坚持履行自己的职业伦理责任，提高工程的社会效益，使工程技术不断进步、工程成果能够造福全社会。

　　职业伦理在工程师之间及工程师和公众之间表达了一种内在的一致性，即工程师向公众承诺他们将坚守章程的规范要求。当涉及专家意见的职业领域时，促进公众的安全、健康与福祉；确保工程师在他们专业领域中的能力和持续的能力。

　　作为明确的工程师职业，从出现至今已有三百余年的发展历史。工程师群体受到社会进步及科技进步的影响，其职业责任观发生了多次改变，即经历了从服从雇主命令到“工程师的反叛”、承担社会责任、对自然和生态负责四种不同伦理责任观念的演变。工程师职业责任观的演变直接导致了工程师职业伦理章程的发展。在当今欧美国家，几乎所有的工程社团都把“公众的安全、健康与福祉”放在职业伦理章程第一条款的位置，确保工程师个人遵守职业标准并尽职尽责，这成为现代工程师职业伦理章程的核心。

　　无论是西方国家的工程师职业伦理章程，还是中国的工程师职业伦理章程，无一不突出强调工程师职业的责任。在工程师职业伦理章程中，责任常常归因于一种功利主义的观点，以及对工程造成风险的伤害赔偿问题。

　　具体来说，工程师责任包含三个层面的内容，即个人、职业和社会。相应地，工程师责任分为微观层面（个人）和宏观层面（职业和社会）。责任的微观层面由工程师和工程职业内部的伦理关系决定；责任的宏观层面一般指的是社会责任，它与技术的社会决策相关。对责任在宏观层面的关注体现在西方国家各职业社团的工程伦理章程的基本准则中。例如，美国全国职业伦理准则、ASCE伦理准则等都把“公众的安全、健康和福祉”作为进行工程活动优先考虑的方面。

1.2.2　职业伦理遵循的原则

　　工程师作为工程活动的主体，在工作过程中会遇到各种伦理问题。工程伦理是调整工程与技术、工程与社会之间关系的道德规范，是在工程领域必须遵守的伦理道德原则。工程伦理的道德规范是对从事工程设计、建设和管理工作的工程技术人员的道德要求，其主要道德规范是责任、公平、安全、风险。其中责任和公平是普遍伦理原则，安全和风险是工程伦理特有的原则。工程伦理研究工程师职业道德素养、行为规范及其伦理控制机制，在充分总结工程活动的道德要求和工程技术实践的基础上，提出工程师及其他工程技术工作者应具备的道德素养和伦理规范。工程伦理遵循的原则包含以下几个方面。

　　（1）以人为本的原则。以人为本就是以人为主体，以人为前提，以人为动力，以人为目的。以人为本是工程伦理观的核心，是工程师处理工程活动中各种伦理关系最基本的伦理原则。它体现的是工程师对人类利益的关心，对绝大多数社会成员的关爱和尊重之心。以人为本的工程伦理原则意味着工程建设要有利于人的福祉，提高人的生活水平，改善人的生活质量。

（2）关爱生命的原则。关爱生命原则要求工程师必须尊重人的生命权，意味着要始终将保护人的生命摆在重要位置，且不支持以毁灭人生命为目标的项目的研制、开发，不从事危害人健康的工程的设计、开发。这是对工程师最基本的道德要求，也是所有工程伦理的根本依据。尊重人的生命权而不是剥夺人的生命权，是人类最基本的道德要求。

（3）安全可靠的原则。在工程设计和实施中，以对待人的生命高度负责的态度，充分考虑产品的安全性能和劳动保护措施，即要求工程师在进行工程技术活动时必须考虑安全可靠，对人类无害。

（4）关爱自然的原则。工程技术人员在工程活动中要坚持生态伦理原则，不从事和开发可能破坏生态环境或对生态环境有害的工程。工程师进行的工程活动要有利于自然界的生命和生态系统的健全发展，提高环境质量，要在开发中保护，在保护中开发。在工程活动中，工程师要善待和敬畏自然，保护生态环境，建立人与自然的友好伙伴关系，实现生态的可持续发展。

（5）公平正义的原则。正义与无私相关，包含着平等的含义。公平正义原则要求工程技术人员的伦理行为要有利于他人和社会，尤其是面对利益冲突时要坚决按照道德原则行动。公平正义原则还要求工程师不把从事工程活动视为名誉、地位、声望的敲门砖，反对用不正当的手段在竞争中抬高自己。在工程活动中体现尊重并保障每个人合法的生存权、发展权、财产权、隐私权等个人权益。工程技术人员在工程活动中应该时时刻刻树立维护公众权利的意识，不随意损害个人利益，对不能避免的或已经造成的利益损害应给予合理的经济补偿。

在国内和国际上，国际电机电子工程师学会、美国工程师协会等不同的组织都制定了伦理规范的原则。

1. 国际电机电子工程师学会提出的伦理规范

（1）秉持符合大众安全、健康与福祉的原则，接受进行工程决策的责任，并且立即揭露可能危害大众或环境的因素。

（2）避免任何实际或已察觉（无论何时发生）的可能利益冲突，并告知可能受影响的团体。

（3）根据可取得的资料，诚实并确实地陈述声明或评估。

（4）拒绝任何形式的贿赂。

（5）改善对于科技的了解及其合适的应用和潜在的结果。

（6）维持并改善我们的技术能力；只在经由训练或依经验取得资格，或相关限制完全解除后，才为他人承担技术性相关任务。

（7）寻求、接受并提出对于技术性工作的诚实批评；了解并更正错误；适时对他人的贡献给予赞赏。

（8）公平地对待所有人，不分种族、宗教、性别、年龄与国籍。

（9）避免因错误或恶意行为而伤害他人及其财产、声誉或职业。

（10）协助同事及工作伙伴在专业上的发展，以及支持他们遵守本伦理规范。

2. 美国工程师协会提出的五大基本原则

（1）工程师在达成其专业任务时，应将公众安全、健康、福祉放在至高无上的位置优先考虑，并作为执行任务时服膺的准绳。

（2）应只限于在足以胜任的领域中从事工作。

（3）应以客观诚实的态度发表口头或书面意见。

（4）应在专业的工作上，扮演雇主、业主的忠实经纪人、信托人。

（5）避免以欺瞒的手段争取专业职务。

1.2.3　职业伦理的作用

职业道德是社会道德体系的重要组成部分，一方面它具有社会道德的一般作用，另一方面它又具有自身的特殊作用，具体表现在以下几点。

1. 调节职业交往中从业人员内部以及从业人员与服务对象间的关系

职业道德的基本职能是调节职能。一方面，职业道德可以调节从业人员内部的关系，即运用职业道德规范约束职业内部人员的行为，促进职业内部人员的团结与合作。例如，职业道德规范要求各行各业的从业人员都要团结、互助、爱岗、敬业、齐心协力地为发展本行业、本职业服务。另一方面，职业道德又可以调节从业人员和服务对象之间的关系。例如，职业道德规定了制造产品的工人要怎样对用户负责，营销人员怎样对顾客负责，医生怎样对病人负责，教师怎样对学生负责等。

2. 维护和提高本行业的信誉

一个行业、一个企业的信誉也就是它们的形象、信用和声誉，是指企业及其产品与服务在社会公众中的被信任程度。提高企业的信誉主要靠产品质量和服务质量，而从业人员较高的职业道德是产品质量和服务质量的有效保证。若从业人员的职业道德水平不高，则很难生产出优质的产品和提供优质的服务。

3. 促进本行业的发展

行业、企业的发展有赖于高的经济效益，而高的经济效益源于高的员工素质。员工素质主要包含知识、能力、责任心三个方面，其中责任心是最重要的。职业道德水平高的从业人员其责任心是极强的，因而职业道德能促进本行业的发展。

4. 提高全社会的道德水平

职业道德是整个社会道德的主要内容。一方面，职业道德涉及每个从业者如何对待职业，如何对待工作；同时也是一个从业人员的生活态度、价值观念的表现，是一个人的道德意识、道德行为发展的成熟阶段，具有较强的稳定性和连续性。另一方面，职业道德也是一个职业集体，甚至一个行业全体人员的行为表现，如果每个行业、每个职业集体都具备优良的道德，必定会对整个社会道德水平的提高发挥重要作用。

1.2.4　工程师职业伦理的核心要义

科技伦理是科技活动必须遵守的价值准则，要坚持增进人类福祉、尊重生命权利、公平公正、合理控制风险、保持公开透明的原则，健全多方参与、协同共治的治理体制机制，塑造科技向善的文化理念和保障机制。2022年3月，中共中央办公厅、国务院办公厅印发的《关于加强科技伦理治理的意见》（下简称《意见》）指出，科技伦理是开展科学研究、技术开发等科技活动需要遵循的价值理念和行为规范，是促进科技事业健康发展的重要保障。

《意见》明确了科技伦理的原则，包括增进人类福祉、尊重生命权利、坚持公平公正、合理控制风险和保持公开透明。

1. 公平正义的职业道德

随着第四次工业革命时代的到来，以智能化、数字化为主要特点的人工智能极大地改变了人们的生产生活方式。新时代我国正在从制造大国逐渐转变为以核心技术研发为导向的"智造"大国，这就必然要求人口要素必须向人才要素转变，而新技术、新职业必然带来对工程师职业道德的更高标准和要求。其中，公平正义就是对工程师的职业道德最基本的要求。

（1）公平是工程师职业道德最重要的因素。公平是指社会权威机构和个人在处理社会事务时应秉持不偏不倚、不枉不纵、公而无私的立场和态度，它要求从业人员在社会活动中遵循合理合法、办事公道的原则。在工程实践活动中，工程师必须严格遵守国家法律法规和行业管理的各项规定，坚持真理、公私分明、不徇私情、反腐倡廉、光明磊落等。公平作为职业道德中最基本的实践要素，实际上反映了工程师是否以国家法律、法规、规章、政策以及社会道德准则为标准，以公平、真理、正直为中心思想秉公办事，在实践中坚持公平、公正地处理工作上的问题。

（2）正义是工程师职业道德的内在要求，也是人与人之间相处时应遵循的基本原则，它彰显了符合事实、规律、道理或某种公认标准的行为。在工程活动中，正义不但是工程师的个人责任和追求，更是整个工程职业的责任和追求。公平与效率冲突问题在工程实践中时有发生，它直接影响着工程师在工程活动中的道德抉择。在现实中，工程师直接参与了工程活动的每一个步骤，如立项、设计、施工、监理和验收等，正义原则必须体现在每一个实践步骤中。

2. 诚实守信的职业操守

职业操守是指人们在从事职业活动中必须遵守的、体现其职业特征的最低道德底线和行业规范。也可以说，职业操守是人们在从事职业活动中必须遵守的行为规范的总和。随着社会经济的不断发展，诚实守信已经逐渐成为市场经济中"互利"与"双赢"的新概念。在社会经济活动中，若信用遭到破坏，则会导致市场秩序紊乱，所以，诚实守信是每一个工程师必须具备的职业操守。

（1）诚实是工程师职业操守的最基本要求。诚实自古以来就是每一个公民"修身、齐家、治国、平天下"的根本，是个人与社会、个人与个人之间相互关系的基础性道德规范。实事求是是工程活动中诚实的具体体现。也就是说，诚实作为工程师最基本的职业规范，它体现的是工程师在长期的工程师实践中，自觉履行实事求是的原则和要求后形成的一种稳定的职业品质和态度。一般地，诚实在工程活动中具体体现为从工程实践对象的实际出发，从工程活动的环境实际出发，即工程师在工程活动的整个过程中秉持真诚、不说谎、不欺骗人的态度。

（2）守信是工程师职业操守的重要内容。守信强调的是内在品质修养，追求的是人格的高尚、境界的崇高。它既是对人们在职业活动中行为的一种约束，同时又是职业对社会所负的责任与义务。孟子说："是故诚也，天之道；思诚者，人之道也。至诚而不动者，未之存也；不诚，未有能动者也。"诚信作为一种基本职业规范和约束，它要求工程师在职业活动过程中讲诚信，确保人民群众的利益能够得到实现，否则，人民群众的利益将受到损害，不利于人民群众的生存和发展。所以，在现实中，守信不只是工程活动的基本职业操守，更是工程师在行业中的生存之道。

3. 环境保护的社会责任

随着全球经济的快速发展，人类生存环境不断恶化，环境问题越来越受到重视。为了人类生存的环境和后代的可持续发展，工程师作为社会的一员，不能只满足于提供产品与服务，还应承担相应的环境保护责任。

（1）环境保护是工程社会责任的重要内容。自然环境是人类赖以生存和发展的前提和基础，工程活动必须在自然中开展，关注环境保护日益成为工程师社会责任的重要组成部分。我国《民法总则》和《民法典》皆规定："民事主体从事民事活动，应当有利于节约资源、保护生态环境。"《环境保护法》规定："一切单位和个人都有保护环境的义务。地方各级人民政府应当对本行政区域的环境质量负责。企业事业单位和其他生产经营者应当防止、减少环境污染和生态破坏，对所造成的损害依法承担责任。"环境保护是每一个工程师必须承担的社会责任，工程实践活动与自然紧密相关，因此，工程师就必然要承担起环境保护的重要社会责任。

（2）工程师的环境保护责任。环境保护是指人类为解决现实的或潜在的环境问题，协调人类与环境的关系，保障经济社会的持续发展而采取的各种行动的总称。在现实中，工程活动是人类利用科学技术知识直接对自然界进行干预和改造的活动。工程活动必定会引起一系列相关的环境问题，而在对环境产生正面或者负面影响的项目或者活动中，作为工程活动主体的工程师，必然从重新审视和协调好工程活动与自然环境的关系，既要考虑经济效益，又要考虑对环境的影响。也就是说，在具体的工程设计和工程实施中，工程师需要在完成目标的前提下本着节约资源、保护环境的原则合理进行工程规划和实施。从自然生态系统的内部循环来看，任何工程活动都必然会干扰和影响自然生态的自我运行，这就要求工程师必须在深入研究和认识生态系统的约束条件和运行规律的基础上，进行符合生态循环规律的工程活动，不断改进技术，使工程活动在追求效益的同时能和生态循环相一致，有目的地把工程活动融入生态循环中。

4. 可持续发展的意识

随着第四次工业革命的持续推进，以人工智能（AI）、大数据等为代表的各种新兴科学技术不断涌现，促使社会经济组织架构、工业生产模式乃至人类生活形态产生颠覆性变革。在这种快速的科技变革的背景下，可持续发展已经成为世界各国大力倡导的重要核心价值观念。

（1）可持续发展意识是工程师职业伦理的重要内容。可持续发展是指自然、经济、社会协调统一的社会发展。在发展过程中，在不牺牲后代人需要的情况下，满足当代人的需求。工程是人类的一种造物活动，它直接与社会财富密切相连，体现着人类改造自然的能力。然而，在工程实践过程中，由于受到知识和技术不完备、人们的预期等影响，使得工程实践具有很强的不确定性和探索性，其后果往往会超出预期，严重影响了自然资源的可持续发展。因此，在工程实践中，一个合格的工程师必须严格树立可持续发展的意识。

（2）工程师可持续发展意识的培养。可持续发展意识培养的最终目标在于，通过可持续发展与工程教育高度融合，推动工程师个体或组织在本地区乃至全球范围内采取负责任的行为，力争促使资源、环境、社会和经济协调发展，进而实现代际资源共享、构建生态和谐的美好未来。基于可持续发展意识培养的最终目标，需要从知识、技能、价值观三个层面来理解工程科技人才的可持续发展意识，其中知识层面主要包括基础知识和专业前沿知识，以更好理解当前全球可持续发展中的改革目标、现实挑战和解决路径；技能层面主要包括对具体问题的分析和实践能力，旨在掌握当前全球可持续发展中的实际问题和挑战；价值观层面主要包括意识和价值，能够在可持续发展面临的问题中进行自我反思并做出伦理判断。

案例 1-3　大数据伦理问题——算法无限扩张 带来自由还是枷锁（来源：中国青年报 2021-12-17）

交谈中提到某种商品，不久即会收到相关的产品链接；购买同样的商品或服务，不同产品显示的价格竟然不一样……随着大数据、人工智能技术的日臻成熟和广泛运用，这样的算法场景越来越多地出现在我们身边。

算法是一种依托海量内容、多元用户和不同场景等核心数据信息，进行自主挖掘、自动匹配和定点分发的智能互联网技术。当前与人们生产、生活紧密相关的算法类型多种多样，既包括长于新闻创作的自动合成型算法、适用线上购物的个性推荐型算法，也包括精于语句识别的检索过滤类算法和契合网络约车的治理决策类算法等。算法社会的到来势不可挡，从信息传播理论和实践的角度来看，算法在为公众提供极大技术便利的同时，对网络生态的发展亦产生了深刻影响。

算法极大降低了公众筛选有效信息的社会成本。算法的核心价值是利用对用户的年龄职业、兴趣爱好、网络行为与时空环境等关键信息的统计分析，致力于在信息内容、产品服务等多元层面实现对用户的追踪推测、精准分发和有效供给。这在很大程度上改善了既往技术语境下公众付出的高昂时间与经济成本，让人能够从以往单一重复的信息、产品和服务筛选行为中得以解放，满足了公众对信息和服务的分众化需求。

算法不断建构和重塑着既有的网络群体关系。算法场景造就了公众的数据化和标签化，在强化了既有群体边界的同时，也促进了新的共同体关系的形成。以往网络群体互动关系的形成，大多是公众自发性主动找寻、相互选择的结果。而在算法社会下，无论是信息内容的分发还是产品服务的送达，作为中介的算法在进行一对一的关系匹配或资源分配时，首先要对用户进行标签化甚至评分制的"全面数据化"处理。在此过程中，主要是依据用户接收到相关信息和服务后的点击次数、停留时长、举报屏蔽以及转评赞等各种反馈行为，对其主要观点、情感倾向和媒介消费行为进行精准的图谱画像。进而通过后台信息匹配、技术调节与资源控制等方式，帮助用户发现、连接起具有相似观点或共同兴趣的其他共同体关系。

毋庸置疑，技术驱动的算法红利越来越广泛而深刻地影响着人们的生活，例如，网络购物离不开"算法比价"、商业运营离不开"算法宣传"、日常出行离不开"算法导航"，甚至求职姻缘也需要"算法匹配"等。但看似理性、中立的算法背后，也存在着一定的技术偏见，例如，大数据"杀熟""欺生"、算法侵犯隐私乃至引发群体极化等现象时有发生。算法盛行给网络生态带来的一系列冲击值得人们警觉与深思。

一方面，算法盛行容易造成"把关人"角色弱化，人沦为算法"囚徒"的可能性急剧增加。算法虽然带来了个人信息、服务水平的大幅提升，但在算法技术主导下，个性化分发力度得到空前强化，而信息、产品与服务编辑审校等"把关角色"却经常遭到弱化甚至缺位。一旦算法的设计与应用失当，个体在认知判断、行为决策以及价值取向等多个方面很可能会受到单一算法的钳制乃至禁锢，成为算法的"囚徒"。马斯克通过脑机接口发现，人脑90%的算力都在忙着关于"性"的计算，虽然相关结论有待考证，但其引发的"算法胜利后，人的自由意识去向疑问及其引发的价值迷失问题"值得我们深思。

另一方面，算法盛行容易强化"信息孤岛"效应，网络生态失衡、失真的风险可能不断加大。算法在很大程度上影响着人们与某类信息的快速连接和匹配，但也自动过滤掉了其他潜在的有效信息。信息窄化下的公众容易形成"很多人都是这种想法和价值取向"的错觉，这种"选择性"的接触、过滤与相信，不仅会闭塞与不同意见群体的交流沟通，更会造成在自我重复和自我肯定中的视野受困与故步自封，同时也会为偏见滋生、黏性缺失的网络舆论场埋下被操控的巨大隐患，甚至陷入恶性循环、诱发线下群体性事件，破坏网络生态的稳定。

简单粗暴、一刀切式的"算法抵制"并不可取，建立更加完善的法律法规监管体系和公开推行更加透明的行业技术准则已迫在眉睫。同时，必须摒弃"算法崇拜"，进行更加全面专业的算法设计者素质培训，强化对算法使用者的素养教育。总体而言，从认知与关系的维度看，算法深刻影响和改变了既有的网络生态，也把自由与枷锁的张力推向了极致。算法场景的无限扩张快速推动着人们的"全面数据化"，也引发了一系列的法律和伦理争议。有意识地对算法技术进行价值反思，始终是我们必须直面的现实问题。

> **互动环节**
> 课题讨论：大数据时代工程师应该遵守哪些职业伦理规范？

1.3 工程师的职业精神

大力弘扬劳模精神、劳动精神、工匠精神。"不惰者，众善之师也"。在长期实践中，我们培育形成了爱岗敬业、争创一流、艰苦奋斗、勇于创新、淡泊名利、甘于奉献的劳模精神，崇尚劳动、热爱劳动、辛勤劳动、诚实劳动的劳动精神，执着专注、精益求精、一丝不苟、追求卓越的工匠精神。劳模精神、劳动精神、工匠精神是以爱国主义为核心的民族精神和以改革创新为核心的时代精神的生动体现，是鼓舞全党全国各族人民风雨无阻、勇敢前进的强大精神动力。

1.3.1 职业精神的含义

职业精神是指人们在一定的职业生活中能动地表现自己，反映职业性质和特征的思想、观念和价值取向。职业精神既是人类在改造物质世界过程中被激发出来的活力和意志的体现，具有强烈的社会性特征；也是对从业者职业意识、职业思维和职业心理状态的反映，具有强烈的主观性色彩；同时还是从业者职业道德素质的具体体现。

（1）从社会分工和社会发展的角度看，职业精神是一个历史范畴，与人们的职业活动和职业发展密切相关。职业和职业精神的本质皆是生产和服务，而生产和服务既深刻地打上了社会发展的烙印，也打上了行业发展和个体进步的烙印。职业实践活动与其他社会活动一样，不仅反映着人类认识和改造世界的能力，而且赋予人类认识和改造自我的意识和机会，并通过个体在职业活动中沉淀下来的职业精神要素，将人类物质文明与精神文明的发展统一在人的历史活动之中，使群体和个体在其中获得共同进步和发展。

（2）从职业发展的角度看，职业精神是人类精神体系的重要组成部分，是提高职业活动效率的内在动力。在人类精神进步的历史长河中，为了能够更有效地应对来自自然和其他同类群体的威胁，人（个体）必须使自己归属于某一特定的群体或组织，将自己的价值追求与群体或组织的利益紧密联系起来，通过建构一种维护该群体或组织利益的精神信念来整合并积聚强大的群体力量，以应对来自自然和社会同类群体的威胁，建立起自己心中的"理想国"。因此，职业精神既是人通过职业活动对物质世界进行改造的结果，也是对人自身进行改造和思考的结果，是人的意志在职业活动中被充分体现的佐证，使人的精神和灵性在职业实践活动中得到充分的延伸。

（3）从个体存在价值角度看，职业精神不仅反映了个体精神世界的内容和层次，而且内在地影响着职业活动的性质和方向。个体职业精神与一般精神一样，由知、情、意、行几个部分共同组成。职业精神以认知为基础，以情感为纽带，以意志为核心，以行为为目的。但由于人们在知、情、意方面存在着诸多差异，因而建立在认知、情感和意志基础上的精神认同、价值取向和行为选择也必然存在对错、高下之差异。实践证明，人对利益的谋取和对幸福的追求包含精神和物质两个方面。就谋求物质幸福的方式而言，古人把它分为四种："损物"以致"益己"、"益物"以致"益己"、"损人"以致"益己"、"益人"以致"益己"。而人类谋求精神幸福的方式也有四种形式："益物"以致"损己"、"益物"以致"益己"、"益人"以致"损己"、"益人"以致"损人"。

1.3.2　工程师职业精神的价值指向

1. 爱岗敬业的家国情怀

家国情怀是一个人对自己国家和人民所表现出来的深情大爱，是对国家富强、人民幸福所展现出来的理想追求，是对自己国家的一种高度认同感、归属感、责任感和使命感。爱岗敬业不仅是一种态度，更是一种责任。对工程师而言，爱岗敬业就是其家国情怀的最直接表达方式。

（1）爱岗敬业的家国情怀表现为有强烈的爱国之心。爱国是人世间最深层、最持久的情感，是一个人的立德之源、立功之本。孙中山先生说，做人最大的事情就是要知道怎么样爱国。我们常讲，做人要有气节、要有人格。气节也好，人格也好，爱国是第一位的。我们是中华儿女，要了解中华民族历史，秉承中华文化基因，有民族自豪感和文化自信心。工程活动是没有国界的，但工程师是有国籍的。祖国的利益高于一切，是各国工程师的基本素质。爱国主义原则要求工程师把国家利益放在首位。作为一名合格的工程师，必须清楚地认识到这一点。

（2）爱岗敬业的家国情怀表现为恪守兴国之责。"天下兴亡，匹夫有责"，国富才能民强。爱岗敬业既是一种爱国情感，也是一种爱国责任。兴国之责就是爱岗敬业家国情怀的重要体现。兴国之责就是要认清自己肩上的责任。工程科技创新的过程本质上是一个不断试错、持续迭代的长周期过程需要工程科技人员沉得住气、耐得住寂寞。回溯新中国科技发展历程，"两弹一星"从战略决策到研制成功历经了十几年，500 米口径球面射电望远镜建成历时 22 年，北斗卫星导航系统建成历时 26 年……从"两弹一星"到载人航天，从探月工程到深海工程，其背后是几代人"数十年磨一剑""干惊天动地事，做隐姓埋名人"的敬业奉献。作为一名工程师，在自己的岗位上尽职尽责，这也是一个爱国的着力点与最好诠释方式。

2. 爱党报国的核心价值

党的十八大首次明确提出社会主义核心价值观，扎实推进社会主义核心价值观引领工程，增强社会主义文化的影响力与辐射力，是我国适应全球化背景下综合国力竞争的战略选择。如何推进社会主义核心价值引领工程是当前和今后意识形态和思想文化建设工作的中心任务。对于工程师而言，爱党报国就是其社会主义核心价值的直接体现。

（1）爱党报国是社会主义核心价值观的重要内容。爱党其实是一种政治立场，它要求从业人员赞成马克思主义的基本观点，具有坚定的社会主义信念，主动投身于反对资产阶级、封建主义及一切反动政治势力进攻的斗争中，自觉站在中国共产党的正确原则的立场上，同一切非马克思主义的政治路线和思想路线划清界限，做到全心全意为人民服务，愿为共产主义事业而献身。因此，工程师必须坚定政治立场，坚决把党的领导、党的建设落实到工程活动中，并在工程活动中不断提升自己的政治能力。

（2）爱党报国是卓越工程师的核心要义。具有强烈的爱国情怀是对我国科技人员第一位的要求。科学没有国界，科学家有祖国。一个工程师是否卓越，从战略层面讲，首先要看其能否为党和人民的伟大事业服务。新中国成立以来，我们之所以取得一系列工程科技创新的重大突破，靠的正是一批卓越工程师心有大我、接续奋斗、至诚报国。对大学来讲，要把立德树人作为卓越工程师培养的首要任务，引导广大青年自觉将报效祖国作为人生最高理想和职业价值追求。因此，工程师要有强烈的爱国情怀，在工程活动中牢固树立科技创新、服务国家、造福人类的思想。

3. 精益求精的工匠精神

在长期实践中，我们培育形成了爱岗敬业、争创一流、艰苦奋斗、勇于创新、淡泊名利、甘于奉献的劳模精神，崇尚劳动、热爱劳动、辛勤劳动、诚实劳动的劳动精神，执着专注、精益求精、一丝不苟、追求卓越的工匠精神。工匠精神体现了社会对从业者技术与道德两个方面的要求。其中，精益求精的品质精神是工匠精神最基础的要求和规范。对工程师而言，精益求精的品质精神应该包含三个层面：严谨求实的工作态度；一丝不苟的工作作风；追求极致的工作理念。

（1）严谨求实的工作态度是精益求精工匠精神的基本要求。严谨要求工程师对待工作严肃苛刻、细致认真、考虑周全、追求完美；求实则要求工程师先对工作进行客观冷静的观察、分析、思考和探求，悟透其内在机理，再采取最适宜的方式、方法去解决问题。老子的《道德经》中写道，"天下难事，必作于易；天下大事，必作于细。"哪怕是一个细小零件的生产或一道简易工艺流程的操作，工程师都要将"容易"之事当作"艰难"之事来处理，将"细微"之事当作"天大"之事来处理，这是新时代工程师对谨严求实的具体哲学实践。

（2）一丝不苟的工作作风是精益求精工匠精神的重要内容。一丝不苟既是一种工作作风，也是一种行为习惯，它是实现精益求精的必经之路。一丝不苟内在地要求工程师在工作之中自始至终严格遵循操作规范和质量标准，一板一眼地工作，坚决杜绝任何形式的投机取巧。所以，工程师必须在工程质量、性能上下功夫，实现从"凑合用、将就用"向"舒适、科学"的转变，不能单纯地追求低成本、低价格，而是要用精益求精的工匠精神提升工程的质量。

（3）追求极致的工作理念是精益求精工匠精神的内在要求。极致的追求是对工程师自身专业技艺的基本要求，它要求工程师在工程实践中不再以工程合格为标准，而是将打造精品乃至极品作为目标；不只着眼于当前市场的需求，而是不断优化改进技艺，提升工程的品质效能，力求能在世界行业内处于领跑地位。

1.3.3　职业精神的作用

职业精神对从业者的个人生活和行业发展的影响表现在以下三个方面。

（1）人们对职业责任的坚守程度会影响其生活目标的确立和人生道路的选择，甚至会影响其世界观、人生观和价值观的形成和巩固。

（2）人们对职业活动方式、职业利益和职业义务的认识，能够促进其对于具体社会义务的文化自觉。这种文化自觉可以促使从业者将他律转化为自律，自动、自觉地服膺于职业规范的应然要求，最大限度地为群体、组织和社会创造价值，同时也使从业者个体的自我价值得到最大限度的实现。

（3）职业情趣、爱好和作风反映着从业者在职业品质和境界上的特殊性，而这些带有个人倾向性的心理要素和行为偏向，又会反过来对个体所从事的职业活动的环境、性质、内容、方式以及职业内部的相互关系产生无形的影响。从人性发展的角度看，从业者的职业行为反映着从业者的人生追求，折射出他们的精神层次。无论是对人类的存在价值的追寻，还是对从业者个体全面发展的期待，高层次精神品质的培育都是职业精神的根本追求。从职业发展的历史和发展趋势看，高层次精神品质是引领职业持久发展的主导力量。因此，培育高层次职业精神品质成为当代社会的迫切需要。

案例 1 - 4　家国情怀筑风骨：中国航天的"大总师"——孙家栋

孙家栋被称为中国航天的"大总师"，从"东方红一号"到"嫦娥一号"，从"风云气象卫星"到"北斗导航卫星"，背后都有他主持负责的身影。翻开他的人生履历，就如同阅读一部新中国航天事业的发展史……

获得过"两弹一星"功勋奖章、国家最高科学技术奖和"全国优秀共产党员""改革先锋"等称号的他，在新中国成立 70 周年之际，又荣获"共和国勋章"。他就是我国人造卫星技术和深空探测技术的开创者之一、中国航天科技集团有限公司原高级技术顾问孙家栋院士。

中国航天"大总师"

孙家栋，这个名字与中国航天事业的发展紧紧相依。

航天是一项非常复杂的系统工程，每项工程由卫星、火箭、发射场、测控通信、应用等数个系统构成，每个系统都有自己的总设计师或总指挥，孙家栋则被大家尊称为"大总师"。回顾几十年的工作，孙家栋认为自己"仅仅是航天人中很平常的一个"。他经常说："是中国航天精神铸造了中国第一星，是中国航天事业发展成就了自己。"

　　一次发射中，卫星在转运途中不慎发生了轻微碰撞，试验队员们一下子慌了神，谁也不敢保证这会不会对发射造成影响。接到紧急报告后，孙家栋当天就从北京赶到了西昌，一下飞机就直奔卫星试验厂房。了解清楚现场情况后，当时已经快80岁的他马上钻到了卫星底下，对着卫星的受创部位仔细研究起来。"卫星没事儿，能用！"孙家栋的一句话，让大家悬在半空的心踏实了下来。"搞航天工程，没有好坏，只有成败。要保成功，就必须发扬严格、谨慎、细致、务实的作风。"孙家栋总是这样告诫年轻人。

90岁的"牧星人"

　　4月是中国航天的重要月份。既有中国航天日，又有孙家栋的生日。如今已经90岁的孙家栋与卫星打了一辈子交道。曾经有人问孙家栋："航天精神里哪一条最重要？""热爱。"他不假思索，"如果你不热爱，就谈不上奋斗、奉献、严谨、协作、负责、创新……"几十年来，正是凭着这个信念，尽管从事着充满风险的航天事业，但孙家栋从来没有被困难吓倒，反而愈挫愈勇。

　　20世纪70年代，孙家栋带领团队研制我国第一颗返回式遥感卫星，发射时出现了意外。震惊过后，孙家栋带着大伙儿在天寒地冻中把大片的沙漠翻了一尺多深，拿筛子把炸碎的火箭卫星残骸筛出来，最终找到了失败的原因。一年后，一颗新的卫星腾空而起。

　　1984年，中国第一颗试验通信卫星发射后，在向定点位置漂移过程中发生了意外。孙家栋果断地发出了打破常规的指令——他要求再调5度，最终正确的指令使卫星化险为夷。

　　2009年，在孙家栋80岁生日时，钱学森专门致信祝贺。钱老在信中说："自第一颗人造地球卫星首战告捷起，到绕月探测工程的圆满成功，您几十年来为中国航天的发展作出了突出贡献。共和国不会忘记，人民不会忘记。"

"国家需要，我就去做"

　　2019年1月，嫦娥四号探测器成功实现人类首次月球背面软着陆，开启了全新的月球背面探索之旅，举国沸腾、世界瞩目。时针拨回15年前，当国家启动嫦娥一号探月工程时，已经75岁的孙家栋毅然接下了首任探月工程总设计师的重担。大多数人在这样的高龄都功成身退，他却冒着风险出任探月工程总设计师。对于别人的不理解，孙家栋只有一句话："国家需要，我就去做。"在嫦娥一号顺利完成环绕月球的那一刻，航天飞行指挥控制中心里，大家全部从座位上站起来，欢呼雀跃、拥抱握手。而孙家栋却走到了一个僻静的角落，悄悄地背过身子，掏出手绢在偷偷擦眼泪。

　　"孙家栋无疑是一位战略科学家，总能确定合理的战略目标。"嫦娥一号卫星总设计师、中国航天科技集团五院深空探测和空间科学首席科学家叶培建院士说，"在困难面前，他绝不低头；在责任面前，他又'俯首甘为孺子牛'。"孙家栋的一大长处就是善于协调各种复杂的技术问题，找到最经济、最合理的解决办法。"几十年的实践证明，核心技术是买不来的，航天尖端产品也是买不来的。我们必须依靠自己的力量发展航天技术。"孙家栋说。

　　近年来，孙家栋特别强调要坚持自主创新。"在一穷二白的时候，我们没有专家可以依靠，没有技术可以借鉴，我们只能自力更生、自主创新。今天搞航天的年轻人更要有自主创新的理念，要掌握核心技术的话语权。""中国的发展依然任重道远，我们一定要跟着党中央，和大家一起共同努力，尽个人微薄之力，把我们国家的事业搞好，真正实现中国梦，富起来、强起来，完成好我们这一代人的历史使命。"孙家栋说。

> **互动环节**
>
> 1. 你认为本案例中孙家栋的哪些职业精神值得大学生学习？
> 2. 大学生如何培养爱岗敬业的家国情怀？

1.4　工程师的职业技能

案例 1-5　梁骏：二十年攻坚克难 自主创新做强民族芯片

【中国梦·大国工匠篇】梁骏：二十年攻坚克难 自主创新做强民族芯片

来源：央视网 https://news.cctv.com/2021/12/14/ARTIBgqHyFQwJqEWaijUch-rU211214.shtml

央视网消息（记者 孙晓媛）：芯片被称为电子产品的心脏，更被誉为国家的"工业粮食"。一个国家制造芯片的技术在某种程度上代表了该国的信息技术水平。在国际竞争日趋激烈的今天，"补芯"成了很多企业乃至一个国家掌握核心技术、走好自主创新之路的关键。

"在头发丝的横截面上画出 1000 多个同心圆"

全国五一劳动奖章获得者、杭州国芯首席技术专家梁骏，二十年如一日，带领团队在芯片"卡脖子"的关键技术上攻坚克难。他用 3 年的时间突破了 0.18 微米芯片设计的难点，又用 10 年的时间全面掌握了 40 纳米的关键技术；2020 年，一举突破 22 纳米的技术关口，自主掌握了从 0.18 微米到 22 纳米各类集成电路工艺的设计能力。

梁骏在接受央视网记者采访时表示，芯片的神奇之处在于，只有指甲盖大小的面积却包含了几千万甚至几亿个晶体管，工艺越先进，数量就越多。如果达到 22 纳米工艺，就相当于在头发丝的横截面上画出 1000 多个同心圆。而芯片设计的难点也在于此，几亿条电路集成在方寸之间，难免互相干扰，能否解决干扰问题成了芯片设计成败的关键。

2008 年前后，我国市场迎来了电视图像从标清转向高清的契机。当时，民族芯片产业刚刚起步，国外技术封锁，国内资料奇缺，即便是入门的粗浅问题，想找人请教交流也很难。国外有现成的高清芯片，但售价高、成本贵。作为后进者，梁骏所在的公司起初找人合作，研发了第一代高清芯片，但性能达不到要求。这也让梁骏意识到了自主研发的重要性。

在这样的压力下，他带着几个年轻人组建了自己的技术攻关团队，在屡战屡败、屡败屡战中坚持前行。他和团队要做的不仅是设计出与国际同类产品相当的国产芯片，而且要在保证性能的基础上实现更低成本。经过一年多的大胆试错、小心验证，终于在 2009 年，公司团队解决信号干扰问题后推出了第二代高清芯片，在性能一样的情况下，售价比国外同类芯片便宜了近三成，从此我国在高清卫星接收机领域实现了进口芯片的国产替代。

2015 年，面向"村村通"和"户户通"工程，梁骏主持设计了高清高集成卫星数字电视芯片，以完全自主知识产权，实现了芯片技术的"安全、自主、可控"，更凭实力迅速在全球卫星接收机市场占据第一。

做强民族芯片，必须走自主研发创新之路

时代发展需要大国工匠。不论是传统制造业还是新兴制造业，不论是工业经济还是数字经济，工匠始终是中国制造业的重要力量，工匠精神始终是创新创业的精神源泉。梁骏告诉央视网记者，工匠精神的维度很多，但站在数字经济的角度看，工匠精神最重要的就是要有创新精神。创新代表着发展与进步，每前进一步，都是对壁垒和误区的清扫。在集成电路领域，技术更新换代快，对创新能力和创新速度要求很高。他说："只有做到最好，才能在市场中活下去，所以，没有第二、第三名，只有第一名。"

2018年，响应国家推广电子雷管的号召，梁骏带领团队白天下矿山、钻隧道，晚上在实验室模拟场景、优化方案，最终设计出了具有自主知识产权的高精度电子雷管芯片，大大提高了爆破作业的安全性和可控性。2020年春节期间，梁骏带领团队克服疫情、隔离等困难，研发出了适用于电梯的智能语音识别控制算法，产品应用在武汉第六人民医院等防疫地区，减少了人员接触，为疫情防控提供了技术支撑。

这些年，他潜心研发，累计获得发明专利12项、实用新型专利6项、集成电路布图设计专有权17项，打通了从设计到产品的"最后一公里"，产品荣获中国半导体创新产品奖等多项荣誉。在2021年全国五一劳动奖章获得者表彰大会上，梁骏代表数字经济领域民营企业中的科技工作者做了发言。他说："按照传统理解，在过去，工匠是传统手工艺者，处理对象是手工艺品，有实体；然而，信息时代呼唤'信息工匠'，处理对象是信息，但信息看不见摸不着的。国家大力推进数字经济建设，为芯片从业者提供了更广阔的舞台和发展机遇。"

一块芯片，方寸之间。纵观全球，芯片之争从未停止。从业20年，梁骏说："只有加强自力更生的能力，靠创新驱动，未来才不会受制于人。"

我国广大科技工作者要有强烈的创新信心和决心，既不妄自菲薄，也不妄自尊大，勇于攻坚克难、追求卓越、赢得胜利，积极抢占科技竞争和未来发展制高点。要增强"四个自信"，以关键共性技术、前沿引领技术、现代工程技术、颠覆性技术创新为突破口，敢于走前人没走过的路，努力实现关键核心技术自主可控，把创新主动权、发展主动权牢牢掌握在自己手中。要强化战略导向和目标引导，强化科技创新体系能力，加快构筑支撑高端引领的先发优势，加强对关系根本和全局的科学问题的研究部署，在关键领域、卡脖子的地方下大功夫，集合精锐力量，作出战略性安排，尽早取得突破，力争实现我国整体科技水平从跟跑向并行、领跑的战略性转变，在重要科技领域成为领跑者，在新兴前沿交叉领域成为开拓者，创造更多竞争优势。要把满足人民对美好生活的向往作为科技创新的落脚点，把惠民、利民、富民、改善民生作为科技创新的重要方向。

1.4.1　职业技能的含义

职业技能是指个人能力在具体职业活动中的作用和表现，包括个体从事某种特定职业所必须具备的职业技术或能力。下面主要阐述职业能力。职业能力就是一个人能否从业的先决条件，是能否胜任职业岗位的主观条件。大学生应充分了解自身的现实能力，进一步认识近期发展的可能性，并通过加强训练、创造条件，将这种可能性转化为现实能力，为将来完成某一任务或在完成另一任务的迁移中发挥积极和能动作用，这既是当代高等教育工作的重要任务，同时也是广大学生的使命和要求。[①]

职业能力不仅是指动手能力或操作技能，还应包括知识技术的应用能力、与人合作能力、公关能力、协调能力等，即完成职业任务所需的全部能力。职业能力的高低反映了一个人能否胜任既定的职业，也决定了一个人在该职业中取得成功的可能性。职业能力具体分

---

① 　郭冬娥，安身健，陈世云，李群.大学生职业规划与就业指导.武汉理工大学出版社，2014.08：157.

为两类：一般职业能力和非凡职业能力。一般职业能力是指人们从事不同职业活动所必需的共有能力；非凡职业能力是指人们从事某一特定职业所必须具备的非凡的或较强的能力。职业能力主要包含以下三方面基本要素。

（1）为了胜任一种具体职业而必须具备的能力，表现为任职资格。

（2）在步入职场之后必须具备的职业素质。

（3）开始职业生涯之后具备的职业生涯管理能力。[①]

1.4.2　工程师职业技能的实践尺度

我们要努力建设高素质劳动大军。劳动者素质对一个国家、一个民族发展至关重要。当今世界，综合国力的竞争归根到底是人才的竞争、劳动者素质的竞争。我国工人阶级和广大劳动群众要树立终身学习的理念，养成善于学习、勤于思考的习惯，实现学以养德、学以增智、学以致用。要适应新一轮科技革命和产业变革的需要，密切关注行业、产业前沿知识和技术进展，勤学苦练、深入钻研，不断提高技术技能水平。要完善现代职业教育制度，创新各层次各类型职业教育模式，为劳动者成长创造良好条件。技术工人是支撑中国制造、中国创造的重要基础。要完善和落实技术工人培养、使用、评价、考核机制，提高技能人才待遇水平，畅通技能人才职业发展通道，完善技能人才激励政策，激励更多劳动者特别是青年人走技能成才、技能报国之路，培养更多高技能人才和大国工匠。要增强创新意识、培养创新思维，展示锐意创新的勇气、敢为人先的锐气、蓬勃向上的朝气。要推进产业工人队伍建设改革，落实产业工人思想引领、建功立业、素质提升、地位提高、队伍壮大等改革措施，造就一支有理想守信念、懂技术会创新、敢担当讲奉献的宏大产业工人队伍。

作为一名工程师，必须具备的职业技能包括技术创新能力、工程解决能力、知识运用能力等。

1. 技术创新能力

在建设社会主义现代化强国的新时期，加强我国科技力量，提升技术创新能力是坚持创新驱动发展、凸显发展优势的必由之路。近年来，一些发达国家遏制我国技术的发展，由此可知，掌握核心技术的自主权，提升我国核心技术创新能力是我国走向强大的必然选择。作为一名卓越的工程师，突出技术创新能力是其看家本领，也是卓越工程师作用发挥、价值彰显的主要途径。

（1）工程师必须具备技术开发的创新能力。技术开发能力是指从业人员在研究过程或实际经验中获取现有知识，或从外部引进技术，为生产新的产品、装置，建立新的工艺和系统而进行实质性改进的能力。一名卓越的技术工程师，需要具有相对深厚的基础理论知识、相对较高的生产知识水平、技术能力和相对丰富的实践经验，只有这样才能在激烈的竞争环境中取得优势并为企业的发展注入持久动力。

（2）工程师必须具备技术研究的创新能力。技术研究能力主要包括基础技术的研究能力和应用技术的研究能力。当前，人工智能作为未来经济转型的重要驱动力，基础研究方面的落后使得我国在一些关键核心技术领域存在"卡脖子"的现象，芯片等领域也受制于

---

① 高亚军.大学生职业生涯规划：职业素养与能力篇.北京理工出版社，2015.01：48.

人。因此，相关领域的专业人才要把更多的精力放在基础理论和原始技术创新上，加大基础研究投入，反哺于应用技术研究，推动人工智能领域更稳、更快地发展。

（3）工程师必须具备技术实施的创新能力。技术实施能力是指工程师已经具备一定的专业技术知识，并能运用这些知识解决专业技术难题的能力。现代科技进步在一定程度上推动了产业结构的升级，更多的技术创新成果也日益应用于新能源等新兴产业。想要技术创新的成果转化为实际的生产力，需要工程师在实施技术时突破原有的界限，实现一定的创新和突破。

2. 工程解决能力

随着新技术发明应用的不断丰富、人类活动领域的不断拓展，现代工程的概念也在不断扩大。20 世纪以来，以空间工程、生物工程等为代表的一大批高度综合性的复杂工程不断刷新现代工程的复杂性程度。特别是当前，多学科交叉融合已成为工程科技创新的新常态，作为多学科综合体的现代工程，其规模日趋庞大、要素日趋众多，复杂性特征也日趋显著，如高端光刻机、光电芯片、化合物半导体、重复使用运载器、低轨小卫星星座、深海潜水器等一批"硬科技"亟待创新突破，对卓越工程师知识能力素质提出了极高要求。善于解决复杂工程问题是大学培养卓越工程师的重要标准。

（1）工程师需要具备运用相关学科原理，识别和判断复杂工程问题的能力。复杂性是现代工程问题的本质。工程师在解决现代工程问题时，不仅要遵循客观世界和人类社会的发展规律，还需要运用其他学科领域或交叉学科的技术和工具。这就需要工程师不仅要具备工程知识，还要具备与之相关的学科知识和原理。

（2）工程师需要具备运用多种可选方案，通过文献研究寻求可代替方案的能力。由于现代工程问题本身所具有的复杂性，传统的方法已经难以解决复杂工程问题，需要有新思路和新方法。事实上，解决复杂工程问题存在着多种方案和途径，这就需要工程师在文献搜集、筛查和整理过程中，找到可替代的、更优化的方案，从而解决复杂工程问题。

（3）工程师需要具备运用基本原理，借助文献研究，分析过程的影响因素，获得有效结论的能力。《华盛顿协议》促进缔约方通过工程教育和专业训练的学生具备基本的专业能力和学术素养，为工程实践所需做好教育准备；各缔约方所采用的工程教育认证标准、政策和程序基本等效；规定了本科生毕业生需要的知识深度和广度，强调所学知识不是"简单地"套用，而是对知识的"深入"了解和应用，不能"照搬"，而是要"分析"，并最终获得有效的结论。

3. 知识应用能力

我们要探索形成中国特色、世界水平的工程师培养体系，努力建设一支爱党报国、敬业奉献、具有突出技术创新能力、善于解决复杂工程问题的工程师队伍。实践是卓越工程师培养最好的"磨刀石"。

《工程教育认证通用标准（2018 版）》对学生的"工程知识"提出了"学以致用"的要求，其包括两个方面：学生必须具备解决复杂工程问题所需数学、自然科学、工程的基础和专业知识，能够将这些知识用于解决复杂工程问题。前者是对知识结构的要求，后者是对知识应用的要求。工程师的知识应用能力主要包括以下三个方面。

（1）工程师需要具有运用数学、自然科学、工程科学的语言工具表述工程问题的能力。

分析工程问题是一项复杂的工作，不仅需要本学科知识，还需要结合其他学科知识，甄别确认、表达描述相关工程问题，获得被证实的结论。

（2）工程师需要具有针对具体的对象建立数学模型并求解的能力。分析、研究、解决现代工程问题时需要借助模型，例如抽象模型、物理模型、数学模型等，对工程问题的内外部联系进行分析，这就要求工程师具备一定的建模能力，在建模的思路和采用的方法上有一定的突破。

（3）工程师需要具有应用数学、自然科学和工程科学的基本原理，识别、表达并通过文献研究分析复杂工程问题，以获得有效结论的能力。分析解决复杂工程问题，需要本学科的基本理论、基本规律和基本性质作为支撑，辅之以相关学科的基本原理和运用文献研究的知识，开展对复杂问题的研究。

案例 1-6　一个优秀的数据产品经理是怎样炼成的？

近年来，随着 GrowthHack、精益化运营、数据化运营等概念渐入人心，数据产品这个名字被提及的次数越来越多。

如何设计数据产品？

对于产品设计来讲，一些固定的步骤必不可少，厘清这些内容后，大到系统级的产品规划，小到功能级的产品设计，概念上都会清晰很多，我们将它抽象分成了五个步骤。

1. 面向什么用户和场景

任何产品设计均需要明确面向的用户和场景，因为不同用户在不同场景下打开产品的姿势也大不相同。

（1）不同用户有不同的价值。这个方法主要面向第一类，即企业内部产品。这里并不主张职位歧视，只是从数据能产生的价值来看，高层的一个正确决策可以节省企业大量的成本。

（2）不同层级用户关心的颗粒度不一样。永远要提供下一个颗粒度的分析以及可细化到最细颗粒度的入口。数据分析本质上就是不断细分和追查变化。

（3）不同类型用户使用数据的场景不一样，要围绕这些场景做设计。如 Sales 类型的客户，他们更多的场景是在见客户的路上快速看一眼数据，那么移动化和自动化就很关键。在设计的时候，原则就是通过手机界面展现关键指标，不涉及详细分析功能，而且在某些指标异动时能及时通过手机通知。而对于办公室的数据分析师，则必须提供 PC 界面更多细化分析对比的功能。

要了解自己的用户，必须和他们保持长期有效的沟通。例如，GrowingIO 的 PM 每周都会有与销售和客户沟通的习惯，而且每位 PM 入职后，必须兼职一段时间的客服。只有这样，PM 才能更好地了解用户以及他们的使用场景，进而设计出更好用的产品。

2. 解决什么问题，带来什么价值

解决什么问题，带来什么价值，本质上是要明确产品满足了用户的什么需求。所有需求均有价值和优先级。

首先判断核心需求是什么，可用 Demand/Want/Need 方法分析。用户来找你要可乐（Demand），如果你没有可乐就无法满足用户，但其实他只是要解渴（Want），需要的只是一杯喝的东西就够了（Need）。

其次判断需求的价值，可用 PST 方法分析。P：x 轴，用户的痛苦有多大；y 轴，有多少用户有这种痛苦；z 轴：用户愿意为此付出多少成本。三者相乘得出的结果才是这个需求的价值。

以一个利用 GrowingIO 的新功能做出来的漏斗图为例。客户最开始说的是我们要个漏斗分析（Demand）的功能，但核心需求（Wand）是改善用户使用产品过程中的流失问题。那么不同来源、不同层次的用户，在不同的使用时间、不同的环节都需要进行监控和优化，最终设计出来的就是这个可以根据不同纬度、不同环节进行对比分析的 GrowingIO 漏斗（Need）。

3. 问题分析的思路是什么

以上两点其实都还是普通产品经理的范畴，到了这一部分才真正开始数据产品经理的专业课。明确了问题后，应该通过什么样的思路进行分析，需要明确以下原则。

（1）数据产品经理一定要有数据分析技能，这样才能更好地创造更大的数据价值。

（2）数据产品设计理念应从总览到细分，并且不断对比。

（3）总览应提纲挈领，简明扼要，让用户先了解当前发生了什么事情和问题的大概方向，不要让用户一进来就扎进繁杂的细节中。

（4）细分应该提供足够丰富的维度以便于分析。每次细分必须带着指标下去，所有分析的结果必须可以落实到动作执行，并与业务紧密相关。

（5）数据本身没有意义，数据的对比才有意义。数据产品的核心就是把这种对比凸显出来。这个环节是数据产品经理最核心的部分，也是区别于其他产品经理的部分，同时也是要求甚高的部分。因此，数据产品经理既要有丰富的产品设计经验，又要有深刻的业务理解能力和数据分析能力。

4. 确认数据是否准确完备

分析思路需要相应的数据支撑，数据展示类的产品更不用说，即使是用户画像的算法类产品，也必须有足够准确的数据做支撑。在确认数据是否准确完备的过程要注意以下两点：

（1）数据的完备性。提前明确所有需要的数据是否已经准备完全。数据就像水面上的冰山，展示出来的只是很小的一部分，它的采集、清洗和聚合才是水面下 98% 的部分。所以，如果需要的数据没有采集或没有经过清洗的话，会让整个工期增加极大的不稳定性。

（2）数据的准确性。在埋点采集的时代里，很多时候人们临到使用才发现这个埋点的方式一直都是错误的，或者发现这个指标计算的方法没有把某种因素排除掉。这种情况在企业内部类产品比较常见，因为部门众多，口径繁杂，一不小心掉进去了，就别想爬出来。

所以，一个优秀的产品经理想要跟 Facebook 一样做到 Data Driven，必须首先做到数据的完备和准确，埋点是必须要解决的痛点。国内很多公司开始使用来自硅谷的新一代数据分析产品 GrowingIO，它采取的无埋点数据采集方案，可以解决在数据准备上遇到的很多问题，使得数据所见即所得，完备性和准确性迎刃而解。

5. 选择什么样的产品形态

以上四步最终确定完成之后，就可以选择相应的产品形态了。常见的数据产品形态有：着重于数据呈现的有邮件报表类、可视化报表类、预警预测类、决策分析类等；着重于算法类的用户标签、匹配规则等。这里挑可视化报表类跟大家分享下。

（1）指标的设计。

首先，需要明确什么类型的产品适用什么样的指标。如电商最核心的是订单转化率、订单数、订单金额等；对于社交网站来讲，则是日活跃用户数、互动数等。

其次，逐层拆分，不重不漏，即 MECE(Mutually exclusive, collectively exhaustive)原则。例如，将订单金额拆成订单数单均价，订单数也可以往下细分出用户数人均订单数，不同的用户还会拥有不同的人均订单数，一层层往下拆分。拆分要确保指标能明确表达含义，为上层的分析思路提供依据，明确指标定义，统计口径和维度。

（2）指标的呈现。

指标的呈现就是数据可视化，这对数据产品经理来说极为重要。它并不只是 UI 设计师的工作，因为它涉及别人怎么去理解你的产品和使用你的数据。一方面，需要阅读相关专业的书籍；另一方面，要去观察足够多的产品，看他们是如何实现的。这里有一些通用的规则可以和大家分享：同时着重展示的指标不超过 7 个，5 个比较合适；在设计指标的展现时，要明确指标之间的主次关系。几种图表形式的使用建议：趋势用曲线图，占比趋势用堆积图，完成率用柱状图，完成率对比用条形图，多个指标交叉用散点图。为合适的指标选择合适的形式很重要。

互动环节

根据案例 1-6 中提到的数据工程师的职业技能，分析其他专业工程师在哪些方面具有共同的职业技能。

1.4.3 职业技能的作用

在这个竞争激烈的社会中，想要拥有更大的发展空间，首先个人要有超强的工作能力，其次要有较强的工作素质。任何一个公司、高效团队的发展，都需要有一批高素质的人才来支撑，这些高素质的成员并非只有超高的劳动技能，而且要具有好品德。这些技能和品德并不是在学校和课本里就能够学会的，而是要经过许多年的实践拼搏才能练就。所以，很多企业在发展过程中，更加注重对人力资源的管理。同时更多的从业人员想通过参加相关专业的学习来提升自己，不仅能为企业的发展做出更大的贡献，同时也能为自己开拓更大的发展空间，实现自己的人生梦想。

1. 一定的职业能力是胜任某种职业岗位的必要条件

任何一个职业岗位都有相应的岗位职责要求，一定的职业能力则是胜任某种职业岗位的必要条件。因此，求职者在进行择业时，首先要明确自己的能力优势以及胜任某种工作的可能性，在基本确定自己的职业能力和发展可能性的基础上才能进行有效的职业选择。职业能力包括专业技术能力和专业知识两方面。专业技术能力是指从事职业活动所必需的知识和技能，以及运用已经掌握的知识和技能解决生产实际问题的能力。专业知识是指从事某一专业工作所必须具备的知识，一般具有较为系统的内容体系和知识范围。掌握专业知识是培养专业技能的基础。

2. 职业实践和教育培训是职业能力发展的前提

首先，职业实践促进职业能力的发展。职业能力是在实践的基础上得到发展和提高的，一个人长期从事某一专业劳动，能促使人的能力向高度专业化的方向发展。例如，计算机文字录入人员随着工作的熟练和经验的积累，录入的速度会越来越快，准确性也会越来越高。个体的职业能力只有在实际工作中才能不断得到发展、提高和强化。其次，教育培训促进教育能力的提高。个体职业能力除了在实践中磨炼和提高，最有效的途径就是接受教育和培训。例如，职业教育、专科教育、大学本科教育、研究生教育等，学生通过对有关知识和技能的掌握来提高能力，对以后更好地胜任本职工作会有极大的帮助。

3. 职业能力是发展和创造的基础

能力是成功地完成某种任务或胜任某种工作所必不可少的基本因素，没有能力或能力低下，就难以达到工作岗位的要求。个体的职业能力越强，各种能力越是综合发展，就越能促进人在职业活动中的创造和发挥，就越能取得较好的工作绩效和业绩，也就越能给个人带来职业成就感。[①]

案例 1-7　大国工匠这样"炼"成

最初看不懂生产图纸的电焊工人，可以成长为"大国焊将"；一支普通的口红，能变成创新的灵感来源；面对高炉碳砖"巨无霸"，筑炉工艺可达"毫米级"……技能带来的精彩与不凡，常常在生产一线、工厂车间竞相绽放。

2021 年 6 月 22 日，第十五届高技能人才表彰大会在北京举行，30 名来自不同行业的大国工匠获得中华技能大奖这一殊荣。"国"字号技能大师是如何炼成的？漫漫技能之路上，时间与经验如何沉淀出事业成功的芬芳？一起看看他们的故事。

"不是一味干'粗活'，知识和技术才是实现人生价值的本钱"

"我只是一个普通的人，在普通的岗位上做到了极致。"刘丽，中国石油天然气集团有限公司的一名采油工、高级技师，也是这次中华技能大奖的获得者。28 年，刘丽从基层采油女工成长为石油工业油气生产领域的专家型技能人才，她对自己职业生涯的评价只是这短短的一句话。

1993 年，刘丽从技校毕业，在父亲的影响下，来到中石油标杆队 48 队担任采油工。由于工作性质特殊，采油工这一行男性职工占比大，而刘丽在采油一线坚守了 28 年。

"采油工并不是一味干'粗活'，知识和技术才是实现人生价值的本钱。"怀着这样的信念，刘丽不断提升理论和实际操作水平。平日总是怀揣一本技术书，白天上井对照实物琢磨，下班回家再把知识整理成笔记，直到吃透弄懂。28 岁时，她被破格聘为采油技师，35 岁时成为大庆油田最年轻的中国石油天然气集团公司技能专家。

没有人是天生的能工巧手，这些大国工匠的故事里，有着同样的钻研劲儿。

王汝运如今是中国铁路工程集团有限公司的高级技师，是对中国桥梁建设有突出贡献的"大国焊将"。在国家重点工程南京二桥的建设中，他一人完成的焊缝总长度就达到 2000 多米，被大家称为"南二桥上的拼命三郎"。

---

① 高亚军. 大学生职业生涯规划：职业素养与能力篇. 北京理工出版社，2015.01：50.

但是谁能想到，刚参加工作时，只有初中学历的他曾连生产图纸也看不懂，关键任务都插不上手。面对理论知识的欠缺，他自费购买大量技术类书籍，坚持每天工余时间刻苦钻研，笔记写满了十几个厚厚的笔记本。勤学苦练，拜师学艺，技能钻研之路何其充实。

2017年，王汝运率队参加上海金砖国家国际焊接大赛，一举实现中国中铁在国际大赛中奖牌"零"的突破，也在国际舞台上赢得一份荣耀。桥梁焊接劳动强度极大，技术要求极高。30多年来，王汝运一心扑在了这个融苦、脏、累、难为一体的工作岗位上。"技术代表能力，实干代表品质"，这是他的信念。

"不仅要能干苦干，还必须会干巧干，不创新迟早被淘汰"

除了满足工作岗位的需求，如何把活干得更巧、干得更快、干得更好是大国工匠们常常琢磨的问题。技能的追求没有止境，在一遍遍的研发、生产、实验、修改、再实验中，他们解决了大量的实际难题，也为企业和社会创造更大的价值。

有的来自生活中的小小灵感——几十年来，采油工一直沿用传统的抠取办法更换盘根盒密封圈，"总漏油、盘根寿命短、换起来费劲"，小小的盘根让采油工没少吃苦头。2000年，刘丽开始琢磨解决这一难题。她受到口红的启发，设计了"上下可调式盘根盒"，并在十几年间进行了五代改进，使盘根更换时间从40多分钟缩短为10分钟，盘根使用寿命从1个月延长到6个月。

有的来自千百次的试验——砌筑是各类冶金炉窑建造的关键环节，在筑炉过程中，上千块耐火砖拼接在一起，砖缝的大小是一门大学问。在武钢7号高炉本体砌筑施工中，一块高炉碳砖长约1.7米、重达近1吨，面对这个"巨无霸"，中国五矿集团有限公司筑炉工吴春桥带领团队不断调整泥浆黏稠度，筛选砌筑手法，制定不同的砌筑方案。最终，经他砌筑的碳砖砖缝达标，墙体表面平整度均保证在1毫米以内。他的"毫米级"筑炉工艺相继在中国容积最大、工艺最先进的7.63米焦炉、6.25米捣固焦炉和7米焦炉，以及巴西、南非、印度等海外大容积焦炉中推广应用，经济和社会效益"杠杠的"。

有的来自向"不可能"进发的勇气——核电发电机是将核能转化为电能的最终环节，也是最复杂、最贵重的电气设备，造价高达数亿元，而检修是发电机稳定运行最重要的保障。检修中，发电机定子线棒吹干是一项世界性难题，过去国内没有专用工具，手工方法不但安全性差，还要耗时15天才能完成，长期以来，"快速吹干"被视为一项不可能实现的目标。但中国广核集团有限公司高级技师王建涛爱动脑搞发明，他打破固化思维，发明了定子线棒全自动快速吹扫装置，并经10年改进五代产品，将吹干时间大幅缩短到7.5小时，消除了安全隐患，单次可节约90人工日和7天工期，甚至比国际同类装置更快！

王汝运说："市场思维的改变，产品技术的升级，要求一线工人不仅要能干苦干，还必须会干巧干，不创新迟早会被淘汰。"大国工匠们的成长之路，也是一条创新攀登之路。

传、帮、带，让技能薪火相传，点燃年轻人的工匠梦想

一个人可以跑得很快，但一群人可以跑得更远。翻开本届中华技能大奖获得者的履历，年龄多在40~50岁之间。如何能让技能薪火相传，是他们不断思考和实践的命题。

从事采油工作20多年的张义铁，是中国石油化工集团有限公司的一名高级技师。为了让更多石油工人成为技术大拿，张义铁牵头成立了油田首个技师工作室。他坚持举办"技术课堂进井站"活动，上门送教，定期把技术知识送到一线，每年培训基层岗位员工有500人以上。从这里，先后走出42名技师、高级技师，10名省部级技术能手，20名公司级技术标

兵。2020 年，张义铁技能大师工作室被评为国家级技能大师工作室，用实际行动让石油事业的人才队伍生生不息。

"吃科技饭，走创新路，技能成就人生"，本溪钢铁（集团）机电安装工程有限公司高级技师罗佳全将这样的职业态度带到团队中间。总结工作技能、积累宝贵经验的同时，罗佳全充分发挥技能领军人才的"传、帮、带"作用，积极搭建科技创新平台，传授毕生的高超技艺。以他为带头人的国家级技能大师工作室形成了电气自动化实操、电气高压系统实操、高压电缆接头制作、试验、故障查找等功能体系完备的培训室和实操演练、比武场地，在全国冶金系统首屈一指。

更有许多技能大咖拥抱新方式，点燃年轻人的梦想。齐名是华北制药金坦生物技术股份有限公司的维修电工、高级技师，他技校毕业，却"驯服"了一台又一台"洋设备"，用坚韧不拔的"牛劲儿"诠释着新时代工匠精神。为带动年轻人学技术，他走进校园传道授业；疫情防控期间，更主动利用业余时间免费录制技能直播课程，与全国职工分享技能和经验，线上 4 万多人观看……

"干一行，爱一行，只要恒久追求，平凡的岗位上也能尽展靓丽风采，镌刻无悔人生"。正是在他们的感召和带领下，越来越多的产业工人在追求精益求精的"工匠精神"的道路上迅速成长，成为改革发展的主力军。相信随着社会土壤日渐肥沃，中国的技能人才队伍也将迎来满园绽放的春天。

> **互动环节**
> 1. 你认为大国工匠身上有哪些技能是需要大学生学习的？
> 2. 作为一名大学生，如何提高职业技能？

1.5　工程师的职业规范

1.5.1　职业规范的含义

职业生活中的职业规范是对从业者职业意识、职业态度和职业行为加以引导的主要手段，它对从业人员的职业意识、职业态度和职业行为所具有的规约和引导功能与一般的社会规范功能一样，具有同质性。规范是人类社会生活中普遍存在的一种现象。罗国杰教授对规范作了如下界定："就一般意义上说，规范就是一种标准、一种准则，这种准则或标准既可以是人们约定俗成的，也可以是人们有意识制定的。最常见规范的地方是法律生活领域和道德生活领域。"[①]

在社会生活中，我们总是遇到且会与各种不同的规范"打交道"，如风俗习惯中约定俗成的规则、交通规则、行政法规、岗位规章、公司法、劳动法、婚姻法等。由此可见，规范在社会生活中是普遍存在的。规范既是主观的，同时又具有客观的社会基础。

---

① 丘吉. 培育职业精神的哲学思考：从职业规范的视角看职业伦理. 中国人民大学学报，2012(02)：75-82.

职业规范是指维持职业活动正常进行或合理状态的成文和不成文的行为要求，这些行为要求就是人们在长期活动实践中形成和发展起来的，并为大家共同遵守的各种制度、规章、秩序、纪律、风气、习惯等。它们有的反映了人与人之间的关系，如组织观念、劳动纪律、集体准则、人事制度等，这些属于组织系统方面；有的反映了职业劳动中人与物的关系，如职业劳动的操作规程、安全要求等，这些多属于技术系统方面。职业规范是保证职业劳动过程中人、物、财、事等因素之间协调一致和有条不紊的手段。①

1.5.2 职业规范的内容

职业规范是一个立体交叉的网络系统。从广义上讲，职业规范包含岗位规范、法律规范和道德规范三个基本层次。其中，岗位规范和法律规范是职业活动的"刚性"要求，是从业人员在职业活动中必须遵循和完成的"规定动作"，处于职业活动的表层。职业道德规范则是从一整套支配从业者职业规范体系构成要素中提炼出来的、规约从业者职业意识和职业行为的深层次内容，是职业活动中的"柔性"要求，处于职业活动的最深层（核心）。

从狭义上讲，职业规范一般通过职业礼仪、职业准则、职业义务和职业责任等形式表现出来，通常从职业道德的角度对其进行审视和界定。职业礼仪也称职场礼仪，是人们在长期的职业实践活动中逐渐形成并确定下来的、职业人在特定的职业环境中必须按照一定的仪式和程序对他人表示尊重的行为规范。它是职业行为的基础内容，是职业素养的外在表现，需要深层次的职业意识和职业道德做支撑。职业准则包含着更高的职业智慧和更多的理性思考成分，是更加明确的道德命令，它明确告诉从业人员什么该做，什么不该做，具有更加明确的善恶倾向。职业义务除了告诉从业者什么该做，什么不该做，还包含着"必须"的命令成分，它是职业人必备的职业要求和职业素养，其命令成分高于职业准则。职业义务与职业责任在要求上基本保持一致，但二者之间又存在明显区别：职业义务强调社会的客观要求，无论从业者是否意识到或是否认同自己所从事的职业义务，义务对他来说都是客观存在的，是不以其个人意志为转移的；职业责任强调的是从业人员的职业自觉性，即自觉意识到自己的职业义务，并尽心竭力去为之努力和付出。可以说，职业责任是对职业义务的自觉，是从业者职业精神的真实体现，是职业活动的核心要素。由此可见，虽然职业义务和职业责任各有特点，但它们在基本精神上是一致的。

1.5.3 职业规范的合规要求

职业规范是工程教育中除技术能力外的一项重要的非技术性能力，在工程人才的培养中发挥着重要作用。2021年3月，联合国教科文组织（UNESCO）发布的《工程——支持可持续发展》报告中对工程领域的区域优势分析结果显示，欧洲各国的雇主对年轻人在掌握领导力、创造力、职业道德、问题解决与分析等软技能方面的需求很大，德国、法国、英国、西班牙、意大利、希腊、葡萄牙、瑞典的雇主对职业道德的重视程度与年轻人在掌握职业道德之间的差异在15%以上，法国、希腊的雇主此项差异高达27%～28%，②提升人才的职业规范培养质量成为亟待解决的问题。作为一名工程师，需要遵守的职业规范有技术规范和

① 艾建勇，陈英. 职业道德与职业素养. 重庆大学出版社，2011.01：4.
② 联合国教科文组织. 工程—支持可持续发展[R]. 巴黎：联合国教科文组织，2021.

社会规范两个方面。

1. 工程师必须遵守技术规范

技术规范包括质量为主、安全第一。

(1) 工程师要坚持质量为主。工程质量问题归根结底是工程利益相关者的利益分配问题。[①] 共同的利益将与工程有关的成员联系在一起，为了共同的利益有人会选择牺牲质量，增加收益。投资者和管理者作为工程主体的相关人员，往往更倾向于经济利益的获取，导致一系列工程问题的出现。为避免类似事件再次发生，工程的相关成员之间要合理分配利益。

(2) 工程师要坚持安全第一。安全第一要求工程师在开展工程活动前要预先防范，在工程活动中要正当规范，在解决具体矛盾时要始终将安全作为最大权重。工程设计阶段存在的缺陷、施工过程中的违规操作和质量问题的监管不力都是安全问题的集中体现，为降低工程安全问题发生的概率，必须牢固树立安全重于一切、高于一切的观念。

2. 工程师必须遵守社会规范

社会规范包括以人为本、可持续发展。

(1) 工程师要坚持以人为本。以人为本不仅是工程的指导原则，更是工程伦理道德的体现。在工程建设中，以人为本表现为能够将人作为发展的首要条件，尽最大努力保护人的生命、尊重人的主体地位。以人为本要求相关人员在参与工程活动时，要将人的健康、安全置于至高无上的位置；在涉及利益问题时，以民众的利益为先。

(2) 工程师要坚持可持续发展原则。可持续发展是指满足当代人类的生存与发展的各项需求，但要以确保未来人类的利益不能受到损害为前提。开展工程项目，不仅要达到发展经济的目标，同时还要保护人类生存发展所必需的自然环境和自然资源。在经历了环境问题和自然灾害后，人们已经认识到了可持续发展的重要性，所以要有意识地协调经济发展与环境保护之间的关系，坚持可持续发展的原则，解决日前高度关注的生态环境问题。

案例 1 - 8　从互联网从业人员自身做起，提升职业道德修养，构建清朗网络空间

自 1994 年接入国际互联网至今，我国迅速发展为网民规模超 10 亿的互联网大国，形成了全球最为庞大、生机勃勃的数字社会。互联网不断深入渗透社会各个方面，成为日常生产生活不可或缺的部分。与此同时，部分互联网行业企业及从业人员无序生长，带来个人信息过度收集和滥用、不当言论扩散、虚假夸大宣传、大数据杀熟、不公平竞争等种种乱象，对社会和谐稳定及人民切身利益已造成一定危害。

近年来，在网络强国战略指引下积极推进互联网行业持续发展的基础之上，国家相关主管部门陆续出台了一系列政策法规，对互联网行业持续健康发展明确要求、提供引导。为规范互联网行业从业人员职业行为，加强互联网行业从业人员职业道德建设，2022 年 1 月 5 日，中国网络社会组织联合会发布《互联网行业从业人员职业道德准则》（以下简称《准则》），从政治、法律、道德、诚信、奉献、技术等六个方面，提出了坚持爱党爱国、坚持遵

---

① 徐生雄：大工程观视域下工程伦理原则和规范思考，硕士学位论文，昆明理工大学科学技术哲学，2017 年，第 27 页。

纪守法、坚持价值引领、坚持诚实守信、坚持敬业奉献、坚持科技向善的鲜明倡议，并由此明确了互联网行业从业人员的职业道德规范，为把稳互联网行业逐浪之帆再添一副舵，为促动网络强国建设动能再加新推力。

"民有所呼，我有所应；民有所求，我有所为"。加强互联网行业从业人员职业道德建设，已是民心所向。

网络空间是亿万民众共同的精神家园。新时代广大网民特别是青少年，需要一个风清气正的网络空间。这就要求互联网行业从业人员本着对社会负责、对人民负责的态度，加强网络内容建设，做强网上正面宣传，培育积极健康、向上向善的网络文化，用社会主义核心价值观和人类优秀文明成果滋养人心、滋养社会，做到正能量充沛、主旋律高昂。《准则》的六项要求，正顺应着广大网民对互联网行业规范有序、网络文明昂扬向上的热切需求。

"凡益之道，与时偕行"。加强互联网行业从业人员职业道德建设，更是社会所需。

正如我们所见，互联网行业在支撑社会生产生活及国家各方面发展中的基础性作用日益凸显。如果互联网行业的经营规范自觉和底线思维意识没有及时跟上行业壮大的进程，如果互联网行业从业人员的职业行为规范和职业道德养成与工作岗位要求和社会广泛期待产生错位，那么对社会公共利益的折损效果将逐渐显现。中共中央办公厅、国务院办公厅2021 年 9 月发布的《关于加强网络文明建设的意见》中明确提出，"加强网络文明建设，是推进社会主义精神文明建设、提高社会文明程度的必然要求，是适应社会主要矛盾变化、满足人民对美好生活向往的迫切需要，是加快建设网络强国、全面建设社会主义现代化国家的重要任务。"加强互联网行业从业人员职业道德建设，压实网络平台主体责任和行业自律，即是互联网行业行稳致远的一次自我完善。

"言忠信，行笃敬"。我国互联网行业要在新时代取得更大的新作为，必须在生产经营过程中将经济效益与社会效益并举。而作为互联网行业中最广泛的能动性因素，互联网行业从业人员应当以促进行业风清气正发展"第一责任人"的态度，不断提升职业道德水平，依法依规自觉规范职业行为。涓滴之流可积成江河，互联网行业从业人员积极按照《准则》要求，从自身做起、从日常工作做起提升职业道德修养，定能为推动构建清朗网络空间及建设网络强国作出必不可少的贡献。

> **互动环节**
>
> 　作为互联网行业从业人员，应从哪些具体方面加强职业规范？

本 章 小 结

职业素养是职业内在的规范和要求的综合，是在从事某种职业过程中表现出来的综合品质，是员工素质的职场体现。它包含职业道德、职业观念、职业技能、职业规范等方面。在工程领域，职业素养体现着一个工程师在职场中成功的素养及智慧。

工程师的职业伦理责任是指经过工程师资格权威认证机构认证的工程师应当在工程活动中依据公正和关护原则，自觉地为与包括当代人和后代人在内的工程利益相关者的行为承担事前、事中、事后责任。工程师应该深入理解工程师职业伦理的核心要义，始终将公众利益置于个人利益之上，在工程活动的各个时期坚持履行自己的职业伦理责任，提高工程的社会效益，使工程技术不断进步、工程成果能够造福全社会。

工程师职业精神的价值指向包括爱岗敬业的家国情怀、爱党爱国的核心价值、精益求精的工匠精神等方面。人们对职业责任的坚守程度会影响其生活目标的确立和人生道路的选择，人们对职业活动方式、职业利益和职业义务的认识，能够促进其对于具体社会义务的文化自觉。职业情趣、爱好和作风反映着从业者在职业品质和境界上的特殊性，而它们又带有个人倾向，会反过来对个体所从事的职业活动的环境、性质、内容、方式以及职业内部的相互关系产生无形的影响。

工程师必须具备的职业技能包括技术创新能力、工程解决能力和知识运用能力等。一定的职业能力是胜任某种职业岗位的必要条件，职业实践和教育培训是职业能力发展的前提，职业能力是发展和创造的基础。

职业规范是指维持职业活动正常进行或合理状态的成文和不成文的行为要求，这些行为要求是人们在长期活动实践中形成和发展起来的，并为大家共同遵守的各种制度、规章、秩序、纪律以及风气、习惯等。

第二章　现代工程意识素养

学习目标

　　通过本章的学习，让大家能够认识现代工程意识的含义，了解现代工程技术人员应该具备的基本工程意识，并且能够正确认识与树立良好的现代工程意识。

　　工程架起了科学发现、技术发明与产业发展之间的桥梁，是产业革命、经济发展和社会进步的推动力。而随着时代的进步，现代工程具有系统性、复杂性、集成性和组织性的特点。因此，每一项工程的实施都关系着社会主义现代化的建设和伟大复兴中国梦的实现。那么，如何做好每一项工程以及如何做一位合格的工程人员就成了时代发展所面临的课题。而工程人员只有树立正确的现代工程意识，才能做出符合科学发展观的好工程，才能为国家、社会和人类做出贡献。因此，现代工程人员树立正确的现代工程意识就成了贯彻科学发展观、建设和谐社会的基本要求。据此，本章着重从质量意识、安全意识等九个方面进行重点阐述。

　　现代工程意识是指从系统的、整体的全局观出发，分析工程的效用和利弊，以及由此引申而来的科学技术问题、功能审美问题、生态环境问题、资源安全问题、伦理道德问题等，将工程技术、科学理论、艺术手法、管理手段、经济效益、环境伦理、文化价值进行综合，树立科学的可持续发展观。作为新时代的工程师，应该具有必要的现代工程意识。

　　2013 年 11 月 28 日，教育部、中国工程院印发了《卓越工程师教育培养计划通用标准》（教高函〔2013〕15 号）。这个通用标准规定了卓越计划各类工程型人才培养应达到的基本要求，同时也是制定行业标准和学校标准的宏观指导性标准。通用标准分为本科、硕士和博士三个层次。根据通用标准以及社会发展的需求，现代工程人员应具有良好的质量意识、安全意识、效益意识、环境意识、职业健康意识、服务意识、创新意识、精细化工作意识以及保密意识，如图 2-1 所示。

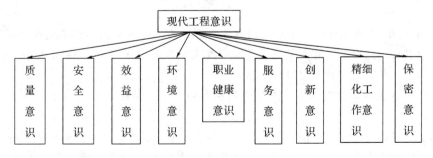

图 2-1　现代工程意识

2.1　质　量　意　识

案例 2 - 1　凤凰县沱江大桥垮塌事故

2007 年 8 月 13 日下午，北京时间 16 时 45 分许，位于中国湖南省凤凰县的在建沱江大桥突然坍塌。此次事故中，64 人遇难。垮塌的凤凰县沱江大桥如图 2 - 2 所示。

沱江大桥是一座大型四跨石拱桥，长 328 米，每跨 65 米，高 42 米，计划投资 1200 万元。从凤凰县到贵州铜仁大兴机场的凤大公路堤溪段，原本定于八月底竣工通车，作为湘西自治州五十周年庆典献礼。该桥与 2007 年 6 月 15 日被撞垮塌的广东九江大桥同为湖南省路桥建设集团公司建造。

图 2 - 2　垮塌的凤凰县沱江大桥

（图片来源：2017 年 9 月 25 日 23:47:53，百度图片）

事　故　经　过

2007 年 8 月 13 日 16 时 45 分许，湖南省湘西自治州凤凰县沱江大桥发生坍塌事故，造成人员严重伤亡。党中央、国务院高度重视，要求地方和有关部门尽快组织各方面做好抢救和善后工作，查明原因并严肃处理。

沱江大桥在主体工程完工后，已经开始拆卸脚手架。事故现场约有 100 多人，成功逃离、救出 86 人，20 余人失踪。到 2007 年 8 月 16 日止，共有 41 人遇难，4 人生还，22 人受伤（其中危重 2 人、重伤 1 人），部分遇难者家属获 5 万安葬费。大桥坍塌损害了桥下通过的取水管道，凤凰县自来水厂从 8 月 14 日早晨开始在县城范围内停水，居民及游客用水困难。湘西外宣办官员证实，一个多月前，第三个桥墩发生下沉现象，加固以后继续施工。自此，该大桥被媒体认为是豆腐渣工程。

垮　塌　原　因

重庆建筑科学研究院的桥梁专家蒲姓高级工程师称，垮桥可能是三种原因导致。第一种原因是桥垮时多名工人正在同时施工拆支架，这表明主要的原因可能是没有按照规范的拆卸方法来拆支架。这种石拱桥一般采用的是满堂支架，在拆卸时要按照"对称分段"的原则进行，先拆两边拱脚，再拆中间拱顶，不能同时拆。第二种原因是砂浆或者混凝土龄期强度没达到规范要求就拆卸支架。还有一种原因是建造中使用的原材料不合格。前两种原因均是由于赶工期而忽视质量所造成的。当地媒体 2007 年 6 月 18 日报道，在湘西自治州副州长视察时，堤溪大桥的业主——湘西自治州凤大公路公司总经理游兴富对建设情况进行了汇报："通过开展劳动竞赛促进工程进度，堤溪沱江大桥克服了施工场地窄、桥下净空高度大、砌体体积大和多跨加载难度大等不利因素，现主拱圈砌筑已完成 85%。"湘西自治州州委外宣办主任证实，堤溪大桥原打算国庆节时搞竣工典礼，此前一个多月曾发生第三个桥墩下沉现象，后经加固处理才继续施工。

事故调查结果

国务院事故调查组经调查认定，这是一起严重的质量事故。由于施工、建设单位严重违反桥梁建设的法规标准，现场管理混乱，盲目赶工期，监理单位、质量监督部门严重失职，勘察设计单位服务和设计交底不到位，湘西自治州和凤凰县两级政府及湖南省交通厅、公路局等有关部门监管不力，致使大桥主拱圈砌筑材料未满足规范和设计要求，拱桥上部构造施工工序不合理，主拱圈砌筑质量差，降低了拱圈砌体的整体性和强度，随着拱上施工荷载的不断增加，造成 1 号孔主拱圈靠近 0 号桥台一侧 3 至 4 米宽范围内，砌体强度达到破坏极限而坍塌，受连拱效应影响，整个大桥迅速坍塌。根据国务院常务会议的决定，对事故发生负有责任的湖南省交通厅、湘西自治州政府相关负责人，省、州公路局和省路桥集团公司，以及设计、监理、质监等单位的 32 名责任人给予相应的政纪、党纪处分。

在案例 2-1 中，国务院事故调查组经调查认定这是一起由于赶工期而忽视质量所造成的工程质量事故，其实就是相关工程人员缺乏良好的质量意识而造成的悲剧。类似的因为缺乏质量意识而造成的工程事故还有很多，下文主要对现代工程人员应该具有的质量意识进行阐述。

2.1.1　树立正确的质量意识

日本经营之神松下幸之助有句至理名言："对产品质量来说，不是 100 分就是 0 分。"其实，无论什么产品，只要涉及丝毫的质量问题，都意味着失败。质量到底有多重要，我们不妨先来看一个二战时期美国降落伞的故事。

案例 2-2　降落伞的故事

第二次世界大战时期，就在巴顿将军所率领的盟军即将在诺曼底登陆之际，他接到了前线的一份统计报告。报告显示，在牺牲的盟军战士中，竟有一半人是在跳伞时摔死的。这让巴顿将军大为恼火，他立刻赶到后方制造降落伞的兵工厂。

巴顿将军十分严厉地对兵工厂厂长说："每个降落伞都关系到一个士兵的生命，从现在开始，降落伞必须 100％合格！"

厂长说："这怎么可能呢？没有什么产品能真正做到 100％合格。这些年我一直在狠抓产品质量，降落伞的合格率已达 99.9％。我已经尽力了，99.9％已经是最高极限了，再没有提升的空间了。"

巴顿怒不可遏，他从兵工厂的仓库里随意抓起一只降落伞包，大声对厂长说，"这是你制造的降落伞，我现在命令你抱着它上飞机！请你这位厂长背着它去跳伞！"

厂长吓得要命，可是迫于将军的权威，只能胆战心惊地照他的话去做……幸运的是这次跳伞成功了。

望着一脸狼狈的兵工厂厂长，巴顿将军严厉地说，"从今天起，以后我们每次验收就从 1000 件降落伞中任意抽出一件，你背着它从飞机上跳下去。"

巴顿将军走后，兵工厂厂长立即将生产工人都召集起来，对他们说，"以后在每一批降落伞出厂前，我会从整批的货品中随机抽取一些，让负责制造该产品的工人背着它去跳伞，以此来检验你们生产的产品是不是达到了 100％合格！"

要求工人们亲自登机试验以检验产品质量，自这个方法实施后不良率立刻变为零，该兵工厂所交付的降落伞的质量始终保持 100％合格。此后，军队中再没有发生因降落伞质量问题而导致伞兵牺牲的事故。

故事解析：在质量问题上，没有折扣可打，不符合标准就是不符合标准，没有任何讨价还价的余地。你在质量上打折扣，消费者也会对你打折扣！我们要尽可能预防错误的产生，决不向伪劣产品妥协，这样我们的顾客才会得到良好的产品或服务，这就是"零缺陷"。

同学们，你从这个故事中得到了什么启示呢？

看完这个故事，我想大家心里都明白了质量的重要性，因此作为现代工程人员首先要具备的就是质量意识。工程质量是保证工程造福于民的关键，工程质量的好坏直接关系到人民的生命安全和国家的经济利益。由于质量事故，利国利民工程变成祸国殃民工程的情况在现实生活中并不少见。而工程人员是工程的建构者和质量的创造者，他们是否具有良好的质量意识会直接影响工程的质量、安全和效益。那么，到底什么是质量意识呢？

简言之，质量意识就是工程技术人员对质量和质量工作的认识、理解和重视程度。拥有良好的质量意识是工程技术人员追求卓越的前提，需贯穿于工程技术人员的整个职业生涯。

美国质量管理大师约瑟夫·莫西·朱兰认为："21 世纪是质量的世纪。"20 世纪 80 年代以来，随着全球市场竞争的日益加剧，质量已成为国际市场竞争的焦点。可以说，质量是企业产品赖以生存的生命线，企业的产品没有优质的质量就没有发展可言。进入 21 世纪，人们对质量问题的关注更加强烈。在市场经济时代，工程质量不仅严重影响着工程企业在市场中的竞争力，而且与人们的生活和生命安全息息相关。工程质量低劣往往会对人们的生命和财产造成重大伤害和损失，这类案例数不胜数。例如，1986 年 1 月 28 日，美国"挑战者"号航天飞机发射升空约 73 秒后突然发生爆炸，七名航天员全部遇难，如图 2-3 所示。这次事故堪称航天史上最大的惨剧，直接经济损失达 14 亿美元，而航天员的生命更是无价。经查明事故原因，"挑战者"号发射升空后，挂在外燃料箱上的一枚助推火箭的密封装置破裂并喷出火焰，把液态氢燃料箱烧出一个洞并引起其猛烈爆炸，酿成了这次航天灾难。在我国，曾经获中国建筑大奖——特别鲁班奖的中国体育博物馆，在使用了仅仅 15 年后就成了危房，如图 2-4 所示。

图 2-3　"挑战者"号航天飞机灾难

（图片来源：2017 年 9 月 25 日 23：53：20 百度照片）

图 2-4　中国体育博物馆

（图片来源：2017 年 9 月 25 日 23：53：20 百度图片）

　　质量是产品的生命和灵魂，国际畅销的世界名牌拥有高出普通品牌几十倍，甚至上百倍的市场占有率和销售额。我国现有 170 万个品牌，数量上与美国差不多，但在《全球竞争力报告》列举的全球 100 个世界名牌中，美国占了 62 个，我国还是空白。工程的最终成果也是产品，当前我国的工程产品数量居世界前列，但工程质量却不容乐观。劳民伤财的豆腐渣工程、腐败工程和政绩工程比比皆是，工程事故频繁发生。以桥梁建设为例，20 世纪90 年代后期，我国的桥梁建设频繁出现质量问题，不仅使社会遭受了巨大的经济损失，而且给人民群众的生命财产造成了巨大损害，例如，重庆彩虹桥倒塌事件、九江大桥垮塌事件、哈尔滨阳明滩大桥断裂事件等都使人民生命财产遭受了重大损失。

　　产品质量责任是与工程师关系最密切的责任之一，为此我国政府还专门出台了相关法律规定。例如，1986 年制定的《中华人民共和国民法通则》第 122 条规定："因产品质量不合格造成他人财产、人身损害的，产品制造者、销售者应当依法承担民事责任。"2000 年 9 月1 日施行的《中华人民共和国产品质量法》第 43 条规定："因产品存在缺陷造成人身、他人财产损害的，受害人可以向产品的生产者要求赔偿，也可以向产品的销售者要求赔偿。"如果工程人员的行为触犯了法律，不仅要承担赔偿损失等民事责任，还要受到取消从业资格等行政处罚，甚至要承担刑事责任。比如《中华人民共和国刑法》第 137 条规定："建设单位、设计单位、施工单位、工程监理单位违反国家规定，降低工程质量标准，造成重大安全事故的，对直接责任人员，处五年以下有期徒刑或者拘役，并处罚金；后果特别严重的，处五年以上十年以下有期徒刑，并处罚金。"因为在工程实践中，工程技术人员要负责设计和监督产品生产，这是工程技术人员的一项主要工作。产品质量形成和实现的过程就是产品的研究开发、设计、生产制造、交换和消费的过程。在这一过程中，任何一个环节出现问题都会影响产品质量的形成和实现。所以，作为工程的建构者和质量的创造者，工程人员的质量意识直接影响着工程的质量、安全和效益。可以说，不论哪类工程，在设计、施工和使用的过程中都要讲究质量意识。

2.1.2 树立正确质量意识的方法

"没有不合格的员工，只有不合格的管理者。"员工是否具有质量意识和管理者是否重视质量意识具有很大关系。为了帮助员工树立正确的质量意识，企业管理者应该从以下几个方面采取措施。

1. 通过培训，让员工认识质量的重要性

（1）培训要有针对性。对于生产员工，要着重培训他们找出问题根源的技能，并使其保持良好的工作状态；对于质检人员，要培训他们使用统计分析的工具，对生产上出现的问题能做好详细分析和归类，能及时发现异常状况，把隐患控制或消除在萌芽阶段，不让其扩大；对于办公室各部门人员，要让他们知道部门协作对质量体系的重要性，使他们能够及时指出体制存在的问题并加以改进。

（2）采用 80/20 原则培训员工。企业可根据 80/20 原则下大力气培训重点人才，花 80% 的培训费用在 20% 的人身上，这样就可以抓住重点。

（3）培训要以真实的案例触动员工的内心。通过一系列真实案例让员工了解产品过去在客户端所发生的故障、事故，以及客户投诉等，让他们知道如果发生质量事故将对公司会产生什么影响等。

2. 建立品质控制（Quality Control，QC）小组

QC 小组被许多企业视为质量改进的秘密武器，它可以让基层员工积极参与质量管理，并在现场解决很多问题，还可以大大减少不良品的产生和质量检验员的工作负荷，使企业在质量改进过程中不断积累经验，达到 PDCA（Plan，计划；Do，执行；Check，检查；Action，行动）的良性循环效果。在划分 QC 小组时，可根据工作的性质和内容，划分以车间为单位、工人为主体的生产现场、施工现场的"现场型"QC 小组。每个 QC 小组的人数一般以 3～10 人为宜，由组内成员民主选举出小组长，该组长必须对全面质量管理有较为深刻的认识，并具有推广的积极性。QC 小组建立之后，应向质量管理部门注册登记，以及向上级 QC 小组主管部门备案。主管部门每年要对其工作进行一次检查和登记，以前的注册登记自行失效，不搞终身制，这样做有利于推广 QC 小组的活动。

3. 建立健全质量管理制度，进一步强化员工的质量意识

"没有规矩不成方圆"，建立健全质量管理制度是搞好质量管理的基础，是提高职工质量意识的重要条件。各企业内部应建立健全的约束机制和有效的激励机制，并使其有效运作。比如，企业实行质量责任制和质量奖惩制度，对于工作质量好的员工就应该大张旗鼓地奖励；对于工作质量差的员工应给予惩罚，这样才能使每个员工都感到压力，工作才有动力，才能从上到下达成一种共识。如果说干好干坏没什么差别，或者差距太小，既不能体现质量的重要性，也不能增强员工的重视度。好的意见或建议都应该给予物质激励和精神激励，这样才能充分调动员工的积极性，真正做到全员参与质量管理，从而进一步增强质量意识。

总之，拥有良好的质量意识是工程技术人员追求卓越的前提，需贯穿于工程技术人员的整个职业生涯。

2.2 安 全 意 识

案例 2-3 7·23 甬温线特别重大铁路交通事故

2011 年 7 月 23 日 20 时 30 分 05 秒，甬温线浙江省温州市境内，由北京南站开往福州站的 D301 次列车与杭州站开往福州南站的 D3115 次列车发生动车组列车追尾事故。此次事故已确认共有六节车厢脱轨，即 D301 次列车第 1 至 4 位，D3115 次列车第 15、16 位，造成 40 人死亡、172 人受伤，中断行车 32 小时 35 分，直接经济损失 19 371.65 万元。

成立调查组

2011 年 7 月 24 日 14 时许，张德江主持召开现场会议，指示成立事故救援和善后处置工作指挥部，由浙江省省长吕祖善任总指挥，国家铁道部部长盛光祖任副总指挥。会上宣布成立国务院"7·23"甬温线特别重大铁路交通事故调查组，由安全监管总局局长骆琳任组长。

事故原因

经调查认定，导致事故发生的原因是：中国铁路通信信号集团公司(以下简称通号集团)所属通号设计院在 LKD2—T1 型列控中心设备研发中管理混乱，通号集团作为甬温线通信信号集成总承包商履行职责不力，致使为甬温线温州南站提供的 LKD2—T1 型列控中心设备存在严重设计缺陷和重大安全隐患。国家铁道部在 LKD2—T1 型列控中心设备招投标、技术审查、上道使用等方面违规操作、把关不严，致使其在温州南站上道使用时导致 D301 次列车驶向 D3115 次列车并发生追尾。

上海铁路局有关作业人员安全意识不强，在设备故障发生后未认真正确地履行职责，故障处置工作不得力，未能起到可能避免事故发生或减轻事故损失的作用。

处理结果

2011 年 12 月 28 日上午，国务院党务会议作出了对这次特别重大铁路交通事故的处理决定。国家铁道部原部长、副部长、总工程师、原副总工程师兼运输局原局长、科技司原司长、通号集团副总经理兼党委常委、上海铁路局原局长、原党委书记等 54 名事故责任人员受到严肃处理。鉴于通号股份公司董事长已因病去世，不再追查责任，对其余涉事人员均给予相应党纪政纪处分。

在案例 2-3 中，国务院事故调查组经调查认定，这是一起由于相关部门负责人和工程人员缺乏相应的安全意识所造成的工程安全事故。类似的因为缺乏安全意识而造成的工程事故不胜枚举，下文主要对现代工程人员应该具有的安全意识进行阐述。

2.2.1　树立正确的安全意识

工程技术直接关系到人们的生命财产安全，早在古代社会就已经涉及技术与安全责任的关系问题。例如，近 4000 年前古巴比伦时期的《汉谟拉比法典》（公元前 1758 年）就对建筑者安全责任进行了以下规定。

假如一个建筑者给人修建了一所房子，但其工作做得不太好，修建的房子倒塌了，并导致房子的主人死亡，那么这个建筑者应当被处死；如果造成房子主人的儿子死亡，那么建筑者的儿子应该被处死；如果造成房子主人的奴隶死亡，那么建筑者应该用自己的奴隶偿还房子主人；如果毁坏了财产，那么就赔偿所有毁坏的东西。因为他没有建好房子，且房子倒塌了，他应当用自己的财产重新建起倒塌的房子。如果建筑者为别人建好房子，但没有做好工作导致墙皮脱落，那么这个建筑者应当用自己的钱将墙修到完好的状态。

《中华人民共和国安全生产法》明确规定，我国的安全生产管理工作必须贯彻"安全第一，预防为主，综合治理"的方针，各个企业制定大量相关的规章制度，强化企业的安全管理，提高员工的安全意识。随着工程活动的规模逐渐扩大，技术水平不断提高，制造产品的技术也变得更为复杂，一般用户很难轻易判别出机器和产品的性能及安全性究竟如何，所以作为现代工程人员就要主动承担起安全责任，也就是说要树立正确的安全意识。那么，到底什么是安全意识呢？

简言之，安全意识就是工程技术人员在从事生产活动中对安全现状的认识，以及对自身和他人安全的重视程度。良好的安全意识关系到人民群众的人身安全和切身利益、国家和企业财产的安全，以及经济社会的健康稳定发展。安全既是工程技术人员从事工程实践的前提和保障，也是企业快速发展、创造利益的需要。可以说，安全是企业生产发展的命脉，安全意识也是员工应具备的核心意识。因此，现代工程技术人员必须具有高度的安全意识，在生产过程中严格遵守相关规章制度和劳动纪律，杜绝违章，只有这样才能实现安全生产并创造效益和价值。

工程是人类物质文明进步的阶梯，工程创新具有内在的不确定性，它可能成功，也可能失败。任何工程都具有风险性，尤其是核电、载人航天等工程的风险性更高。工程风险关系到广大群众的生命和财产安全，影响到人类的生存和长远发展。要避免安全事故的发生，工程技术人员必须首先树立强烈的安全风险意识。例如，载人航天是当今世界最具风险的工程实践活动，我国载人航天工程始终坚持"安全第一，质量第一"的原则，始终坚持"组织指挥零失误，技术操作零差错，产品质量零隐患，设备设施零故障"的高标准，始终坚持把风险控制和质量建设作为工程的生命，建立了科学有效的风险防控机制，为胜利完成飞天航行任务奠定了坚实的基础，其中载人航天工程的图片如图 2-5 所示。

目前我国正处于经济社会高速发展的时期，各种工程活动进行得如火如荼，但与此同时，各种大型矿难、桥梁坍塌等工程安全事故频繁发生，酿成了社会悲剧。通过对社会发展的国际经验进行宏观分析可以看出：人均 GDP 在 1000～3000 美元之间是工程安全事故的

图 2-5　载人航天工程

（图片来源：2017 年 9 月 6 日 00:03:26 百度图片）

多发期，同时也是各种社会问题的多发期。频繁发生的工程灾难，向我们敲响了加强安全风险意识教育的警钟。

人要有安全的意识，才会有安全的行为；有了安全的行为，才能保证安全。对企业来讲，职工是否具有强烈的安全意识显得更为重要。因此，提高职工的安全意识是安全管理的重要内容。

2.2.2　提高安全意识的方法

参照国家安全管理网的相关规定，帮助职工树立与提高安全意识应从以下几方面入手。

1. 视安全为需要，提高自我安全意识

安全意识因人的知识水平、实际经验、社会地位等方面的不同而不同。按美国心理学家马斯洛提出的需求层次结构论，把人的需求从低向高分为生理、安全、社交、尊重、自我实现 5 个层次。其中安全被列为基本的需求，是人对高级的物质需要和精神需要的基础，是人行为活动的原动力。

2. 学习规程和安全技术，增加安全意识

学习规程和安全技术是提高安全知识水平最直接、最有效的方法。比如，电力职工应学习的规程包括《安规》《运规》《调规》及各种现场规程，除此之外，他们还要不断了解和熟悉电力安全生产的管理规章、制度、技术要求。各单位、班组要认真定期开展规程学习和制度考试，才能实现安全意识由量到质的飞跃。只有通过学习、积累、提高安全知识，安全意识活动的积极能动性才会被释放、激发。

3. 认真开展安全活动，不断强化安全意识

安全活动是在安全生产的长期实践中得出的预防事故的有效措施，是班组安全管理的重要内容。它为班组成员提供了安全思想、信息、技术、措施的交流场所。也就是说，认真

开展安全活动是提高安全意识的重要方法之一。

安全活动需要认真组织，合理安排，不能流于形式，降低质量；要定期开展，形成制度，使参加者的安全意识通过安全活动不断得到巩固、强化。

安全活动要结合实际并有针对性。例如，对事故的处理应做到"举一反三"，从事故中吸取经验教训，用科学的方法防范类似事故的发生，这样才能开启每个人安全意识中的预见性和反思性，使安全意识的深度、广度得到发展，让安全意识的积极能动性得以发挥。

4. "班前会"不容忽视，潜意识能为安全行为护航

"班前会"是安全管理中的一项有效措施。对提高安全意识来讲，"班前会"开得好还能产生"定势现象"。例如，在某一项检修工作前认真开好"班前会"，对工作任务、内容、安全注意事项、分工安排做细致、合理、科学严谨的交代，那么此项工作一定能安全、顺利地完成。这是一种未被职工自觉意识到的意识活动，也就是潜意识，这种潜意识所发出的能量不容忽视，它能为安全行为保驾护航。

5. 严肃考核习惯性违章，消除安全经验意识

辩证唯物主义认为：经验意识是人类意识的特殊结构，它由以往的生活经验、日常的常识和朴素的感性知识构成。很显然，安全意识中也包括这种经验意识，而且正是经验意识的左右，使得习惯性违章屡禁不止。只有通过严肃考核习惯性违章和不断学习，才能消除经验意识的影响。同时，严肃考核习惯性违章也将逐步形成一种"人人讲安全，人人管安全"的良好安全氛围。

安全是工程建设中永恒的主题，安全意识是工程技术人员应具备的最重要的工程意识之一。在工程建设中，工程人员必须牢记"以人为本，安全第一，预防为主"的安全生产理念，尊重科学规律，严守规章制度和劳动纪律，杜绝麻痹大意和违章操作，以确保人身、设备和产品安全，维护社会和谐稳定。

2.3 效益意识

案例 2-4 镉污染的"外部性"与 GDP

2012年1月15日，广西龙江河拉浪水电站网箱养鱼出现少量死鱼的现象被网络曝光，龙江河宜州市拉浪乡码头前200米水质重金属超标80倍。时间正值农历龙年春节，龙江河段检测出重金属镉含量超标，使得沿岸及下游居民饮水安全遭到严重威胁。事发后，当地政府积极展开治污工作，以求尽量减少对群众生活的影响。

龙年，龙江。2012年春节期间，广西金河矿业股份有限公司排污造成的镉污染致使龙江水体镉浓度超标，引发了沿岸居民的恐慌，许多地方的瓶装饮用水被抢购一空。

类似龙江镉污染这样的重大公共事件，是经济增长带来的外部性问题的典型示例。所谓"外部性"问题，就是指镉污染所造成的负面经济社会效益和全部治理成本，并没有包括在生产者的"成本—收益"范围之内，生产者造成的负面经济效益远远大于其从生产中所得的收益。

经济增长的外部性问题不是今天才有，也不是中国独有。那么，为什么许多地方政府

明知一时的经济增长将危及子孙后代的福利，仍锲而不舍地追求这样的增长呢？这其中的重要原因就在于 GDP 的统计数据中，只计算生产者在生产过程和市场交易中所产生的数据，不计算生产者的生产活动所造成的"公害"损失数据。而治理"公害"产生的投入，还将进一步提高 GDP 数据。如此之下的 GDP 数据，不仅不能反映经济增长质量和居民生活质量，相反，倒是可以用来标示居民生活的"痛苦指数"。具体到龙年春节期间的龙江沿岸，瓶装水销售的火爆，毫无疑问将提升这一地区的零售商品额，进而在一定程度上提高当地的GDP 数据。

经济增长是有代价的，但也完全可以利用相关的经验和现成的技术避免大规模"公害"的产生。龙江镉污染这样的事件，在当今技术条件下是完全可以避免的，也是应当予以避免的"公害"事件。

解决经济发展的外部性问题，政府的作为是关键。首先，政府的作为体现在公共政策的导向上。一个地方的公共政策是以增长为重而不顾一切，还是增长和质量并重，将导致不同的增长结果。其次，政府作为纳税人的"守夜人"，要监督生产者的生产活动所产生的外部性问题，通过政策与监管行为来保证生产和交易的总计正面效益。

生产的外部性问题事关社会公正和正义。外部性问题解决不好，就会造成生产者自己受益，而其他社会成员遭殃的恶果。在龙江镉污染事件中，广西金河矿业股份有限公司即使将其收益全部投入到治理污染中也挽回不了"公害"所造成的全部损失。

案例 2-4 中阐述的广西龙江镉污染事件，足以警示各方在寻求经济增速时，头脑里不应只考虑 GDP，而应全盘考虑整体的经济社会效益，保障人民群众的长远福利，这样才能造福子孙后代。下文主要就现代工程人员应具有的效益意识进行阐述。

2.3.1　树立正确的效益意识

第二次世界大战后，西方国家重视发展科学技术，工程活动愈加频繁，工程规模愈加扩大，这就使得战后的经济得到了迅速的恢复与发展，可以说科学家和工程人员对此发挥了重大作用。但是工程活动在过度追求经济效益的同时，却忽视了社会效益，结果伴随着经济发展的同时，出现了一系列社会问题，例如生态环境破坏、资源短缺、工程事故频发等。其中比较典型的案例就是美国福特公司设计的福特平托(Ford Pinto)油箱爆炸事件。

案例 2-5　福特平托(Ford Pinto)油箱爆炸事件

1978 年 8 月 10 日，一辆福特平托(Ford Pinto)在印第安纳州公路上由于车尾被撞，导致油箱爆炸，车上的 3 个青年少女当场死亡。这款车问世之后的 7 年当中，就有将近 50 场有关车尾被撞爆炸事件的官司。这一次，福特公司却面临刑事诉讼，设计工程师及管理者可能会因严重忽视乘客的生命而有牢狱之灾。因为油箱设计有瑕疵，不符合公认的工程标准(当时联邦法规并无相关的安全标准)。审判时，法官认为工程师设计时已意识到设计的危险性，但管理者为了使此款车以较低的价格及时上市，只好迫使工程师使用该设计。设计工程师必须衡量他们对乘客及对上司的责任和义务，在乘客安全与成本之间考虑取舍。

福特公司不改进的理由

在案件审理中，人们发现福特公司很早以前就已经知道油箱存在缺陷，但是他们做了

Cost Benefit Analysis(成本效益分析)，以此来决定是否值得加装一个特殊的保护装置来保护油箱，以防止它爆炸。公司的经理们做了一项得失分析后认为，修补这种油箱所获得的利益并不值得他们在每辆车上花费 11 美元——这是给每辆车上加装一个可以使油箱更加安全的设置所需要的花费。为了计算出一个更安全的油箱所获得的益处，福特公司预计，假如不加装保护装置的话，这种油箱可能会导致 180 人死亡和 180 人烧伤。福特公司给每一个丧失的生命和所蒙受的损伤估价大约是 1 条生命 20 万美元，1 种损伤 6 万～7 万美元。福特公司做了成本效益分析得出，加装安全性改进的总收益只有 4950 万美元，而对 1250 万小车全部加装一个价值 11 美元的装置，公司将额外多花费 1.375 亿美元。这样看来，Benefit 远远小于 Cost，因而福特公司"权衡利弊"之后发现，维修油箱所产生的费用远远高于不加装保护装置所产生的赔偿费用，所以他们没有加装安全保护装置。当 Ford 的这份 Cost Benefits Analysis Memo(成分效益备忘录)出现在审判中时，陪审团震惊了，福特公司也因此而付出了巨额的赔偿。

在经历几次被起诉和刑事指控后，福特公司在 1978 年召回了 150 万辆 Pinto，并对其油箱加装了特殊保护装置以避免 Pinto 起火。令人遗憾的是，这却再也不能挽回 Pinto 的声誉。1981 年，Pinto 不得不永远地退出市场。

从福特平托(Ford Pinto)的油箱爆炸事件我们可以知道，企业在追求经济效益的同时，更要注重社会的公共福利(即社会效益)。对工程技术人员来说，也就是要具有正确的效益意识。那么，到底什么是效益意识呢？

效益意识指的是工程技术人员在从事相关工程活动中对经济效益和社会效益的重视程度，以及对两者关系的认识水平。良好的效益意识要求工程技术人员在进行工程活动时，既需要关注工程产生的经济效益，也需要注重其带来的社会效益，只有这样企业才能在获取经济效益的同时得到社会的认可和支持。

我们知道，工程活动属于一种经济活动，经济活动的评价尺度主要是由产量、产值、效益等经济技术指标构成的，其成功的标准是最大限度地获取经济效益。创造经济效益是工程活动无可厚非的合理目标之一，也是大多数工程活动的基本着眼点，而成本控制是实现经济效益的重要基础。因此，在如何控制成本(Cost)与追求经济效益(Benefit)之间就不可避免地存在平衡问题。

在工程活动中，存在工程共同体各方如何把握和平衡成本与效益的关系问题。在市场经济条件下，工程的投资方都会采取各种方法以达到增加经济效益的目的，其中包括降低工程造价和生产成本。降低工程造价和生产成本是有前提条件的，即降低成本正确的出发点应该是鼓励技术革新和加强工程管理，而不能以牺牲其他利益为代价。如果不是以此为前提，就会在工程共同体的各利益主体之间造成矛盾，出现成本与效益矛盾的问题，甚至造成安全事故。降低工程造价和生产成本具体表现为以下几种情形。

1. 偷工减料、降低成本，致使出现工程质量问题

近年来，在桥梁工程建筑方面，由于偷工减料、降低成本造成的质量问题比比皆是。例如，浙江杭州钱江三桥突然垮塌(如图 2-6(a)所示)，江苏盐城 328 省道通榆河桥瞬间垮塌(如图 2-6(b)所示)，福建武夷山公馆大桥轰然倒塌(如图 2-6(c)所示)等。都是因为偷工减料、降低成本导致的桥梁工程建筑事故。

(a) 杭州钱江三桥突然垮塌　　(b) 江苏盐城通榆河桥瞬间垮塌　　(c) 福建武夷山公馆大桥轰然倒塌

图 2-6　近年桥梁工程建筑事故案例图

（图片来源：2017 年 9 月 26 日 00:12:30 百度图片）

2. 赶时间、赶进度，随意缩减或省略流程，致使出现工程质量问题

20 世纪 60 年代，美国汽车业受到来自日本、德国汽车业的激烈竞争。为了保持已有的优势，美国福特公司决定生产一种型号为平托（Pinto）的小型跑车。为了节约时间，福特将正常的生产周期由 3 年半缩减为 2 年。在平托还未正式投产前，公司将 11 部样品车进行了安全试验。公路安全局规定，汽车在时速 20 里的碰撞中，油缸不漏油才算合格。平托的试验结果是，有 8 辆小车不合格，另外 3 辆由于改良了油缸才得以通过检测。而福特公司为赶进度，仍采用原来的设计，未进行安全改进，结果导致平托车在公路上行驶碰撞后发生油缸失火，共有 50 多人因此而丧生。

3. 为追求利润，不顾工人的劳动条件和施工安全，给工程和工程人员带来极大的伤害

至今人们可能还记忆犹新，2010 年发生在富士康工厂的"十连跳"事件。一年当中，该工厂 10 名员工因不堪重负跳楼自杀。该厂的一名员工曾说："我们疲惫不堪，压力巨大。我们每 7 秒钟就要完成一个步骤，这就要求我们的注意力高度集中，不停地干啊干。我们比机器干活的速度还快。"工程的投资者或管理者为了追求利益最大化，不顾工人的生存状况，工人的身心得不到应有的关照。

压低成本的动机已经成为很多工程负效应产生的根源。不少施工单位仅仅把工程建设作为自己获得利益的机会，只在争取项目上下功夫，而在管理、设计、技术的使用、用料上尽可能地降低要求以获取盈利。他们毫不顾忌社会公共利益，致使劣质工程泛滥成灾。

在第八届中日韩（东）工程院圆桌会议上，东南亚三国工程院院长联合发出了"关于工程问题的倡议"，倡导"工程师们需要在涉及公众安全、健康和福祉方面，在各自的业务活动中凭良心行事"。因此，凭良心行事的工程师就应具有良好的效益意识，这样才能为社会做出贡献。

2.3.2　树立正确效益意识的方法

1. 牢固树立质量就是效益的思想

对于企业来说，盈利即效益，没有好的工程质量就没有好的效益，降低工艺要求、偷工减料、经常返工，不仅浪费材料，还造成人员窝工，机械利用率低，进度缓慢，职工丧失信心，当然就更谈不上盈利效益。因此，牢固树立质量就是效益的思想可以避免劳民伤财。换言之，良好的质量定会收获良好的效益。

2. 牢固树立安全就是效益的思想

安全生产的好与坏直接影响着一个企业的整体效益，一起安全事故的发生会给企业带来不可挽回的损失。福特平托（Ford Pinto）油箱爆炸事件所面临的刑事诉讼，就是因设计工程师及管理者严重忽视乘客的生命安全而导致的，最终致使企业"身败名裂"。所以，安全就是效益，失去了安全就会面临危险，丢掉安全就有可能孕育灾难。一念之差，违章作业，轻则受伤，重则亡命，后果不堪设想，给企业造成的损失，少则几千几万，多则几十万甚至上百万，这些本不该有的额外负担和花费所吞噬的都是职工辛辛苦苦拼命工作换来的血汗钱。因此，没有安全就没有效益可言。

3. 牢固树立为人类社会谋福利的效益思想

目前，许多国家和地区的职业工程师协会都明确指出，"工程师在履行职责时应将公众的安全、健康和福祉放在首位"。这就说明工程人员在创造经济效益的同时，更应该首先关注公众的社会效益，这样企业才能在获取经济效益的同时得到社会的认可和支持。

总之，21世纪的工程师在进行工程活动时，不仅需要关注工程产生的经济效益，更需要注重工程带来的社会效益。也就是说，只有工程师们具有良好的效益意识，企业才能获得长远的发展。

2.4　环境意识

案例2-6　青藏铁路通车5年成为高原"绿色天路"

2006年7月1日，青藏铁路全线正式通车。青藏铁路西宁至拉萨全长1956公里，其中西宁至格尔木段于1984年投入运营。2001年6月开工修建的格尔木至拉萨段，全长1142公里，海拔4000米以上的地段达960公里，最高点海拔5072米，经过连续多年冻土地段550公里，是世界铁路建设史上最具挑战性的工程项目。该工程破解了多年冻土、高寒缺氧、生态脆弱三大世界性工程技术难题，创造了多项世界铁路之最。

新华网西宁7月2日电（记者何伟、骆晓飞）"青藏铁路通车5年以来，没有对青藏高原生态以及藏羚羊等野生动物的觅食、迁徙和繁衍造成影响。"青藏铁路公司副总经理苗肖华日前接受记者采访时说。

青藏高原生态环境原始、独特而脆弱，这里是黄河、长江、怒江、雅鲁藏布江等5大水系的发源地，是藏羚羊、藏野驴、雪豹等国家珍稀动物的栖息地，年平均气温为零下4~6摄氏度，植被破坏后很难或根本就无法恢复。

蓝蓝的天空，碧绿的青草，矫健的藏羚羊，会不会因为青藏线上列车的长笛而发生改变，一直是国内外媒体关注的焦点。

"为了维护铁路沿线原生态系统，最大限度地保证野生动物正常活动，我们在青藏铁路建设和运营过程中，始终遵循'环保优先'的理念。"苗肖华对记者说。青藏铁路建设珍爱高原一花一木，环保项目投资大约15亿元。

由于大自然的特殊造化,地处青藏高原腹地的可可西里自然保护区是"高原精灵"藏羚羊的主要栖息地之一。绵延上千公里的钢铁巨龙在此横穿而过,而令人欣慰的是,在铁路建设运营中采取了为藏羚羊"让道"的举措。

"青藏铁路全线建立了 33 处野生动物通道,这在我国重大工程项目中尚属首例。"苗肖华介绍。

从列车上望向窗外,旅客们会经常看到"当心!这里有藏羚羊""前方进入野生动物通道区域"等在国内其他铁路沿线从未出现过的交通标志牌。

多年在青藏铁路沿线行车的司机李金贵告诉记者,每年 6~8 月,他都会在可可西里自然保护区五道梁至楚玛尔河一带看到成群结队的藏羚羊从卓乃湖、太阳湖产仔归来,携带着新生儿女悠闲、欢快地从"绿色通道"经过,返回故里。

"近几年来,迁徙的藏羚羊数量明显增多了。"可可西里自然保护区管理局副局长肖鹏虎说。青藏铁路全线通车以来,可可西里及周边地区藏羚羊的数量由 2006 年的近 5 万只增加到目前的 6 万只左右。

记者在青藏铁路楚玛河大桥附近看到,铁路沿线细密地种起"高原早熟禾"等植被,长势良好的已经高达 30 厘米。望着这一片绿油油的植被,玉峰铁路维护服务有限公司经理王志伟欣慰地说:"3 年来,我们投资 80 多万元在此段铁路两边大约两公里开展种草试验,植被成活率达到 80% 以上,现在看来效果较为理想。"

"铁路全线开通以来,环保工作一直没有松懈。"苗肖华告诉记者。目前,青藏铁路沿线绿化长度已达 675 公里,绿化面积约 560 万平方米,占总里程的 31%,称得上是一条名副其实的"绿色天路"。

一项监测结果显示,青藏铁路沿线沱沱河污水处理站的排放已达到生活水源水质二级标准,确保了三江源"中华水塔"不受污染。2008 年,青藏铁路格拉段工程获得了我国建设项目环境保护最高奖——"国家环境友好工程"称号。

"截至目前,青藏铁路没有发生一起影响高原生态环境的事故,实现了地面和列车'零排放、零污染、绿色作业'的目标,这条铁路已被打造成为一条生态环保铁路和绿色人文通道。"苗肖华说。

案例 2-6 告诉我们,在工程活动中只要注意保护好环境,工程就能造福于人,人与自然也是可以和谐相处的。因此,作为一名现代工程人员就应该具有良好的环境意识。下文主要就工程人员应该具备的环境意识进行阐述。

2.4.1　树立正确的环境意识

我们这个世界面临的两大变革,即人同自然的和解以及人同本身的和解。

——《马克思恩格斯全集》

随着工程实践活动的愈加频繁以及大型工程项目的不断问世,人类对自然环境产生的影响也越大,这其中也包括对生态环境所造成的破坏。历史上造成严重环境污染的比利时马斯河谷烟雾事件、美国多诺拉镇烟雾事件、英国伦敦烟雾事件、美国洛杉矶光化学烟雾事件、日本水俣病事件、神东川的骨痛病事件、日本四日市哮喘事件、日本爱知县米糠油事件、苏联切尔诺贝利核泄漏事件、印度博帕尔事件号称 20 世纪全球环境污染的十大事件。

这一幕幕惨剧都是人类自身活动酿成的苦果,令人唏嘘不已。可以说,工业革命出现之后，生态环境污染大致经历了三个阶段，即环境污染发生期、环境污染加剧期和环境污染泛滥期。而每一个阶段都与人类的活动有着直接关系，尤其是工程活动。

1. 环境污染发生期

18 世纪末到 20 世纪初是环境污染的发生期。首先在英国，随后在西欧、北美、日本相继进行的工业革命使得资本主义国家的生产力以几十倍、上百倍的速度增长。但与此同时，工业化所产生的废气、废水、废渣也排放到大自然中，主要是煤烟尘、二氧化硫造成的大气污染和冶铁、制碱造成的水质污染，如 1930 年比利时的马斯河谷烟雾事件。

案例 2-7　比利时的马斯河谷烟雾事件

比利时马斯河谷位于狭窄的盆地中，1930 年 12 月 1 日至 5 日，气温突发逆转，致使工厂排放的有害气体和煤烟粉尘集聚不散。3 天后有人开始发病，病症表现为胸痛、咳嗽、呼吸困难等，仅一周内有近 60 多人死亡，而心脏病、肺病患者死亡率最高。与此同时，很多家畜也难于幸免，频繁死去。经调查，这是工厂过渡排放的包括 SO_2 在内的多种有害气体以及煤烟粉尘对人体产生毒素所致。

2. 环境污染加剧期

20 世纪初到 20 世纪 40 年代是环境污染的加剧期。随着内燃机的问世，石油作为新型燃料成为工业发展的助推剂。随着工业化的加速发展，环境污染也进一步加深。例如，20 世纪 40 年代初期发生的美国洛杉矶光化学烟雾事件就是因石油大量燃烧产生的过量汽车尾气造成环境污染的典型实例。

案例 2-8　美国洛杉矶光化学烟雾事件

洛杉矶原本只是美国西南海岸牧区的一个小村庄，但其凭借着丰富的金矿、石油资源，以及优越的交通地理位置，迅速发展成一个繁华大都市。随着人口的剧增，人们对汽车的需求空前高涨，20 世纪 40 年代洛杉矶城市的汽车数量一度突破 250 万辆，仅每天消耗的汽油就达 1000 多吨，排出碳氢化合物 1000 多吨、氮氧化物 300 多吨、一氧化碳 700 多吨。这些化合物在阳光强烈的照射下发生一系列化学反应，使得城市上空出现浅蓝色有毒烟雾（称为光化学烟雾）。仅 1955 年 9 月出现的一次光化学烟雾事件，就在短短两天之内造成洛杉矶 400 多位 65 岁以上的老人死亡，大量民众出现眼睛痛、头痛、呼吸困难等症状。而据报道称，事件发生的主要原因之一就是排放过量的汽车尾气。

3. 环境污染泛滥期

20 世纪 50 年代之后是环境污染的泛滥期。在传统污染泛滥的同时，又产生了两种新污染源，一种是由原子能与核发展带来的放射性污染，如苏联切尔诺贝利核泄漏事件；另一种是由农药等化学物的生产和使用产生的有机氯化物污染，如印度博帕尔事件。

案例 2-9　苏联切尔诺贝利核泄漏事件

1986 年 4 月 26 日凌晨 1 时，距苏联切尔诺贝利 14 公里的核电厂第 4 号反应堆发生爆炸，一股放射性碎物和气体冲上 1 公里的高空，这就是震惊世界的切尔诺贝利核泄漏事件。事件发生后，13 万居民马上被紧急疏散。这次事故使苏联 1 万多平方公里领土受污染，2

千多万人受放射性污染的影响。截至1993年初，无数婴幼儿成为畸形或残废，8千多人先后死亡，其后果影响至今。

案例2-10 印度博帕尔事件

1984年12月3日，美国在印度博帕尔市的农药厂由于管理不善以及操作不当，导致45吨剧毒化学物——甲基异氰酸酯发生爆炸泄漏。毒气以5千米/每小时的时速侵袭了博帕尔市，造成多达50万人中毒（当时博帕尔市区总人口约80万），3天内8000多人死亡，4天之后，平均每分钟还会增加一名受害者。截至1984年年底，共计2万多居民死亡，约20万人致残，成千上万的牲畜也惨遭毒死。

人类历史上的这些环境污染问题毫无疑问暴露出了相关工程技术人员（或工程管理者）缺乏环境意识，其原因大致有如下三点。

（1）少部分工程技术人员以破坏生态环境为代价谋一己私利或小团体利益。例如，各地遍布的造纸厂、化工厂以及很多小作坊企业违法违规进行生产，导致产生了大量废水、废气和废渣。

（2）由于相关工程技术人员自身理论知识水平不够和认识不足而带来的环境污染。例如，氟利昂作为主要的制冷剂在得到广泛使用之后，研究人员才发现它会造成地球臭氧层空洞，导致每年增加30万皮肤癌患者，170万白内障患者，以及很多农作物的产量和质量下降，而补救却为时已晚。类似的案例还有很多，人类所谓的自豪发明，也许今后会变成伤害人类的刽子手。

（3）最不可原谅的是因为工程技术人员的失误而造成的环境破坏。例如，骇人听闻的苏联切尔诺贝利核泄漏事件就是因为相关工程技术人员的不当操作，按错按钮，加上管理不善和设计疏忽所致。由于一个小小的行为却酿成了不可挽回的损失，可见工程技术人员是否具有良好的环境意识关乎人类的生存，更关系到自然的发展，乃至地球的未来。这就使得人类开始反思自己的行为，而工程技术人员作为新世界的创造者，对于保护好我们的生态环境具有重大的责任。因此，作为现代工程技术人员应该具有良好的环境意识。那么，什么是环境意识呢？

简言之，环境意识是人们对环境的认识水平以及对环境保护行为的自觉程度。良好的环境意识是工程技术人员在工程活动中重视环境保护、处理好人与自然和谐关系的基础。

世界工程组织联盟在1985年通过的《工程师环境伦理准则》强调，人类"在这个星球上的生产和幸福，取决于（他们提供的）对环境的关心和爱护"。那么工程人员在进行工程活动的过程中，就应该将"公众的安全、健康和福祉放在首位，并且要保护环境"。因为在工程实践中，工程师与自然环境的关系最为密切，工程师利用自然界的物质和能源创造了一个又一个工程奇迹，给人类提供了物质文明和精神文明。正因为自然界对人有"恩赐"，人才得以生存，所以人不但要感谢自然，更要有义务和责任保护好自然环境。就像美国学者维西林和冈恩所言："工程师与其他职业不一样，其直接涉及环境的保护。无论什么工程，工程师都是做事的人。建造一座水坝需要许多专业人员的技能，如会计师、律师和地质学家，但却是工程师实际建造了水坝。正因为如此，工程师对环境负有特殊的责任。"那么，作为现代工程师应该树立怎样的环境意识呢？

2.4.2　现代工程师应树立的环境意识

1. 基本的环境素养

保护好生态环境是全人类的共识。同样，作为现代工程师，树立良好的环境意识就应该具备基本的环境素养。联合国将 1990 年定为环境素养年，在其出版的环境教育通讯《联结》中以全人类环境素养为题，对环境素养作出了描述：全人类环境素养为全人类基本的功能性教育，它提供基础的知识、技能和动机，以配合环境的需要，并有助于可持续的发展。基本的环境素养包括如下几个方面：

（1）对环境的感知与敏感性。

（2）具有尊敬自然环境的态度，关心人类对自然的影响。

（3）了解自然系统如何运行的知识，以及社会系统如何干扰自然系统。

（4）了解各种（地方的、地区的、国家的、国际的和全球的）环境相关问题。

（5）能使用第一手或第二手的信息来源，通过分析、合成和评价环境问题信息，并根据事实或个人价值观评价环境问题。

（6）全力投入，主动地、负责地解决环境问题。

（7）具有解决环境问题的策略知识。

（8）具有发展实施相关策略和制定计划以补救环境问题的技能。

（9）主动参与各阶层的工作以解决环境问题。

2. 可持续发展观

坚持可持续发展是科学发展观的要义。换言之，树立良好的环境意识同样要坚持可持续发展观。党的十八大以来，党中央把生态文明建设摆在全局工作的突出位置，全面加强生态文明建设，一体治理山水林田湖草沙，开展了一系列根本性、开创性、长远性工作，决心之大、力度之大、成效之大前所未有，生态文明建设从认识到实践都发生了历史性、转折性、全局性的变化。

《我们共同的未来》中把"可持续发展"定义为："既满足当代人的需求，又不对后代人满足其自身需求的能力构成危害的发展"。

在工程领域非常符合可持续发展理念的就是现在非常流行的 21 世纪提出的"绿色工程"。"绿色工程"就是在工程活动中，在进行经济创造的同时，注重保护好生态环境，如我国正在加快实施的以"141"为主体的绿色工程建设。"141"绿色工程，即 1 个基地（南方速生丰产用材林基地）、4 个体系（"三北"防护林体系、长江中上游防护林体系、沿海防护林体系、平原农田防护林体系）和 1 个工程（治沙工程）。"141"绿色工程建设规划总规模 6000 万公顷，建设期限为 1978—2050 年。这些工程正在稳步、有效地进行，并已取得明显的环境效益和经济效益。那么与绿色工程相关的绿色土木工程包括绿色技术、绿色产品、绿色材料、清洁工艺或清洁生产、绿色设计。

总之，在人类改造自然的各种工程活动中，创造美好生活的同时，要记得爱护和保护好自然生态环境。毋庸置疑，与大自然关系最为密切的现代工程技术人员更应该正确认识和树立起良好的环境意识。

2.5　职业健康意识

案例 2 - 11　装修工自我保护意识不强　遭职业病侵袭

装修工人病历表

油漆工张小军——患有过敏性皮炎，咽喉炎。

砸墙工廖在云——患有咽喉炎。

装修工赵尚义——患有 8 年慢性浅表性胃炎。

包工头杨永强——患有慢性胃炎，慢性咽喉炎。

装修工赵军——患有慢性咽喉炎，肠胃炎，鼻炎；目前怀疑肺部有问题。

装修工老龚——患有硅肺病，已经结束装修工生涯回老家调养。

近日有媒体报道，昆明装修工人可能面临断代窘境，日薪虽然过两百，月收入甚至拿的比白领还要多，但愿意入行的年轻人越来越少。为查明"有价有市却无人"的原因，记者前往昆明装修工人聚居地——位于春城路附近的长村和位于经开区的牛街庄进行深入了解。

经调查采访，除了工作"脏、苦、累"之外，这个行业容易得咽喉炎、硅肺病、皮肤病、胃炎甚至癌症等高发的职业病，这些因素也成了越来越多年轻人规避这个行业的重要原因。据了解，装修工人的职业病中咽喉炎最多，"10 个装修工 9 个咽喉炎。"

这些可怕的疾病，让人不得不对这个群体的工作环境、职业风险进行重新认识和高度关注。

"10 个装修工 9 个咽喉炎"

在昆明春城路附近的城中村——长村，租住着 400 多名来自全国各地的装修工人，张小军就是其中一员。记者见到了张小军，他停工去了医院——他已经被皮肤病折磨得无法忍受。采访得知，他得的是严重的过敏性皮炎，这跟装修油漆喷涂工作有很大关系。医生建议他暂时不要再接触应变原物质，但张小军说，"要是不做这个，我就得断了生计"。

此外，张小军还身患慢性咽喉炎，但他却不以为然。张小军说："你在长村街上去走一圈，可能 10 个装修工人 9 个就有咽喉炎。这个病在我们眼里算是小毛病，都不大管的。"

张小军的另一个工友廖在云是一名砸墙工人，他笑呵呵地大声说，"在装修工地上干一天，出来就是个'灰人'。像我们砸墙的，干一天的活，要吃进去半斤灰尘，怎么会不得病嘛。"

装修工地上恶劣的空气和飞扬的灰尘，是胃病和咽喉炎等疾病的诱因。

"老龚因硅肺病离开昆明，我落泪了"

记者来到另一个地点——昆明经开区的牛街庄，这里也是装修工租住密集的城中村。来自重庆的装修工赵军，就在这里租住了快 20 年。

赵军说，租住在此的工友老龚，去年下半年突然感觉胸闷，并且咳出血痰，去医院检查为硅肺病，医生建议老龚不要再从事装修工作。不久，老龚和妻子打包行李回老家，一边务农一边调理身体了。赵军说："老龚因硅肺病不得不离开昆明的那天，我去火车站送他们了，老龚很伤感，我也落泪了。因为我不知道，我是不是哪一天也会被查出得了什么大的疾病。"

"我们是在密闭空间干活啊"

"你们城里人都太爱惜自己的身体了，搞家庭装修时，都要求我们关好门窗；搞铺面装修时，也让我们用塑料布把工地封起来。这样一来，我们就是在一个密闭的环境里干活，就更增加了我们装修工人患上职业病的概率。"说起装修工人职业病的诱因，老装修工人赵尚义显得有点激动。

"装修工人自我保护意识不够"

"当前装修工人职业病的造成，在很大程度上还是跟装修工人自我保护意识不够和行业规范不够完善有很大的关系。"昆明市建筑装饰行业协会工程质监委主任段永宏在接受记者采访时说，"像防毒面具等装修安全工器具，在每个建材市场都有卖，但很多工人并没有去购买和配备。"装修工人对安全施工和健康施工的方式方法不够重视，也会引发职业病的高发。

医生建议：装修工人要加强自我保健意识

针对如何预防装修工人职业病的发生，云南省第二人民医院吴伯义医生给出了建议。他指出，对于自己的工作环境是否安全健康，工人必须引起高度重视，要加强施工作业过程中的自我保健意识。吴伯义说："作业时除了要配备相应的防护工具，最好还应准备一些基本必备的外用药，如红药水、创可贴等，以防止因工作过程中的小创伤而让毒害物进入身体。另外，工人还可自带一些胖大海茶、金银花茶，这些可以起到清热清肺的作用，并能减少和缓解咽喉炎、胃炎等炎症类职业病的发生。"

在案例 2-11 中，一个个遭受职业病侵袭的装修工，虽然跟工程管理人员的不重视有关，但更主要的原因是自身缺少职业健康意识。因此，下文将对工程人员应当具有的职业健康意识进行阐述。

2.5.1　树立正确的职业健康意识

如果有人问这样一个问题：在人的一生中，什么东西最珍贵？我想答案肯定千奇百怪，各有不同。因为每个人的追求不同，也许有人说是快乐，有人说是金钱，有人说是家庭、事业、地位、权利、爱情、房子……形形色色的答案中反映出了每个人的追求。如果是你，你心中的答案又是什么呢？相信大家看完下面的案例，心中一定会给出最真的答案。

案例 2-12　中国知名企业高管死亡原因调查：19 个月 19 名老总离世
这里收集了一些近几年有关英年早逝的名人。

王均瑶：16 岁开始创业，中国改革开放风云人物，均瑶集团董事长，因积劳成疾，2004年患大肠癌医治无效在上海去世，年仅 38 岁。

陈晓旭：87 版《红楼梦》中林黛玉扮演者，家产上亿，因患乳腺癌于 2007 年去世，年仅41 岁。

张生瑜：北京同仁堂股份有限公司董事长，2008 年 7 月 22 日凌晨突发心脏病逝世，年仅 39 岁。

另外，根据媒体的不完全统计，仅在 2010 年 1 月至 2011 年 7 月的短短 19 个月里，就有 19 名总经理/董事长级别的高管去世。这其中包括原凤凰网总编辑吴征、福建晋江德尔惠股份创始人丁明亮、成都百事通总经理李学军等 19 位高管。因病去世，在这些"杀手"中，以心脏病和癌症为主，其中半数左右呈突发性。

这 19 名高管平均年龄仅为 50 岁，正处于事业发展的黄金年龄，其中享年最长的为 68 岁，享年最短的年仅 39 岁。

这 19 名高管中，8 位以上持有公司股权，据福布斯 2009 年中国富豪榜公布，在美国上市的中国消费安全集团创始人李刚进的财富超过 14 亿元。

看完案例 5 - 12，关于在人的一生中什么东西最珍贵，现在你心中一定有了肯定的答案——健康！

可以说，健康是"1"，财富、地位、名声……都只是后面的"0"，前面的"1"没了，后面的"0"再多也没用！健康虽然不能代表一切，但没了健康就没有一切。

人的一生也许会有很多理想和追求，如金钱、房子、车子、权力、家庭……但只有把健康排在第一位，这一切才会有意义。可世界上有些东西，当你拥有它时往往并不珍惜，而一旦失去了它，你就会感到它无比珍贵。常言道："醉过才知酒浓，爱过才知情深。"可是很多人病过才知健康贵。俗话说得好："临崖勒马收缰晚，船到江心补漏迟"，"防患于未然"总比"落雨收柴效果好"。因此，健康的人们要有"防未病"的观念，不要待到生命将结束时才体会到享受生命的乐趣。

1. 健康的定义

1948 年世界卫生组织提出的"健康"的定义为：健康不仅是没有疾病或不虚弱，而是身体的、精神的健康和社会幸福的完美状态。俗话说："身体是革命的本钱！"因此，无论你从事的是什么职业，都应该具有一定的职业健康意识。那什么是职业健康意识呢？

所谓职业健康意识，是指在职业活动过程中，人们注重个体身心健康和社会适应能力。良好的职业健康意识是有效预防职业病，保持身心健康、乐观向上和能在各种环境下顺利开展工作的主观条件。尤其作为现代工程技术人员，面对的工作环境往往具有一定复杂性和危害性，更应该树立良好的职业健康意识。而很多劳动者由于缺乏良好的职业健康意识，导致其在所从事的职业过程中患上了职业病而危害到自己的身心健康。我们不妨来看一组报道。

全国 2014 年报告职业病 29 972 例职业性尘肺病占近九成

据国家卫健委网站消息，2014 年共报告职业病 29 972 例，其中职业性尘肺病 26 873 例（占职业病报告总例数的 89.66%），急性职业中毒 486 例，慢性职业中毒 795 例，其他职业病合计 1818 例。

2022 年全国报告新发职业病病例数从 2012 年的 27 420 例下降至 2021 年 15 407 例，降幅达 43.8%；其中，报告新发职业性尘肺病病例数从 2012 年的 24 206 例下降至 2021 年的 11 809 例，降幅达 51.2%。

目前，无论从接触职业危害人数、职业病患者累积数量、死亡数量和新发现病人数量，我国都居世界首位。

2. 职业病的定义以及我国法定职业病

职业病是指各行业的劳动者在职业活动中，因接触粉尘、放射性物质和其他有毒、有害物质等因素而引起的疾病。我国法定职业病共 10 大类 132 种，包括职业性尘肺病及其他呼吸系统疾病、职业性皮肤病、职业性眼病以及职业性肿瘤等，如图 2-7 所示。

图 2-7　我国法定职业病

（图片来源：2017 年 9 月 26 日 00:38:55 百度图片）

有报告称，无论是传统产业还是新兴产业，各行业几乎都存在一定程度的职业病危害。那么作为工程技术人员，以后面临的职业也很可能是职业病高危行业。

2.5.2　工程技术人员在生产工作中存在的潜在职业健康危害因素

职业性危害因素主要来源于如下三类。

1. 生产过程中产生的有害因素

（1）化学因素，如铅、汞、氯等有毒物质以及矽尘、石棉尘、煤尘等生产性粉尘。

（2）物理因素，如高温、高湿、高气压、低气压、噪声、振动、射频、紫外线、X 射线、γ射线等。

（3）生物因素，如附着在皮肤上的炭疽杆菌、布氏杆菌等。

2. 劳动过程中的有害因素

（1）劳动制度不人性化，例如有的工人一天工作 10～12 小时，连续工作 10 天、半个月，甚至更长时间，如果组织不当，则不利于员工的健康。

（2）劳动中精神压力过度紧张，多见于新工人或新装置投产试运行，或生产不正常时。如重油加氢、高压、硫化氢浓度大，易发生燃烧、爆炸和中毒，新工人紧张，老工人在试运行期间也十分紧张。

（3）劳动强度过大或劳动安排不当，如安排的作业与劳动者生理状况不相适应，或生产额过高、超负荷加班加点等。

（4）身体个别器官紧张过度，如光线不足而引起的视力紧张等。

（5）长时间处于某种不良体位或使用不合理的工具等。

3. 生产环境中的有害因素

（1）生产场所设计不符合卫生标准或要求，如厂房低矮、狭窄，布局不合理，有毒和无毒的工段安排在一起等。

（2）缺乏必要的卫生技术设施，如没有通气换风、照明、防尘、防毒、防噪声、防振动设备，或效果不好。

（3）安全防护设备和个人防护用品装备不全。

以上种种因素都可能危害职业者的健康，为了避免职业病，现代工程技术人员在选择适合自己的职业前就需要"知己知彼"。

所谓的"知己"，就是现代工程技术人员应在从业前熟知个人身体状况，是否有职业禁忌证。例如，红绿色盲是司机、电工的职业禁忌证；糖尿病、甲亢等是高温作业的职业禁忌证等。

所谓的"知彼"，就是工程技术人员作为劳动者同时享有知情权。首先，签约入职前可向用人单位咨询了解所从事的工作是否有"五险一金"，是否存在职业危害因素，是否采取了相应防护措施。例如，矿山、铸造等行业接触粉尘，应知晓所应聘的单位是否有相应的通风防尘措施（比如是否配备防尘口罩）等。另外，工程技术人员还应学习并熟知《中华人民共和国职业病防治法》，这样可以在防范职业病的同时更好地维护自身权益。例如，职工有接受定期职业健康检查、职业病诊疗、康复等职业卫生保护的权利，以及对健康检查结果知情的权利；拒绝从事没有卫生防护条件的职业危害作业的权利；因职业危害造成健康损害者有要求赔偿的权利等。

虽然多数职业病所造成的损害是不可逆的，但职业病是可防的，加强防护就是"最好的治疗"。专家呼吁务工人员无论择业、在岗、离岗时，都要注意防范职业病，参与职业健康检查，掌握相关法律法规，捍卫自己的合法权益。另外，有专家认为通过改进生产工艺过程、安装安全防护装置、做好个人防护等措施，可将职业危害因素对劳动者健康的影响降到安全水平。能否尽量避免职业病给自身健康造成的危害，重点取决于自身是否树立了良好的职业健康意识。那么作为从事具有一定危险性职业的现代工程技术人员，更应树立良好的职业健康意识。现代工程技术人员需要树立的职业健康意识有以下几个方面。

（1）从自我做起，主动参与岗前或在岗期间的培训。

（2）遵守职业安全卫生规程，培养良好的操作行为，杜绝违章操作。

（3）主动创建清洁的作业场所，做到物品有毒和无毒分开，有用与无用分开，有用物品分类存放，无用物品及时处理。

（4）熟知作业场所、设备、产品包装、贮存场所、职业病危害事故现场等醒目位置设置的安全卫生警示标识的含义，并遵守警示标识的规定。

（5）经常检查、维护职业卫生安全装置和防护设施，使其保持正常工作状态，不得随意停止使用或拆除。

（6）正确使用个人防护用品，劳动者应当掌握防护用品的正确使用和维护方法，提高自身保护意识。

（7）主动接受职业健康检查，劳动者在上岗前、在岗期间、离岗时都要进行职业健康检查，费用由用人单位承担。体检后，劳动者要索取检查结果或诊断证明书，检查结果或诊断证明书可以作为维权的证据。

现实是，很多员工只知道拼命地工作，却丝毫不具备职业健康意识，这就使得他们在生产中遭受职业病侵袭。虽然他们努力工作，想为企业贡献自己的一份力量，但因为缺乏应有的身心健康，反而为个人和企业带来不可挽回的损失。

俗话说："身体是革命的本钱。"可以说，无论做什么工作，健康都是最重要的，无论你是想拥有一个幸福的家庭，还是想拥有一份可观的薪水；无论你是想要一位温柔贤惠的妻子，还是想要几个可爱的孩子；无论你是想要豪华的轿车，还是想要漂亮的房子……但如果离开了"健康"二字，这一切的美好都可能成为泡影。因为这一切都需要健康来做"护花使者"，没了健康，再好的职业也没有意义；没了健康，一切都是天方夜谭。

作为现代工程技术人员，我们要时刻将"健康第一"牢记心底，也就是要树立职业健康意识。健康是头等幸福，也是人生基础，但如果不加倍注意，"本钱"将花尽，"基础"将毁掉，那么即使你富甲天下，也只是明日黄花。健康的身心是成就一切宏图伟业的基石，只有不断地为健康进行储蓄，人生的梦想才会成为现实。

2.6　服务意识

案例2-13　美国通用公司服务客户的故事

有一天，美国通用汽车公司客户服务部收到一封来信，"这是我为同一件事第二次写信，我不会怪你们没有回信给我，因为我也觉得这样别人会认为我疯了，但这的确是一个事实。"

我家有个习惯，就是每天晚餐后都会以冰激凌来当饭后甜点。由于冰激凌口味很多，所以我们家每天饭后才投票决定要吃哪种口味，决定后我再开车去买。

但自从我买了新的庞帝亚克（笔者述：这是通用旗下的一个牌子，如图2-8所示）后，我去买冰激凌的这段路程问题就发生了。每当我买香草口味时，我从店里出来车子就发动不了，但如果买其他口味，发动就很顺利。我对这件事是非常认真的，尽管听起来很不可思议。为什么当我买了香草味冰激凌，它就罢工，而不管我买其他任何口味，它就是一尾活龙。

图2-8　庞蒂亚克汽车

（图片来源：2017年9月26日00:45:55百度图片）

当时，客服部工作人员对这封来信将信将疑，但客服部依然派了工程师去一探究竟。当工程师与这位客户见面后，出乎意料的发现写信者是一位事业有成且接受过良好高等教育的成功人士。工程师同这位客户约见的时间恰巧是晚餐后，于是他们飞步上车，赶往冰激凌店。那晚，这位客户像往常一样采取投票的方式购买冰激凌口味，随机选出来的是香草口味，等买好返回到车上后，车子又"罢工"了。为了查出原因，之后工程师又以同样的方式进行了 3 次试验。

第一晚，巧克力冰激凌，车子没事。

第二晚，草莓冰激凌，车子也没事。

第三晚，香草冰激凌，车子"罢工"。

这名经验丰富的工程师此时还是难以相信客户的车子对香草味冰激凌过敏，但他还是坚持继续安排同样的行程，期待可以找到问题的原因。于是，工程师开始详细记录从头到尾所发生的事情，比如车子使用的油的品种、车子出发与返回的时间……

经各种分析，工程师最终得出结论，客户买香草味冰激凌花费的时间最短。

这又是什么原因呢？原来在所有口味中香草味冰激凌卖得最火，卖家为了方便顾客购买，特地将其放在商店的最前端，其他口味则放在商店的后端。

但工程师还是有疑惑，车子为何从熄火到重新启动的时间较短时就会"罢工"？这时工程师心里很清楚，这与香草味冰激凌本身并无直接关系。后来，工程师很快找到了答案，问题就是"蒸汽锁"。

因为当客户买其他口味冰激凌时，需排队等候，费时较久，此时汽车引擎有足够的散热时间，再次启动时不会有什么问题。但当他买最火的香草口味冰激凌时，由于店家特地将这种口味的冰激凌放在店铺最前端，因此，顾客很快就能买到，花时较短，以至引擎太热没有充分的时间让"蒸汽锁"散热，汽车就"罢工"了。问题就这样解决了。

案例 2-13 给大家留下的最深印象无非就是通用公司周到的服务，据此我们可以得知，美国通用公司为什么能够在市场竞争中取得如此大的成功，原来周到的服务竟然是成功的秘诀。下文主要阐述现代工程人员应该具备的服务意识。

2.6.1　树立正确的服务意识

"服务是企业参与市场竞争的有效手段，也是企业管理水平的具体表现。随着市场经济的发展，也带来了企业竞争的不断升级，迫切要求企业迅速更新理念，把服务问题提高到战略高度来认识，在服务上不断追求高标准，提升服务品位，创造服务特色，打造服务品牌。"

——美国著名管理学家　罗伯特·奥特曼

有调查表明，现在中国企业最缺两项：服务和信誉。据中国消费者协会调查显示，近年来消费者投诉的热点不仅反映在商品质量问题上，而更多的投诉是对服务质量的不满。也许顾客可以容忍产品设计上的缺陷，但很难容忍恶劣的服务态度。

那么，未来企业拼什么？说到底，在产品差异化不是很大的情况下拼的就是服务！顾客购买产品虽然会"货比三家"，但当价格和产品品质不相上下的情况下，顾客应该会更愿意在销售服务好的地方购买。美国诺顿百货公司的经典理论是："百货店唯一的差别在于对待顾客的方式。"可见，在市场竞争下是否拥有良好的服务意识关乎个人和企业的生存和发展。

案例 2-14　巡视米缸 服务到家

王永庆年轻时曾在嘉义经营米店，由于经营米店的同行太多，竞争非常激烈，生意越来越难做。为此，王永庆一直苦恼于如何争取到顾客来购买"王家碾米厂"生产的大米。苦思冥想之后，他终于悟出了绝招——那就是"服务"，并决定以最好的服务来取胜。

　　为此，王永庆时常到老百姓家"巡视米缸"，并把估算能够食用的天数记在本子上，等老百姓大米快吃完的前几天，便载着大米再次拜访，等征得顾客同意后就把剩余大米先倒出来，并认真地为顾客把米缸擦拭干净，然后将新大米倒入缸中，最后再把剩余旧米倒在上面。

　　购买"王家碾米厂"的客户发现了王永庆非常细心勤快，服务周到，后面慢慢就成了长期顾客。可以说，王永庆就是以服务打响知名度，成为大米行业的胜出者。

　　服务意识是人们自觉主动地为服务对象提供热情和周到服务的观念和愿望，它是现代企业应对市场竞争时要求员工必须具备的重要意识。工程师的服务意识不仅体现在设计和研发阶段，还体现在产品售后或工程项目交付使用后的保养、维护和更新阶段。

2.6.2　现代工程师应树立的服务意识

　　在竞争日趋激烈的市场经济中，是否拥有良好的服务意识关乎个人和企业的生存和发展。工程师应该树立的服务意识有如下三个方面。

1. 坚持质量第一的服务

　　产品质量的好坏是服务的根本，为顾客提供品质优良的商品就是尊重顾客的一种态度。这一点，日本值得我们学习和借鉴。在日本，企业都力争产品"0 不合格"，如果发现劣质产品，他们会将其视为珍宝特别对待——查明产品存在的问题。有人把这种做法比作"找出饭盒中的最后一颗米"，其实这就是坚持质量第一的服务态度。因此，在日本很难买到伪劣产品。

　　有这样的一个故事，一个中国顾客很久以前在索尼公司购买了一台收音机，但多年后收音机出现了问题，于是和客找到索尼售后希望维修。公司售后部表示，这类收音机早已经停产了，但会尽力尝试维修。不久后，售后便通知顾客收音机已经修好，可以来取，买主很惊讶，因为并没有抱希望可以修好。原来售后将收音机送回厂家维修，维修师傅认为顾客如此看重他们的产品，这是对企业和产品质量的认可，为此，他们尽力在零件库里找到了零件把收音机维修好了。由此可见，为顾客提供良好的产品质量是服务的根本，也是对顾客基本的尊重。

2. 坚持"客户第一，服务至上"的理念

　　有企业老板曾问自己的员工：你们的薪水是谁给的？有些员工不经意地回答说是老板给的。其实，正确的答案是消费者给的。因为企业一刻都离不开顾客的支持。著名管理大师彼得·德鲁克曾经说过："企业经营的目的就在于创造满意客户。"换言之，就是要坚持"客户第一，服务至上"的理念。目前，这一理念已经成为企业界的共识。

　　因为在现代市场中顾客越来越看中商家的服务，所以很多企业在发展中也越来越重视树立服务理念。美国沃尔玛前 CEO 山姆·沃尔顿有次在培训集团员工时讲："我们的员工要永远记住两条原则：第一条，顾客永远是对的；第二条，顾客如有错误，请参看第一条。"家喻户晓的海尔集团在学习借鉴"IBM 就是服务"的经营理念过程中，喊出了"真诚到永远"的口号，并在实际中做到了"高标准、精细化、零缺陷"的"星级服务"体系。海尔人自称，他们生产的家电，不敢说技术是最好的，但敢说服务是周到的。

　　事实上，无论是美国的沃尔玛还是中国的海尔集团，他们在行业竞争中能有现在的一席之地，足以说明这两个企业都把"客户第一，服务至上"奉为企业发展的重要理念。

3. 企业必须服务于社会

日本著名企业家松下幸之助提出了"担负起贡献社会的责任是经营企业的第一要件"，并以此为发展理念，才有今日的成功。虽然企业的发展离不开盈利，但要获得更好的长远发展，就必须要有社会责任(也就是说企业必须服务于社会)，这样才能树立良好的企业形象。其实，在日本，"产业报国"的思想理念存在于很多企业，丰田的社训里就指出，"上下同心协力，以至诚从事业务的开拓，以产业的成果报效国家。"因此，作为企业，服务于社会应成为自己的一种社会职责和价值存在。

总而言之，任何卓越企业的最终飞跃发展，靠的不是市场，不是技术，不是竞争，也不是产品。有一件比其他任何事都举足轻重的事，那就是服务。服务优良的企业，更容易获得社会的支持和认可，自然有利于企业的长远发展。服务不周的企业也许会存在短暂盈利，但长此以往，必将失去更多的客户资源，这并不利于企业的发展。因此，作为现代工程技术人员，只有具有良好的服务意识，才能创造出好的工程作品，才能为企业、为社会做出更大的贡献。

2.7　创　新　意　识

案例 2-15　习近平：工程科技创新为人类文明进步提供不竭动力①
新华网北京 6 月 3 日电

让工程科技造福人类、创造未来
——在 2014 年国际工程科技大会上的主旨演讲

中华人民共和国主席　习近平

女士们，先生们，朋友们：

在这个美好的时节，国际工程科技大会在北京隆重召开，这是世界工程科技界和中国工程科技界的一件盛事。我很高兴有机会同来自世界各地的工程科技专家学者见面，也很愿意聆听大家对工程科技发展、人类社会未来的高见。

……

新中国成立 60 多年特别是改革开放 30 多年来，中国经济社会快速发展，其中工程科技创新驱动功不可没。"两弹一星"、载人航天、探月工程等一批重大工程科技成就，大幅度提升了中国的综合国力和国际地位。三峡工程、西气东输、西电东送、南水北调、青藏铁路、高速铁路等一大批重大工程建设成功，大幅度提升了中国的基础工业、制造业、新兴产业等领域创新能力和水平，加快了中国现代化进程。农业科技、人口健康、资源环境、公共安全、防灾减灾等领域工程科技发展，大幅度提高了 13 亿多中国人的生活水平和质量，使中国的面貌、中国人民的面貌发生了历史性变化。

时至今日，人类生活各个方面无不打上了工程科技的印记。从铁路横贯、大桥飞架、堤坝高筑、汽车奔驰、飞机穿梭、飞船遨游、巨舰破浪、通信畅通，到成千上万的各种机械、

---

①　习近平：工程科技创新为人类文明进步提供不竭动力. 新华网[EB/OL]. http://news. xinhuanet.com/politics/2014-06/03/c_1110966948. htm.

自动化生产线、电视、电话，再到洗衣机、冰箱、微波炉、空调、吸尘器等家用电器，工程科技给人类生产生活带来了空前便利。

进入二十一世纪以来，工程科技在人类社会发展中的角色愈益突出。我在浙江省工作了 5 年，亲历了全长 36 公里的杭州湾跨海大桥的修建。这一工程不仅促进了当地从交通末梢到交通枢纽的飞跃，更通过物流、资金流、信息流的汇聚和扩散影响了经济社会发展各个领域，促进了苏浙沪经济圈发展。可以说，当今世界，科学技术作为第一生产力的作用愈益凸显，工程科技进步和创新对经济社会发展的主导作用更加突出，不仅成为推动社会生产力发展和劳动生产率提升的决定性因素，而且成为推动教育、文化、体育、卫生、艺术等事业发展的重要力量。

……

一项工程科技创新，可以催生一个产业，可以影响乃至改变世界。袁隆平院士的团队发明了杂交水稻，促进中国粮食亩产提升到 800 公斤以上，不仅为中国解决 14 亿多人口吃饭问题作出了突出贡献，而且推广到印度、孟加拉国、印度尼西亚、巴基斯坦、埃及、马达加斯加、利比亚等众多国家，使那些地方的水稻产量提高 15％～20％，为人类保障粮食安全、减少贫困发挥了重要作用。

当今世界，新发现、新技术、新产品、新材料更新换代周期越来越短，工程科技创新成果层出不穷，社会经济发展的需求动力远远超出预测，人类创新潜能也远远超出想象。信息技术、生物技术、新能源技术、新材料技术等交叉融合正在引发新一轮科技革命和产业变革。这将给人类社会发展带来新的机遇。任何一个领域的重大工程科技突破，都可能为世界发展注入新的活力，引发新的产业变革和社会变革。

在案例 2-15 中，习近平主席在 2014 年国际工程科技大会上的主旨演讲中从各方面提到了工程创新对人类社会发展进步的重要性。事实上，新中国成立 70 多年特别是改革开放40 多年来，中国经济社会快速发展，其中工程科技创新功不可没。下文主要对工程人员应该具有的创新意识进行阐述。

2.7.1　树立正确的创新意识

创新是一个民族进步的灵魂，是国家兴旺发达的不竭动力。如果自主创新能力上不去，一味依靠技术引进，就永远难以摆脱技术落后的局面。2015 年 10 月，党的十八届五中全会在北京召开，会议提出，坚持创新发展，必须把创新摆在国家发展全局的核心位置。人是科技创新最关键的因素。创新的事业呼唤创新的人才。我国要在科技创新方面走在世界前列，必须在创新实践中发现人才、在创新活动中培育人才、在创新事业中凝聚人才。创新为何如此受到重视，居然被提高到国家和民族的层面，下面先看一则真实的故事——不创新，就灭亡。

案例 2-16

不创新，就灭亡

——福特汽车公司创始人亨利·福特

格言背景

20 世纪 70 年代，福特公司濒临破产之际，亨利·福特如此总结教训。

格言故事

　　亨利·福特是世界上唯一享有"汽车大王"美誉的人，他不但给美国装上了车轮子，甚至可以说，是他将人类社会带入了汽车时代。

　　福特出生于美国一个农场主家庭，他从小就对摆弄各种机械有着浓厚的兴趣。年轻时的福特先后从事过跟机械相关的各种工作，如机械修理、手表修理、船舶修理等。到30岁时，他的汽油机试验成功，两年多后他成功研制、试验出了第一辆车，不久后他又成功制作出了三辆汽车。

　　最初，福特因管理经验不足，前几次办汽车厂均惨遭失败，但历经磨砺之后的福特终于改写了历史。1903年6月，福特按股份制模式与他人合作，终于成功创立了汽车公司。之后，福特公司先后生产出了性价比极高的A型、N型、R型等车，并且均销售火爆。

　　由于从小生活在农村，福特了解广阔的美国农村，人稀地广，老百姓需要的是能承受颠簸、操作简易的汽车。针对百姓的需求，福特开发出了简单、耐用且低价的"T"型车。据此，福特汽车迅速挤占了全球68%的汽车市场份额。

　　在这个过程中老福特不断创新，当时其他汽车厂的员工每天需工作10小时，且只有3美元，而他推行"八小时上班制""5美元一天"。这看似不利于企业资本的积累和扩大，但实际却帮福特吸引了众多熟练技工，大幅度提升了生产效率。后来，他还发明了"生产流水线"，创造性地提出了"科学管理"的理念。

　　在这些创新下，福特家族一度"富可敌国"，但老福特的创新却慢慢走向了教条化。

　　20世纪20年代，美国步入了大众化富裕时代，老福特依旧认为生活应勤俭，所以还是坚持生产"T"型车，并降低成本，提高质量。而随着时代的变迁，当时的美国人更需要速度、造型、环保，以及个性化，需求变得多元化。但福特汽车还是单调的色彩，且油耗大，排气量大，这与日渐紧张的石油供应市场和严峻的环境问题严重不相适应。

　　当时小福特多次提议老福特生产推销豪华型轿车，但却未被采纳。更有甚者，老福特还亲手用斧头劈烂了小福特的新款车型。与此同时，包括通用汽车在内的另外几家汽车公司却瞄准市场需求，制定战略规划。20世纪70年代正值美国石油危机，通用汽车推出了节能环保、小型轻便的汽车，一跃而上挤占了汽车市场，而固执不变的福特汽车却濒临破产。

　　这时老福特才意识问题的严重性，很快采纳了小福特的提议，生产豪华型轿车。但因错失先机，为时已晚，最后老福特感慨地总结说："不创新，就灭亡。"

　　时至今日，福特汽车再也没有了往日的辉煌，昔日龙头老大的宝座已不再属于自己。

　　案例2-16中的故事已经很生动地告诉了我们，国家为什么如此重视创新了。

　　浙江大学的王沛民教授认为，工程师在人类社会总共经历了四代角色变化：20世纪50年代之前需要的是"技术版"工程师，即第一代工程师；20世纪50年代之后，随着工程科学兴起以及面对苏联卫星上天等挑战，各国需要的是"科学版"工程师，即第二代工程师；20世纪90年代之后，由于面临新技术革命、信息化、知识经济、全球化等挑战，世界需要的是"知识版工程师"，即第三代工程师；21世纪以来，由于面临着气候、环境、能源、人口、健康、灾害等人类共同的难题，时代呼唤的是"创新版工程师"，即第四代工程师。所以，创新的事业呼唤创新的人才，"得人则安，失人则危"。只有得到创新人才，才能顺利开展创新事业。可见，福特汽车公司创始人亨利·福特所说的"不创新，就灭亡"真非危言耸听，而是给了我们启迪——创新。那么作为现代工程师，要想卓尔不凡并有新的作为，就应该具有创新意识。那么什么是创新意识呢？

　　所谓创新意识，就是推崇创新、追求创新、主动创新的意识，即创新的积极性和主动性、创新的愿望与激情。创新意识具体表现为强烈的求知欲、创造欲、自主意识、问题意识，以及执着、不懈的创新追求等。

　　事实上，自新中国成立以来，我国在工程领域取得了众多令人鼓舞的成绩。例如，著名的载人航天工程(如图 2-9(a)所示)、青藏铁路工程(如图 2-9(b)所示)、苏通大桥工程(如图 2-9(c)所示)、三峡水利枢纽工程(如图 2-9(d)所示)等无不闪耀着多要素集成创新和自主创新的光辉。我国自主设计建造的苏通大桥，凭着自主创新，攻破了千米级斜拉桥建设在设计、材料、装备、管理等多方面的世界级技术难题，最终成功屹立在长江口上，这一创新工程在国际桥梁技术发展史上写下了光辉的一页。这一系列的工程创新成果，对我国综合国力的提升以及国际地位的提高具有重要意义。据 2006 年科技部发布的"中国科技实力研究"项目的研究结果显示，我国人均 GDP 约 2 千美元，而科技创新指标已相当于人均 GDP 为 5000～6000 美元国家的水平，超过了印度、巴西等发展中国家，这使我国有可能通过科技创新来加速推动经济社会的发展。

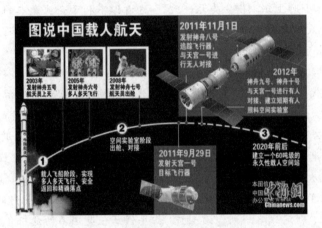

(a) 载人航天工程

(b) 青藏铁路工程

(c) 苏通大桥

(d) 三峡水利枢纽工程

图 2-9　我国在工程领域的成绩

(图片来源：2017 年 9 月 26 日 01:30:10 百度图片)

据国家统计局发布的关于《2021 年国民经济和社会发展统计公报》(以下简称《公报》)中显示，我国经济总量和人均水平实现新突破。2021 年，我国国内生产总值(GDP)比上年增长 8.1%，两年平均增长 5.1%，在全球主要经济体中名列前茅。经济规模突破 110 万亿元，达到 114.4 万亿元，稳居全球第二大经济体。人均 GDP 突破 8 万元。2021 年我国人均GDP 达到 80 976 元，按年平均汇率折算达 12 551 美元，超过世界人均 GDP 水平。

据初步核算，2021 年全年国内生产总值为 1143 670 亿元，比上年增长 8.1%，两年平均增长 5.1%。全年人均国内生产总值为 80 976 元，比上年增长 8.0%。国民总收入为1 133 518 亿元，比上年增长 7.9%。全员劳动生产率为 146 380 元/人，比上年提高 8.7%。

上述我国在工程科技领域所取得的一切创新成果是值得肯定的，但是同世界发达国家相比，我国科技整体水平还有待提高，尤其是在自主创新和核心技术领域更显不足，在航空航天、信息安全、生物工程等事关国家安全与发展的高新领域急需加大投入。据中国工程院 2006 年的调研结果显示：从整体上看，我国工程科技水平与世界先进水平仍相差约 10

～15 年。我国科技队伍规模是世界上最大的，这是我们必须引以为豪的，但是我们在科技队伍上也面对着严峻挑战，就是创新型科技人才结构性不足矛盾突出，世界级科技大师缺乏，领军人才、尖子人才不足，工程技术人才培养同生产和创新实践脱节。这说明了我国在工程科技自主创新能力方面是薄弱的。

改革开放以来，中国发生了翻天覆地的变化，经济社会取得了举世瞩目的成就。但在经济快速发展的过程中，传统工业化老路造成的高投入、高能耗、高污染、低技术、低效益的问题日益凸显。传统粗放型的经济增长方式导致土地资源、能源、水资源和重要矿产资源等供求矛盾加剧，生态环境破坏严重。研究表明，我国主要耗能产品的单位能耗比国际先进水平高 20%～ 40%；2007 年，我国煤炭消费量为 25.8 亿吨，排放二氧化碳、二氧化硫总量居世界前列；水资源短缺，河流污染严重，饮用水安全问题突出；2007 年人均 GDP 约为 2480 美元，仅为美国的 1/ 19，生产效率明显偏低。目前，日益凸显的能源、资源和环境问题已严重影响我国经济社会的持续健康发展。要解决这一系列突出问题，必须坚持科学发展观，走新型工业化道路，这就迫切需要创新型工程技术人才。那么，要想成为创新型工程技术人才，就必须树立创新意识。

2.7.2　现代工程师应树立的创新意识

创新意识如此重要，那么工程师应该树立的创新意识包括哪些方面呢？具体说来，创新意识包括创造动机、创造兴趣、创造情感和创造意志四个方面。

1. 创造动机

创造动机是创造活动的动力因素，它能推动和激励人们发动和持续进行创造性活动。动机是在需要的基础上产生的，创造动机是指创新主体对某种创新目标的渴求或欲望。根据马斯洛的需求层次理论，人的需求可以分为生理需求、安全需求、社交需求、尊重需求、自我实现需求五个层次。因此，创新心理需求可以认为是人的需求的最高层次——自我实现。

2. 创造兴趣

创造兴趣能促进创造活动的成功，是促使人们积极探求新奇事物的一种心理倾向。常言道："兴趣是最好的老师"。工程师要想创造出伟大的工程，还需要创造的兴趣与探求新事物的好奇心。英国物理学家、数学家、天文学家、自然哲学家牛顿在少年时期就有很强的好奇心，他常常在夜晚仰望天上的星星和月亮。星星和月亮为什么挂在天上？星星和月亮都在天空运转着，它们为什么不相撞呢？这些疑问激发着他的探索欲望。后来，经过专心研究，牛顿最终发现了万有引力定律。

3. 创造情感

创造情感是引起、推进，乃至完成创造的心理因素，只有具有正确的创造情感才能使创造成功。尤其作为现代工程师，更要有正确的创造情感。

案例 2－17　钱学森的爱国故事——克服重重阻碍艰难回国

20 世纪 40 年代，钱学森就已经成为力学界、核物理学界的权威和现代航空与火箭技术的先驱。在美国，钱学森可以过上富裕的中产阶级生活，然而他却一直牵挂着大洋彼岸的祖国。得知新中国成立的消息，钱学森兴奋不已，觉得到了回到祖国的时候。美国当局知道钱学森要回国的消息后,自然不想放走他,因为钱学森知道了太多最新最前沿的技术。在克服百般阻挠之后,钱学森终于回到了百废待兴的新中国。

回到祖国后钱学森迅速投入到工作中,从成功地指导设计了我国第一枚液体探空导弹的发射,到我国第一个人造地球卫星的研制成功;从组织领导了运载火箭和洲际导弹的研制工作,到我国第一艘动力核潜艇的设计制造,以及我国第一颗返回式卫星的成功发射,他始终站在新中国科技事业的最前沿,突破了无数科研难题,为新中国的航天事业做出了许多具有里程碑意义的贡献。

法国科学家巴斯德有句名言:"科学无国界,科学家有祖国。"作为现代工程师,只有具有正确的创造情感,才能真正创造出国富民强的民族工程。

4. 创造意志

创造意志是在创造中克服困难,冲破阻碍的心理因素。创造意志具有目的性、顽强性和自制性。只有创新动机和兴趣是不够的,创新的成功往往离不开持之以恒的坚持,也就是创造的意志力。中国数学家、语言学家周海中教授在探究梅森素数分布时就遇到不少困难,有过多次失败,但他并不气馁。由于他具有追求创新的欲望和坚持不懈的努力,他最终找到了这一难题的突破口。1992 年,周海中教授给出了描述梅森素数分布性质的精确表达式。目前,这项重要成果被国际上命名为"周氏猜测"。

爱因斯坦认为,科学创造的出发点、动机和推动力都来源于创新意识。创新意识是现代工程技术人才从事工程活动时不可或缺的一种重要心理品质。可以说,没有创新意识,就不会有工程创新活动。因此,作为现代工程技术人员应该具有良好的创新意识。

2.8 精细化工作意识

案例 2-18 中国式执行——海尔高绩效的 OEC 管理方法

细节是一种耐力,这一点在海尔的 OEC 管理中体现得十分明显。很多企业正是从这些不起眼的小事做起,而且十几年如一日,才最终规范了内部管理,使企业的整体竞争力得到加强。在 OEC 管理中,海尔坚持以下三个原则。

1. 不断优化的原则

这种原则就是对明天的目标提出更高的要求或改进措施。海尔认为,企业的发展是管理层的理念改变程度的直接体现。针对管理层,海尔采取 80/20 原则,他们认为管理人员虽是少数,但是很关键;基层员工虽然众多,但却处于从属地位。从管理角度来说,关键的少数制约着次要的多数。因此,每当发现问题,相关的管理者都要承担 80% 的责任,员工承担 20% 的责任。

2. 比较分析原则

这种原则就是对所做的事情进行比较,分析现状与目标计划的偏差(偏差概念取自日本松下公司的管理法)。

3. 闭环原则

这种原则就是事事都要善始善终,都必须有 PDCA 循环原则,而且要螺旋上升(其中 PDCA 指计划(Plan)、实施(Do)、检查(Check)和总结(Action))。

海尔这种基于细节运作的管理模式取得了巨大的成功，也引起了国内外人士的广泛关注，很多企业纷纷效仿海尔的管理模式。但实际上，并不是每一个企业都能把这一套模式拿来用，很多企业反映"海尔的管理模式到我们企业根本就落实不下去，员工受不了如此严格的管理"。

一个企业要做到重视细节管理，将细节管理真正执行下去并不难，难就难在一如既往地坚持。很多企业的领导到一个管理优秀的公司"取回经"后，总要大张旗鼓地搞了一阵子"向 XX 学习，开展 XX 活动"。但要么是"雷声大雨点小"，要么是一两天的新鲜，根本没有取得什么实质上的效果。细节运作也是这样，很多企业在发现问题或者受到一些启发后，迅速开始重点抓细节管理，但是没过几天就不了了之，一些预期的效果也没有实现。之所以有这样的问题出现，说到底就是没有一定的耐力。

俗话说："做事先做人。"一个企业是否对细节的执行有耐力，关键看两点：其一，管理者是否有持之以恒的精神；其二，企业是否有持之以恒的作风。

海尔十八年如一日地把细节管理执行到位，能做到这一点的企业少之又少。这一方面是因为管理大师张瑞敏管理有方，有持之以恒的精神；另一方面是因为长期以来，海尔在张瑞敏的领导下已经形成了持之以恒的作风，员工主动参与到细节管理中，无论是在生产环节、服务环节，还是在营销环节都主动从小事做起，这成就了海尔的成功。

在案例 2-18 中，海尔企业走向成功的秘诀离不开其高绩效的管理方法，而海尔非常突出的是对细节的管理。可见，"由小见大"，注意细节的运用与管理，对一个企业的发展是多么的重要。"千里之堤毁于蚁穴"，尤其对于现代工程人员来说，具有良好的精细化工作意识关乎工程的好坏成败。下文主要就现代工程人员应该具有的精细化工作意识进行阐述。

2.8.1　树立正确的精细化工作意识

法国文坛巨匠伏尔泰曾经说过这样一句话："使人疲惫不堪的并不是远方的高山，而是鞋子里的一粒沙子。"通过这句话我们可以体会到，细节对于日常管理是非常重要的。1967年 4 月 24 日，苏联宇宙飞船"联盟一号"坠毁，而这次事故是由于设计师错点了一个小数点，最后导致船毁人亡。细节对于企业管理的重要性，我们可以通过以下故事进行深入了解。

案例 2-19　一个矿泉水瓶盖有几个齿？

一家电视台做了一期人物访谈，嘉宾是宗庆后。知道宗庆后的人并不多，但几乎没有人没有喝过他的产品——娃哈哈。

访谈期间主持人问了诸如"这瓶娃哈哈矿泉水的瓶口有几圈螺纹？""矿泉水的瓶身有几道螺纹？"等问题，甚至问到瓶盖上有几个齿，但不管多么细节的问题宗庆后都能正确回答出来。最后主持人总结时说，"关于财富的神话，总是让人充满好奇。一个拥有 170 多亿元身家的企业家，管理着几十家公司和两万多人的团队，开发生产了几十个品种的饮料产品，每日需要决断处理的事务何其繁杂？可是，他连他的矿泉水瓶盖上有几个齿都了如指掌。也许我们可以从中看到，他是如何一步一步走向成功的。"

案例 2-19 的故事告诉我们，"不积跬步，无以至千里"，培养自身的精细化工作意识要从工作中的小事做起，对细节的重视体现了一个人对工作的重视程度，甚至会关系到事情的成功与否。通过上述故事的学习可知，细节对每个公司员工都是非常重要的。因此，我们要不断培养自己的精细化工作意识，提升对细节的重视程度。那究竟什么是精细化工作意识？

"精细"是一种意识，一种认真的态度，一种理念，一种精益求精的文化。精细化是"精细"的系统化，精细化作为一种管理理念、技术和方法，是在追求从"管"到"理"的转变。"管"是靠人来负责监督，"理"则是靠规则来自动运行。简而言之，精细化工作意识是指工作人员在各种工作中对小事和工作细节的态度、认知、理解和重视程度。

随着社会分工的细化，专业化程度的提高，预示着一个精细化管理时代的到来。在日趋激烈的市场竞争环境下，细节关乎企业的效益与成败。因此，谁能为企业想得更细致、更周到，谁将会在竞争中更胜一筹。"细节决定成败"，精细化工作意识通常能反映出一个员工的职业素养，而这也许就是一个人能否取得成功的关键所在，对于一个企业，道理亦如此。遍布世界各地的知名快餐企业麦当劳，就是凭着细致入微的服务设计、标准规范的产品，使其在快餐领域处于遥遥领先的位置。

美国著名管理学专家海因茨·韦里克曾经指出："单纯从口味上来说，能够和麦当劳、肯德基一争高下的企业有很多，但快餐行业的蛋糕却主要被这两个集团瓜分了。很多人都认为先入为主是它们取得成功的关键，但事实上丝丝入扣的细节管理才是重中之重。正是凭借高人一等的细节优化，他们才具备了足够多的优势，保持了长期的竞争力。"

所谓"润物细无声"，商业竞争的成败归根于细节的较量，关注客户的细节需求，将看似微不足道的工作做得完美无瑕，将会在不知不觉中赢得客户与市场。

精细化的核心就是工作中各个环节的细化、标准化、量化，它强调的不是某个单一要素的精细化，而是众多环节共同作用的结果。依照"木桶理论"来分析，任何一个要素的短缺都可能使整个产品失去优势，只有每个环节、每个流程在精细化水平达到一种均好，精细化才能发挥其最佳效应。

将管理工作做到精细化，是企业追求完美和实现卓越的关键，工作细节的优劣会直接影响工作的效果与企业的效益。"千里之堤溃于蚁穴"的道理大家都懂，工作中如果不注意精细化，既可能损害企业的效益，也可能不利于自身的发展。细微之处见功夫，细节的宝贵价值在于它是创造性的、独一无二的、无法替代的。所谓"针尖上打擂台"，拼的就是精细，精细化已经成为企业竞争的主要形式。对于员工来说，只有在每个细微之处下足功夫才能建立起自己的"细节优势"，才能获得企业的认可，在激烈的人才竞争中脱颖而出，赢得未来。那么，现代工程师如何树立正确的精细化工作意识呢？

2.8.2　现代工程师应树立的精细化工作意识

现代工程师树立正确的精细化工作意识需要从如下几个方面入手。

1. "大处着眼，小处着手"，养成注重细节的习惯

精细化经常会被看成是"吹毛求疵"，其实不然，细节并不是小事。我们要学会从大处着眼，小处着手，既见树木，又见森林。反之，如果在系统复杂的工程中不重视或疏忽细节，不注意"大处着眼，小处着手"，一定会出现"细节梗塞，小事挡道"的现象。例如，法国雪铁龙公司因在 CS 车型设计上的某个小小失误，使其召回了 10 万辆已经卖出的汽车；日

本东芝笔记本的细小问题导致它在美国赔偿给客户 10 亿美元；美国福特公司由于凡世通轮胎问题导致巨大亏损；中国曾经名噪一时的三株口服液也是因忽视媒体报道的负面影响而招致覆灭。太多案例教训给了我们启示：管理者只把注意力放在"大"上是远远不够的，在把握了大方向、大战略的前提下，应密切关注和做好每一件小事，只有做到"大处着眼，小处着手"才有可能获得更大的成就。

2. 把简单的事做对，而且持续做对

许多人遇事确实有大而化之、马马虎虎的毛病，工作中的"大概""差不多"先生比比皆是。与"差不多"的观念相对应的是人们都想做大事，而不愿意或者不屑于做小事。但事实上，小事做多了就是大事，平凡的事做久了就是不平凡的事。汪中求先生在《细节决定成败》一书中提到："芸芸众生能做大事的实在太少，多数人的多数情况总还只能做一些具体的事、琐碎的事、单调的事，也许过于平淡，也许鸡毛蒜皮，但这就是工作，是生活，是成就大事不可缺少的基础。"

海尔总裁张瑞敏说过："把简单的事做好就是不简单，把平凡的事做好就是不平凡。"古人也曾说："天下大事，必作于易；天下大事，必作于细。"无论在工作、生活还是学习中，很多事情看似简单，但我们不能采取简单的做法。我们要把它们看作是需要付出全部热忱、精力和耐心的伟大事业。当一个人能够把简单的事情做对，而且持续做对，那么这个人就变得不简单、不平凡。

3. 把执行力量化

执行力的量化就是在管理中将工作内容及制度以具体可量化的形式提出要求，并使之涵盖工作的全过程。很多企业虽然制定了规章制度、工作流程、工作手册，但却经常忽略细节的量化。缺乏"量化"意识的管理者经常会觉得员工办事不力，让照办的事没照办，让抓紧的事没抓紧，总之很难达到预想的效果。因此，管理者在日常管理中应做到"精心谋划、细致安排"，对日常管理中的每一个步骤都要精心，每一个环节都要精细，只有这样，每一项工作才可能成为精品。精心是态度，精细是过程，精品是成绩。对工作当中的每一个细节量化，将有助于管理者将管理工作做得更透彻、更精细，同时也更规范、更有序、更有效。

总而言之，作为一名工程师，不仅要掌握基本的知识，更重要的是担负起社会责任。工程的可靠性直接关系到国家和人民的生命财产安全，只有保持精细化的工作意识，科学运用所学知识才能真正造福于民。树立正确的精细化工作意识是工程师成就自我、追求卓越的前提，应在每个工程师的职业生涯中得到实现。

案例分析 2 - 20　截止期

拉斯金制造公司向帕克产品公司保证，他们会在当月 10 日交付所有预定的小型机器。帕克公司已延长了一次交货期，这次他们坚持必须如期交付。拉斯金公司质量控制部门的主管提姆·文森(Tim Vinson)对如期交货很有信心，但是到了当月 8 日，他了解到机器中的一个新零件出现了供应短缺。

提姆·文森意识到，他必须做出决定，是用旧零件来设法遵守期限，还是告诉帕克成品公司，拉斯金不能按期交货。在做出决定前，提姆·文森咨询了该产品的总设计工程师查克·戴维森(Chuck Davidson)。查克说："我没有一个好答案给你，已经没有时间来拿出一个满意的替代方案。你可以再拖延点时间，但已经规定了期限，你再拖延会有负疚感，或者干脆用旧零件。但是，我并没有建议你采纳其中任何一个。我不想为这事烦恼，也许你可以问问阿诺德。"

阿诺德·彼得森(Arnold Peterson)是负责产品的工程副总裁，多年前他与提姆一样担任质量控制部门的主管。有两个原因使得提姆不愿意去问阿诺德。第一，提姆感到他因早先没有预料到这个问题而负有责任，他不愿向副总裁承认错误。第二，他不知阿诺德是否愿意为这类事情操心，或许阿诺德会直接告诉提姆，这是提姆自己应该解决的问题。而且，要是听到让他自己解决问题的说法，提姆会感到不舒服，所以提姆决定自己解决问题。那么，他应该怎么解决这个问题呢？

> **互动环节**
> 1. 什么是现代工程意识？
> 2. 现代工程人员为什么要树立良好的现代工程意识？
> 3. 成为"卓越工程师"或作为一名现代工程人员应该具备哪些现代工程意识？

2.9　保　密　意　识

案例 2-21　兼职供稿，别有用意

刘某是某企业高级工程师，因一封看似平常的"兼职"约稿邮件被境外间谍人员勾连。随后，对方以"高额报酬"为名，让刘某收集我国内核电站的重要资料。就在双方商定报酬，刘某准备提供涉密资料的关键时刻，我国安全机关及时将其抓获。最终，刘某因境外刺探、非法提供情报罪被判有期徒刑 9 个月，剥夺政治权利 1 年。

案例 2-21 告诉我们，广大涉密人员应务实理想信念，增强敌情意识和保密常识，坚守自己的价值观，时刻牢记"保守紧密，慎之又慎"。我们常说："国家利益高于一切，保密责任重于泰山。"树立良好的保密意识，不仅仅是在保护国家，也是在保护我们自己。

作为现代工程人员，应当具备保密意识。保密在任何时候都是非常重要的，泄密事件一旦发生，将对国家、社会、单位和个人造成极其严重的后果。泄密不仅会对国家、社会或者他人带来损失，对于泄密者来说，还要承受严厉的处罚。因此，下文主要阐述现代工程人员应该具备的保密意识。

2.9.1　树立正确的保密意识

1. 保密和保密工作

顾名思义，保密就是保守秘密。从广义上讲，保密是一种社会行为，是人或社会组织在意识到关系自身利益的事项如果被他人知悉或对外公开，可能会对自己造成某种伤害时，对该事项所采取的一种保护行为。从狭义上讲，保密就是保护好国家秘密，保密工作就是围绕保护好国家秘密而进行的组织、管理、协调、服务等职能活动，通过法律手段、行政手

段、技术手段和必要的经济手段来约束和规范组织和个人的涉密行为，使他们的行为能够符合保密要求。从区域发展角度来看，在保护好国家秘密的同时，还应重视加强商业秘密、工作秘密等的保护工作。

2. 秘密的分类

秘密分类主要分为国家秘密、商业秘密、工作秘密等。

1）国家秘密

国家秘密分有等级，《中华人民共和国保守国家秘密法》第十条规定：国家秘密的密级分为"绝密""机密""秘密"三级。其中绝密级国家秘密是最重要的国家秘密，泄露会使国家的安全和利益遭受非常严重的损害；机密级国家秘密是重要的国家秘密，泄露会使国家的安全和利益遭受严重的损害；秘密级国家秘密是一般的国家秘密，泄露会使国家的安全和利益遭受损害。

涉及国家政治、外交、国防、军事、经济及其他方面安全的信息和事项都属于国家秘密的范畴。在我国，对国家秘密的定义源于《中华人民共和国保守国家秘密法》第二条的规定：国家秘密是关系国家安全和利益，依照法定程序确定，在一定时间内只限一定范围的人知悉的事情。从这一定义来看，国家秘密由以下三个基本要素构成。

（1）关系国家安全和利益。这是构成国家秘密的实质要素，是准确判定某一信息是否属于国家秘密的关键问题。这也是国家秘密专属性的体现。国家秘密从本质上讲是国家财产的一种特殊形态，属于国家所有。国家秘密一旦泄露，会直接危及国家安全，直接损害国家利益及广大人民群众的整体利益。

（2）依照法定程序确定。这是国家秘密的程序要素。关系国家安全和利益的信息必须在履行确定相应密级的程序后，才能成为法律认可的国家秘密。所谓法定程序，是指《中华人民共和国保守国家秘密法》和《中华人民共和国保守国家秘密法实施条例》（简称《保密法实施条例》）就确定、变更国家秘密的密级和保密期限定以及解密所做出的一系列相应的规定。国家秘密的这一要素强调的是国家秘密的统一性与合法性，防止主观随意性。这是国家秘密法定属性的体现。国家秘密的确定不以任何个人的意志为转移，而是依据法定程序确定的，国家秘密的保护同样是以国家的法律法规为依据的。

（3）在一定时间内只限一定范围的人员知悉。这是国家秘密的时空要素。国家秘密不可能是永远的秘密。随着一定的时间和客观情况的变化而发生变化，或变更密级或解密。在特殊情况下，也会发生密级由低变高的现象。国家秘密的接触、知悉的范围必须限定在需要知悉的范围内，不能控制知悉范围的信息就不能称为国家秘密。这也是国家秘密限定性的体现。国家秘密在一定时间内只限一定范围内的人员知悉，未经行使国家秘密管理权的机关、单位按照法定方式批准，知悉范围以外的组织和个人不得以任何方式知悉、占有、使用或处理。

国家秘密的三个基本要素互相联系，缺一不可。

关于国家秘密的具体规定，出自《中华人民共和国保守国家秘密法》第九条。《中华人民共和国保守国家秘密法》第九条规定：下列涉及国家安全和利益的事项，泄露后可能损害国家在政治、经济、国防、外交等领域的安全和利益，应确定为国家秘密，具体如下：

① 国家事务重大决策的秘密事项；

② 国防建设和武装力量活动中的秘密事项；

③ 外交和外事活动中的秘密事项以及对外承担保密义务的秘密事项；

④ 国民经济和社会发展中的秘密事项；

⑤ 科学技术中的秘密事项；

⑥ 维护国家安全活动和追查刑事犯罪中的秘密事项；

⑦ 经国家保密行政管理部门确定的其他秘密事项。

为准确界定国家秘密，使"关系国家安全和利益"的事项具体化、标准化，更便于操作，国家保密行政管理部门将有关"关系国家安全和利益"事项泄露会造成的后果分类归纳为 7 大类，共 40 个小类，统称"关系国家安全和利益的定义群"，作为制定或调整保密事项范围的依据，其中 7 大类具体如下：

① 危害国家防御能力；

② 危害国家政权的巩固和使国家机关依法行使职权失去保障；

③ 影响国家统一、民族团结和社会安定；

④ 妨碍国家外交、外事活动正常进行；

⑤ 损害国家经济利益和科技优势；

⑥ 妨碍国家重要保卫对象和保卫目标安全；

⑦ 妨碍国家秘密情报的获取和削弱保密措施有效性。

国家秘密是关系到国家安危的重大秘密，是绝不可泄露的秘密，作为工程人才决不能让自己涉及的秘密有泄露行为，都应将保守国家秘密作为自己的行为准则。

2）商业秘密

商业秘密是指不为公众所知悉具有商业价值，并经权利人采取相应保密措施的技术信息、经营信息等商业信息。任何一个企业都有自己的商业秘密，进货价、研发过程中新技术、机密配方及重大研究等都属于企业的商业秘密。企业的商业秘密如果泄露，会或多或少地影响企业的发展，甚至会使其濒临破产。《中央企业商业秘密保护暂行规定》规定：中央企业依法确定本企业商业秘密的保护范围主要包括战略规划、管理方法、商业模式、改制上市、并购重组、产权交易、财务信息、投融资决策、产购销策略、资源储备、客户信息、招投标事项等经营信息，以及设计、程序、产品配方、制作工艺、制作方法、技术诀窍等技术信息。

所谓技术信息，是指经权利人采取了保密措施不为公众所知晓的，具有经济价值的技术知识（包括产品工艺、产品设计、工艺流程等）。技术秘密持有人一般是出于独占的考虑，而不申请专利。技术秘密通常包括制造技术、设计方法、生产方案、产品配方、研究手段、工艺流程、技术规范、操作技巧、测试方法等。技术秘密载体可以是文件、设计图纸等，也可是实物性载体，如样品、动植物新品种等。

所谓经营信息，是指经权利人采取了保密措施不为公众所知晓的，具有经济价值的有关商业、管理等方面的经验、方式或其他信息，包括企业规划、发展、营销方式、客户名单等。

根据商业秘密的定义，商业秘密应具有以下 4 个法律特征。

（1）不为公众所知悉。这是指商业秘密具有秘密性，是认定商业秘密最基本的要件和最主要的法律特征。商业秘密的技术信息和经营信息在企业内部只能由参与工作的少数人知悉，这种信息不能从公开渠道获得。如果众所周知，那就不能称为商业秘密。

（2）能为权利人带来经济利益。这是指商业秘密具有价值性，是认定商业秘密的主要要件，也是体现企业保护商业秘密的内在原因。一项商业秘密如果不能给企业带来经济价值，也就失去了保护的意义。

（3）具有实用性。商业秘密区别于理论成果，具有现实的或潜在的使用价值。商业秘密在其权利人手里能应用，被人窃取后别人也能应用，这是认定侵犯商业秘密违法行为的一个重要要件。

（4）采取了保密措施。这是认定商业秘密最着急的要件。私利人对其所拥有的商业秘密应采取相应的、合理的保密措施，使其他人不采用非法手段就不能得到。如果权利人对拥有的商业秘密没有采取保密措施，任何人几乎随意可以得到，那么就无法认定该商业秘密是权利人的商业秘密。

《中央企业商业秘密保护暂行规定》已经国务院国有资产监督管理委员会第8次主任办公会议审议通过，该规定制定的目的是为了加强中央企业商业秘密的保护工作，保障中央企业利益不受侵害。这里仅列出其中几条的内容。第十三条：在确定商业秘密范围的同时，还要确定商业秘密事项的密级和保密期限。中央企业商业秘密的密级，根据泄露会使企业的经济利益遭受损害的程度，确定为核心商业秘密、普通商业秘密两级，密级标注统一为"核心商密""普通商密"。第十四条：中央企业自行设定商业秘密的保密期限。可以预见时限的以年、月、日计，不可以预见时限的应当定为"长期"或者"公布前"。第十五条：中央企业商业秘密的密级和保密期限一经确定，应当在秘密载体上作出明显标志。标志由权属（单位规范简称或者标识等）、密级、保密期限三部分组成。第十六条：中央企业根据工作需要严格确定商业秘密的知悉范围。知悉范围应当限定到具体岗位和人员，并按照涉密程度实行分类管理。

商业秘密主要存在于科研部门和企事业单位。企业秘密对企业而言，是生命，也是生产力。泄露商业秘密会给权利人造成直接的经济损失，甚至会影响其生存和发展，有的还会引发复杂的经济纠纷，严重的还会干扰正常的市场经济秩序。非法获取商业秘密已成为当前一个严重的经济问题和社会问题。泄露商业秘密，根据情节分别给予民事或刑事处罚。

3）工作秘密

工作秘密的概念最早在《国家公务员暂行条例》中提出。工作秘密是指各级国家机关在其公务活动和内部管理中产生的不属于国家秘密而又不宜对外公开的事项。也就是说，工作秘密是指除国家秘密以外的，在国家机关公务活动中不得公开扩散的，一旦泄露会给本机关、本单位的工作带来被动和损害的信息或事项。因此作为工程人才，保守自己的工作秘密就是自己的工作职责。

工作秘密不分等级，需要标注的，可在属于工作秘密的载体上（如文件、资料的首页）标注"内部""内部文件""内部资料""内部刊物"等字样作为工作秘密的标志。党政机关事业单位有些重要的工作秘密也属于国家秘密。

4）国家秘密、商业秘密和工作秘密的区别

国家秘密与商业秘密、工作秘密的区别主要表现在以下几个方面。

（1）三个"秘密"立法意图不同。

"国家秘密"这一概念是在1982年《宪法》中提出来的，后来在《中华人民共和国保守国家秘密法》中对其法律特征又作了规定，意在告诫公民在自己从事的工作中接触国家秘密、合法利用国家秘密均应遵守《中华人民共和国保守国家秘密法》的规定。"商业秘密"第一次是在1979年颁布的《民事诉讼法》中提出的，在1993年颁布的《反不正当竞争法》中给它规定了法律特征。"工作秘密"是在国务院颁布的《国家公务员暂行条例》中提出的，告诉国家工作人员除了要保守国家秘密，还要承担保守工作中不能擅自公开的那一部分事项的义务。

（2）三个"秘密"的法律特征不同。

"国家秘密"的法律特征有三点：

① 关系国家的安全和利益的事项；

② 依照法定程序确定；

③ 在一定时间内只限一定范围的人员知悉。

"商业秘密"的法律特征有四点：

① 不为公众所知悉；

② 能为权利人带来经济利益；

③ 具有实用性；

④ 权利人采取了保密措施。

"工作秘密"其含义包括两点：

① 除国家秘密以外的，在公务活动中不得公开扩散的事项；

② 一旦泄露会给本机关、单位的工作带来被动和损害。

（3）三个"秘密"的权利主体不同。

"国家秘密"的权利主体是"国家"，国家是拥有国家秘密的唯一特定主体。"商业秘密"的权利主体是不特定的民事主体（集团或个人）。"工作秘密"以本机关、单位为拥有主体。

（4）三个"秘密"的确定程序不同。

"国家秘密"强调要经过法定程序确定，并且在《中华人民共和国保守国家秘密法》中规定了一套极为严格的确定程序。"商业秘密"的确定程序没有明确规定，权利人自行明确即可。"工作秘密"由各机关、单位自行制定相应办法，妥善管理。

（5）三个"秘密"的标志不同。

"国家秘密"分为三个等级，同时又原则地规定了区分三个等级的标准。三个不同的等级如何在密件或密品上的标志也有专门的规定。"商业秘密"的分级与标志可自行确定，但不得与国家秘密的标志相同。"工作秘密"不分等级，其标志尚未统一规定，但习惯上标为"内部"。

（6）三个"秘密"一旦泄露危害的对象不同。

"国家秘密"一旦泄露危害的是国家的安全和利益。"商业秘密"一旦被侵犯，会损害商业秘密权利人的利益，严重的会危及市场秩序。如果经营信息和技术信息一旦泄露后会损害国家的安全和利益，那么它就应该被定为国家秘密而不是商业秘密。"工作秘密"一旦扩散或公开，会给本机关、单位的工作造成被动和损害。

（7）三个"秘密"一旦泄露所承担的法律责任不同。

"国家秘密"一旦泄露，除了要承担行政责任，构成犯罪的还应承担刑事责任。"商业秘密"一旦被侵犯，并构成不正当竞争行为，要分别承担民事赔偿责任、行政处罚责任或刑事责任。"工作秘密"一旦泄露，要承担行政责任，受到行政处分。

3. 秘密的等级

我国的国家秘密分为"绝密""机密"和"秘密"三个等级，划分三个等级就需要定密。所谓定密，就是把关系国家安全和利益，在一定时间内只限一定范围的人员知悉的每一具体秘密事项，按照国家划定的"绝密""机密""秘密"三个等级，依照法定程序确定下来，并通过相应的法规制度予以保护，从而达到维护国家安全和利益的目的。

定密工作不仅包括确定、变更和解除国家秘密的活动，还包括相关的定密授权、确定定密责任人、定密培训、定密监督等活动。定密工作是保密管理的一项源头性、基础性工作。只有先定密，确定国家秘密的等级之后，我们才知道什么是重要机密，什么是一般机密，什么不是机密，才懂得什么该保密，什么不必保密，从而做到需要保密的坚决不泄露，不必保密的适时公开和共享。这样才符合《中华人民共和国保守国家秘密法》规定的"既确保国家秘密安全，又便利信息资源合理利用。"因此，定密工作非常重要。

确定国家秘密事项的密级依据主要是《中华人民共和国保守国家秘密法》和《保密法实施条例》，以及《国家秘密及其密集具体范围的规定》等有关规定，主要有三种情况。

（1）对号入座。对号入座主要是指各机关、单位直接按照《国家秘密及其密级具体范围的规定》，对所产生的事项确认是否属丁国家秘密和属于何种密级，并按规定作出具体的标志。

（2）无号可对。无号可对是指各级国家机关、单位对是否属于国家秘密或者属于何种密级不明确，或者有争议的事项，按照规定由国家保密行政部门或者省、自治区、直辖市保密行政部门确定。

所谓"是否属于国家秘密或者属于何种密级不明确，或者有争议的"事项，是指有关机关、单位根据《中华人民共和国保守国家秘密法》第二条、第八条、第九条、第十一条的规定，认为本机关、单位的工作中所产生或者形成的某一事项应当确定为某一密级的国家秘密，但是，在相关的《国家秘密及其密级具体范围的规定》中，未对此事项是否属于国家秘密或属于何种密级作出规定，无法找到直接确定密级的法律依据，"无号可对"。如果出现这种情况，产生该事项的机关、单位应当特别慎重，不能因为"无号可对"就轻易放弃确定其密级，而应当认真地分析研究，对于确属国家秘密的事项，按照本机关、单位认定的密级先行拟定，并采取相应的保密管理措施，然后按照规定的程序报请有相应密级确定权的机关审定批准。经国家保密工作部门审定并授权的机关可以在其主管业务方面，对要求确定为秘密级国家秘密的事项作出决定。国家秘密及其密级的具体范围由国家保密行政管理部门分别会同外交、公安、国家安全和其他中央有关机关规定。

（3）国家科学技术秘密及其密级的确定。

国家科学技术秘密及其密级的确定依据 1995 年 1 月 6 日国家科学技术委员会、国家保密局发布的《科学技术保密规定》办理。《国家秘密定密管理暂行规定》第二十四条对国家秘密标注进行了明确规定：国家秘密一经确定，应当同时在国家秘密载体上作出国家秘密标志。国家秘密标志形式为"密级★保密期限""密级★解密时间"或者"密级★解密条件"。在纸介质和电子文件国家秘密载体上作出国家秘密标志的，应当符合有关国家标准。没有国家标准的，应当标注在封面左上角或者标题下方的显著位置。光介质、电磁介质等国家秘密载体和属于国家秘密的设备、产品的国家秘密标志，应当标注在壳体及封面、外包装的显著位置。国家秘密标志应当与载体不可分离，明显并易于识别。无法作出或者不宜作出国家秘密标志的，确定该国家秘密的机关、单位应当书面通知知悉范围内的机关、单位或者人员。凡未标明保密期限或者解密条件，且未作书面通知的国家秘密事项，其保密期限按照绝密级事项三十年、机密级事项二十年、秘密级事项十年执行。

　　国家秘密一经确定之后，任何人都有义务保守秘密。无论是保管、经手、传递还是保存，都必须按照保密要求来做。对于标有密级的秘密，务必高度警惕，严格按照规定管理，绝不能违反规定。秘密文件应当妥善保管，绝不能麻痹大意。平时工作要严谨规范，需要保密的一定要保密，否则就会导致泄密。

案例 2 - 22　书信往来导致泄密，暴露军队行踪

　　二战中，法国有一位排长到前线作战，每天都给自己的妻子写一封信。他的妻子有一位很要好的朋友，特别喜欢集邮，所以每次这位排长的来信，这位朋友就把信上盖有邮戳的邮票一张不落地搜集去了。这样的通信持续了约半个月后，排长的妻子又接到丈夫的来信。他在信中感叹："间谍的情报太灵通、太准确了。我们半个月内转移了五次阵地，敌人的炮火都如影随形地跟着我们，我们的部队伤亡几尽，而我自己也身负重伤……"这位排长做梦也没有想到，正是自己的家书上的邮戳提供了准确而快捷的情报。原来，他妻子的这位朋友是一个间谍。

案例 2 - 23　中国警告公众提防招聘和交友网站上的境外间谍

　　当中国国家安全机关找到北京某餐厅经理时，这位餐厅经理并不知道在其工作场所开展的一项调查工作的重要性。之后他将有关该调查的情况告诉了其他人，将他事前被告知的保密义务当作了耳边风，直到他被抓获并处以行政拘留 15 日的处罚时，他才意识到他因涉嫌泄露国家秘密并危害调查而违反了中国的反间谍法。

　　从上面两个案例可见，保密意识是十分重要的。对于掌握秘密的人来说，一旦泄露秘密，则会给国家、社会、单位及个人都带来巨大的损失。工程师应正确认识保密意识，时刻注重国家利益，才能自觉抵制那些可能会危害到国家安全的潜在因素的侵蚀，从而营造良好的生存发展条件和安定的工作生活环境。

　　新时代，保密工作面临着新形势和新特点。保密工作历来是党和国家的一项重要工作，它事关党和国家的安全和利益，事关改革、发展、稳定的大局。在经济全球化及对外交流日益密切的大环境中，即将就业的工程人员更易受到众多科技类、创新型企业或者行业的青睐，而投身这类高、精、尖行业的工程人员不免接触涉及商业秘密乃至更高级别的国家秘密的数据内容或技术信息。作为工程师要自觉关心和维护国家安全，提高对各种新型安全风险的防范化解能力。国家安全是国家生存发展的前提、人民幸福安康的基础、中国特色社会主义事业的重要保障。国家安全涵盖政治、国土、军事、经济、文化、社会、科技、网络、生态等各个领域，国家安全教育任务重、困难多，只有让国家安全意识根植于每位公民的心中，才能砌起维护国家安全的铜墙铁壁。

2.9.2　现代工程师应树立的保密意识

　　国家秘密直接关系着国家改革、发展、稳定的大局，是稳步推进社会主义现代化建设的重要保障。因此，工程人员必须牢固树立保密意识，高度重视保密的重要性，自觉加强保

密意识，在学习和工作中决不能掉以轻心，绝不逾越规矩，牢记保密守则。这些保密守则可以归结为以下这些方面。

（1）不泄露党和国家秘密、工作秘密、商业秘密。

（2）不在无保密保障的场所阅办秘密文件、资料。

（3）不使用无保密保障的通信设备传输秘密。

（4）不使用未经技术检查的进口通信设备。

（5）不在家属、亲友、熟人和其他无关人员明前谈论秘密。

（6）不在公共场所谈论秘密事项。

（7）不在私人通信及公开发表的文章、论述中涉及核心秘密。

（8）不在社交活动中携带秘密文件、资料，特殊情况确需携带的，应由本人或指定专人严格保管。

（9）不在出国访问、考察等外事活动中携带秘密文件、资料等；确因工作情况需要携带的，应按照国家保密局、海关总署《关于国家秘密文件、资料和其他物品出境的管理规定》，办理有关审批手续，并采取严密的防范措施。

（10）不在接受记者采访以及同境外人员会谈、交往中涉及秘密。

（11）及时将阅办完毕的秘密文件、资料清退、归档；离开办公室时，应将阅办的秘密文件放入文件柜内，或交有关部门保管。

（12）不得擅自复制或销毁秘密文件、资料。

（13）严禁使用手机发送、按收、存储包括语音、文字、图像等形式的秘密信息、资料。不得使用境外组织、人员赠送的或不明来源渠道的手机。

（14）磁介质（移动硬盘、软盘、磁带、录像带、录音带等）和光盘等涉密存储介质应在办公室阅办，离开办公室时，应将涉密存储介质锁入保险柜，不得带回家中或带入公共场所。严禁将个人或来路不明的存储介质带入办公场所。

（15）涉密计算机要设置开机口令和屏幕保密口令，并定期更换（其中秘密级为 8 位、机密级为 10 位）。涉密计算机严禁接入国际互联网，若确需接入国际互联网，则必须配备双硬盘和物理隔离卡，与互联网进行物理隔离。严禁在涉密计算机上私自安装程序、软件和下载资料。

（16）配备使用涉密便携式计算机时，应同时配备专用涉密移动存储介质。涉密便携式计算机只能处理涉密信息，不得存储涉密信息，涉密便携式计算机和专用涉密移动存储介质工作时应同时使用，下班后应分开。严禁将个人或来路不明的便捷式计算机带入办公场所，严禁将涉密便携式计算机和涉密移动存储介质借给他人使用。

（17）严禁在国际互联网（外网）上存储、处理、传递涉密信息。严禁使用 QQ 或电子邮件等通信方式上报或下发有关涉密材料、资料、信息。

（18）各级领导干部发生泄密问题时，应及时采取补救措施，并主动向所在机关和保密部门报备并积极配合有关部门进行调查处理。

（19）加强文件资料的管理。秘密级以上的文件、资料要做到收有登记、发有记载、借阅有手续，不得将密件擅自发给个人或单位。

树立保密意识，坚持强党性，筑牢政治意识。知之愈深，则行之愈笃；行之愈笃，则知之益明。做好新时代保密工作，要全面把握《中华人民共和国保守国家秘密法》内容。作为保密工作人员，在面对国家安全和国家利益的政治考验时，在大是大非面前，要保持政治信念的坚定性、政治立场的原则性、政治敏感的敏锐性，切实筑牢思想根基，只有思想认识上的真正提高，才有行动上的高度自觉。细节决定成败，工程人员一定要牢固树立保密意识，注意日常行为细节，一举一动都要严格遵守保密规范，确保不泄密。工程人员需要从以下几个方面加强保密意识。

（1）合法性观念。定密必须依据保密法律法规，按照合法的程序，立足国家安全和国家利益的高度，对密与非密进行科学划分，进而准确确定密级、保密期限和知悉范围。合法性原则包含三个方面内容：一是主体合法，二是依据合法，三是程序合法。主体合法包含宏观和微观两个层面。宏观层面是指定密权的行使主体必须是具有相应定密权的国家机关及其授权的机关单位，这就限定了行使定密权的主体范围，排除了非国家机关单位的定密权，如民间社会团体、个人独资企业等。微观层面是指定密权必须由定密责任人行使，其他任何人都无权定密，排除了定密权行使的随意性，有利于定密的专业化和准确度。依据合法是指定密必须要以保密法律法规尤其是保密事项范围为准绳，做到有法可依。程序合法是指定密的整个过程必须符合保密法律法规的要求，先由承办人提出定密的具体意见，再由定密责任人审核批准。树立合法性观念要求承办人、定密责任人开展定密时，先确定自己的单位有没有定密权，有哪一范围层级的定密权，然后再依据保密事项范围与拟定保密事项进行比对，进而履行合法的定密程序。

（2）必要性观念。某一事项是否需定密，必须根据国家相关法律法规，站在国家安全和利益的高度进行必要性的分析。《中华人民共和国保守国家秘密法》中对国家秘密概念及国家秘密基本范围进行了相关界定，为规范化定密提供了法律依据。某一事项只有符合这些基本要求时才可能被确定为国家秘密，才有保护的必要性。这里需要重点考虑的是，要求承办人、定密责任人必须把握必要性观念所包含的定密界限性要求，即按照国家秘密的定义、基本范围和具体的保密事项范围，审慎甄别国家秘密与商业秘密、工作秘密或内部事项的区别，准确定密，确定拟定密事项的保护必要性，避免"非密成密"。

（3）可保性观念。承办人、定密责任人定密时，需严格考虑定密程度及后续相关问题。一般而言，对于不能控制知悉范围的、内部掌握的、不宜公开宣传的事项不能进行定密，如工作单位人员职责、电话号码、自然灾害下造成的人员伤亡数字、疫情感染人数等。如何判断是否具有可保性，可以考虑以下几个方面：

① 拟定密事项是现实客观产生并面向未来的。国家秘密事项自产生之日起应当定密，过去已经发生的非密事项不太可能现在定密。

② 拟定密事项的知悉范围是可控的。

③ 拟定密事项泄露存在使国家安全和利益遭受损失的可能性。

④ 可能造成的损失具有现实的可测性。

（4）优化性观念。加强优化性观念的主要目的是在坚持合法性、必要性、可保性观念的前提下，按照"保核心、保重点"的立场定密，把国家秘密限缩在较小范围，或者说做到国家秘密最小化，具体做法如下。

① 把握好保密与公开的关系。认真落实《政府信息公开条例》，把握好保与放的关系，做到保放适度。对某一信息是否应当定密产生疑问时，要根据实际情况，通过权衡利弊关系，从而确定相关信息是否应当保密、在什么范围内保密以及在多长时间内保密。这要求

承办人、定密责任人必须考虑，保密是否有利于依法行政的推进、是否有利于增进社会和谐、是否有利于维护国家安全和利益。

② 集约使用保密资源，优化保密资源分配，真正让有效资源投入到核心重点国家秘密的保护上，同时降低保密成本。

（5）协调性观念。针对是否应该定密时，应遵守相关法律法规及有关事项，并切实考虑目前的可协调性。在遵守相关要求的前提下，可以通过以下几个方面综合考虑。

① 横向遵循先例。找寻之前是否有类似的定密情况，可大致确认拟定密事项是否属于国家秘密，保持类似事项过去与现在定密之间的协调性。

② 纵向区分重要程度。将拟定密事项与其他不同事项进行重要程度的对比，包括密与非密，大致确定拟定密事项的重要程度，从而决定是否应该定密，以及定密内容、时长、范围等方面，保持拟定密事项与其他不同事项定密之间的协调性。

③ 考虑现实客观需要。随着社会形式变化，考虑当前社会形式和变化，进行是否定密的判断，保持拟定密事项与现实需要之间的协调关系。

本 章 小 结

树立正确的现代工程意识是现代工程人员贯彻科学发展观、建设和谐社会的基本要求，也是实现中华民族伟大复兴中国梦的需要。

现代工程意识是指从系统的、整体的全局观出发，分析工程的效用和利弊，以及由此引申而来的科学技术问题、功能审美问题、生态环境问题、资源安全问题、伦理道德问题等，将工程技术、科学理论、艺术手法、管理手段、经济效益、环境伦理、文化价值进行综合，树立科学的可持续发展观。

2013年教育部、中国工程院印发了《卓越工程师教育培养计划通用标准》，它规定了卓越计划各类工程型人才培养应达到的基本要求。根据通用标准以及社会发展的实际需求，现代工程人员应具有良好的质量意识、安全意识、效益意识、环境意识、职业健康意识、服务意识、创新意识、精细化工作意识和保密意识。现代工程人员只有正确认识与树立好这些现代工程意识，才能做出符合科学发展观的好工程，才能为国家、社会和人类做出贡献。

第二篇　工程师职业支撑能力

第三章 工程技术人员的市场能力

学习目标

通过对本章的学习，了解市场能力的概念、特点和组成要素，深刻认识工程技术人员的市场能力和提高工程技术人员市场能力的相应要求，理解成为一名优秀的工程师需要具备的市场能力，树立新型的工程师意识。

3.1 对市场能力的基本认识

案例 3-1 小马的成长

从北京某大学通信工程专业毕业的小马决定到以研发为主的技术型公司——汇众公司应聘。经过几轮面试，小马最终被聘用到公司研发部实习，该部门内一位技术出身的高级工程师李师傅带着他学习业务。

经过两个月的时间，李师傅看到了小马的进步，认为可以适当交给小马一些研发任务。正巧一家长期合作的 A 电视公司希望汇众公司针对显示屏分辨率进行技术改造研发，以优化 A 电视公司显示屏分辨率。接到任务后，小马兴奋不已。项目开始后，小马每天收到大量不同来源的信息，初入职场的小马一下子适应不过来，只能去请教前辈。经点拨，小马有效处理了收到的所有信息，并且把所学知识较好地转化成了现实产品。针对提高 A 电视公司屏幕分辨率的研发工作，在交付给客户后，客户认为效果不够明显，希望小马及其团队重新进行研发。小马重新接到任务后，和团队成员一起对研发过程进行了反思和总结。经过努力，他们终于找到了突破口，寻找到了一种非常新的材料和技术来优化、改造显像管，最终显著提高了电视屏幕分辨率。再次完成研发任务后，小马及其团队成员带着新的成果交付于 A 电视公司的相关负责人，该负责人担心产品售价的提高会影响客户的体验，且新技术还没有被广泛推广，不易被市场及客户接受。小马从技术人员的角度，用市场营销的思维，对顾客的担心和质疑一一作答，最终该负责人接受了小马团队的成果。经生产销售，该品牌电视销售量明显上升，客户反应良好，A 电视公司对此非常满意，愿意继续与汇众公司进行进一步的合作。

经过这一次全程参与 A 电视公司的研发任务后，小马成长了许多，但同时深感自己水平有限，认为还有很多知识要继续学习。此后，小马利用空闲时间学习新知识，久而久之，他对本行业内的技术有了很大的认识及提高。半年实习期结束后，小马如愿成了汇众公司的一名正式研发人员。

在案例 3-1 中，是什么样的特质让小马被汇众公司认可，并最终成为汇众公司的一名研发人员？

刚毕业的大学生、研究生是企业人才招聘的主要来源之一，这部分人群的主要特点是成就动机较强，期待别人的认可；急于把自己的所学运用到实践中。因此，他们渴望受限少而拥有较大自由空间；具有很强烈的挑战和创新精神，不甘于维持现状；理论水平高但缺乏实践经验，对现实的看法比较理想化；做事急躁，更渴望看到结果而忽略过程等。学生往往都是年轻气盛的，接受新知识新观念都比较迅速。但是有许多学生往往会把这种优势作为向别人炫耀的资本，无论事大事小，总喜欢和别人攀比较劲，以达到宣扬自己的目的。其实这很容易引起别人的反感，更不要说设法得到别人的支持。显然，小马对相应场景的处理是妥当的。

　　进入公司后，小马每天跟不同部门的同事打交道，每天都会收到大量的信息，而李师傅每天也会交给小马不同的任务。面对大量的信息和来自上级分配的任务，初入职场的小马一下子适应不过来，但经点拨后很快就可以应付了。

　　毋庸置疑，专业技术知识是所有技术人员的核心技能，尤其是工程师、高级工程师，没有专业知识就相当于吃饭没有筷子，看着满桌子的菜干着急。而空有专业知识却没有实践能力，会使技术人员裹足不前，毫无进步可言，就犹如一个厨师手上有一套厨具，案子上也都是满目琳琅的原材料，却不知道顾客想吃什么。对于一个厨师来讲，这或许是最悲哀的事。厨具对厨师的意义如图 3-1 所示。正是由于在学校打下了扎实的专业理论知识、技术转化知识及实践操作的能力，小马找到了自己的平台，找到了自己的"厨具"，自己面前也有很多原材料，并且他知道自己要做什么菜，以及怎么做出特色才能让顾客喜欢自己的"菜"。当然，因为还有团队成员的合力，小马才能顺利完成这次研发任务。

图 3-1　厨具对厨师的意义

　　只拥有专业知识，只会生产产品，对于一个研发人员而言够了吗？不够！远远不够！假若小马没有良好的沟通能力，不会有针对地与客户进行汇报，不能解决客户的疑虑，如何能顺利让客户接受自己的研发成果？没有新产品，A 电视公司该款电视产品销售量的增长更是天方夜谭了。正是因为小马拥有了许多的优秀品质，才能令他在刚步入职场就得到了展现才华的机会，并且得到了顾客的认可。下文对工程技术人员的市场能力进行系统阐述。

3.1.1　市场能力的概念

　　工程技术人员的市场能力是指工程技术人员在设计与开发产品或工程项目时，以市场需求为导向，根据市场及客户需求，筛选并提取关键信息，准确定位，运用扎实、丰富的专业理论知识和优秀的技术转化能力，辅之以熟练的实践操作，设计、研发并最终生产出被市场及顾客认可的产品，并为用户解决相关问题，最终满足客户对产品或工程项目在功能、造型、成本、服务等方面的要求。与此同时，通过不断学习新的技术和知识，保持走在专业领域最前端，及时组织研发和设计适应市场需求的产品和工程项目。

3.1.2 市场能力的特点

在科学技术高速发展的当下，契合现今需求的工程师越来越重要，市场能力对于一个工程师或者工程技术人员而言，是一项必不可少的能力。处在信息技术高速发展的今天，工程技术人员在工作中要定市场、抓机会、析原因、解难题、研产品。可以说，研发领域需要"无所不能"的工程师。一个拥有优秀市场能力的工程师一般应具有以下特点。

1. 具备扎实的专业技术知识

知识就是力量，当今社会需要的是有广博知识的人才，或者说需要的是"T"型人才。企业找人首先是看专业知识。专业知识的重要性就好比，一个人掉进河里，你没有游泳的本领是不可能救人的；一个工程师要建一座房子，如果没有坚实的地基，是无法建成高楼大厦的。每行每业都有自己本行业的专业知识，而学好专业知识并不是那么容易的，一定要耐得住寂寞，下得了一番苦心，才能有所积累，有所收获。只有基础扎实的专业知识，在工作上才会更顺利，才会拉近我们与成功的距离。作为工程技术人员，如果没有很好的专业知识，不会很好地运用自己的专业知识，不具备核心竞争力，那么就会被淘汰。学生时期是最适合获得专业知识的黄金时期，在这一时期，学生有充裕的时间和充沛的精力进行系统性学习，如果没有努力地去学好专业知识，那就太可惜了。要成为一名合格的工程技术人员，扎实的专业技术知识是必不可少的。

工程技术人员最显著的特性莫过于扎实的专业技能。一位工程技术研发人员没有过硬的专业知识就无法在行业里立足，更别说成为一名优秀的工程师并在行业领域里有所建树了。

2. 掌握行业最前沿科技

一位合格的工程师必然会掌握基本的专业技术知识，其专业技能是毋庸置疑的。而优秀的工程师，除了掌握专业技能，还要掌握本行业最新、最前沿的技术，这是拥有良好市场能力的工程师应该具有的第二个特性。优秀工程师应了解行业最新动态，掌握最新知识，把握行业发展新趋势，并实践于自己的工作当中，为工作服务。

工程技术人员掌握行业最新的科学技术，在解决问题时，不仅可以总结过去，立足当下，还可以着眼未来，制造乃至创造出面向未来的产品。同时，这也意味着在同行之中是佼佼者，在未来的工作之中占领了专业知识的最高点，为能研发出更先进的产品打下了坚实的基础。掌握最前沿科学技术的工程技术人员在研发遇到困难时，可以准确而有效地分析问题、找根源、克难关，最终圆满研发出更受客户欢迎的产品。

3. 理论与实践并重

研发人员在长期的实际工作中所积累的知识和掌握的方法能够迅速解决将来遇到的类似难题，能起到很好的正向推动作用，最大程度地提高工作效率；而在某一情景发生变化时，它又会妨碍个体使用新的方法，这时经验反而起到了反向推动作用。而书本上的理论能帮助研发人员理性地对新技术或方案进行剖析论证，避免不必要的弯路。

新产品或新工艺在研发中要做到理论与实践相结合，并且在具体的实践中需要进行有效调整才可以很好地融合，这个道理几乎每个人都明白，但是能从始至终完全做到并不容易。对于刚入职场的工程技术人员，面对新事物之初，对理论依赖过重，易犯主观教条主义错误，实验操作过程中又由于经验不足不能快速应对并解决问题，从而导致工作效率低。对于具有一定工作经验的工程技术人员，在面对靠经验不能解决的问题时，如果不了解前沿科技的理论和方法，则容易犯主观主义错误。

作为一名研发技术人员，需要具有深厚的理论知识储备和丰富的生产研发经验，以及创新思维和对市场的敏感性，再结合实际的进程态势，才可能解决研发过程中的难题。

4. 准确定位市场需求，生产出满足客户诉求的产品

在今天，同类产品名目繁多，同质化却非常高。例如，电脑城有着无数的销售店、旗舰店、连锁店，商品看似琳琅满目，但其实所有的商品功能差不多，价格差不多，样式差不多……消费者如何选择？消费者购买的理由是什么？这就要求企业用有效的市场定位来解决，而在市场定位过程中，工程技术人员是关键之一。由于人的欲望是无止境的，而需求又是多样的，因而企业不可能满足购买者的全部需要。企业必须充分认识自身的优势和劣势，为自己确定一个恰当的市场定位。任何企业都有自己的优势和劣势，在市场上盲目出击，极有可能导致营销失败。通过市场定位与细分，可以掌握消费者的不同需求情况，从而发现未被满足或未被充分满足的市场需求。

如何定义一位工程师合格与否，甚至优秀与否，最直接的方式就是看其工作成果有没有被市场、顾客认可。拥有良好市场能力的工程师，可以快速、准确地定位市场需求，在最短的时间内设计、研发、生产出受顾客欢迎的产品。

3.1.3　市场能力的组成要素

在传统印象里，技术人员不需要与人进行过多的沟通，不需要抓住什么机会，更不需要注重衣着得体，不需要懂得销售，只需有基本的沟通与理解能力，更多的还是注重理论学习、技术研发与产品设计，甚至连研发出来的样品在转换成实际产品的过程中都不用参与太多……这是过去的技术研发人员。现今的技术人员不仅要会设计、会研发，更需要学会"走出去"，会分析市场，把握机遇，有良好的沟通能力，会营销、会生产、会总结、会反思、会不断进行知识的更新。不了解市场，不知机遇何在，不清楚理论与实际的异同，不懂顾客的诉求……诸如此类，这样，对方就看不到技术人员的态度和真诚，技术人员也不能了解各方人员的需求，并表达自己的诉求，不能设计、生产出符合市场需求的产品。

工程技术人员的市场能力是为适应信息科技高速发展的今天而提出的，也是为了更好地塑造与提高工程师的职业能力。那么，工程技术人员的市场能力由哪些要素组成，即如何才能成为一名优秀的工程技术人员？一名优秀的工程技术人员（工程师）应具备以下几种能力：把握机遇能力，市场营销能力，信息搜集、接收与处理能力，样品转化为产品的能力，再学习能力。

3.2　把握机遇能力

案例 3-2　比尔的超级连锁

比尔·卡拉汉的父亲在费城南部拥有一个很小的鲜肉摊，比尔孩提时代就在市场里玩要，当他能拿起扫帚的时候，就开始在那里工作了。事实上，他的理想是拥有一家大型超市，里面所有的收银机都一直响个不停。他认为："零售商们的商品都是同质的，没有谁的更好或者更与众不同。零售商们要做的就是让人们愉快、和睦地购物；零售店应当成为人们喜欢工作的地方，成为员工们能够满足自我需要的地方。"卡拉汉的第一个店铺是一个中等规模的超市，开店后的前 3 个月生意就非常火爆。卡拉汉说："我所做的一切，归结起来就是找到超市能够追求卓越的领域——肉食品和土产品，因为其他所有商品都是由厂商负责包装的。所以，我亲自管理肉食品和土产品部门，直到这两个部门都表现得非常出色。然后，我开始思考如何区别于其他小商店——我在我的超市里设立了花卉植物区，这完全改变了商店的外观和吸引力，同时花卉植物部也为商店带来不少利润。最后，我知道为什么人们会成为商店的回头客，因为他们喜欢我们对待他们的方式。所以，我特别强调'友好，友好，再友好'，直到每个员工都树立这样的观念。"在 3 年的时间里，卡拉汉在这座城市内开了 11 家商店。在他开设第一家商店之后的 30 年，比尔·卡拉汉兼并其他企业，成立了卡拉汉联营公司，旗下一共有 4 家连锁店，44 个商店，年营业额超过 15 亿美元。

在案例 3-2 中，卡拉汉清楚地知道顾客需要什么以及市场情况如何，然后抓住恰好出现的机会，开设出顾客"想要的"超市，其超市的生意火爆就不足为奇了。工程技术人员也一样，开发产品首先要先了解市场，寻找机遇，甚至创造机遇，紧紧把握住出现的机遇，然后设计、开发产品，最后通过一定的手段将产品销售至消费者手中。下文将对把握机遇的能力进行系统阐述。

3.2.1　对把握机遇能力的认识

工程技术人员的研发始于市场需求，也最终回到市场、回到客户身上。显然，工程技术人员的机遇最终来源于市场与客户，那么什么是机遇？又该如何把握？《现代汉语词典（第 7 版）》中将"机遇"解释为"时机；机会（多指有利的）"。把握机遇的能力是指当机遇出现时，一个人为抓住机遇而展现出来的一种能力。工程技术人员想要研发出成功的产品，首先要做的就是准确、恰当且及时地把握稍纵即逝的机遇。

如果说机遇是流水，那么把握机遇就像是拦河大坝将它拦截下来；如果说机遇是书本，那么把握机遇就像是发奋读书的少年用它实现心中的梦想。千里马遇上伯乐，假若没有伯乐，又有谁知道千里马的存在呢？

机遇具有偶然性、客观性。偶然性是指机遇通常出现在人们有意识、有目的预知活动之外；客观性是指机遇的存在不以人的主观意识而改变。例如，有一个生意惨遭失败的人，他用自己身上最后的积蓄进了一小批西服，准备在非洲出售。到了非洲后，他却惊讶地发现那里的人不穿西服。这一现象令他一度气馁，但他最终没有放弃，每天走访居民，推销服饰，最终他的西服全部出售。工程技术人员也应如这位商人一样，把劣势转换为优势，把握机遇，最终研发出有价值的产品。

机遇不是运气，或者说机遇不单单只是运气，而是要有敏锐的眼光、迅捷的行动和坚持不懈的毅力。机遇是人们取得成功不可或缺的重要因素，缺少机遇，人就很难成就自己的事业，实现自己的梦想。

常言道，人生的得失关键在于机遇的得失。所谓"君子适时而动，英雄应运而生"，由此可见机遇是何等重要。其实，机遇是留给有准备的人的。中国首富李嘉诚想必大家都知道吧。他的成功在于对时机的把握。改革开放初期，社会还相对落后，土地也没有现在这样的"寸土必争"。但就是在这样的环境下，李嘉诚把握住了商机，在自己并不富裕的情况下借巨款购买了大量的地皮。这样的举动需要多大的勇气和智慧啊，也正是这次常人想都不敢想的投资使他发家起业，成了亚洲地产大亨。劳伦斯·J·彼得说过："不要有怀才不遇、生不逢时的想法。只要你是锥子，哪怕是放在口袋里，年长日久，也会冒出尖来。"那么，机遇来自哪里，又是谁创造的呢？归根结底，机遇是我们自己创造的。很多人把机会等同于运气，认为只要向神灵赤诚祈祷，或者进行所谓的耐心等待就可以。是的，祈祷没有错，等待也没有错，但祈祷与等待机遇并不等于创造机遇。天赐良机不可失，坐失良机更可悲，一个人要学会创造机遇。当机遇敲门的时候，要是犹豫着该不该起身开门，它就会去敲别人的门了。在人的一生中，机遇不可能一次也不会降临，生活中到处都存在着机遇，只要你留心，就会发现机遇。然而，当机遇发现你并不准备接待它的时候，它就会从你的眼皮底下滑过。

3.2.2　对把握机遇能力的要求

机遇并不是上帝给的，所有东西都要靠自己去争取，机遇更需要靠能力去创造。假如机遇摆在你面前，而你却没能力去应付，显然是无法抓住机遇、无法达到目的的。所以说，能力是成功的先决条件，机遇仅仅是其中的一个因素。而能力是锻炼出来的，要靠先天的条件，更要靠后天的努力。

把握机遇的能力是市场能力的一个组成要素，工程技术人员培养好自己把握机遇的能力，离拥有市场能力就会更进一步。机遇可遇而不可求，若不能慧眼识辨，它就会瞬间消失。优秀的工程技术人员总会把注意力放在排除故障上，因为障碍的另一面就是机遇。正因为如此，优秀的工程技术人员总是把拒绝看成成功的开始。能否善于抓住机遇，是一个人成功与否的重要条件。作为一名工程师，培养自己把握机遇的能力需要满足以下几个要求。

1. 认真研究、细心观察，并捕捉机遇

要抓住机遇，就必须有一个精明的头脑用以认真地研究、细心地观察，并捕捉机遇。我们必须善于抓住机遇。对于任何人来说，每一次机遇的到来都是一次严峻的考验。它不仅需要我们有坚实的知识功底和知识储备，更需要我们在看到机遇的时候拿出拼搏和应战的勇气。翻开人类奋斗的史册，我们可以看到，有人因为抓住机遇而"柳暗花名又一村"，也有人因为与机遇擦肩而过还在"山重水复疑无路"。所以说抓住机遇也是一种能力，它会帮助你在人生道路上苦苦跋涉时来一次转折性的飞跃，让你看到成功女神的微笑。

2. "试一试"的勇气和参加实践的决心

除了认真地研究、细心地观察和捕捉机遇，还要有"试一试"的勇气和参加实践的决心。意大利航海家哥伦布从小就对航海有着浓厚兴趣，一个偶然机会使他读到了一本《东方见闻录》，从此他便一直向往东方。后来，哥伦布真的带着同伴，乘着三艘帆船，向东远航了。人们都觉得非常新奇，有些人怀疑，他们能到东方吗？真是异想天开！他们顶着狂风巨浪，历尽艰难险阻，在茫茫的大西洋海面上度过了70多个白天黑夜后，终于在一块陆地上登陆了。由此可见，一个人如果缺乏冒险的勇气，就不会有成功的良机。在哥伦布之前，任何人都有发现新大陆的可能，然而他们之所以没有发现新大陆，就在于他们没有去实践。如果总是想着有了十分的把握再行动，那就失去了探索和实践的勇气。具备"试一试"的胆略和勇气，不断克服恐惧顽症，是工程技术人员应该具备的素质。优秀的工程师从不言失败，只是将每一次失败都视为一种尝试，而且将其视为逐渐接近成功的尝试。

当今信息科技急剧发展，到处充满机遇，工程技术人员想要成为优秀的工程师，就要再多下苦功夫，平时注意加强知识的积累，要有"敢为天下先"的创造意识和勇气，并学会把握时机。有道是："机不可失，时不我待。"

快跑未必能赢，力战未必得胜，一味只知道埋头苦干的未必就可以成大事。工程技术人员如果能把握市场先机，一马当先，抓住机遇，哪怕只比别人早一步，也可能最终会大获全胜。

3.3　市场营销能力

案例 3-3　汽车上的卖报童

11 点 52 分，汽车上的乘客们大多已经放置好行李。大家都坐在车上等候车站的巡检员上车做最后的检查，检查后即可出发。此时，离开车还有 3 分钟时间。这时，车上上来一个卖报童，手持约 30 份左右的报纸，但只有一种报纸——《江南时报》。他上车后的第一句话是："看江南时报，江南、苏州新闻全知道，1 元钱，12 张 24 版。"随后，报童停顿了一下，接着说了第二句话："打工妹被老板强奸，受害人报警遭报复灭门；干将路发生一起车祸……"临开车前，报童说了最后一句话："新闻多，花钱少，请把零钱准备好。"截止汽车开车，报童以 1 块钱一份的价格（市场价 0.5 元每份）卖出了至少 12 份报纸。

一上汽车，卖报童就明确告诉顾客他售卖什么产品。他只带了一种报纸上车售卖，只为既定的客户提供确定的产品以满足其需要，这样可以提高交易的速度与数量。我们的目标客户是谁？我们为他们提供什么产品和服务？有很多销售人员选择尽可能地满足客户需求，却没有考虑投入产出的效果。在确定了产品及目标客户后，卖报童首先选择了流动的售卖方式，到最容易产生购买决策的地方，将时间的劣势转化为优势，利用决策时间的仓促与信息的不对称，迅速达成交易；接着利用人们的猎奇心理，将自己报纸中有吸引力的八卦新闻进行主题说明，同时利用自己幽默的语言及唱腔式的表述方式迅速拉近了与顾客之间的距离。

在经过两次吆喝之后，车内的乘客纷纷掏出了零钱购买报纸，最后报童巧妙地打动了购买的最后一根弦："新闻多，花钱少"形象地将 1 元钱带来的利益再次传播，为部分犹豫不决的顾客再加一把火。同时，"请将零钱准备好"也在表明时间很短，汽车马上要开了，错过就没有了。

案例 3-3 是发生在特定环境中的一个案例，但是从这个案例中可以看出，成功的销售不仅是模式上的胜利，也是销售技巧上的胜利，同时也更需要我们从价值链乃至客户心理层面进行多方面的考虑。在销售的执行过程中，我们不能只看到购买行为的表面，更应该关注销售的实质，从而更有效地达成目标。工程技术人员也需要做好销售的准备。下文对市场营销能力进行系统阐述。

3.3.1　对市场营销能力的认识

　　随着社会商业化程度的增加，销售的触角已经延伸到了社会生活的各个角落。不只专门的营销人员要懂得营销，包括工程技术人员在内的每个人都需要具有市场营销能力。如果面试者不懂得营销自己的闪光点，如何获得招聘企业的青睐？如果医生不懂得营销自己的专业，如何获得病人的信任？如果工程技术人员不懂得营销自己的技术，如何获得客户的肯定？一个专门的、专业的市场营销人员固然重要，但一个既懂营销又懂技术的工程师更容易受到客户的青睐。

　　著名市场营销学者菲利普·科特勒对市场营销的定义是：市场营销是个人和群体通过创造并同他人交换产品和价值以满足需求和欲望的一种社会和管理过程。市场营销是企业在市场环境中从事的一种经营活动，是在市场营销观念指导下产生的一种现代企业行为。随着社会经济的不断发展与人类认知的不断加深，市场营销的含义已经得到了极大的扩展。市场营销的过程向前延伸到生产领域和生产前的各种活动，向后延伸到流通过程结束后的消费过程。

　　市场营销是联结社会需要与企业反映的中间环节，是企业用以把消费者需要的市场机会变成企业赢利机会的基本方法，同时也是工程技术人员把自己的研发成果转变为社会价值及现实利益的基本方法。为了能够实现顾客需求的高度满意，工程技术人员除了研发产品，还必须学会营销，即掌握市场营销的知识；然后结合自己在技术上的优势，与公司其他职能部门通力合作进行营销。假若没有营销，无论公司管理效益多高，工程技术人员研发出来的产品多好，也都没有实际意义。工程技术人员最终想要获得成功，成为一名合格甚至优秀的工程师，还必须学会营销。具备市场营销能力的工程技术人员应该拥有的特质包括营销灵敏性和自我驱动力。

1. 营销灵敏性

　　一个具有灵敏性的工程技术人员会比一般的技术员有更强的优势。工程技术人员会营销、懂技术，他的营销行动并不是呆板地执行公司的营销计划，而是结合自身所掌握的技术，创造性地调整营销技巧及介绍产品，从而达成交易。在此过程中，具有说服力的口才虽然可以帮助自己获得成功，但是如果不能灵敏地感受到顾客的反应，而只是口若悬河甚至信口开河，没有进行必要的、合理的沟通，以各种顾客最关心的利益打动顾客，就算侥幸获得一次成功营销，也不会有长远的营销效果。相比于纯技术人员或者纯市场营销人员，具备营销灵敏性的工程师更容易也更可能成功营销自己的产品并得到顾客的认可。

2. 自我驱动力

　　自我驱动力是建立在自信基础上的一种自我达成的成功精神。工程技术人员必须要有很强烈的自我驱动力，它会催生工程技术人员强烈的成功欲望。具有自我驱动力的工程技术人员对于技术把握是一种自我满足的方式，而市场上的成功对他们来说则又是另一种自我满足的方式。就像一个竞技场上的竞技者，他的主要目的就是发挥自身潜能，同理，具有自我驱动力的工程技术人员对于市场上的任何困难都会想尽办法去克服，积极并且主动地开拓市场。成功的欲望是自我驱动力的核心。

3.3.2　对市场营销能力的要求

做营销人员不易，做一个优秀的营销人员更不容易，而对一个工程技术人员来说，在做技术人员的同时还要成为一个优秀的营销人员更加不易。一个营销人员是否优秀与个人性格紧密相关，而个人性格在很大程度上受到其先天禀性、生活环境、后天教育等诸多因素的影响。优秀且具有营销能力的工程技术人员必须具备一定的基本素质，具体表现如下。

1. 具备正确的、先进的现代营销理念

营销理念的形成与发展从以公司为中心的生产理念、产品理念与推销理念开始，现阶段正沿着以客户为中心的营销理念、关系营销理念、社会营销理念的方向发展。以客户为中心的现代营销理念强调以销定产，注重需求，营销焦点从先前的"生产"转移到"市场"。公司的任务是从客户的需求出发进行营销活动，从而以适当的产品或服务满足客户的需要与欲望。关系营销理念强调在产品或服务的整个生命周期，营销应该集中在买卖双方之间的关系上。进一步发展的社会营销理念强调满足需求，兼顾社会大众。工程技术人员只有具备了正确的、先进的现代营销理念，才能更好地明白市场营销的本质与发展，才能结合自身的特点，更好地发挥市场营销的作用。

2. 具备正确的道德规范与相应的法律知识

对于营销人员，尤其是工程技术类营销人员来说，不道德的营销行为或许在一次交易中会侥幸获益，但要建立与发展真正的合作伙伴关系，需要真诚相待。通常情况下，不道德的营销行为一部分可以用法律来约束，违反规范就要受到法律的惩罚；另一部分不属于法律约束的范畴，仍然可以用道德的力量去限制。具体到营销行为，在营销过程中产品介绍不当或违反有关承诺、保证，以及商业诽谤等都被认为是不道德的营销行为。因此，营销人员要赢得大众的敬重，就必须按照大众所能接纳的道德标准来处事。违反道德和法律这种短期行为，不利于与客户建立长期的关系。要维护在客户面前的信誉，就必须坦诚，在进行销售时客观地描述产品，让客户自己做出选择。

3. 注意在营销中情感的导入

人们常说"工夫在诗外"，营销的工夫也在营销的产品之外。工程技术人员要注意营销以外的事情，也就是那些被称之为人之常情的事情，即注意在销售过程中导入情感，拉近与客户的距离。工程技术人员除了运用他们身为技术员的优势，还应该把自己当作客户身边的朋友，为他们出谋策划，帮助客户满足某种愿望。只有客户体会到销售员真心实意为他们着想，明白产品会给自己带来某种好处，才会做出相应的购买决定。

4. 掌握销售业务所必需的知识

对优秀的工程技术人员来说，业务知识能力毋庸置疑，但同时掌握销售知识也是非常必要的。销售需要勇气，但绝不能理解为盲目行动。成功的销售基础是对客户的理解，因而事先需要进行调查和了解，掌握必要的知识。销售过程是对客户的说服与指导过程，只有掌握了必要的知识，才能进行有针对性的说服与指导。

5. 具备旺盛的学习热情

在当前的信息社会，科技在日新月异地发展，销售业务（包括销售内容、销售形式等）也会随着科技的发展而不断推陈出新。因此，优秀的工程技术人员需要保持旺盛的学习热

情,努力学习不断更新的业务知识,掌握更为先进的销售方法与技巧。只有这样,才能不断地提高自我,创造一个又一个销售契机,从而逐步成长为一个拥有良好市场营销能力的工程技术人员。

3.4　信息搜集、接收与处理能力

案例 3-4　KFC 炸鸡进驻北京

肯德基(KFC)炸鸡打入中国市场之前,公司派了一位执行董事来中国考察市场。他来到北京街头,看到行人车辆川流不息,但人们的穿着并不讲究,于是报告总公司说,炸鸡在中国有消费者,但无大利可图,因为中国消费水平低,想吃的多,但掏钱买的少。由于他没有具体进行相关信息的收集整理,仅凭直观感觉、经验做出预测,被总公司以不称职为由降职处分。接着,总公司又派了另一位执行董事前来考察,这位先生先在北京几个街道用秒表测出行人流量,然后请 500 位不同年龄、不同职业的人品尝炸鸡的样品,并详细询问他们对炸鸡的味道、价格、店堂设计等方面的意见。不仅如此,他还对北京的鸡源、油、面、盐、菜及北京的鸡饲料行业进行了详细的调查,并经过总体分析得出结论:肯德基打入北京市场,每只鸡虽然是微利,但消费量巨大,仍能赢大利。后来,北京的第一家肯德基店开张不到 300 天,盈利就高达 250 多万元。

在案例 3-4 中,肯德基的这位执行董事对北京市场进行调查时,不仅结合市场调查掌握全面准确的信息,并系统地归纳总结、整理选择、比较和分析,最终付诸实践并获得成功。从案例中可以看出,面对从天而降的大量信息,如何筛选出有用的信息并加以整理提炼,是市场调查人员的一个急需处理的问题,同时也是一个工程技术人员该有的基本能力。事实上,工程技术人员在面对大量信息时更需要具备优秀的信息搜集、接收与处理能力。面对大量的市场需求信息、各种各样的客户诉求、多样化的全新技术知识,如何找到有用的信息并加以利用再转化为有用的信息是每一个工程技术人员要思考的问题。下文对信息搜集、接收与处理能力进行系统阐述。

3.4.1　对信息搜集、接收与处理能力的认识

社会在迅猛发展,时代在飞速进步,现如今已经进入信息时代。面对大量的信息,对信息的搜集、接收与处理能力将会成为我们在日常工作、生活以及学习中不可缺少的能力。而对于工程技术人员来说,信息搜集、接收与处理能力显得更为重要,因为他们每天面对纷繁的信息,有来自上级的、用户的、同事的信息,还有自己忽然出现的灵感,或者生活中得到的启示……信息是一种人与外界交互通信的信号,如何进行信息的搜集和处理,是人们在现代工作、生活和学习中必须具备的一项重要能力。

所谓信息搜集、接收与处理能力,是指根据职业活动的需要,运用各种方式和技术,搜集、分析、整合和利用信息的能力。信息处理能力包括信息的搜集、信息的存储、信息的分析、信息的提炼、信息的应用、信息的精制和扩充六个方面。

由于经济的迅猛发展,人们的职业生存和生活方式发生了翻天覆地的变化,职业岗位的变动也日益频繁。作为工程技术人员,不仅要精通专业知识,还要努力提高自己适应变化的能力。而信息搜集、接收与处理能力越强,吸收新知识的能力也越强,应对职业变化的能力也会更强。当今社会是信息社会,离开了信息,就会什么事都难以达成,信息搜集、接

收与处理能力是日常生活以及从事各种职业必备的技能。随着信息技术的快速发展，信息搜集、接收与处理能力逐渐成为人们职业能力的基石，它是任何职业能力继续发展的条件和依托。因此，具备信息搜集、接收与处理能力对我们来说是非常重要的。

3.4.2　对信息搜集、接收与处理能力的要求

信息搜集、接收与处理能力将成为工程技术人员研发出成功产品的基本条件。现如今，很多工程技术人员缺乏对自己所搜集到的信息的处理能力和意识，获取信息的手段和途径也比较单一。因此，培养与提高信息搜集、接收与处理能力，对工程技术人员来说是至关重要的。工程技术人员可以从以下几个方面培养并提高信息搜集、接收与处理能力。

1. 掌握扎实的基本理论知识

工程技术人员要掌握扎实的基本理论知识，这样才能够对所获取的信息进行准确的判断和取舍；同时，还要了解现代信息技术的发展，掌握计算机的基础知识。所以，工程专业的学生应该在信息处理能力选修课上，尽自己最大的努力学习知识。

2. 学会利用网络等先进技术搜集信息

工程技术人员要学会充分利用各种资源，搜集并整理信息。网络的普及应用为信息的搜集、接收与处理提供了极大的方便，工程技术人员应充分利用包括网络资源在内的所有资源来搜集、接收与处理的信息，为研发提供方便。

3. 学会利用信息技术解决工作、学习中的各类问题

工程技术人员琐事繁杂且多，应利用科技手段把自己从手工操作的工作中解放出来，利用信息化技术提高工作效率。

4. 培养自己的信息生成能力

工程技术人员对所需要的信息进行搜集后，要善于挖掘有用信息，利用一定的技术手段与自己的研发经验，对信息进行深层分析与挖掘，总结出其特点，从而得到有效信息，充分为研发所用。

5. 培养自己的创新能力

工程技术人员同样需要创新思维，提高创新能力有利于激发创造性思维与主观能动性。墨守成规无法研发出受顾客欢迎的产品，即使侥幸成功，也无法保持自身的长久竞争力，更无法研发出长期受市场欢迎的、受顾客青睐的产品，更谈不上研发领先水平的产品。

信息处理对工程技术人员的工作有着巨大的积极作用，具备信息搜集、接收与处理能力，才能够切实地利用信息。工程技术人员要进步，就要积极提高信息搜集、接收与处理能力，跟上信息时代的脚步。

3.5　样品转化为产品的能力

案例 3-5　252 万元的袋子

20世纪90年代初，成都科技大学的"聚乙烯醇复合膜（袋）系列产品及成套技术"在乐山全国新技术新产品展销会上拍卖成功，成交金额252万元，成为四川技术拍卖成功的热点新闻，轰动了各界。随后，使用该技术建设的生产线正式投入生产，预计年产值可达1000多万元，创利税近300万元。

从案例 3-5 可见，把样品转换为产品是一个艰难的过程，但这就是工程技术人员的责任与使命。"252 万元的袋子"对工程技术人员来说，既是一种鞭策，也是一种榜样。下文对样品转化为产品的能力进行系统阐述。

3.5.1　对样品转化为产品能力的认识

样品转化为产品的能力是指把理论付诸实践，将理论与实践相结合，通过一定的技术、生产手段将实验室研究出来的成果变成现实的且能被顾客接受的产品。

首先，工程技术人员应认真学习书本上的知识，掌握基本概念、原理、观点和结论。许多理论上不懂的东西，在动手的过程中都会慢慢被理解、消化。理解而不会运用，其实不是真正地理解，理解而且会运用才是真正的理解。运用可以促进理解，而且是一种更高层次的理解。同时，运用还能有效促进积累。运用且不断地练习才能实现灵活运用。不断地吸收，不断地积累，不断地运用，周而复始，日积月累，从而使自己的理解和运用能力不断得到提高。因此，工程技术人员应创造性地运用课本中的理论知识，来提高运用的能力。

数据资料不加以整理，就不能成为信息；信息不加以分析，就不能成为知识；知识不加以应用，就不能成为能力。能力的获得主要靠实践的磨炼、经验的积累，生活经历越曲折，阅历越丰富，能力就越强。能力来源于生活，经常去做、去尝试，能力就越来越强，人的能力就是在实践中锻炼出来的。工程技术人员也是这样，只有不断地研究、失败、重来，循环往复，增强实战经验，最终才能顺利把样品转换为产品，才能把研究成果应用到现实当中，实现自己的价值。

一个合格的工程师，不仅需要理论知识，更需要应用于实践的能力，这是一个合格的工程师应该具备的专业素养。

3.5.2　对样品转化为产品能力的要求

在科学技术转化为生产力的过程中，从基础研究、应用研究、技术开发等到批量生产并进入市场，是一个完整的有机整体，环环相扣，一处脱节就会造成整个工作的运转失常，进而使科技成果向经济领域的转化过程受阻。一项具体的研究成果只有经过一系列试验直至批量试生产，才能进一步达到经济规模的生产；只有切实解决了经济规模生产的工艺与设备问题，同时又有相应的经营管理和销售服务与之配套，才能形成现实的生产能力；投入生产并使用之后还要不断地改进和完善。只有这样，科技成果的转化过程才算形成了一个完整的周期。从科学研究的实验室成果转化为工程技术并进入生产建设过程，还需解决一系列工艺、设备、经营、管理等问题，这其中的任何一个环节没跟上，都会造成科技成果转化的困难。

经过多次试验失败后，工程技术人员研发出了样品，但我们研发的目的是向消费者提供最终被他们认可的产品。在这个过程中，工程技术人员应从以下几个方面来提高样品转化为产品的能力。

1. 养成勤于思考、善于总结的习惯

处理问题时多思考，而且要尽量打破常规，多接触事务，多比较，用心体会。多尝试把所学的书本知识应用于工作实际，认真及时地总结经验和心得，尤其是对样品转化为产品的过程中遇到的问题，要多分析、多请教，找出问题的症结所在，并努力克服，不断提高。

平时多注意与不同类型的人交流，多读书看报，多动手做事，并注意提高自己的修养。根据心理学家的研究，智力技能和动作技能在获得的途径上是一致的，必须依靠个体反复多次的练习。依靠分析规律、讲解要领有一定的效果，但要真正形成技能，还得靠学习者自身反复的练习，而且必须保证一定的训练量。

2. 敢于探索，树立正确的成败意识

吸收新知识不只是记忆与背诵，纳入知识库也不是简单地拿来与放入，这需要一套有效的学习方法与大量的练习。工程技术人员应利用解决问题的机会进行学习。许多人往往为了把事情做得更好，反而迟迟不敢着手去做，他们为了追求每件事的完美，反而一事无成。人们做事情之前应该先做个计划，并且是一个要马上行动的计划，做好计划后就一定要去做，在做中检验、改进、思考理论知识，行得通的计划就继续做下去，行不通的计划就淘汰，再想新的办法，再行动。行动、改正、尝试，如果尝试的某些事情有用，就保留下来，没有用的就改正，或是尝试别的事。书本要自己看，看不懂的就努力去理解，还不懂就去问懂的人。有方法和没有方法相比，只是效率提高了，并不是转眼就把知识学好了。实践可以用来检验学习到的知识，并且能把知识升华为能力。

3. 熟知相关的政策、法律、法规

一个工程技术人员在把样品转化为产品的过程中，甚至在初进市场对市场进行调查研究之时，需要熟知本专业领域的技术标准，相关行业的政策、法律和法规。相关行业的政策、法律和法规是国家相关部门颁布实施的，用以监督、规范特定行业，使其协调平稳发展的政策。行业的法律和法规属于国家政策的组成部分，是国家以法律和法规的形式颁布实施的，要求特定行业必须遵循的规定和准则。工程技术人员熟悉相应政策、法律和法规是指工程技术人员在进行最初相关的市场调研、实验，直至最后的产品生产，对各个环节与步骤所涉及的政策、法律、法规有清晰的认识。例如，获取市场信息时需在正规渠道获取，不能为了获取竞争对手的关键数据而采取违法手段；在进行产品生产时，不能为了降低成本或者促进销售等其他目的而使用违规甚至禁止的材料来生产产品等。工程师的职业活动不是孤立封闭的，而需要在一定的规范内开展，不仅要严格按照本专业领域的技术标准进行，而且还要遵守相关行业的政策、法律和法规，这是工程师的职业要求。

阅读与思考并存，思考能提高一个人对问题的理解能力，可以把书本知识转化为自己的知识，从而更好地应用知识；现代人读书更应该注重理论与实践相结合，即书本知识和实际能力的转化，不能为读书而读书。读书的目的不是炫耀，而是增长才干，提高技能，转化为实际能力，获得尽可能多的成果。一名合格的工程师要多阅读并善于思考，提高自己的样品转化为产品的能力。

3.6　再学习能力

案例 3-6　"文武双全"的吕蒙

《三国志·吴志·吕蒙传》：鲁肃临时代理周瑜的职务，去陆口时路过吕蒙屯兵的地方。当时鲁肃还很轻视吕蒙，有人劝鲁肃说："吕蒙将军的功名一天天增长，不能拿以前的眼光看待他了，您应该重视这个事情。"于是鲁肃去拜访了吕蒙，酒到酣处，吕蒙问鲁肃："您担负重任以抵御关羽方面军，打算怎样应付突然发生的袭击？"鲁肃轻慢地说："临时想办法就行。"吕蒙说："现在东吴和西蜀是暂时联盟，怎能不提早做好应对的打算呢？"吕蒙为鲁肃想了五种应对的方法。鲁肃又佩服又感激，从饭桌上跨过去，坐在吕蒙旁边，亲切地说："吕蒙，我不知道你的才能策略竟然到了如此的境地！"

当初，孙权对吕蒙和蒋钦说："你俩现在一起做当权的大官，应当再多学习。"吕蒙说："在军中军务繁忙，恐怕没时间读书。"孙权说："我又不是让你做编纂文档的博士，只是想让你多涉猎一些历史典故，你说军务繁忙，再忙也不能比我忙呀，我小时候读《诗》《书》《礼记》《左传》《国语》，一直到统帅江东以后读三史、各家兵书，自己觉得大有益处。你们俩应赶快把《孙子》《六韬》《左传》《国语》及三史学习了。当年光武帝统帅兵马的时候还手不释卷，曹操也自称是老而好学，更何况是你们。"随后，吕蒙开始学习，终日不倦。后来鲁肃正式被提升，代替周瑜，过来找吕蒙谈话，他对吕蒙说："我以前说老弟是一介武夫，但是到现在，学识也如此渊博，已经不是以前的吴下阿蒙啦。"吕蒙说："士别三日，当刮目相看。兄长您现在代替公瑾，又和关羽接壤，这个人年长而好学，而且非常霸气，只是他太自负，不把别人放眼里，这是他最大弱点。现在如果和他对垒，应该用单复阵，用卿来对付他。"

孙权常叹："像吕蒙和蒋钦这样的，没人比得上，已经是荣华富贵了，还能再这么学习，轻视财富，好意气。德行兼备的人来做国家的栋梁，那不是很好吗？"

从案例3-6中知，最开始的吕蒙作战勇猛但不屑于学习，东吴很多士兵及将领在佩服他骁勇善战之时，也对他的知识水平嗤之以鼻，不说鲁肃，甚至连孙权都看不下去而对吕蒙进行了劝说。之后的吕蒙静心、持续地学习，最后，也就是大家在案例中看到的，吕蒙在作战威猛的同时熟读了各家兵法和四书五经，并且运用到打仗之中，成了让人敬佩和爱戴的将领。试问，吕蒙如果没有在反思自己后再继续学习，即没有再学习能力，他怎能赢得鲁肃的尊重，怎么能成为真正的"文武双全"，又怎会有"士别三日，当刮目相看"这么一段佳话？

现代技术的更新速度日益加快，技术周期越来越短，竞争也越来越激烈。一位优秀的工程师需要不断学习新的知识、新的技术，掌握专业领域里最新的知识，不断更新自己的知识库，不断充实自己，为自己的设计研发不断提供全新的知识与思路。下文对再学习能力进行系统阐述。

3.6.1　对再学习能力的认识

当今世界，科技进步日新月异，各种新知识、新事物层出不穷，不学习就会思想空虚、精神贫乏，被时代淘汰。对待学习不能仅从个人习惯和爱好出发，必须上升到精神状态和事业成败的高度。作为工程技术人员，锻炼自己的再学习能力是必不可少的。我们所处的时代是知识经济时代，新知识和新技术层出不穷，学过的知识如不及时更新，很快就会过时。

再学习能力是一个人把知识运用到实践的能力，是在工作当中自学并把所学到的知识用活的能力，是能通过适当的培训与积极的自我不断发掘获得自身潜力的能力。在当今求职竞争日益激烈的浪潮中，我们应该很清晰地认识到：再学习能力是我们能够在平凡中脱颖而出的利器，只有具备了这种能力，我们才有可能在胜利的大军中占据一席之地，否则仅仅依靠以前的旧知识就只能与成功擦肩而过。

　　再学习是指除了对专业知识的研究，对行业经验的学习，对自我品质与道德修养的提高，还有对视野的扩展。一个国家的视野，决定了这个国家在国际格局中的地位；一所大学的视野，决定了这所大学施教的广度和深度；而一个工程技术人员的视野，决定了他的学习宽度与深度、事业和成就，更决定了他的人生高度。一个工程技术人员的国际化视野需要具备宽广的视角，对行业专业的发展前沿与动态有着清晰的认识，掌握最新理论知识与技术。当然，国际化视野不是一朝一夕就可以形成的，需要在实践中不断地学习、尝试与总结，单凭学校里老师的传授与讲解，而自己不去寻求多渠道的学习与进行深入的钻研是得不到广阔视野的，"读万卷书，行万里路"说的就是这个道理。一个工程技术人员在实践中不断培养自己的国际化视野，这不是一种选择，而是一种必需，更是一种追求。

　　书本知识不是护身符。今天的大学生已不再是以前的天之骄子、问鼎之才，而需要接受社会给予的另一份测试。这需要大学生敢于接受挑战，敢于伸开双臂接受新的考验，这样才能创造真正的成绩。时代变迁，人们对以前的知识观念完全改变了看法。要想生存，仅仅靠学到的书本知识是远远不够的。我们应该从实践当中更新已有的知识，学到更多对我们更有用的知识，开阔自己的视野。丰富的经验是成功者不可缺少的资本，特别是对于刚刚走出校门的年轻人来说，经验欠缺要求他们不但要注重书本知识的积累，更要注重生活、工作、社会中知识的积累。

　　拥有再学习能力可以成就自我。为了帮助一个人生存下去，可以给他很多鸡蛋，但是鸡蛋很快就会被吃完；也可以给他几只母鸡，每天下蛋，大概可以支撑一两年；也可以帮助他建立一个养鸡场，并请人管理，除了自己吃，还可以赚点钱。然而，最好的方式是帮助他学会养鸡技术和管理本领，成为养鸡专业户，从此不仅能生存下去，而且能够实现可持续发展。未来的文盲不再是没有文化知识的人，而是那些没有再学习能力的人，或者说不能持续学习的人。

3.6.2　对再学习能力的要求

　　作为一名工程技术人员，可以从以下几个方面培养并提高再学习能力。

1. 切实端正学习态度

　　机遇永远垂青于那些有准备的人，有准备的人就是平时善于学习、善于积累的人。为什么起点一样的人，有的工作成绩突出，有的不突出；有的一遇到机会就脱颖而出，有的却不能，这其中一个很重要的原因就是学习能力的差异。俗话说："磨刀不误砍柴工"。通过学习提高思想理论水平和业务知识，不仅不会耽误和影响工作，还会提高工作质量和效率。再学习是通过学理论、学业务、学专业技能，提升员工的内在素质，使之成为单位生存和发展的不竭源泉。工程技术人员必须切实端正学习态度，进一步增强学习的自觉性和主动性；要改变心智模式，用不断学习的积极态度来代替常以人才自居的消极心态；要带着深厚的感情学，带着执着的信念学，带着实践的要求学，力求学得主动、学得认真、学得深入，努力提高学习能力和学习实效。

2. 树立全新的生存发展的学习理念

　　面对新技术信息革命和知识经济时代的到来，单位管理要求高，业务技术要求精，无论是人员管理、业务经营，都必须有过硬的业务素质。彼得·圣吉博士在《第五项修炼》的一节中说，学习是单位生存发展的源泉，忽视学习，单位就会败落。工程技术人员亦是如此，谁把握了学习的先机和主动权，谁就抢占了生存和发展的制高点。不学习，不掌握新知识和本领，就不具有生存发展的能力。工程技术人员只有不断加强学习，从中汲取营养，充实知识，提高本领，把全新的生存理念融入各项工作中，才能在激烈的知识竞争中立于不败之地。

学习是思考和创造的过程，选择学习就是选择进步。学习的进步是一切进步的先导，学习的落后是一切落后的根源。只有不断学习，才能获得新知，增长才干，跟上时代。离开了学习，工作就会失去创造的营养，特别是在知识更迭加快的情况下，谁学习抓得越紧，掌握的知识越多，谁的创造潜力就越大，发展也就越快。工程技术人员必须把学习作为自身进步的阶梯，把知识作为与时俱进的不竭动力，培养强烈的求知欲望和浓厚的学习兴趣，养成良好的学习习惯和能力，孜孜不倦，永不懈怠，做到在实际工作中关注变数、胸中有数，增加胜数，通过学习塑造自我、完善自我、创新自我，努力以学习的进步推动工作的创新。

3. 树立工作学习化、学习工作化、学习生活化、学习终身化的学习理念

作为一名工程技术人员，要学以致用，把学习消化在工作中，细化到生活里。如果只埋头工作而忽视学习的转化，即使有敬业精神和干好工作的良好愿望，也难有成效且缺乏创新。长此下去，就不能适应新形势，就会落伍，甚至被淘汰。工程技术人员只有不断加强学习，树立终身学习的理念，把学习作为一个永恒的主题，使学习成为一种兴趣，一种习惯，一种需求，才能把学习、工作和生活有机结合起来，做到相互促进，相得益彰，使工作更加富有活力和创新力，生活也更加充实美好。

4. 养成勤于思考的习惯

学习和思考是相互关联且密不可分的认知过程。从认识论的角度看，只学习不思考，认识的过程就没有完成。思考是学习的继续，思考的过程是对照比较、学以致用、融会贯通的过程，也是理论联系实际不可或缺的重要环节。只有认真思考才能不断修正、调整、丰富、提高自己，因而工程技术人员要在勤奋学习的基础上养成勤于思考的习惯，培养思考的能力。只有在孜孜不倦、广泛涉猎的基础上，联系实际，开动脑筋，才可能领悟实质，灵活运用学到的理论和知识，对实际工作、实际问题进行理性思维和科学回答，形成新的想法、新的思路、新的办法，更好地指导工作实践，创造性地开展工作，使学习的成果体现到推进单位发展上。

学习的目的主要在于运用，学习运用与运用学习则是最为重要的学习能力。学习以及提高学习能力，重点在于理论联系实际，学以致用和用中学习。当前，最重要的是以学习工作中急需的内容为原则，即"需什么学什么，缺什么补什么"，着眼于新的实践和发展，切实解决本单位、本部门存在的实际问题，这样才能学得生动、学得深入、学得有效。

工程技术人员应该具有学习的意愿，无论做什么、学什么，只要投入全部精力，全身心地去做、去学，虚心求教，善于反思与总结，假以时日，就一定能成功。作为工程技术人员，同时还应该注重再学习能力的培养，从书中学习前人的经验，从实践中学习今人的经验，从经验中提高，从实践中创新。工程技术人员的知识素质和知识结构应该是一个开放的动态系统，已具备的知识要随着社会的发展不断充实、更新和调整，以顺应社会发展的趋势，

跟进时代的步伐。

案例 3-7　中国瓶装饮用水市场的特点

根据调查和分析发现，我国瓶装饮用水市场的需求具有以下 5 个特征：

（1）与特定场合和环境密切相关。这种特定场合和环境主要是指人口流动量或活动量较大和较多的场合。在这种场合下，有两种力量促使消费者产生对瓶装饮用水的需求：一是生理驱动——消费者口渴难耐又无法找到其他饮用水；二是心理驱动——其他人购买和消费瓶装饮用水，受其影响即从众心理促使消费者实施购买。

（2）与特定事件和活动密切相关。活动主要是指党、政、军、商、农、工、学等各阶层、部门和团体举行的庆典、会议、商贸、阅兵、文体等活动。在活动场所和期间，一般对瓶装饮用水的需求量较大，并且一般由生产厂家直接提供并作为指定饮用水。

（3）受气候和地域因素影响较大。气候是瓶装饮用水销售淡季和旺季的分水岭，在闷热、持续高温或干燥的天气里，瓶装饮用水的销售量会急剧上升；阴冷天、下雨天或在气温较低时，瓶装饮用水的销售量就会急剧下降。另外，瓶装饮用水的销售地域性较强，在南方销售量较大，在北方销售量相对较小。

（4）具有明显流动性。瓶装饮用水的需求具有明显的流动性，例如，在交通线路的站点、港口、机场、车船上、飞机上，在商贸线路的商场、饭店、宾馆，在旅游线路的景点、公园，在文体线路的体育场馆、影剧院等，人们对瓶装饮用水的需求量较大。

（5）具有区域性特征。瓶装饮用水消费具有很强的品牌区域性，各省市甚至地县都有本区域消费者所钟爱的品牌。

主要销售路线调查显示，瓶装饮用水的销售路线主要有以下五条（如表 3-1 所示），即瓶装饮用水通路的五个终端场所。

表 3-1　瓶装饮用水的销售路线

线　路	场　　　所	人　　　员	特　点
交通流动线	车站、港口、机场、车船上、飞机上、出租车上等	出差、公务、探亲、旅游、工作人员	需求性较强
商贸交易线	商场、饭店、宾馆、景点、公园、体育场馆、影剧院、娱乐厅等	场所消费者、青年人、临时口渴者、少年儿童、场所工作人员	需求性强
活动线	会议、庆典、商贸活动、文体活动等	参会各阶层人员，属指定消费较多	指定性强
工作线	救灾、训练、医院、户外作业、追捕等	机关人员、救灾人员、运动员、工作人员	指定性强
个人家庭线	家庭保健、生日、聚会、婚礼等	老板、年轻人、学生、高收入家庭	随意性强

从表 3-1 可知，交通流动线、商贸交易线是瓶装饮用水的主要销售途径，丧失它们就等于丧失了主要市场；活动线、工作线和个人家庭线是瓶装饮用水销售的补充路线，利用这些路线有助于提高企业知名度和美誉度。

互动环节

　　针对上述材料中瓶装饮用水市场对饮用矿泉水的需求特点，请你扮演 A 饮用水公司的产品研发经理这一角色，在你的同学中挑选团队成员，并进行角色扮演，从工程技术人员的角度带领你的团队去研发生产矿泉水，并成功让顾客接受。同时思考以下问题。

　　1. 市场能力的概念是什么？

　　2. 市场能力的特点是什么？

　　3. 市场能力由哪些能力组成？每一种能力的要求是什么？

本 章 小 结

　　各行业对工程师的需求呈现供不应求的趋势，其培养越来越受到各界人士的重视。高等院校作为人才培养重地，早已对工程师的培养进行了探索。针对工程师的特点，本章介绍了市场能力的概念、特点和组成要素，并对工程技术人员应具备的把握机遇能力，市场营销能力，信息搜集、接收与处理能力，样品转化为产品的能力，再学习能力进行了介绍，同时对培养每种能力应满足的要求提出了一些建议，为今后工程技术人员市场能力的提高和发展提出了新的要求。

第四章 工程应用文写作

❀ 学习目标

了解应用文的概念、特点、历史演变,掌握应用文的概念、种类和常用专业术语。

4.1 工程应用文写作基础

在就业竞争日趋激烈的今天,专业应用文写作成为工程类专业学生通向职业生涯,奠定事业成功基础的必修内容。通过重点培养学生掌握应用文写作的基础知识和商务写作技能,可以增强学生的职业能力和就业竞争力,满足社会及企业对实用性技术人才的需求。

现代专业应用文写作是一种规范性实用写作,每种文体都有一个较固定的格式。为了满足广大读者的实际需要,更好地掌握各种文体的写作技巧,本书在介绍每种文体时提供了规范的例文,并对每个范例进行了简要分析,以便读者随用随查、触类旁通。

工程专业应用文写作课程讲授过程中以能力为本位,以工作过程为导向,采用模块化的编写体例,根据社会、企业实际需要选择教学内容,给予学生实践学习的平台。

本书选择了典型规范的例文作为样本,吸收了大量现代写作学研究的新理论和新成果,对文体与写法进行了详细讲解,力求方便实用,具有实际的可操作性。

1. 工程应用文写作

问题思考:"应用文就是在工作运用中产生的文字或文本"这一概念正确吗?

1) 应用文的发展与演变

应用文是指日常生活和工作中经常使用的,为某种具体的实用目的而写的文体,它是完成具体工作或办事的一种工具。应用文与我们日常生活和工作有密切的关系。我们要了解天下大事,就要阅读报刊、收听广播、收看电视;以法治国,要有各种法规文件;召开会议,要有会议文件;党政机关指导工作,要有许多公文;机关、企事业单位要正常运转,要有计划、总结、报告等事务文书;人们礼尚往来常常借助于请柬、贺卡等。以上诸多的文字材料,大部分都是应用文。特别是我国加入了WTO以后,国际事务、贸易与文化交流等更加繁多,写好应用文不管是对个人还是对单位及社团塑造形象,处理好各种关系,都起着重要作用。

由此可知,大到整个国家,小到某一个单位,甚至个人,要进行正常的活动,都离不开应用文,也就离不开应用文写作。因此,应用文写作成了一个有教养的现代公民,特别是当代大学生必备的素质之一。

"应用文"一词最早出现于宋代,直到清代学者刘熙载在《艺概·文概》中使用了"应用文"这一术语,后来徐望之在《尺牍通论》中对应用文包含的文种作出了界定。1931年,陈子展的《应用文作法讲话》从社会上经常使用的文体中选出公牍文、电报文、书启文、庆吊文、联语文、契据文、广告文、规章文、题署文共 9 种。新中国成立后,"应用文"这一概念被广泛使用。

1979 年上海辞书出版社出版的《辞海》中应用文的含义解释是:应用文是人们在日常生活、工作和学习中所应用的简易通俗文字,包括书信、公文、契约、启事、条据等。这一定义较简单,缺少对应用文本质特征的概括,仅指出了应用文的一个方面即"简易通俗",而不是全部特征。

目前,我国对应用文含义比较一致的界定是:应用文是国家机关、企事业单位、社会团体和人民群众在日常生活、工作和学习中,处理公务或个人事务时,用于交流情况、沟通信息所使用的具有某种惯用格式和直接实用价值的一种书面交际工具。这一定义规定了应用文的本质特征,使它明显区别于其他文体,又涵盖了应用文的基本特性。

洪威雷教授在《应用文写作学概论》一书中说:"应用文是社会团体、政党、国家,机关、企事业单位和人们在日常工作、生活中,为处理公私事务而经常使用的具有某些比较固定格式的一种实用文体。"(湖北科学技术出版社 1996 年 3 月第 3 版第 2 页)

台湾张仁青教授在《应用文》一书中说:"凡个人与个人之间,或机关团体与机关团体之间,或个人与机关团体之间,互相往来所使用之特定形式之文字,而为社会大众所遵循、共同使用者,谓之应用文。"(台湾文史哲出版社 1993 年 5 月第 33 版第 1 页)

应用文是用逻辑思维的方式和质朴的语言表达作者的意图和主张,告诉人们做什么,怎么做,有一说一,有二说二,不允许虚构,以便取得直接的行动效果。

应用文与一般文章具有一定的关系。文章是根据人类社会的需要而产生和使用的,并随着人类社会的发展而发展,同时对人类社会产生巨大影响和作用。它能突破时空限制创造语言环境,靠文字与标点符号表达,借助手势等辅助手段,合乎语法修辞,具备整体结构,有次序、合逻辑,严格按照语言规律和思维规律组成。而应用文应用性更强,是文章的一部分,内涵和外延都要比文章小得多,它是用事实说话,用逻辑思维表达,在社会生活中有很强的规范性,特别是公文,甚至有强制性(如命令)。

2)应用文写作的特点与要求

问题思考:作为应用性文体,应用文与文学作品等其他文体有何区别?

应用文是一种实用文书,实用或应用是它的主要功能。因此,应用文在内容和形式以及文体语言规范方面,都与其他文体有很大区别。应用文的主要特点主要体现在以下几个方面。

(1)实用性突出。应用文是在工作和生活中以实际需要作为出发点,对具体事务的办理或者处理时需要的相关文书,而其他类文体虽然也具有实用性,但却只是一种附带的属性。工程实践中的应用文(项目计划书、项目任务书、项目说明书等)都是为工程生产过程的实际需要而产生和存在的,一旦失去了实用性,也就失去了它们的价值。

(2)对象性明显。应用文有非常明确而具体的接受对象,即个人、机关、政党、社会团体,或某特定的人群等。应用文的读者也同样具有特定性,其内容具有针对性,甚至是保密性。各类应用文的使用受众有明确的接受对象,即指向性,私人信件的接受对象是收信人本人,法律文书、行政公文的接受对象也是有明确指向的相关人员。

(3)时效性限制。应用文是为了处理和解决实际事务而撰写并存在的,即以一定的时间为条件,若超过确定的时间范围,则该应用文会失去存在的现实意义或失去功效。例如,某一《会议通知》要有确定的时间、地点和参会人员、会议议题等内容,一旦时间错过、地点有异、参会人员不是要求参加的人员,则该《会议通知》失去功效。

(4)规范性严谨。内容的实用性是应用文的一大特点,形式的规范性是应用文的另一大特点。应用文的每一种文体都有固定的格式,有大体相同的表现手法,甚至有基本一致的专门用语,形成了严谨的规范。公文类应用文是以国家意志或法律形式规定的,这是应用文格式"法定使然"的表现,但大部分应用文形式的规定是在其漫长的发展过程中逐渐"约定俗成"的。因此,应用文的规范性要求具有广泛的受众基础和极强的泛化推广性。

(5)简明性得体。应用文的写作要求语言要简明得体。现代应用文提倡直奔主题、精练准确、事实清晰、描述得体、没有歧义。应用文是以文字进行工作的沟通与交流、实现问题的提出与解决,所以只有用语准确才能实现信息的有效传递与交际。例如,某人与一商人签订借款合同,此人要求商人必须在一年内归还借款,而商人答应"在两个月后还清借款",并在合同上注明"在两个月后还清借款"字样,但并未提出具体起止日期。该合同的语言描述不准确,"两个月后"的时间节点是有歧义的,可作多种理解,因而会造成还款时间的不明确,也就失去了合同对此债权人权益的合法保护。又例如,邓小平在《中国共产党第十二次全国代表大会开幕辞》一文中说:"同志们,中国共产党第十二次全国代表大会现在开幕。我们这次代表大会的主要议程有三项:(一)审议第十一届中央委员会的报告,确定党为全面开创社会主义现代化建设新局面而奋斗的纲领;(二)审议和通过新的《中国共产党章程》;(三)按照新党章的规定,选举新的中央委员会、中央顾问委员会和中央纪律检查委员会。"上文用简洁明了的文字指出中国共产党第十二次全国代表大会的议程,毫不含糊,使与会者明白,会议就是照此进行。简明性得体是应用文的显著特点。

2. 应用文的写作过程

问题思考:工程人员应如何掌握应用文的写作? 如何完成合格的工程项目书的写作?

应用文的写作过程主要包括准备阶段、写作阶段、修改完善至成文阶段,如图 4-1 所示。准备阶段主要完成任务要求的确定、文章主题的确立、材料的收集与选择。写作阶段主要完成:谋篇布局、选择适合的文体与表达方式、使用规范的语言。最后的阶段主要完成修改完善至成文,该阶段的主要要求是格式标准、时效保证和内容准确。

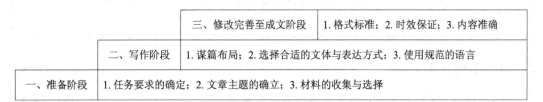

三、修改完善至成文阶段	1. 格式标准; 2. 时效保证; 3. 内容准确
二、写作阶段	1. 谋篇布局; 2. 选择合适的文体与表达方式; 3. 使用规范的语言
一、准备阶段	1. 任务要求的确定; 2. 文章主题的确立; 3. 材料的收集与选择

图 4-1　应用文的写作过程及要求

写好应用文需要做到以下几点。

(1)加强自身专业修养,积极参加社会实践。应用文写作要以实际需要为出发点,以解决生活、学习、工作中出现的问题为目的。如果没有责任心和实事求是的工作态度是写不好应用文的。只有在社会实践活动的过程中真正了解社会生活,才能正确反映社会生活,在写作时才能有的放矢,写出合乎时代要求的应用文。

（2）提高政治理论和法制观念。政治理论和法制观念是党和国家制定方针政策的理论依据，我们必须不断加强学习和培养，才能在撰写应用文时合乎方针政策，胜任工作。

（3）积累全面系统性的知识，既要有一般的政治理论、社会科学、历史、社会文化知识和其他方面的知识，还要有相关业务知识。另外，写好应用文既要有一般的语言文字知识和写作能力，也要掌握必要的写作规律并提高写作技能。光看不练则会"眼高手低"，光练不学则会"眼低手又低"，"看"和"练"缺一不可。

案例 4 - 1　最新国家标准公文格式（2013 年）

主标题（二号宋体加粗）

发文对象：（标题下一行顶格，三号仿宋）

××××××（正文三号仿宋体字）

一、×××（三号黑体）

××××××（正文三号仿宋体字）

（一）×××（三号楷体）

××××××（正文三号仿宋体字）

1.×××（仿宋）

××××××（正文三号仿宋体字）

（1）×××（仿宋）

××××××（正文三号仿宋体字）

附件：1.×××（正文下一行右空两字）

　　　2.×××

单位名称（附件下两行居成文日期中）

成文日期（右空四字，用阿拉伯数字，标准为"＊＊年＊＊月＊＊日"）

（联系人：……；联系电话：……）（如有附注，居左空两字加圆括号编排在成文日期下一行。）

互动环节

　1. 最新国家标准公文格式（2021 年）同以往格式相比，有哪些变化？

　2. 在应用国家标准公文格式时大家会遇到什么困难？如何解决？

4.1.1　工作计划

工作计划是在机关和事业单位当中应用得较多的公文形式，它主要是对一段时间内的工作进行提前打算和安排，同时制定较为详细的工作量和工作细节上的规划。工作计划是对即将开展的工作的设想和安排，如提出任务、指标、完成时间和步骤方法等。提前做好工作计划，对于提升工作绩效来说非常重要。工作计划的写作格式如下。

1. 标题

计划的标题有四个部分：计划单位的名称、计划时限、计划内容摘要和计划名称。

标题一般有以下三种写法：

（1）完整式标题，一般包含单位名称、时限、内容和文种，如《昆明市工商局＊＊年财务计划要点》。

（2）省略时限的标题，如《飞熊公司实行经营责任制计划》。

（3）公文式计划，如《×××行政学院 1995 年下半年公务员培训计划》。

所拟计划如还需要讨论定稿或经上级批准，则应在标题的后面或下方用括号加注"草案"或"初稿"或"讨论稿"等字样。

2. 正文

正文一般包括前言、主体和结尾三个部分，即计划的三要素——目标（做什么）、措施（怎么做）和步骤（分几步做完）。计划的三要素繁简可以不同，但缺一不可。

（1）前言。前言主要是对基本情况的分析，或对计划的概括说明，依据什么方针、政策以及上级的什么指示精神，完成任务的主客观条件怎么样，制定这个计划要达到什么目的，完成计划指标有什么意义。

（2）主体。主体的表述方式常用的有综述式、条文式、表格式、交错式等几种，主要包括目标、措施和步骤三部分。

① 目标。这是计划的灵魂。计划就是为了完成一定任务而制定的。目标是计划产生的导因，也是计划奋斗的方向。因此，计划应根据需要与可能，规定在一定时间内所完成的任务和应达到的要求。任务和要求应该具体明确，有的还要定出数量、质量和时间等要求。

② 措施。要明确何时实现目标和完成任务，就必须制定相应的措施和办法，这是实现计划的保证。措施和方法主要指达到既定目标需要采取什么手段，动员哪些力量，创造什么条件，排除哪些困难等。总之，要根据客观条件统筹安排，将"怎么做"写得明确具体，切实可行。

③ 步骤。步骤是指执行计划的工作程序和时间安排。每项任务在完成过程中都有阶段性，而每个阶段又有许多环节，它们之间常常是互相交错的。因此，制定计划时必须胸有全局，妥善安排，哪些先干，哪些后干，应合理安排。

3. 结尾（或落款）

结尾（即制定计划的日期）在正文结束的后下方。此外，如果计划有表格或其他附件，或需要抄报抄送某些单位，则应分别写明。

撰写计划时应注意的事项如下：

（1）负责的原则。要坚决贯彻执行党和国家的有关方针、政策和上级的指示精神，反对本位主义。

（2）切实可行的原则。要从实际情况出发定目标、定任务、定标准，既不要因循守旧，也不要盲目冒进。即使是做规划和设想，也应当保证可行，能基本做到，其目标要明确，其措施要可行，其要求也是可以达到的。

（3）集思广益的原则。要深入调查研究，广泛听取群众意见，博采众长，反对主观主义。

（4）详略得到的原则。要分清轻重缓急，突出重点，以点带面，不能眉毛胡子一把抓。

（5）防患未然的原则。要预先想到计划实行中可能发生的偏差和可能出现的故障，制定好必要的防范措施或补充办法。

案例 4-2　2016 年 XXX 公司工作计划

在 2015 年的这一年里，凭借前几年的蓄势，我公司已具备快速发展的条件，实现了稳步的效益增长，以崭新的姿态展现在客户面前。一个更具朝气和活力的车间完善后，管理水平必将大幅度提高，这不仅仅是市场竞争的外在要求，更是自身发展壮大的内在要求。对于各部门来说，全面提升管理水平，与公司同步发展，既是一种压力，又是一种动力。为了完成公司 2016 年的总体经营管理目标，厂部特制定 2016 年工作计划如下。

一、计划从九个方面展开

根据本年度工作的情况与存在的不足，结合目前公司的发展状况和今后趋势，人力资源计划从九个方面开展 2016 年度的工作。

1. 进一步完善公司的组织架构，确定和区分每个职能部门的权责，争取做到组织架构的科学适用，三年不再做大的调整，保证公司的运营在既有的组织架构中运行。

2. 完成公司各部门各职位的工作分析，为人才招募与评定薪资、绩效考核提供科学依据。

……

9. 做好人员流动率的控制与劳资关系、纠纷的预见与处理，既要保障员工合法权益，又要维护公司的形象和根本利益。

二、增加人员配置

……

八、内部管理

1. 严格执行 5S 管理模式，严格实施"一切按文件管理，一切按程序操作，一切用数据说话，一次就把工作做好"的战略，逐步成为执行型的团队（采纳 iso）。

2. 进一步严格按照公司所规定的各项要求，开展本部门的各项工作管理，努力提高管理水平。

4.1.2　总结

总结是对过去一定时期的工作、学习或思想情况进行回顾、分析，并做出客观评价的书面材料。人们常常对已做过的工作进行回顾、分析，并提到理论高度，肯定已取得的成绩，指出应汲取的教训，以便今后做得更好。

从性质、时间、形式等角度可划分出不同类型的总结，根据性质不同，总结可分为综合总结和专题总结（学习总结、工作总结、思想总结等）两种。综合总结又称全面总结，它是对某一时期各项工作的全面回顾和检查，用以总结经验与教训。专题总结是对某项工作或某方面问题进行的专项总结，尤以总结推广成功经验为多见。总结也有各种别称，如自查性质的评估及汇报、回顾、小结等都具有总结的性质。根据时间不同，总结可以分为年度总结、季度总结、月份总结等。根据范围不同，总结可以分为全国性总结、地区性总结、部门性总结、本单位总结、班组总结等。根据内容不同，总结可以分为工作总结、生产总结、学习总结、教学总结、会议总结等。

1. 总结的写法

总结的写作分为标题、正文、落款。标题又分公文式的（一般由单位名称、时限、内容、文种组成)、文章标题式的、双标题;正文由前言、主体、结尾组成;结尾又分自然收尾和总结全文;落款由单位名称和时间组成。(相关内容见《应用写作》杂志 1998 年第 5 期《"总结"写作中常见毛病例析》、2004 年第 1 期《总结写作中的经验提炼》、2008 年第 4 期《撰写总结的要诀之一》等文章。)

应用文体中的总结是提炼与归纳思维的综合体。总结的写作要点包括紧扣政策、明确目的、实事求是、突出特色、精于构思、语言精到六个方面。针对总结写作的行文技法,标题除了交代必备要素,还要讲究相关技巧;开头宜简洁明快,有的放矢;主体部分应格外注意总结内容的横向与纵向叙述结构。结尾是正文的收拢,一般需要在总结了基本情况、成绩和经验教训的基础上,提出今后的努力方向、任务及措施。①

2. 总结的结构形态

(1) 主体部分常见的结构形态有纵式结构、横式结构、纵横式结构三种。

① 纵式结构:按照事物或实践活动的过程安排内容。写作时,把总结所包括的时间划分为几个阶段,按时间顺序分别叙述每个阶段的成绩、做法、经验、体会。这种写法的好处是能够把事物发展或社会活动的全过程表述清楚。

② 横式结构:按事实性质和规律的不同分门别类地依次展开内容,使各层之间呈现相互并列的结构。这种写法的优点是各层次的内容鲜明集中。

③ 纵横式结构:安排内容时,既考虑时间的先后顺序,体现事物的发展过程,又注意内容的逻辑联系,从几个方面总结经验教训。这种写法多数是先采用纵式结构写事物发展各个阶段的情况或问题,然后用横式结构总结经验或教训。

(2) 主体部分的外部形式有贯通式、小标题式、序数式三种。

① 贯通式:适用于篇幅短小、内容单纯的总结。它像一篇短文,全文之中不用外部标志来显示层次。

② 小标题式:将主体部分分为若干层次,每层加一个概括核心内容的小标题,重心突出,条理清楚。

③ 序数式:将主体分为若干层次,各层用"一、二、三……"的序号排列,层次一目了然。

案例 4-3　网络维护员个人工作总结
一、定制度,抓培训,打开工作局面

电脑网络最怕病毒感染,自公司网络组建以来,中毒事件屡查不止。经过短期的培训,大家了解了相关的防护知识,并且能够积极配合,使公司的病毒感染率呈下降趋势。相信在不久的将来,大家都能做到有效的防护。作为网络管理人员,我更要加强监督检查力度,严禁各类存在安全隐患的光盘、磁盘、USB 设备在网络中运行。由于工作的关系,许多工作人员都对 USB 设备和其他软件有使用要求,每次遇到这种情况,我都会耐心给他们讲解使用后果的严重性,得到了大家的充分理解,并且在我的建议帮助下采用飞鸽圆满解决了病毒交叉感染的问题。正是因为大家一直认真遵守,到目前为止,公司没有再发生过一次病毒感染网络的事件。

---

① 王海峰. 总结文体写作要点及技法[J]. 写作,2018(03):60-65.

从接手工作到现在，我对每次出现的故障的现象、原因、处理方法、解决过程都做了详细记录，并定期做对比分析，这样做使我积累了丰富的经验，给自己的工作带来了很大的帮助。

二、作好日常机器设备的检修维护工作

自我入职以来，办公室电脑的维护维修工作和网站的修改就由我负责，各领导、同事的电脑出现问题我都能及时排除故障，保证了办公电脑的正常运行，节约了维护资金。作为网络维护，不仅要具备网络技术、软件等多种前沿知识的储备，还要具备临危不乱、沉着冷静的心理素质，以便在最短的时间内用最有效的办法来解决问题。工作的时候，我常常觉得自己像个消防员。

为了维护好机器，保证网络畅通，让所有的机器都能正常工作，我每天都会观察机器的工作情况，发现问题及时处理；每星期都对公用机器进行磁盘清理，删除垃圾，整理碎片；定期对机器整体进行软硬件系统检查；还给所有在网的机器进行双备份的紧急预案，即便出现灾难性故障，也保证会有两种以上的紧急修复方案。另外，我还定期对维修记录进行总结，使自己对网络中的每个细节都做到心中有数，有效保证了公司网络的正常运行。

三、刻苦钻研，进行网络升级，搞好技术创新

作为网络管理部门的负责人，除了要保证每天正常的工作，我还必须抽出一定的时间来研究我们的网络，想办法进行技术革新，使机器设备能发挥更大的作用，更快捷高效地为大家服务。在这方面，我主要做了以下创新。

1. 加强了局域网的防护能力，利用现有的工具使公司的网络防范能力上升了一个台阶。

2. 对上下载服务器进行技术革新。由于各个电脑品牌不一，厂家板卡兼容性的问题，所以导致机器维护比较困难。我入职以来对每个机器都进行了详细的排查、备份，目前大部分机器都做了有效备份。

3. 更改了英文网站。我对英文网站进行了整体的修改，修改了英文网站的BUG，完善了英文网站的内容，目前这项工作还在进行中。

四、2016年工作展望

1. 公司内部网方面，目前公司内有电脑34台，局域网方面现在一切正常，其中3台接入互联网。安全方面，我将进一步加强公司内部网的安全防护工作，确保公司网络的安全，定期对公司的机器进行排查、维护。由于公司使用电脑的人员众多，操作水平参差不齐，出故障的概率很高，而网络维护只有我一个人，任务重，工作量很大，经常要忙到很晚。为了完善公司的电脑维修制度，更有效地维护公司的电脑，建议执行电脑维护登记制度。

2. 定期开设培训，为大家讲解电脑使用的一些常用技巧、操作规范性等一些相关知识。

3. 公司网站方面，目前英文网站方面还存在部分问题，现罗列如下。

（1）网站 LOGO 上 MANAGEMENTTEM 应为 MANAGEMENTTEAM，将酌期进行修改。

（2）一级网页 management 内容的完善，加入人物简介，图文介绍。

（3）完善一级网页 contacts。

（4）产品页面的背景问题。

（5）人力资源的二级页面。

（6）新闻页面加入图片（两个公司新闻）。

（7）中英文页面的跳转问题。

（8）英文网站的链接检查。

（9）中文网站的部分 BUG（做英文网站的时候发现部分产品的介绍是错误的）。

（10）网站上传、解析、访问方面的问题。

我将积极、有效，并在保证质量的前提下，尽快完成英文网站的修改。网站的工作完成以后，我将定期对网站进行备份、维护和内容更新，深入分析网页程序核心，找出漏洞及不足之处，及时进行修改与完善，使网站的安全性得到进一步的提高！我将保证每日一次的常规备份，每星期一次的增量备份和一个月两次的全局备份，确保网站在遭到数据丢失的情况下能够及时恢复，为保证网站的正常运行不懈努力。

4. 网站推广和服务器的问题

网站的完成并不是一个工作的完成，而是一个工作的开始，后续的工作还有很多，例如网站的推广等。服务器方面，我们目前租用的空间和邮件服务器是酷网动力提供的，于明年3月28日到期，建议到期后更换供给商。

在大家的帮助下，经过我本人的不懈努力，虽然在工作上取得了一点成效，但是成绩只属于过去，将来还需要继续努力。学海无涯，工作无止境，我会永远牢记屈原的那句话"路漫漫其修远兮，吾将上下而求索"，尽心尽力，尽职尽责，为公司做出更大贡献。

4.1.3 报告

报告适用于向上级机关汇报工作，反映情况，答复上级机关的询问。从性质上看，报告是一种陈述性的公文；从行文关系上看，报告是一种典型的上行文。报告具有已然性、总结性和陈述性的特点，使用范围很广。按照上级部署或工作计划，每完成一项任务，一般都要向上级写报告，反映工作中的基本情况、取得的经验教训、存在的问题以及今后的工作设想等，以取得上级领导部门的指导。

报告的种类有两种分类方法。根据呈报要求不同，报告可分为呈报性报告、呈转性和呈复性报告；根据内容不同，报告可分为综合报告、专题报告、工作报告、情况报告以及调查报告。工程上经常会用到调查报告。调查报告是对某项工作、某个事件、某个问题，经过深入细致的调查后，将调查中收集到的材料加以系统整理并分析研究，最终以书面形式向组织和领导汇报调查情况的一种文书。

1. 报告的组成

报告由标题、主送机关、正文、落款及日期四部分组成。

（1）标题。标题一般由规范化"三要素"即发文机关、内容和文种名称组成，也可以只由内容和文种名称组成，而省略发文机关。

（2）主送机关。主送机关写在正文前第一行。

（3）正文。正文一般也分为开头、主体和结尾三部分。正文的开头一般简要说明报告的目的或相关情况，有时是对报告的情况作简要概括。正文常采用的方式是说明式或概括式，其主体主要是集中反映报告的核心内容。正文的具体写法因报告种类不同而略有差异，综合性报告、呈报性报告和专题报告因是汇报工作，按其内容基本上采用顺叙法；呈转报告因的主要目的是反映对具体问题的意见，所以其内容安排亦采用顺叙法。一般的报告多无特殊的结尾，汇报完毕，即告结束。结尾常用语是"以上报告，如有不妥，请指正"。呈转性报告的结尾比较固定，常用语是"以上报告，如无不妥，请批转 xxx、xxx 贯彻执行"。

（4）落款及日期。如果标题是"两要素"的写法或者是"三要素"写法，为了郑重起见，则先落款即发文单位全称，再写成文的日期。

2. 报告的特点

（1）内容的汇报性。一切报告的目的都是下级机关向上级机关汇报工作，让上级机关掌握下级机关工作的基本情况并及时对自己的工作进行指导。所以，汇报性是"报告"的一个大特点。

（2）语言的陈述性。因为报告具有汇报性，是向上级讲述做了什么工作，或工作是怎样做的，有什么情况、经验、体会，存在什么问题，今后有什么打算，对领导有什么意见、建议，所以行文上一般都使用叙述法，即陈述其事，而不是像请示那样采用祈使、请求等法。

（3）行文的单向性。报告是下级机关向上级机关的行文，是为上级机关进行宏观领导提供依据，一般不需要受文机关的批复，属于单向行文。

（4）成文的事后性。多数报告都是在事情做完或发生后向上级机关作出汇报，是事后或事中行文。

（5）双向的沟通性。报告虽不需批复，却是下级机关以此取得上级机关支持、指导的桥梁；同时，上级机关也能通过报告获得信息，了解下情，即报告成为上级机关指导和协调下级机关工作的依据。

3. 科技报告的格式

（1）题目。题目要紧扣主题，有足够的信息，应避免使用大而空的题目，最好不用"……的研究""……的意义""……的发现""……的特征""……的讨论""……的注记"等词，同时尽量回避不常用的缩略语。

（2）作者和作者的单位。作者的单位一定要写出全称，同时提供单位所在城市名称和邮政编码。

（3）摘要。摘要应反映出报告的主要观点，概括其结果或结论。摘要的撰写要精心构思，随意从文章中摘出几句或只是重复一遍结论的做法是不可取的。摘要中不能出现文献序号。

（4）关键词。关键词应紧扣报告主题，尽可能使用规范的主题词，不应随意造词。

（5）引言。在引言中应简要回顾报告所涉及的科学问题的研究历史，尤其是近 2～3 年内的研究成果需引用参考文献。引言部分不加小标题，不必要介绍文章的结构。

（6）正文。正文应以描述文章重要性的简短引言开始。专业术语应有定义、符号、简称，首字母缩略词在第一次出现时应有定义。所有的图和表应按文中提到的顺序编号。

（7）材料和方法。材料和方法主要是说明研究所用的材料、方法和研究的基本过程，使读者了解研究的可靠性，也使同行可以根据正文内容重复有关实验。

（8）讨论和结论。讨论和结论应该由观测和实验结果引申得出，并注意与其他相关的研究结果进行比较，切忌简单地再罗列一遍实验结果。

（9）致谢。致谢应向对本文有帮助的有关单位和个人表示谢意。

（10）基金资助。支持研究工作的基金项目应放在文章首页，作为脚注，格式为"项目全称（批准号：＊＊＊＊＊，或编号：＊＊＊＊＊或直接写项目的号码＊＊＊＊＊）资助"。

（11）参考文献。文中所引用的参考文献，作者均应认真阅读，对文献的作者、题目、发表刊物、年份、卷期号和起止页码等均应核实无误，并按在正文出现的先后顺序编号。不要将多条参考文献列在一起，未正式发表的文献只能作为脚注，毕业论文可以作为正式文献列入参考文献中。一般情况下，电子文献不列入参考文献中，可随正文用括号标注或作为脚注。

（12）图和表。图和表应按在正文中出现的先后顺序编号，图应清晰，应尽量插在正文内。

4. 撰写报告应注意的事项

（1）注意明确写作目的。一方面根据目的确定报告的具体种类，另一方面根据目的选择典型材料和重点内容。

（2）报告的材料应确定、可靠。

（3）报告的观点要正确。

（4）文字要简练。结尾处应有结束性语言，如"特此报告"一类结束语无实际意义也无结构作用，可去除亦可保留。但如果写成"以上报告当否，请指示"，就为严重错误，因为如上述，报告是无须上级回复处理的文种，即使写上这句话也是徒劳，上级不会答复。

案例 4-4　开题报告格式

1. 综述

开题报告的基本内容及其顺序；论文的目的与意义；国内外研究概况；论文拟研究解决的主要问题；论文拟撰写的主要内容（提纲）；论文计划进度；其他。

2. 报告内容与撰写

开题报告的内容一般包括题目、立论依据（毕业论文选题的目的与意义、国内外研究现状）、研究方案（研究目标、研究内容、研究方法、研究过程、拟解决的关键问题及创新点）、条件分析（仪器设备、协作单位及分工、人员配置）等。

3. 开题报告封面

（1）题目是毕业论文中心思想的高度概括，具有以下要求。

① 准确、规范：要将研究的问题准确概括出来，反映出研究的深度和广度，反映出研究的性质，反映出实验研究的基本要求——处理因素、受试对象及实验效应等。用词造句要科学、规范。

② 简洁：要用尽可能少的文字表达，一般不得超过 20 个汉字。

（2）立论依据开题报告中要考虑的问题。

① 选题目的与意义，即回答为什么要研究，交代研究的价值及需要背景。一般先谈现实需要，即由存在的问题导出研究的实际意义，然后再谈理论及学术价值，要求具体、客观，且具有针对性，注重资料分析基础，注重时代、地区或单位发展的需要，切忌空洞无物的口号。

② 国内外研究现状，即文献综述，要以查阅文献为前提，所查阅的文献应与研究问题相关，但又不能过于局限。与问题无关则流散无穷，过于局限又违背了学科交叉、渗透的原则，使视野狭隘，思维窒息。所谓综述的"综"即综合，综合某一学科领域在一定时期内的研究概况；"述"更多的并不是叙述，而是评述与述评，即要有作者自己的独特见解。综述要注重分析研究，善于发现问题，突出选题在当前研究中的位置、优势及突破点；要摒弃偏见，不引用与导师及本人观点相悖的观点是一个明显的错误。综述的对象，除观点外，还可以是材料与方法等。

此外，文献综述所引用的主要参考文献应予著录，一方面可以反映作者立论的真实依据，另一方面也是对原著者创造性劳动的尊重。

（3）研究方案开题报告中要考虑的问题。

① 研究的目标。只有目标明确、重点突出，才能保证具体的研究方向，排除研究过程中各种因素的干扰。

② 研究的内容。要根据研究目标来确定具体的研究内容，要求全面、翔实、周密，研究内容笼统、模糊，甚至把研究目的、意义当作内容，往往使研究进程陷于被动。

③ 研究的方法。选题确立后，最重要的莫过于方法。假如对牛弹琴，不看对象地应用方法，错误便在所难免；相反，即便是已研究过的课题，只要采取一个新的视角，采用一种新的方法，也常能得出创新的结论。

④ 研究的过程。整个研究在时间及顺序上的安排，要分阶段进行，对每一阶段的起止时间、相应的研究内容及成果均要有明确的规定，阶段之间不能间断，以保证研究进程的连续性。

⑤ 拟解决的关键问题。对可能遇到的最主要的、最根本的关键性困难与问题要有准确、科学的估计和判断，并采取可行的解决方法和措施。

⑥ 创新点。要突出重点，突出所选课题与同类其他研究的不同之处。

4.1.4　规章制度

规章制度是指用人单位制定的组织劳动过程和进行劳动管理的规则和制度的总和，也称为内部劳动规则，是企业内部的"法律"。规章制度内容广泛，包括了用人单位经营管理的各个方面。根据1997年11月劳动部颁发的《劳动部关于对新开办用人单位实行劳动规章制度备案制度的通知》，规章制度主要包括劳动合同管理、工资管理、社会保险福利待遇、工时休假、职工奖惩，以及其他劳动管理规定。

用人单位制定规章制度时，要严格执行国家法律、法规的规定，保障劳动者的劳动权利，督促劳动者履行劳动义务。制定规章制度应当体现权利与义务一致、奖励与惩罚结合，不得违反法律、法规的规定，否则就会受到法律的制裁。《中华人民共和国劳动合同法》第十八条规定：用人单位直接涉及劳动者切身利益的规章制度违反法律、法规规定的，由劳动行政部门责令改正，给予警告；给劳动者造成损害的，用人单位应当承担赔偿责任。

案例 4 - 5　规章制度的民事调解工作制度

一、调解工作原理

1. 依法原则。依据法律、法规、规章和政策进行调解，法律、法规、规章和政策没有明确规定的，依据社会公德进行调解；

2. 自愿平等原则。在双方当事人自愿、平等的基础上进行调解；

3. 尊重当事人诉讼权利的原则。尊重当事人的诉讼权利，不得因未经调解或调解不成而阻止当事人向人民法院起诉。

二、调解工作纪律

1. 不得徇私舞弊；

2. 不得对纠纷当事人压制，打击报复；

3. 不是侮辱、处罚当事人；

4. 不得泄露当事人的隐私；

5. 不得吃请受礼。

三、调解程序

1. 受理纠纷：当事人请求调解的纠纷及时调解；发现纠纷要主动受理及时调解。

2. 调查分析：受理纠纷，要迅速查明纠纷发生的原因和争议焦点，及时判明纠纷性质，是非曲直，进行研究分析。

3. 调解：在调查分析的基础上做好双方当事人的工作，充分说理，耐心疏导，学习法律规定，消除隔阂，促使当事人达成调解议。

四、汇报制度

1. 每周向主管领导汇报一次纠纷排查及调处工作情况；

2. 每季向党委会汇报一次纠纷排查及调处工作情况；

3. 重大活动和重要工作部署及时向党委会汇报；

4. 每月向司法局汇报工作情况。

五、登记制度

1. 受理民事、经济纠纷应填写登记表；

2. 调解民事纠纷，调解结果要进行登记、建档保存；

3. 重大疑难案件的讨论研究，要填写案件讨论登记表，登记表要附卷；

4. 向司法局请示、报告重大疑难案件，并做好登记。

4.2　工程项目书的写作

工程专业应用文写作是为了更好地实现培养目标，提高工科学生的实际工作和动手能力。通过安排培养学生能力的实践性教学内容，有助于专业应用文写作的教学与实践应用。

以工程活动为背景，写作为工具，应用为核心，能力为本位，以实际工程职业生涯中的应用写作任务为驱动，使学生认知工程应用文写作的基本规范，掌握应用文写作的方法和技巧，培养学生独立分析问题和解决问题的能力。

根据使用领域不同，应用文分为行政类应用文、专业工作应用文。其中工程应用文是专业工作应用文中的一种，是指在一定专业机关或专门的业务活动领域内，因特殊需要而专门形成和使用的应用文。由于分工不同，社会各行各业经管的事务有很大差异，在长期的工作实践中便逐渐形成了一些与其专业相适应的应用文，称为专业工作应用文。工程专业应用文除了要遵守应用文的一般规则，还有很强的工程特性，外行人是无法写好的。例如，工程领域的市场调查报告、项目计划、项目任务、项目总结、规章制度、外贸函电、经济合同等都属于工程专业应用文。

本章后续章节内容将以工程领域中最常用的项目计划书、项目任务书和项目说明书为主，介绍相关的写作规范和写作能力培养。

4.2.1　项目计划书

项目计划书是指项目方为了达到招商融资目的和其他发展目标等所制作的计划书。一份好的项目计划书的特点是关注产品，敢于竞争，具有充分的市场调研和有力的资料说明，表明行动的方针，展示优秀的团队和良好的财务预计等，从而使合作伙伴更了解项目的整体情况及业务模型，也能让投资者判断该项目的可盈利性。

案例 4-6 产品设计开发计划书

×××光电科技有限公司产品设计开发计划书

文件编号：WI-RD-0002　日期：2011 年 10 月 5 日

项目名称：5W/6W LED 恒流源				项目来源：市场部			
开发周期：20～30 个工作日				项目总负责人：×××			
设计人员	职责			设计人员	职责		
×××	整体负责设计工作，也是整体项目设计负责人			×××	负责设计与客户有关的业务要求的处理与沟通； 产品品质验收及最终确认		
×××	负责设计所需的采购工作，以及后勤方面的工作协调			×××	负责代表市场及客户的思路在公司内部最终对产品的效果进行确认与签字		
资源配置：1. 人员× 　　　　　2. 300 M 示波器、可调变频器、功率计、万用表、LCR 电桥、可靠性设备各 1 套 　　　　　3. 经费预算 8000 RMB							

阶段划分及主要内容			责任部门	责任人	协助人	配合部门	完成时间	
							计划	实际
设计策划		确定开发方案	研发部	×××	×××	市场部	10-5	
		编制《设计任务书》	研发部	×××	×××	市场部	10-6	
设计输入		明确设计输入并评审	研发部	×××	×××	/	10-6	
设计过程	电子设计	功能方案确定、原理图设计、线路板设计	研发部	×××	×××	10-8		
	结构设计	外形设计及内部结构设计	研发部	×××	×××	/	10-10	
	外观设计	外观颜色、丝印、包装设计	研发部	×××	×××	/	10-11	
设计输出及评审		外形图、结构图、原理图、PCB 图、BOM、测试方法与检验标准	研发部	×××	×××	/	10-11	
设计验证		样机制作与检验、样品技术制作	研发部	×××	×××	/	10-19	
设计确认		打样物料确认、填写《规格书》	研发部	×××	×××	/	10-20	

核准：×××　　　　　　审核：×××　　　　　　制表：×××

4.2.2　项目任务书

项目任务书是项目立项单位下达给项目承担单位及项目组的任务，不仅也是检验项目完成情况的标准，同时也是项目承担单位和项目组获取回报的依据。项目任务书是项目实施的依据和目标，也是衡量价值体现的标准。因此，项目任务书对项目立项单位和项目承担单位都很重要的。

一般来说，项目任务书应该包含如下几方面的内容：项目概述（描述项目的背景情况）、主要任务和目标（描述项目的工作范围和基本要求）、约束条件（包括进度、成本、质量、资源等方面的约束）、验收标准（项目交付的条件）、项目主要资源（包括人员职责、开发环境要求）、项目奖励标准（项目奖励的条件和额度标准等）。项目任务书应该由项目立项单位和项目承担方双方签字认可。

案例 4-7　渠道工程测量任务书

测量任务包括渠道纵横断面测量、涵闸测量、道路带状地形图测量、大沟纵横断面测量，以及桥梁和渡槽所在处沟渠横断面测量等。高程采用 1985 国家高程系。

一、渠道纵横断面测量

（一）渠道纵断面测量

（干支渠）沿渠底中心线方向进行纵断面测量，里程桩间距 50 m。

加桩位置：中心线上地形有显著起伏的地点；转弯圆曲线的起点、终点和必要的曲线桩；拟建或已建建筑物的位置；与其他河道、沟渠、闸、坝、桥、涵的交点；穿过铁路、公路和乡村干道的交点；设计断面变化的过渡段两端。

纵断面图上应标注：标尺、桩号、渠顶高程、渠底高程、地面高程；渠首交上级渠道的桩号、渠底高程；已建节制闸、分水闸应测出闸底、闸顶、闸前闸后水位高程，闸孔径（高×宽）和孔数；已建桥（或渡槽）应测出桥顶、桥底高程；桥面（路面）宽度和其跨度；渡槽槽身尺寸（高×宽）和跨度，已建涵洞或倒虹吸应测出其跨度、洞口尺寸（高×宽）和顶、底高程；渠道拐角、拐点及其配套建筑物的中点坐标和桩号；与河沟、排渠、道路和上下级渠道的交角；穿过公路时应测出路面高程；同时应测出道路宽度；渠道末端坐标，及其所灌溉的农田地面控制高程。

（二）渠道横断面测量

干支渠进行横断面测量，测量间距 50 m，横断面测量宽度为渠道两侧不小于 25 m（渠、路、沟应全部包括在内）。在拟建或已建桥梁或渡槽处加测横断面。

二、灌溉站地形图测量

每座泵站的 1：500 地形图以老站址为基准，以站进水出方向为轴线。轴线方向测量范围以站址对岸大沟沟口为起点，向站址一侧测量长度不少于 200 m，站轴线两侧测量宽度均不少于 100 m。以上测量范围要覆盖站址处的老站站房、出水池、沟、渠、渠首分水闸等构筑物。测量图中应反映测量范围内的原有地形地貌和所有构筑物，并注明地面高程和构筑物的范围、尺寸及顶、底高程等。

（一）纵断面图：竖向比例 1：100，横向比例 1：5000。

（二）横断面图：竖向比例 1：100，横向比例 1：500。每隔 50 m 测一横断面，遇有建筑物、水塘、大沟转弯处等较特殊地形，应加测断面。横断面测量范围为大沟两侧各 20 m。

将各横剖面标注于纵断面图上并注明桩号，采用国家统一的高程系，同时要将大沟上的水工建筑物标注于纵断面图上，并注明桩号、桥面高程、桥面宽、涵闸的底板高程、孔径（高×宽）、孔数和闸上、闸下水位、渡槽的孔径、槽底高程等内容。

案例 4-8　×××新产品开发任务书

新产品开发任务书表格模板

项目名称					项目启动日期	
项目 描述					开发周期	
					完成日期	
性能 开发 要求	特性名称		特性要求	特性符号	特性来源	
	螺母打出力		≥640 N	△	客户图样	
特殊 特性 书名	特性名称		特性要求	特性符号	特性来源	
	螺牙数量		≥4	▲	客户图样	
注:从顾客图纸中、特性清单及要求(使用、装配、功能)中识别初始的重要特性。						
项目	PPM	CPK	废品率/%	质量成本率/%	成本目标	可靠性
目标						
顾客 特殊 要求	项目名称		特殊要求说明(须填写可靠性和质量目标)			
	水煮托架		用沸水煮托架 1 h 后开口尺寸微变化,不影响客户端装配,并且开口尺寸在顾客要求范围内。			
其他 要求 说明						
备注:特殊特性用"▲"表示,重要特性用"△"表示						

核准/日期：　　　　　审核/日期：　　　　　制表/日期：

4.2.3　工程设计说明书

1. 什么是工程设计说明书

工程设计说明书是生产建设中的常用文体。按基本项目建设程序，在项目计划书、项目任务书和项目调查报告经批准后，项目立项单位应指定或委托承担单位，按项目计划书和项目任务书规定的内容先进行初步设计和概算，编制项目设计文件。项目设计文件由工程设计说明书、设计图纸、概算书三类文件组成。严格地说，工程设计说明书是指初步设计的文字说明部分。在实际运用中，工程设计说明书、设计图纸和概算书这三个文件常被装订在一起，统称为工程项目设计说明书。

2. 如何写作工程设计说明书

工程设计说明书一般由以下三部分组成。

(1) 总封面和目录。总封面上要写明设计项目的名称、设计号码、设计院院长、总工程师、设计总负责人的姓名、设计单位的名称和设计日期。

当一个建设项目为两个以上设计单位协作设计时，各个分工程的设计说明书则需分册编排。分册封面上除写明项目名称外，还应写明分册编号(分册编号由设计总负责人会同主体设计院排定)，室主任、主任工程师、组长、工程负责人的姓名，设计单位名称及设计日期。大中型项目的说明书内容较多，在封面后应附有目录。

(2) 设计说明。各项工程因建设目的、使用要求和工程性质、特点不同，设计说明的内容和重点也有所不同。例如，工业项目设计说明书的主要内容应包括设计指导思想、建设规模、产品方案或纲领、总体布置、工艺流程、设备选型、主要设备清单和材料用量、劳动定量、主要技术经济指标、主要建筑物和构筑物、公用辅助设施、综合利用、"三废"治理、生活区建设、占地面积和征地数量、建设工期等。

(3) 附件及有关图表。初步设计的一些内容还必须用图表和数字加以说明。方案说明后，除附有关的批文外，尚需附有主要设备及材料表、设计概算、设计图纸。

案例 4 - 9　××房地产开发设计说明书

一、设计依据(略)

二、建筑部分(只列项目标题，具体内容略)

1. 基地：……

2. 总平面布置：……

3. 主楼设计：层数和高度；建筑面积；主楼客房；门厅；餐厅及各餐厅面积座位分配表；立面。

4. 辅助服务设施：办公部分；职工更衣、淋浴及休息室；洗衣房；汽车库。

5. 锅炉房：……

6. 设备机房：……

7. 污水处理(设在地下，上面作绿化场地)：……

8. 环境保护：噪声处理；废气处理；污水处理；煤及灰处理。

9. 消防安全：……

10. 建筑用料表：……

11. 其他：本工程旅游工艺及厨房、洗衣房等设计均由××市旅游局负责设计；本工程不包括绿化布置、邮电营业工艺、馆外电话、电脑系统软件等；本工程机电设备和建筑材料确定、概算编制均为假设性设计，待进口国确定以后再进行合理调整。

三、客房室内家具布置(略)

四、结构部分

1. 本工程按照下列我国现行设计规范进行设计：……

2. 本工程位于×××，经南京地震大队作场地地震烈度鉴定，按基本地震烈度为 6 度设计，不计算地震荷载，但在构造上参照《工用与民用建筑抗震设计规范 TJ11—78》酌予加强。

3. 荷载规定：……

4. 结构造型及构件选用：……

5. 材料：……

五、采暖、通风及空调部分(略)

六、给水排水部分(略)

七、供电部分(略)

八、电气照明(略)

九、动力部分(略)

十、经济效益估算

经初步测算(详见"经济可行性分析表")，营业×年，还清资金本息外，尚可得到利润×万元，国家可得税利×万元(不包括工商统一税、房地产税及车辆牌照税)，并净得宾馆一座，可安排就业职工×人。×年后，每年(按×年计算)可得利润 x 万元，国家可得营业税收约×万元。另外，由于增加约×张接待床位，每年约可多接待××万人，在其他方面增加的外汇为数不小，但具体数字一时难以计算。总的来讲，经济效益是好的。

附：《经济可行性分析表》(略)

除了以上例文所呈现的工程项目设计说明书，还有一类说明书是对工程领域某些管理岗位或某些具体事物进行的说明解释。例如，以下案例"技术总监职务说明书"就是对某技术部门的技术总监职务相关的责、权、利等进行的岗位说明。

案例 4-10　技术总监职务说明书

技术总监职务说明书

岗位名称	技术总监	岗位编号	××
所在部门	××××	岗位定员	××
直接上级	总经理	工资等级	×级
直接下级	技术开发部、品管部	薪酬类型	
所辖人员		岗位分析日期	××年××月

本职：负责组织和领导公司的产品开发、技术改良，建立公司质量管理体系并组织实施，确保公司产品开发满足市场需求，并保证公司产品达到目标质量水平

职责与工作任务：

职责一	职责表述：协助总经理，参与公司经营管理与决策	
	工作任务	协助总经理制定公司发展战略
		负责组织制定和实施技术开发战略规划，及时了解和监督技术开发战略规划的执行情况，提出修订方案
		负责组织制定和实施质量管理体系标准，及时了解和监督质量管理体系的执行情况，提出修订方案
		参与制定公司年度经营计划和预算方案
		参与公司重大财务、人事、业务问题的决策
		掌握和了解公司内外动态，及时向总经理反映，并提出建议
职责二	职责表述：领导分管部门制定年度工作计划，完成年度任务目标	
	工作任务	领导制定技术开发部、品管部年度工作计划，并组织实施
		领导制定分管部门重要任务阶段工作计划，并负责监督、协助实施
职责三	职责表述：领导公司技术开发工作，建立公司技术开发信息系统	
	工作任务	组织制定技术开发管理规程、技术标准，并负责监督、协助实施
		领导组织新产品开发、产品改良规划工作，并负责监督实施
		领导组织技术创新规划工作，并负责监督实施
		领导建立技术开发信息系统
职责四	职责表述：领导建立公司质量管理体系，实施产品质量检查与监控	
	工作任务	领导建立公司系统化质量管理体系，并负责组织贯彻
		领导建立公司规范化的产品质量检验标准文件，并负责组织实施
		领导制定公司的产品质检标准，组织公司产品质检工作，保证公司产品质量
		领导建立质量管理信息系统，建立规范的质量管理数据库
		领导公司重大质量事故的鉴定并参与处理工作

续表一

岗位名称	技术总监	岗位编号	××
所在部门	××××	岗位定员	××
直接上级	总经理	工资等级	×级
直接下级	技术开发部、品管部	薪酬类型	
所辖人员		岗位分析日期	××年××月

本职：负责组织和领导公司的产品开发、技术改良，建立公司质量管理体系并组织实施，确保公司产品开发满足市场需求，并保证公司产品达到目标质量水平

职责与工作任务：

职责五	职责表述：组织销售的技术支持工作	
	工作任务	组织参与客户培训，解决合同履行过程中和售后维护中的技术问题
		组织解决客户投诉中的技术、质量问题
		组织参与成套部项目投标的技术支持工作
职责六	职责表述：内部组织的建设和管理	
	工作任务	负责分管部门的员工队伍建设，提出和审核对下属各部门的人员调配、培训、考核意见
		负责协调分管部门内部、分管部门之间、分管部门与公司其他部门间关系，解决争议
		监督分管部门的工作目标和经费预算的执行情况，及时给予指导
职责七	职责表述：完成总经理交办的其他工作任务	

权力：

公司重大人事、财务、业务决策建议权

公司发展战略、技术开发战略和质量管理战略建议权

权限内技术开发方案的审批权，重大技术开发方案的审核权

权限内公司质量管理标准的审批权，重大质量事件的裁决建议权

新产品开发可行性研究的审核权和新产品开发成果的组织评审权

权限内的财务审批权

对直接下级人员调配、奖惩的建议权和任免的提名权，考核评价权

对所属下级的工作的监督、检查权

对所属下级的工作争议有裁决权

工作协作关系：

内部协调关系	总经理、下属各部门经理、运作支持部、市场经理、供应管理部、财务部经理、人力资源部经理、办公室主任、投资管理部经理

续表二

外部协调关系	国内外相关政府部门、行业协会、高等院校、对口研究机构等
任职资格：	
教育水平	大学本科以上
专业	机械、电气等相关专业
培训经历	技术管理、质量管理体系等方面的知识培训
经验	8 年以上工作经验，5 年以上产品开发经验，3 年以上部门管理经验
知识	通晓产品开发项目管理技术和机电产品研发技术，掌握机电产品的市场特点和生产过程，具备企业管理、质量管理体系、法律等方面的知识
技能技巧	掌握自动化办公软件的使用方法，具备基本的网络知识，具备良好的英语应用能力
个人素质	具有很强的领导能力、判断与决策能力、人际能力、沟通能力、影响力、计划与执行能力、谈判能力
其他：	
使用工具/设备	计算机、一般办公设备(电话、传真机、打印机、Internet/Intranet 网络)、通信设备
工作环境	独立办公室
工作时间特征	正常工作时间，偶尔需要加班
所需记录文档	年度技术开发规划、质量管理体系规划与总结
考核指标：	
新产品开发任务完成情况、新产品的商品化率、新产品盈利率、技术文档完整性；公司质量管理体系、产品质量检验标准的完善程度；出厂产品合格率、产品退货率、产品质量投诉次数、质量文档完整性；由产品改进所导致的产品成本节约；重大任务完成情况	
费用控制情况、下属行为管理、关键人员流失率、制度建设完善性	
市场、供应、管理等部门合作满意度	
领导能力、判断与决策能力、人际能力、沟通能力、影响力、计划与执行能力、谈判能力、专业知识及技能	
备注：区域销售部	

本 章 小 结

　　本章通过介绍工程应用文和各种文体，以引导学生在工程领域实际工作环境中结合实际工作情境，进行应用文构思和写作，达到真正锻炼学生谋篇布局和文字表达能力的目的。

　　本章主要选取工程职业生涯过程中的实际工作及日常生活中使用频率较高的应用文体，以突出培养工科学生实际写作为主要目标，既介绍了文体的相关知识，又详细讲解了不同体裁的写作方法，同时配有典型案例，避免了只有生硬的理论而缺乏实际感受的弊病。工程应用文的写作要重视文体的规范，并突出实际操作性。本章选择了与学生在校毕业设计（论文）和今后职业生涯相关的案例，能够增强亲近感，开拓学生的视野，为工程应用文写作提供指导。

工程项目书是在工程技术人员所需要的工程专业工作领域中常见的一种应用文。工程项目书的种类也十分繁多，常用的有工程项目计划书、工程项目任务书、工程项目设计说明书、工程项目前期策划书、工程项目合作协议书、软件工程项目计划书、工程项目建议书、工程项目管理策划书、工程项目委托书等。

第五章　技　术　标　准

❀学习目标

通过本章的学习，掌握技术标准的含义以及技术标准的意义与特点，了解如何修订技术标准，熟悉技术标准的作用以及未来的发展趋势。

5.1　技术标准概述

案例 5-1　行业标准——《废弃电器电子产品处理资格许可管理办法》

《废弃电器电子产品处理资格许可管理办法》已于 2010 年 11 月 5 日由生态环境部 2010 年第二次部务会议审议通过，现予公布，自 2011 年 1 月 1 日起施行。该行业标准目录包括以下几部分：第一章总则；第二章许可条件和程序；第三章监督管理；第四章法律责任；第五章附则。该行业标准详见附录一。

在《废弃电器电子产品处理资格许可管理办法》中，通过五个章节的内容将废弃电子产品处理的管理部门、履行的责任、具体的办法及要求等做出了统一规范的规定，有效引导电子类行业在相关的生产活动中进行有序合理的实践活动。

5.1.1　技术标准的概念及分类

1. 概念

技术标准是指经公认机构批准的、非强制执行的、供通用或重复使用的产品或相关工艺和生产方法的规则、指南或特性的文件。它是对标准化领域中需要协调统一的技术事项所制订的标准，是根据不同时期的科学技术水平和实践经验，针对具有普遍性和重复出现的技术问题，提出的最佳解决方案。有关专门术语、符号、包装、标志或标签要求也是技术标准的组成部分。技术标准是指一种或一系列具有一定强制性要求或指导性功能，内容含有细节性技术要求和有关技术方案的文件，其目的是让相关的产品或服务达到一定的安全要求或市场进入的要求。技术标准的实质就是对一个或几个生产技术设立的必须符合要求的条件，以及能达到此标准的实施技术。

中华人民共和国国家标准，简称国标，是包括语编码系统的国家标准码，由在国际标准化组织（ISO）和国际电工委员会（或称国际电工协会，IEC）代表中华人民共和国的会员机构——国家标准化管理委员会发布。在 1994 年及之前发布的标准以两位数字代表年份。由 1995 年开始发布的标准，标准编号后的年份才改以四个数字代表。

行业标准是对没有国家标准而又需要在全国某个行业范围内统一的技术要求所制定的标准。行业标准不得与有关国家标准相抵触。有关行业标准之间应保持协调、统一，不得重复。行业标准在相应的国家标准实施后，即行废止。行业标准由行业标准归口部门统一管理。

企业技术标准是指重复性的技术事项在一定范围内的统一规定。标准能成为自主创新的技术基础，源于标准制定者拥有标准中的技术要素、指标及其衍生的知识产权。标准以原创性专利技术为主，通常由一个专利群来支撑，通过对核心技术的控制，很快形成排他性的技术垄断，尤其在市场准入方面，它可采取许可方式排斥竞争对手的进入，以达到市场垄断的目的。

2. 分类

技术标准的分类方法很多。根据其标准化对象特征和作用不同，可分为基础标准、产品标准、方法标准、安全卫生与环境保护标准等；根据其标准化对象在生产流程中的作用不同，可分为零部件标准、原材料与毛坯标准、工装标准、设备维修保养标准及检查标准等；根据标准的强制程度不同，可分为强制性与推荐性标准；按标准在企业中的适用范围不同，又可分为公司标准、公用标准和科室标准等。

根据授权情况不同，技术标准可分为"非特许授权标准"和"特许授权标准"（简称"授权标准"和"非授权标准"）；根据标准适用的范围不同，技术标准可分为国际标准、国家标准、行业标准和企业标准等，如表5-1所示。授权标准是指标准与指定企业相关专利、技术存在唯一性联系，而该专利、技术由政府特许企业授权方可获得；非授权标准是指标准所涉及的专利、技术不指定特许企业提供，消费者可在市场竞争中获得相关产品。根据开放性不同，技术标准可分为开放标准和封闭标准。开放标准与封闭标准中所谓的"开放"与"封闭"，在例外情况中实质与形式可能相反，易引起混淆。技术标准也可以划分为法定标准和事实标准，其中，法定标准是指政府的标准化组织或政府授权的标准化组织设置的标准；事实标准是单个企业或者具有垄断地位的少数企业共同设置的标准。

表5-1　技术标准按适用范围的分类及举例

序号	标准类型	标准名称
1	国际标准	ISO 10017:2021｜Quality management—Guidance on statistical techniques for ISO 9001:2015 ISO/IEC 27013:2021｜Information security, cybersecurity and privacy protection-Guidance on the integrated implementation of ISO/IEC 27001 and ISO/IEC 20000-1 ISO/IEC 27009:2020｜Information security, cybersecurity and privacy protection—Sector-specific application of ISO/IEC 27001-Requirements ISO 14002-1-2019｜Environmental management systems—Guidelines for using ISO 14001 to address environmental aspects and conditions within an environmental topic area—Part 1: General ISO 22000:2018｜Food safety management systems—Requirements for any organization in the food chain ISO 13485:2016｜Medical devices—Quality management systems-Requirements for regulatory purposes

续表一

序号	标准类型	标准名称
2	国家标准	GB/T 40801-2021｜钛、锆及其合金的焊接工艺评定试验 GB/T 4678.15-2021｜压铸模 零件 第15部分：垫块 GB/T 6110-2021｜拉制模 硬质合金拉制模 结构型式和尺寸 GB/T 6132-2021｜铣刀和铣刀刀杆的互换尺寸 GB/T 20326-2021｜粗长柄机用丝锥 GB/T 40371-2021｜气焊设备 焊接、切割及相关工艺设备用材料 GB/T 40305-2021｜现场设备集成 EDD 与 OPC UA 集成技术规范 GB/T 40327-2021｜轮式移动机器人导引运动性能测试方法 GB/T 40328-2021｜工业机械电气设备及系统 数控加工程序编程语言 GB/T 40329-2021｜工业机械电气设备及系统 数控 PLC 编程语言 GB/T 40375-2021｜金属连接（紧固）结构耐蚀作业技术规范 GB/T 40424-2021｜管与管板的焊接工艺评定试验 GB/T 7925-2021｜数控往复走丝电火花线切割机床 参数 GB/T 8366-2021｜电阻焊 电阻焊设备 机械和电气要求 GB/T 16458-2021｜磨料磨具术语
3	行业标准	［机械］JB/T 14217-2021｜普通圆弧螺纹丝锥 ［机械］JB/T 14216-2021｜80°非密封管螺纹丝锥 ［机械］JB/T 14026-2021｜机器人装箱机 ［机械］JB/T 14024-2021｜单立柱码垛机 ［机械］JB/T 14021-2021｜卷筒方底纸袋机 ［机械］JB/T 14020-2021｜单张式纸袋机 ［机械］JB/T 14205-2021｜焙烤食品自动料理设备 ［机械］JB/T 14207-2021｜给袋式自动真空包装机 ［机械］JB/T 14221-2021｜扩张型铰刀 ［交通］JT/T 523-2022｜公路工程水泥混凝土外加剂 ［交通］JT/T 597-2022｜LED 车道控制标志
4	地方标准	DB34/T 310012-2022｜长三角省际毗邻公交运营服务规范 DB32/T 4184-2021｜清水混凝土应用技术规程 DB46/T 566-2022｜产业标准体系实施工作指南 DB4401/T 136-2021｜农村（社区）集体聚餐食品安全管理规范 DB32/T 4185-2021｜建筑工程质量评价标准 DB4401/T 125-2021｜工业锅炉运行数据外部接口标准 DB4401/T 135-2021｜家具企业应对重大传染疾病防控指引 DB4401/T 134-2021｜区域雷电灾害风险评估规范 DB4401/T 133-2021｜公共停车场管理系统数据联网技术规范 DB4401/T 138-2021｜河（湖）长制管理信息系统数据规范 DB4401/T 137-2021｜网络餐品校园配送服务规范 DB4401/T 113-2021｜有机热载体锅炉能效测试技术规范 DB4401/T 126-2021｜古树名木健康巡查技术规范

续表二

序号	标准类型	标 准 名 称
5	企业标准	Q/YAY 01－2022《食品包装用聚乙烯吹塑桶》 Q/SZX01－2022《氨化秸秆》 Q/HZS 228－2022《皮肤抑菌液》 Q/JCSWSQ11－2021《混合型饲料添加剂 L－色氨酸》 Q/JLLSH11－2022《正戊烷及戊烷发泡剂》 Q/JHT 003－2022《有机无机水溶肥》 Q/411302NAYY001－2018《艾火灸》 Q/411302NAYY006－2019《加强灸》 Q/YWCY 005－2022《竹木签、叉》 Q/371725SXN 001－2022《非离子表面活性剂》 Q/ZNLH 001－2022《大量元素水溶肥》 Q/CJW001－2022《电缆用铜包铝导体》 Q/JHT 003－2022《有机无机水溶肥》

互动环节

1. 各类标准种类繁多，我们使用过哪些标准？使用标准时遇到哪些问题？如何解决的？

2. 标准的制订和修订中，我们作为专业技术群体应如何参与其中？

注：行业标准分为强制性标准和推荐性标准。推荐性行业标准的代号是在强制性行业标准代号后面加"/T"。例如，农业行业的推荐性行业标准代号是 NY/T。

5.1.2　技术标准的含义

技术标准有以下两层含义。

（1）对技术要达到的水平划了一道线，只要不达到此线的就是不合格的生产技术。

（2）技术标准中的技术是完备的，不包含一定量技术解决方案的技术是不能归入这类标准的。如果企业的技术达不到生产的技术标准，可以向标准体系寻求技术许可，从而获得相应的达标生产技术。

对于一些技术能力不足的企业来说，通常没有能力进行技术开发或创新，只能通过从标准体系获得许可来形成生产能力。在这一过程中，除了付费之外，关键是要服从技术标准的管理。标准管理的实质和核心是知识产权政策的制定和利用。由于知识产权具有地域性和排他性，一旦这些知识产权进入标准行列并得到一定的普及，就会形成一定程度的垄断，尤其在市场准入方面，它会排斥不符合此标准的产品，从而达到排斥竞争对手的目的。这是技术标准得以实施全球技术许可战略的法律基础。现实中，我们对于标准的全球技术许可战略有许多认识上的误区，有许多人认为许可本身仅仅就是标准的许可，也有人认为只要建立标准就可以坐享技术许可的成果。其实现代技术标准的全球技术许可战略是一个知识产权战略的系统工程，是一个管理的问题，这个知识产权的管理和规划工作在建立标准之前就已先行介入。

现代技术标准的全球技术许可战略沿用了"技术专利化—专利标准化—标准许可化"这一思路。这一思路贯穿于全球技术许可战略的始终，同时这一思路又是以一场高水平的知识产权战略管理来实施的。从建立标准的初期，知识产权战略管理的工作就要介入，首先就是申请专利。因为专利技术是技术标准实施许可战略的基础，而技术标准的公布往往又会造成资料公开，使得一些技术不再符合专利法上"新颖性"的有关规定，从而丧失获得专利的可能，这就使标准的对外许可能力大打折扣。其次是在技术标准化阶段将这些专利技术融入标准中，在建立标准的同时就要构建此标准体系的技术许可框架。最后才是标准建立后实施全球技术许可。在每一个阶段，根据标准的不同又会有不同的操作，因而又体现出许多种知识产权战略。

5.1.3 技术标准与科学技术的关系

技术标准研究和管理专家普遍认为，技术标准的发展与科学技术的进步密不可分。技术标准以科学、技术和实践经验的综合成果为基础。在市场经济条件下，科技研发的成果通过一定的途径转化为技术标准，再通过技术标准的实施和运用（即标准化）来促进科技研发成果转化为生产力。而在技术标准实施以及科技研发成果转化为生产力的过程中，市场的信息和反馈又可以反作用于技术标准的修订改进和科技研发活动，从而促进技术标准和科技发展。

技术标准发展水平的提高是一国研发活动和科技进步的有机组成部分，技术标准的发展既是科技进步的成果，又是科学技术发展的有效推动力，两者具有如下关系。

（1）技术标准的出现和发展以科技进步为前提。无论何种产业，只有当技术进步令规模化成为可能时，技术标准才有可能作为实施规模化生产经营的必要工具出现。相应地，技术标准的制定也必须以科技研发及其相关科技成果为基础，其制定、修改不能脱离对应的科技水平，否则其适用性、有效性会大打折扣，甚至完全消失。

（2）技术标准及标准化的发展与科技进步互相促进。技术标准的出现是应科技发展到规模化大生产后的经济社会需求而产生的，它一旦出现反过来又可提高微观经济主体的生产经营效率，使它们能够将更多的资源投入研发活动中，继而应用和推广新技术、新工艺，使更高水平的技术标准的制定和实施在技术上和经济上得到支持。微观经济主体的竞争、合作和交互作用令技术标准和科技研发活动在整个社会范围内互相促进，从而在宏观层面上显示出标准发展水平与科技进步水平的互动发展。

（3）技术标准发展水平与科技进步成果转化水平（即经济活动的技术密集程度）保持一致。在工业化发展到一定阶段后的经济体中，技术标准和科技研发关系更加密切，以致两者成为有机的整体。从产业乃至整体国民经济来看，无论是劳动密集型、资金密集型，还是技术密集型产业或经济体，只要它处于工业化起步后的经济体中，技术标准都会在制造业中率先被制定、推广、修订，并由此波及各种产业。当产业结构升级到第二产业（居社会经济主导位置之后），技术标准在整个社会经济中的位置和科技研发一同上升，成为社会生产力的主要推动因素。此后，随着产业结构的进一步升级，技术标准及标准化与科技研发对社会经济发展的推动作用进一步上升，两者之间的关联也日益密切。在技术密集型的产业或经济体中，技术标准是科技研发的出发点之一，其制定修订也是科技研发的重要成果。

5.2　如何制定与修订技术标准

行业标准是在全国某个行业范围内统一的标准。行业标准由国务院有关行政主管部门制定，并报国务院标准化行政主管部门备案。当同一内容的国家标准公布后，则该内容的行业标准即行废止。行业标准由行业标准归口部门统一管理。行业标准的归口部门及其所管理的行业标准范围由国务院有关行政主管部门提出申请报告，国务院标准化行政主管部门审查确定，并公布该行业的行业标准代号。

案例 5 - 2　政策法规——行业标准制定管理暂行办法

《行业标准制定管理暂行办法》包括：第一章总则；第二章标准立项；第三章标准起草和审查；第四章标准报批；第五章标准批准和发布；第七章标准复审；第八章标准修改；第九章附则；共计三十二条具体内容，详见附录二。该标准通过九章三十二条和附录的内容，全面阐述规定了行业标准制定的组织和管理办法。

5.2.1　技术标准的特点

技术标准是贯穿于各行业领域生产全过程的统一标准，概括来说，技术标准的特点主要有以下几点。

（1）各个企业通过向标准组织提供各自的技术和专利，形成一个个产品的技术标准。

（2）企业产品的生产按照这样的标准来进行，所有产品通过统一的标准，设备之间可以互联互通，这样可以帮助企业更好地销售产品。

（3）标准组织内的企业可以以一定的方式共享彼此的专利技术。

技术标准的形式与性质是受一定条件限制的。例如，开放标准与封闭标准中所谓"开放"与"封闭"，在例外情况中实质与形式可能相反，易引起混淆，即开放形成的标准可能实质是封闭的；封闭形成的标准可能实质是开放的。开放形式的标准可能实质是封闭的情况往往出现在事实标准的形成过程中。例如，doc 文件格式作为事实标准是经过市场开放形成的，但内容是封闭的、垄断的。在一些标准组织的标准中也存在这种情况，例如，在第二代移动通信中，爱立信、诺基亚、摩托罗拉控制的 GSM 系统基站间控制器接口标准就不开放。封闭形式的标准可能实质是开放的情况往往出现在政府标准中，一些"关门"制定的标准其内容却是反垄断，因而对市场各方是开放的，或是对市场上的公共利益是公平开放的。

开放标准与封闭标准的区别可用特许授权来判断。凡是开放形成的封闭标准都是标准与产品中间的过渡地带，存在与标准绑定的专利、技术的授权许可问题，其特征是在标准中藏专利，俗称标准专利化。针对这种越来越普遍的国际趋势，欧盟在限制知识产权滥用的判例中，把授权许可的开放列为条件。例如，爱尔兰《麦格尔电视指南》诉讼案，案例中电视节目预告是开放的，但转载的许可是封闭的，根据"拒发许可证"这一事实，依据《欧共体条约》第八十六条（禁止任何企业在共同市场内滥用其垄断地位来限制竞争）做出了开放转载许可的判决。

开放标准除了实质与形式一致的情况，在矛盾情况下的判据是看它是否最终夹带专利、许可等知识产权要求。标准组织驳回 Sun 公司关于 Java 的专利和商标请求，就是依据开放标准的彻底性。只有不夹带专利的标准才是开放标准(不等于说夹带专利的标准就不好,就行不通,有的标准组织如 OASIS 组织就开有这方面的口子)。在前一段的讨论中,许多人把市场形成的夹带专利的标准也称为开放标准,这是不准确的。市场垄断形成的事实标准不能称为开放标准,因为厂商垄断本身就是一种对公共选择权利的封闭。

5.2.2　技术标准的制定与修订

制定技术标准的程序涉及的核心问题主要是两个:第一,谁应当是制定标准的主体,是政府还是企业,还是第三方;第二,标准应当"开放"还是"封闭"。还有一些不是问题的"问题",如政府是否可以制定强制标准。(法规解释中明言涉及安全的四种情况,政府可以制定强制标准;美国政府亦有强制标准,如 EMC 认证标准。)

凡成批正常生产的服装产品,均应遵循有关标准规定或客户要求,否则企业可自行制定相关标准。通常任何个人或企业都可提出标准草案建议稿,属于国家或专业标准的必须由标准化技术归口单位负责审理。标准建立后应进行修订,并用于实践试行,待修改补充后经有关部门审批即可成为技术标准。技术标准的制定与修订应贯彻多快好省的精神,体现国家经济及技术政策,适应市场需求,立足现状,并具有一定的先进性。技术标准的制定与修订一定要在充分调研和广泛协商的基础上进行,对国际上的通用标准和国外先进标准要认真研究,积极采用,以便能与国际贸易及生产体系接轨。

标准制定主体与形式的各种组合都是可以存在的。在涉及标准制定主体与形式的诸多争论中,经常可以看到这种似是而非的判断,如"基于公共利益,政府不应当制定强制标准,不应当干预信息技术标准的形成"。可美国 FCC 执行的控制电子产品无线泄漏能级的 EMC 认证标准,难道不是强制标准,不是典型的政府干预行为吗? 这一条就证伪了上述观点。

由标准组织或企业联盟制定的标准是开放的标准,但蓝牙标准不是典型的封闭标准吗? 这一条又把它证伪了。"单独企业不能代表公共利益制定标准",但 Java 标准不就是标准组织委托 Sun 公司掌握的吗? 这一条也直接证伪了上述论据。

5.3　技术标准的作用

案例 5-3　"标准进市场"推动小商品质量提升

义乌是全球最大的小商品集散中心之一,汇集有 26 个大类、180 多万种商品,商品出口到 210 多个国家和地区。为应对国内外环境变化给市场带来的冲击,2020 年,义乌以"稳外贸拓内销"为目标,全面开展"标准进市场"工作,创新标准实施与应用,促进市场繁荣与发展。

"标准进市场"包括"亮标、对标、提标、宣标"四大行动。一是"亮标",开发专门的亮标 APP,组织市场经营户以二维码等方式在商位上公示在销商品的执行标准或主要技术指标,2020 年入驻商户达 3.7 万户;二是"对标",建立小商品国内外标准比对数据资源库,截至 2020 年底,标准、技术法规等入库数据达 200 多万条,委托专业技术机构,将亮标内容与国内外相关产品标准(特别是主要出口国和地区的标准)进行比对,发布重点行业标准白皮书 5 期。三是"提标",行业协会和企业 2020 年度共制定符合市场需求的团体标准、企业标准 1942 项,提高了国内外标准的一致性程度。四是"宣标",在市场重要通道设立标准大道，全面展示标准化相关知识，2020年组织专场培训24期，超5000人次参加培训。

"标准进市场"促进"稳外贸拓内销"成效显著，义乌市场贸易额2020年较上一年度增长超5%。一是精确指导、提高交易效率。依托义乌国际商贸城（Chinagoods.com）、拨浪鼓等平台查询"亮标"信息，实现采购商与经营户精准对接，采购效率大幅提升。二是内外协同、减少贸易纠纷。联合其他国家在义乌市中国小商品城商会开展"一带一路"小商品团体标准研制，推动国内、国外市场规则和标准对接，目前已经发布《大容量中性墨水圆珠笔》《长袍》中英文版团体标准，该标准在苏丹、也门、埃及等国多个协会、团体广泛应用。三是练好内功、提升产品质量。2020年，共推动市场行业协会制定《毛绒玩具》《水晶泥》等15项团体标准，其中1项入选工业和信息化部2020年"百项团体标准应用示范项目"，5项上升为浙江制造团体标准，小商品产品质量和标准水平明显提升。

标准的作用主要包括五个方面，即标准框架的科学性、标准内容的先进性、标准对用户潜在需求的预知性、标准对市场变化的适应性和标准持续改进的灵活性。

1. 标准框架的科学性

由于不同企业的产品种类不同、企业性质不同、技术水平不同、销售渠道不同和所属环境不同，其企业技术标准的框架和内容也有所不同。而技术标准的框架结构无疑是衡量一个企业技术水平和产品质量的首要体现。技术标准结构的确立不是技术指标和技术要求的简单罗列，更不是对相关规定的照抄照搬，而是依据企业生产实际对企业生产过程科学合理的标准化描述，是对完成产品各项先进性能的技术性总结。

市场经济下的企业技术标准框架应为今后技术的发展留有余地，并具有良好的可扩充性，保证其各要素之间的相关性、环境条件的统一性、结构的有序性、形态的整体性、内涵的功能性、实施的可控性和明确的目的性，从而发挥技术标准在企业生产实践中的纲领性作用，不至于使先进的技术因杂乱的结构而黯然失色。

2. 标准内容的先进性

技术标准内容的先进性是指标准所规定的技术指标水平高于现行企业实际水平，并成为企业在一定时期内的奋斗目标和发展方向，通过实施先进的技术标准来促进企业的技术进步。确保企业技术标准水平具有先进性的关键在于企业在制定标准时必须坚持高标准和严要求的原则，将主要技术指标定位在经过企业较大努力后能够达到的水平上，使企业按该标准生产出的产品在一定时期内能够充分满足市场的客观需求。

应当注意的是，企业必须在经济合理的前提下追求标准的先进性。在确定技术标准时，企业应当将标准的可行性和合理性相统一，否则一个因要求太高而在企业生产工艺中无法实施的标准只能是一纸空文，失去了其对企业实际生产中应有的指导性。

3. 标准对用户潜在需求的预知性

虽说我国已经步入市场经济时代多年了，但因长期受计划经济的影响，企业都或多或少地存在忽视用户利益的现象。市场经济下，企业若要真正做到其产品能满足用户需求，企业技术标准不仅要满足用户目前对产品的实际要求，还要考虑到用户潜在的和未来可能的需求。要预知用户隐含的和潜在的需求，在产品开发初期，企业应详细了解产品销售区域的各项自然条件、用户购买能力和使用要求，准确理解用户对产品明确的要求，分析和确定市场潜在的期望，考虑用户的考虑，并将其列入相应的技术标准草案中。在产品设计阶段，企业应将考虑到的用户需求通过各种设计要素落实到产品中去。企业在确定技术标准时，应广泛征求用户意见，力争让尽可能多的用户对自己的产品满意。只有对用户需求进行准确预测和判断，考虑用户需求可能在未来时期内的变化，才能确保技术标准的适用性。

4. 标准对市场变化的适应性

在市场经济条件下，企业技术标准是企业生产力的重要组成部分，企业的核心竞争力必须依靠技术标准来体现。这在客观上就要求企业必须通过对市场需求的不断追踪和分析，制定出适应市场变化并可以促使企业生产出更加物美价廉的产品的标准，完成技术标准从以往的生产型向如今的市场型转换，使企业能稳定地占领市场，不致因市场变化而引起产品质量波动，以至于失去顾客的信誉而丢掉市场，最终保证企业战略目标顺利实现。所以，认真研究市场经济规律，自主地而不是依附于人地制定标准，将市场因素融入企业技术标准中，能从根本上摆脱计划经济的束缚，使标准档次再上新台阶，增强产品自身的竞争力。

5. 标准持续改进的灵活性

技术标准一经确定和发布实施，将会在一段时期内相对稳定，但并不是一成不变的。当新技术、新工艺不断被引入和完善后，标准所涉及的内容必然会不同程度地发生变化。这就要求企业的技术标准必须有针对技术更新的灵活性，能够及时修订和不断完善标准内容，使企业产品始终站在先进技术的行列中，不因技术的快速更新丢掉应有的市场份额。市场经济条件下的企业技术标准应当始终处于"适宜—不适宜—适宜"的良性动态循环中，争取每一次改进都是一次质量和技术的提高，促使企业向更高的技术目标迈进。

5.4　技术标准的发展趋势

案例 5－4　新一代信息技术标准发展现状

1. 大数据标准

根据《国务院关于印发促进大数据发展行动纲要的通知》（国发〔2015〕50号）和《大数据产业发展规划（2016—2020年）》（工信部规〔2016〕412号）等文件，相关单位在推进大数据标准化工作中需不断加强顶层设计，积极开展各类试点示范项目，为我国大数据产业的健康发展打下坚实基础。

在标准研制方面，全国信息安全标准化技术委员会设立大数据安全标准特别工作组（SWG－BDS），已有《信息安全技术　数据安全能力成熟度模型》《信息安全技术　大数据安全管理指南》等14项国家标准正式发布实施。全国信息技术标准化技术委员会发布了《信息技术　大数据　系统运维和管理功能要求》《信息技术　　大数据　工业应用参考架构》《信息技术　大数据　数据分类指南》等多项国家标准，《信息技术工业大数据术语》《信息技术　大数据　面向分析的数据存储与检索技术要求》《信息技术服务　数据资产　管理要求》等标准正在起草或审查。

在宣贯实施方面，国家标准《数据管理能力成熟度评估模型》全国首批推广试点的签约机构共涉及十余个重点大数据产业省份的相关单位，旨在满足各地方、各行业日益增长的数据管理能力建设和提升的需求。为推广大数据产业标准化应用，提供技术力量支持和人才储备，全国信标委大数据标准工作组还开展了全国巡回性质的《数据管理能力成熟度评估模型》国家标准宣贯、讲解，针对各地方各行业主管、各类企业及高校开展数据管理从业人员的相关培训工作。

2. 云计算标准

根据《云计算综合标准化体系建设指南》（工信厅信软〔2015〕132 号）和《云计算发展三年行动计划（2017—2019 年）》（工信部信软〔2017〕49 号）中对云计算标准化工作的要求，全国信息安全标准化技术委员会（TC260）、全国信息技术标准化技术委员会（TC28）等相关标准化组织以云计算服务需求为引领，围绕云计算发展过程中存在的共性问题，推进重点标准研制和贯彻实施工作，通过加强标准战略研究和标准体系构建，明确云计算标准化研究方向，指导国内企业有序开展云计算标准化活动。

在标准研制方面，全国信息安全标准化技术委员会设立大数据安全标准特别工作组（SWG—BDS），负责大数据和云计算相关的安全标准化研制工作，目前已有《信息安全技术　云计算服务安全指南》《信息安全技术　云计算服务安全能力要求》《云计算服务安全能力评估方法》《云计算安全参考架构》等 6 项国家标准正式发布实施，《信息技术 云计算服务水平协议（SLA）框架 第 4 部分：PII 的安全和保护组件》（ISO/IEC 19086—4:2019）等 1 项云计算国际标准发布实施。全国信息技术标准化技术委员会归口上报了《信息技术 云计算 云服务计量指标》《信息技术 云计算 云服务采购指南》《信息技术云计算 云服务质量评价指标》等 18 项国家标准均现行实施。

在宣贯实施方面，全国信息安全标准化技术委员会秘书处召开国家标准宣贯会、应用试点总结会，邀请标准应用试点工作的各方代表介绍了试点工作经验，充分发挥试点成果和经验，推动党政部门云计算服务网络安全管理工作。中国电子工业标准化技术协会信息技术服务分会（以下称 ITSS 分会）充分发挥了平台作用，做好了信息技术服务标准的应用推广工作，工信部联合 ITSS 分会开展云计算服务能力标准首批试点单位的评估工作，共选取了国内 20 余家代表性的云服务提供商，通过文档审查、功能测试、基本性能测试等方式，在人员、流程、资源、过程等几大方面，对云服务提供商进行了全方位评估。此外，中国电子技术标准化研究院每年举办中国云计算标准和应用大会，贯彻落实国家关于促进云计算产业发展政策文件，面向产业界进行标准宣贯，切实发挥标准对产业及技术创新发展的引领作用和对市场健康持续发展的规范作用。

3. 信息安全标准

信息安全标准是信息安全保障体系建设的技术支撑，是维护国家利益和保障国家安全的一种重要工具。工信部发布《信息通信网络与信息安全规划（2016—2020）》《工业控制系统信息安全行动计划（2018—2020 年）》（工信部信软〔2017〕316 号）等多个文件，不断加强信息安全保障体系建设。

在标准研制方面，全国信息安全标准化技术委员会作为国内开展信息安全有关标准化技术工作的组织，自成立以来先后发布了包括《信息安全技术 信息安全风险评估规范》《信息安全技术 信息安全产品类别与代码》《信息技术 安全技术 信息安全管理体系审核和认证机构要求》等在内的数百项标准，不断完善国家信息安全标准体系。

在宣贯实施方面,全国信息安全标准化技术委员会秘书处组织召开多项信息安全技术相关国家标准的试点工作启动会,其中,国家标准《信息安全技术 数据安全能力成熟度模型》首批试点工作选择了包含互联网医疗、金融、物流、旅游、人工智能及航空、政务等行业在内的10家单位,为推动国家标准落地实施、提升网络运营者数据安全能力摸索经验。在信息安全服务领域,陕西省网络与信息安全测评中心作为该领域全国唯一的标准化试点项目,于2019年6月通过项目验收,成为国家级信息安全服务的优秀案例。依据国家标准GB/T 20984—2007,国家信息中心、信息产业信息安全测评中心等几十家单位获有信息安全风险评估服务资质认证,可开展信息安全风险评估工作。

4. 软件标准

在基础软件标准方面,全国信息安全标准化技术委员会发布了GB/T 19003—2008《软件工程 GB/T 19001—2000 应用于计算机软件的指南》、GB/T 28452—2012《信息安全技术 应用软件系统通用安全技术要求》、GB/T 38674—2020《信息安全技术 应用软件安全编程指南》等多项软件国家标准,建有基础软件标准化信息资源与服务平台,提供在线标准培训宣贯资料及工具案例,协助企业进行标准落地应用工作。此外,北京、广东、湖北、安徽等多地都举办信息技术服务标准(ITSS)宣贯培训会,助力企业进行软件服务资质申报和管理工作。

在软件成本度量标准方面,中国电子技术标准化研究院围绕标准研制、体系和机制建设、应用推广做了大量的工作,目前已经发布GB/T 36964—2018《软件工程 软件开发成本度量规范》和GB/T 32911—2016《软件测试成本度量规范》。由工业和信息化部、北京市人民政府主办的第23届中国国际软件博览会软件工程与质量论坛,汇聚了来自政、企、学、协、咨、社、用等方向的软件行业专家和典型垂直领域用户代表百余人,对软件开发成本相关国家标准进行解读,总结并推广了先进企业标准应用和实施成果,在全国范围内宣传了一批软件研发成本度量标准。

在软件交易标准方面,2018年,首个国家级软件交易服务标准化试点——北京软件交易所通过验收。北京软件交易所研究定制的软件交易服务标准体系,通过运用系统管理的原理和方法,围绕软件交易服务发展主线,以交易所的模式进行标准化交易,推出了采购标准、交付标准及价格标准三大软件标准体系,并且推动了软件交易标准在交易服务中的落实工作,积极探索了软件交易服务标准化的有益做法,为软件和信息服务行业发展起到了示范作用。

互动环节

1. 新一代信息技术标准的发展给我们的学习和生活带来哪些变化?
2. 如何认识新一代信息技术标准对经济社会发展的促进作用,有哪些具体体会?

经济时代的到来,使世界范围内的技术标准竞争越来越激烈,谁制定的标准为世界所认同,谁就会从中获得巨大的市场和经济利益。因此,一个时期以来,发达国家政府都争先恐后地加大力度进行标准化战略研究,试图在技术标准竞争中牢牢掌握主动权。技术标准有如下发展趋势。

1. 技术标准成为人类社会的一种特定活动

技术标准已经从过去主要解决产品零部件的通用和互换问题,变成了一个国家实行贸易保护的重要壁垒，即所谓非关税壁垒的主要形式。据统计，发展中国家受贸易技术壁垒限制的案例大约是发达国家的 3.5 倍。

2. 技术标准与专利技术越来越密不可分

在传统产业里，技术更迭缓慢，经济效益主要取决于生产规模和产品质量，技术标准主要是为了保证产品的互换和通用性，技术标准与技术专利分离。而今天，对于高新技术产业来说，经济效益更多取决于技术创新和知识产权，技术标准逐渐成为专利技术追求的最高体现形式。目前，在国外出现了一种新的理念：三流企业卖苦力，二流企业卖产品，一流企业卖专利，超一流企业卖标准。

3. 技术标准越来越成为产业竞争的制高点

技术标准已经成为产业特别是高技术产业竞争的制高点。在传统大规模工业化生产中，是先有产品后有标准。而在知识经济时代，往往是标准先行，这在高技术产业领域表现得尤为明显。例如，在互联网应用前就先有了 IP 协议；在高清晰度彩色电视和第三代移动通信尚未商业化前，有关标准之战已如火如荼。关于高新技术标准的竞争，说到底是对未来产品、未来市场和国家经济利益的竞争。正因为如此，技术标准不仅在产品领域受到青睐，而且已经成为抢占服务产业制高点的有力手段之一。还有一个值得注意的现象是，在国际标准之外出现了越来越多的所谓事实标准。例如，美国微软公司的 Windows 操作系统和英特尔公司的微处理器，虽然没有成为国际标准，但事实上却得到世界公认，并且"赢者通吃"。事实标准是新经济时代的一个新的重要特点。

本 章 小 结

技术标准的发展与科学技术的进步密不可分，其中技术标准以科学、技术和实践经验的综合成果为基础，通过技术标准的实施和运用来促进科技研发成果转化为生产力。技术标准发展水平的提高是一国研发活动和科技进步的有机组合，技术标准的发展既是科技进步的成果，又是科学技术发展的有效推动力。

技术标准的分类方法很多，各类标准分别具有不同的特点，制订与修订的过程也有相应的要求。通过对本章技术标准的学习，工程技术人员应该掌握技术标准的含义、意义与特点，了解如何制定与修订技术标准，熟悉技术标准的作用以及未来的发展趋势，进而指导工程技术人员科学应用技术标准，推动科学技术的良好发展与进步。

第六章　团队协作沟通能力

✿ 学习目标

通过本章的学习，能够加强工程师的沟通能力和团队协作能力，培养良好的道德情感和健康的心理素质，提高责任感和环境适应能力，尤其能促进独立生活能力、人际能力，以及情商发展和沟通能力。

6.1　沟通的基本概念

沟通是信息、思想与情感凭借一定符号载体，在个人或群体间从发送者到接收者进行传递，并获取理解达成协议的过程。这个过程不仅包含口头语言和书面语言，也包含形体语言、个人习气和方式、物质环境等可以赋予信息含义的任何东西。沟通具有以下特点：

（1）沟通的传递要素包括中性信息、理性思想与感性情感；

（2）沟通具有相互性，两个以上个体或群体之间的传递过程才能称为完整的沟通；

（3）主体发出的沟通要素信息、思想与情感不仅要被传递到客体，还要被客体充分理解并达成协议。

总之沟通是双方准确理解、传递、反馈信息、思想与情感的过程。

6.2　沟通的作用与过程

6.2.1　沟通的作用

沟通是一种自然而然的、必需的、无所不在的活动。通过沟通可以交流信息和获得情感与思想。在人们工作、娱乐、居家、买卖时，或者希望和一些人的关系更加稳固和持久时，都要通过交流、合作、达成协议来达到目的。在沟通过程中，人们分享、披露、接收信息。根据信息的内容不同，沟通可分为事实、情感、价值取向、意见观点；根据沟通目的不同，沟通可分为交流、劝说、教授、谈判、命令等。综上，沟通主要的作用有以下两点：

1. 传递和获得信息

信息的采集、传送、整理、交换，无一不是沟通的过程。通过沟通，交换有意义、有价值的各种信息，生活中的各项事务才能得以开展。掌握低成本的沟通技巧并了解如何有效地传递信息，能提高人的办事效率，而积极获得信息更会提高人的竞争优势。好的沟通者可以一直保持注意力，随时抓住重要内容，找出所需要的重要信息，并节约时间与精力以获得更高的效率。

2. 改善人际关系

社会是由人们相互沟通所维持的关系组成的网,人们相互交流是因为需要同周围的社会环境相联系。沟通与人际关系两者相互促进、相互影响。有效的沟通可以赢得和谐的人际关系,而和谐的人际关系又使沟通更加顺畅。

6.2.2　沟通的过程

沟通过程就是信息发送者将信息通过选定的渠道传递给接收者的过程。完整的沟通过程包括信息发送者、信息接收者、信息、编码、译码、信息传播渠道、反馈以及噪声等八个要素,如图 6-1 来表示。

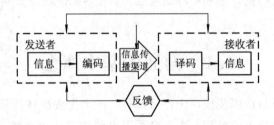

图 6-1　沟通的一般过程

(1)信息发送者:即沟通的主体,是利用生理或机械手段向预定对象发送信息的一方。消息发送者可以是个人,也可是组织,其主要任务是信息的收集、加工及传播。

(2)信息接收者:即沟通的客体,是发送者的信息传递对象。

(3)信息:发送者将要传递的真实内容。

(4)编码:沟通主体对将要发出的信息进行加工和整理的过程。

(5)译码:沟通客体对接收到的信息做出解释、理解的过程。

(6)信息传播渠道:又称沟通媒介,是指由信息发送者选择的、借由传递信息的媒介物。

(7)反馈:信息接收者对信息的反向传递过程,可以确定信息被理解的程度。

(8)噪声:即沟通过程中的干扰因素,是理解信息和准确解释信息的障碍。

6.3　沟通的方式

人们会根据不同的沟通目的、听众及沟通内容等,选择不同的方式与他人进行沟通。沟通方式的选择往往取决于两个方面的因素,即信息发送者对内容控制的程度和听众参与的程度,两者关系如图 6-2 所示。图中纵轴代表信息传递者对内容的控制程度,横轴代表听众的参与程度。

1. 告知

告知是指听众参与程度低、内容控制程度高的方式,如传达有关法律、政策方面的信息、作报告、举办讲座等。

2. 推销

推销是指有一定的听众参与程度,对内容的控制带有一定开放性的方式,如推销产品、

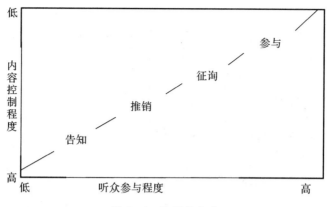

图 6-2　沟通的方式

提供服务、自我介绍、提出建议和观点等。

3. 征询

征询是指听众参与程度较高，对内容控制带有更多开放性的方式，如咨询会、征求意见会、问卷调查、民意测验等。

4. 参与

参与是四种沟通方式中听众参与程度最高、控制程度最低的一种方式，如团队的头脑风暴、董事会议等。

很难评定上述各种沟通方式孰优孰劣，沟通方式的选择完全取决于沟通目的、听众和信息内容。有时可以选择单一的沟通方式，有时也可以结合运用多种方式进行沟通。

如果消息发送者希望听众接收其所传递的信息，则可以采用告知或者推销的沟通方式，此时消息发送者掌握并控制着足够的信息，在沟通过程中主要听消息发送者叙述或解释而不需要听其他人的意见。当消息发送者希望从听众那里了解和获取信息时，则应该运用征询或参与的沟通方式，征询的方式具有一定的合作特征，表现出一定的互动性。参与的方式则具有更明显的合作互动性，如团队头脑风暴式讨论会，此时消息发送者并没有掌握足够的信息，而希望在沟通过程中听取听众的意见，期待他们参与并提供有关信息。

案例 6-1　旁敲侧击

宋朝时，宋太祖对一位大臣说："鉴于你对国家作出的杰出贡献，我决定升你做司徒（古代官名）。"这位大臣等了好几个月也不见任命下来，可是又不能当面向皇帝询问，因为这会伤及皇帝的面子，但如果不问，升官的事情就可能告吹了，该怎么办呢？

有一天大臣故意骑了一匹奇瘦的马从宋太祖面前经过，并惊慌下马向皇帝请安。宋太祖就问："你的马为什么如此之瘦？"那位大臣回答："我答应给它一天三斗粮，可是实际我却没有给它吃这么多。"

宋太祖马上明白了大臣的意思，第二天就下旨任命这位大臣为司徒。

互动环节

结合案例 6-1，思考为什么在与他人的沟通交流中我们要特别注意沟通的方式？

6.4　组织沟通能力

6.4.1　培养组织沟通能力

组织沟通的目的是促进组织行动，即按有利于组织的方向左右组织的行动。组织沟通的作用主要表现在下述四个方面。

1. 传递组织信息，控制内部成员行为

组织需要为组织成员采取合理行动提供必要的情报，组织成员对自己的工作和工作环境掌握得越多，就能工作得越多。通过组织沟通使组织成员随时了解每一步变化，以便更好地完成团队任务。

2. 征求员工意见，促进决策合理有效

任何组织机构的决策过程都是把信息转变为行动的过程，准确、可靠、迅速地收集、处理、传递和使用信息，是决策的基础。信息由基层逐级向上传递，最后由主管部门对收到的信息进行总结、归纳和决策。同时，组织在决策过程中和制定决策后，还必须进一步与组织成员进行沟通，征求意见，使组织决策更加合理有效。

3. 统一组织行动，激励成员改善绩效

组织沟通可以使组织成员了解团队内部的规章制度、习惯做法，并遵守这些要求，从而确保组织团队的统一性。组织沟通还可以促进组织成员交流感情，分享成功和失败经验，引导强化正向行为，避免错误行为，改进员工工作，促进组织发展。

4. 逐步沉淀积累，塑造独特团队文化

组织通过不断沟通逐渐积累经验，形成独特的沟通文化，进而沉淀为团队文化，形成团队沟通的内涵，如团队间乐于分享的心态、对他人的尊重、开放的沟通网络等。这些资源作为团队文化的重要内容，能够为团队的发展增加新的活力。

6.4.2　组织沟通能力的要求

组织沟通是在组织结构环境下的知识、信息及情感的交流过程，它需要在创造力和约束力之间达到一种平衡。组织由各层级、部门和个体组成，组织内部需要建立信息沟通网络，并在组织内部的各部门、各环节之间进行信息传递与交流，以确保组织的协调一致。

组织沟通与一般沟通的区别主要在于，组织沟通特定的情景是工作场所，所以它既具备一般人际沟通的特点，同时又是工作任务和要求的体现。因此，组织沟通具有明确的目的。组织沟通是按照预先设定的方式，沿着既定轨道、方向、顺序进行，作为管理的日常活动而发生的。由于组织沟通是管理的日常功能，因而组织对信息传递者具有一定的约束和规范。

工程师作为高新技术人才，无论是进行产品研发还是将产品进行商品化，都需要进行组织沟通。这个过程除了优秀的个人能力，一个优秀的组织团队也是必不可少的。

案例 6-2

2014 年 12 月，作为分管公司生产经营副总经理的小马得知一较大工程项目即将进行招标。由于采取向总经理电话形式简单汇报未能得到明确答复，使小马误以为被默认而在情急之下便组织业务小组投入相关时间和经费跟进该项目，最终因准备不充分而成为泡影。事后在总经理办公会上，总经理认为小马"汇报不详，擅自决策，组织资源运用不当"，并当着部门全体员工的面严厉批评了小马，小马反驳认为是"已经汇报，领导重视不够，故意刁难，是由于责任逃避所致"。由于双方在信息传递、角色定位、有效沟通、团队配合、认知角度等方面存在意见分歧，致使企业内部人际关系紧张，工作被动，造成公司业务难以稳定发展。

互动环节

案例 6-2 中，为什么总经理对小马有意见？你认为导致交流障碍的主要原因是什么？

案例 6-3　培训游戏：三只小猪

参与人数：15 人左右最为合适。

时间：10 分钟。

材料：三条绳子，分别长 20 米、18 米、12 米。

适用对象：所有学员。

活动目的：

1. 帮助学员了解团队工作中沟通的重要性。

2. 加强学员对团队协作精神的理解。

3. 训练学员对结构变化的适应能力。

游戏规则和程序：

相信大家都听过三只小猪盖房子的故事，在故事中三只小猪互相合作建成了一个漂亮坚固的房子，并最终抵挡住了大灰狼的袭击。在本游戏中我们也将扮演一次小猪，看看自己拿绳子是否能建出满意的房子。

1. 培训者将学员们分成 3 组，保证每组学员为 5 人左右。

2. 发给第 1 小组一条 20 米的绳子，第 2 小组一条 18 米的绳子，第 3 小组一条 12 米的绳子。

3. 用眼罩把所有人的眼睛蒙上，完成任务一：第一组圈出一个正方形，第二组围成一个三角形，第三组圈成一个圆形。

4. 完成任务二：大家联合起来用绳子建立一个绳房子，房子的形状要由上述三个图形组成，并且一定要美观。

互动环节

1. 把第一个任务和第二个任务进行比较，哪一个任务较易完成？为什么？

2. 在完成第二个任务的时候大家会遇到什么困难？需要如何解决的？

在企业和团队中，任何一个项目都是不断纠正错误，探索完善的过程，都需要成员彼此之间相互扶持，相互帮助，因此，组织沟通是非常有必要的。在一个组织中只要存在着猜疑和不信任，就会削弱组织的战斗力。若缺乏组织沟通，则容易失去组织成员之间的信任，这样就很难打造一个优秀的团队。所以，加强组织沟通，增强组织内部凝聚力，既可以增强团队的科研能力，也可以减少团队的管理成本。

6.5　跨文化沟通能力

6.5.1　对跨文化沟通能力的认识

跨文化沟通能力就是能够与来自不同文化背景的人进行有效沟通的能力，即在不同文化背景中工作就像在自己的国家工作一样，具有超越本民族文化的能力。在国际交流中，仅仅懂得外语是不够的，还要了解不同文化的背景，接受与自己不同的价值观和行为规范。不同国家有不同的民俗习惯，不同文化有不同的想法，与他人沟通时，既要多注意地域文化的不同，也要多注意国家、民族习惯的不同。尊重各自的文化既能使相互之间更加紧密地合作，也能使来自不同国家的科技工作者能够更加快速地融入科研团队之中，减少相互之间因为文化差异而导致的摩擦。

文化是跨文化沟通过程中的核心要素，文化的沟通可以看作是编码、发送、接收、解码的一系列信息传递的过程。1981 年拉里·萨莫瓦尔（Larry A. Samovar）等人所著的《Understanding Intercultural Communication》一书中提出了跨文化沟通的模型，如图 6-3 所示。

图 6-3　跨文化沟通模型

在模型中有三种不同的文化 A、B、C，每个图形的最外层代表的是三种不同的文化，中间层代表的是处于文化中的个体，最内层表示个体想要传达或者被感知的内容，箭头表示信息编码、传递和解码的过程。通过模型可以看到，每个图形的中间层与最外层并不完全一致，即处于某一文化中的个体会受到文化的影响，但不同个体受影响的程度不同。每个图形之间的距离反映出文化之间差异性的大小，可以明显看出，模型中文化 A 和文化 B 的相似度要高于文化 A 和文化 C、文化 B 和文化 C 的。信息由发送者开始传递，传递过程中由于文化的差异性，信息会出现变异，文化差异越大，信息的变异程度就越高，文化 A 和文化 B 相似度比较大，因此二者在沟通方式和对内容的理解上比较一致，而对文化 A 和文化 C、文化 B 和文化 C 来说，他们在沟通时会比较容易产生误解。

6.5.2　培养跨文化沟通能力的要求

跨文化沟通的主体是沟通，情境是跨文化，因此，高效的跨文化沟通离不开对双方文化的了解。充分了解双方的文化和价值观，才能有效地寻找文化的共性，发现并消除差异性，进而进行高效的跨文化沟通。

地域文化是人类文化学科体系范畴内的重要分支，它是指在一个大致区域范围内持续存在的文化特征。不同地域的人们所具备的价值观、世界观以及人生观都会有较大的不同，文化的差异造成了国际公众在语言文学、审美情趣、道德宗教、价值取向、思维方式、风俗习惯和民族情感等方面的差异。文化差异增加了沟通的复杂性和难度。

随着经济全球化趋势的不断加强，组织团队的范围已经跨越了国界，工程师经常需要参加国外的会议，学习专业学科的前沿知识，甚至要与不同国家的科学工作者共同完成同一项课题。在此期间，工程师们时常会因为文化上的差异产生一些矛盾或者误解，所以在工程师培养阶段加强跨文化沟通能力是非常有必要的。作为工程师，在培养中专文化沟通能力时要做到以下几个要求。

1. 正确看待共性差异

要对其他文化有正确的认识，对其他文化背景有合理的预期，识别文化的共性与差异，加强语言沟通学和非语言沟通学的培训。沟通时要充分了解对方民族的文化、历史、人文等社会知识，全方位了解其丰富内涵。只有正确认知对方文化，识别文化的共性和差异，才能达到高效跨文化沟通的目的。

2. 积极发展双方共感

发展双方共感的前提是要承认不同文化之间的差异。进行跨国沟通时，首先要保证对自身的文化有一个正确的认识，不能带有种族主义的偏见，消除自身的优越感；其次要认识双方文化上的差异与各自的特性，为发展文化共性打下基础；最后要学会站在他人的角度看问题，以对方的文化背景为基础进行思考，最终消除跨文化沟通中的冲突与障碍。

3. 灵活弱化文化冲击

弱化文化冲突的重要一点就是要学会求同存异。要真正做到求同存异，首先，在沟通前就要充分认识双方的文化，准确判断文化冲突产生的概源；其次，洞悉因文化差异及多样性带来的冲突现状，寻求正确的沟通方式，对沟通中的共性和障碍进行准确识别，尽可能把原则性与灵活性统一起来；最后，找到合适的沟通方式和途径缓解冲突，在每次沟通结束之后进行反思，避免冲突的再一次发生。

4. 取长补短坚持开放

跨文化沟通时要取长补短，共同发展。首先要保持开放的心态，入乡随俗，尊重对方的文化；其次要坚持适度原则，寻求双方文化的平衡，在文化平等的基础上互相尊重，共同发展。

案例 6-4

飞利浦照明公司某区人力资源的一名美国籍副总裁与一位被认为具有发展潜力的中国员工交谈，他很想听听这位员工对自己今后五年的职业发展规划以及期望达到的位置。中国员工并没有正面回答问题，而是开始谈论起公司未来的发展方向、公司的晋升体系以及目前他本人在组织中的位置等，说了半天也没有正面回答副总裁的问题。副总裁有些疑惑不解，没等他说完已经不耐烦了。同样的事情之前已经发生了好几次。

谈话结束后，副总裁忍不住向人力资源总监抱怨道："我不过是想知道这位员工对于自己未来五年发展的打算，想要在飞利浦做到什么样的职位而已，可为什么就不能得到明确的回答呢？""这位老外总裁怎么这样咄咄逼人？"谈话中受到压力的员工也向人力资源总监诉苦。

互动环节

　　案例6-4中，为什么副总裁和中国员工有意见分歧？你认为导致交流障碍的主要原因是什么？

跨文化的沟通有助于创新思维的发展。文化是群体的根，是群体的习惯，是群体的传统，它决定了群体的思维方式和行为模式。文化提供了独特的思维方式和视角，使一个群体观察问题的视角与众不同，这是文化的突出优点。跨文化的沟通正好提供了这样的机会，让我们能够认识其他文化的思维方式和行为模式，使我们能够从原有文化的藩篱中解放出来，发现一个新世界，获得一个新视角，从而创新的思路就会如泉水般汹涌。

跨文化的沟通有助于建立最广泛的人际关系，提升人的本质力量。具备跨文化沟通的能力，不仅可以帮助各类人员在本文化中建立广泛的人际关系，而且可以使他们在异文化中通过跨文化沟通建立广泛的人际关系。

人的本质是社会关系的总和，社会关系的提升就是人的本质力量的提升。开拓异文化的社会关系是当今国际化的必由之路。在当今国际化社会中，人们无可避免地要和各种文化背景的人打交道，大量的知识、机会和价值就蕴藏在各种人际关系之中。跨文化沟通有利于我们在建立跨文化的人际关系中发展自己，提升自己的本质力量。跨文化沟通的目的是有效促进文化的结合，不同文化的有效结合可以把文化的阻力变成跨国活动的助力。

6.6　危机沟通能力

6.6.1　对危机沟通能力的认识

危机沟通是危机处理中最重要，也是最难把握的。企业管理专家诺斯科特·帕金森说过："因为未能沟通而造成的真空将会很快充满谣言、误解、废话和毒药。"善于沟通是企业管理者的一项基本功，一个企业的危机沟通能力直接反映了该企业的危机管理水平。

市场经济的竞争性使每个企业都在生与死、兴与衰的风浪中前行。无论企业规模大小，事关企业生存的大大小小的危机都可能会在不经意间出现在眼前，身处其中的每个人在每时每刻都会不同程度地感受到危机的压力。个人是否有足够的勇气与能力直面危机，化解困境，将直接影响自己的职业生涯；企业对周围环境的适应性以及对危机的应变能力，将决定企业的生存。有效的危机沟通能使企业转危为安；反之，缺乏危机沟通意识和能力，会使危机不断加深，甚至最终断送企业的前程。

皮伟兵在《危机制胜——企业危机管理新思路》中对企业危机沟通的对象和范围进行了划定，企业危机沟通可分为内部沟通和外部沟通，二者缺一不可。面对危机，企业既要安抚员工、股东等内部公众情绪，又要在媒体、顾客、政府部门、供应商等外部公众面前维护本企业的形象。把企业危机处理的领导核心作为沟通起点，企业危机沟通的对象可由图 6 - 4 表示。

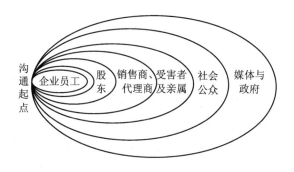

图 6 - 4　企业危机沟通辐射图

6.6.2　培养危机沟通能力的要求

1. 危机沟通中面临的障碍

危机沟通是处理危机、预防新危机的积极有效的手段。然而，由于危机爆发前到危机爆发后的沟通过程并不是一种理想的有效沟通过程，而且存在组织中的文化差异和成员对危机的认知差异，以及组织外部社会等因素，所以导致危机沟通不畅，或未能达到沟通的目的和预期效果。导致危机沟通失败的原因大致可以归纳为如下几点。

（1）缺乏危机沟通意识。在危机爆发前，一些企业及其管理者过于自信地认为公司正处于上升趋势，危机不会降临到自己头上，他们往往被眼前的成就蒙蔽了双眼。在他们看来，危机是发生在他人和其他企业的事，自己无须预测危机，更没有必要做任何危机爆发前的沟通准备。因此，一旦发生危机，他们便措手不及，不知该与谁沟通及如何沟通。

（2）封闭式组织文化。组织文化是在组织长期发展中形成的，是组织成员共同的价值观和行为准则。在封闭式组织文化中，组织内部缺乏有效的纵向和横向沟通，组织外部缺乏与利益相关者和其他相关组织或机构的沟通，所以一旦发生危机，组织内部就会一片混乱，气氛紧张，人心涣散。而组织外部则谣言四起，各种压力纷至沓来，使得事态加剧恶化。

（3）缺乏预警系统。事实上，所有危机在真正降临之前都会发出一系列预警信号，如媒体的一些评价、组织成员之间的相互埋怨、顾客投诉的增多、审计部门的批评等。但由于组织缺乏必要的预警系统，不能及时捕捉到这些信号，以至于危机在毫无防备的情况下爆发。

（4）不善倾听。处于生产第一线的员工或主管往往是最初的危机感应者，然而当他们将自己的担忧和意见向上级反映时，上级管理者却不善倾听，不以为然，更不用说采取任何积极的措施了。近年来频频发生的煤矿矿难就是最好的例证。

（5）提供虚假信息。一般而言，企业无论大小，都存在"报喜不报忧"的倾向。在危机发生时，他们往往因为惧怕事态扩大而不与媒体和公众沟通，或者提供虚假信息，不愿透露真实情况，或者仅做表面文章，不进行实质性的有效沟通，最终使自己陷入被动地位，错失在危机发生的第一时间与相关各方进行有效沟通的机会。

（6）缺乏应变能力。许多危机处理失败的例子揭示了公司管理者一个普遍的致命弱点，那就是缺乏应变能力。由于大部分管理者习惯于平时较为平稳正常的公司运作，缺乏危机沟通意识以及危机爆发前的准备，一旦危机来临就显得措手不及而无以应对，最后导致危机管理失控。

2. 危机沟通的策略

尽管企业危机沟通中存在着种种障碍，但只要正视这些障碍，重视企业管理者和员工的沟通技能训练，建立和健全必要的沟通机制，就能够克服这些沟通危机障碍，达到有效避免和控制危机的目的。危机沟通的策略包括以下几点。

(1) 加强培训。有效地处理危机要求组织成员具备良好的心理素质，并掌握特殊的危机处理知识和技能，这些都需要经过适当的培训。在危机处理技能培训中，情景模拟训练是一种较常用的方式，即通过设定一个危机发生的情景，让组织成员体验危机发生时的感受。在这种身临其境的训练中，组织成员可以增强危机意识，减少或消除危机带来的紧张和恐惧情绪，增进成员之间在危机中的合作与沟通，从而提升危机应变能力。

(2) 建立危机预警系统。所谓企业危机预警，就是在掌握现有可能导致危机的信息的基础上，分析企业潜在的危机，建立明确的判断标准，也可以通过数学模型对企业危机进行适时的跟踪、评价、控制，并及时发出警报。建立危机预警系统是有效防御危机、应对危机，并解决危机的手段。通过建立完善的危机预警系统，可以增强企业的免疫力、应变力和竞争力，做到防患于未然。

(3) 诚信至上。为人处世，诚信第一；贸易经商，诚信至上。面对危机时更应该以诚信为本，唯有如此，才能克服困难，化危机为转机。

当企业出现危机，特别是出现重大责任事故并导致社会公众利益受损时，企业必须承担起责任。在善后处理工作中，企业必须信守诺言，以诚待人。只要顾客是由于使用本企业的产品而受到了伤害，企业就应该第一时间向顾客道歉以示诚意，并且给受害者相应的物质补偿。对于那些确实存在问题的产品应该不惜代价迅速召回，同时要迅速采取有效措施改进企业的产品或服务，以表明企业解决危机的决心。只有以诚相待，才能取信于人。

当企业面对危机时，应该以社会公众和消费者利益为重，主动做出适当反应，及时采取补救措施，因势利导，化解危机，不但可以迅速恢复企业的信誉，而且可以提升企业的知名度和美誉度。一个优秀的企业越是在危急的时刻，越能显示出它的综合实力和整体素质。

(4) 创建开放式组织文化。无论对内部成员还是外部社会，组织都应该以开放的姿态与他们进行坦诚的沟通，积极倾听并重视来自各方面的意见和建议，及时纠正错误。要建立健全有效的组织沟通机制，保持内部纵向、横向沟通渠道的畅通。在危机发生前，组织要与组织外部社会，包括媒体、政府、社区、公众等相关方面经常保持积极主动的沟通。一旦危机发生，企业要认识到主动告知真相的重要性，杜绝虚假消息，避免自我蒙蔽，勇于为自己的产品和行为承担责任。只有这样，企业才能赢得大家的理解和帮助。

案例 6 - 4

麦当劳(McDonald's Corporation)是大型的连锁快餐集团。2012 年 3 月 15 日，中央电视台"3·15"晚会报道了位于北京三里屯的一家麦当劳门店发生鸡翅超过保存期后不予取出、甜品派以旧充新及食材掉地上不加处理继续备用等违规情况。

当天晚上 9 点 50 分，距被曝光违规操作仅一个小时麦当劳新浪官方微博便作出回应：央视"3·15"晚会所报道的北京三里屯餐厅违规操作的情况，麦当劳中国对此非常重视。我们将就这一个别事件立即进行调查，坚决严肃处理，以实际行动向消费者表示歉意。我们将由此事深化管理，确保营运标准切实执行，为消费者提供安全、卫生的美食。欢迎和感谢政府相关部门、媒体及消费者对我们的监督。3 月 16 日，麦当劳三里屯店关门歇业。麦当劳中国一名负责人对媒体表示，目前麦当劳已经对三里屯门店进行了停业整顿处理，将追究相关人员的责任，并同时对其全国 1400 多家门店重申餐厅操作标准，要求各门店进行彻底自查。3 月 22 日，麦当劳三里屯店正式恢复营业。该店门上不仅贴上了"用心承诺"的字样，在门前还摆放了一封致歉信，"深表歉意""监督""批评""产品质量"等字均用了大号字体。北京麦当劳方面表示，在停业期间，餐厅积极接受并配合了相关部门的检查。目前，三里屯餐厅已经完成了内部自查和培训，并恢复了对外营业。

　　事件曝光后，麦当劳马上通过官方微博及时向公众公开道歉，并向相关监督部门表示感谢，诚意十足。同时，公司相关负责人也在第一时间赶到现场，并与媒体和公众进行沟通，这符合承担责任的原则。出了问题并不可怕，可怕的是企业在面对问题时还依然狡辩或者顾左右而言他，绕开消费者需要正视的问题，这样无疑会使消费者寒心。被曝光后，麦当劳既没有新闻发布会，也没有过多的言论反驳，而是通过官方微博致歉，道歉态度诚恳，言辞恳切，让更多受众看到其真诚的一面，这符合真诚沟通的原则。央视报道播出之后仅仅一个小时，麦当劳新浪官方微博即发出声明，承认这是一次违规事件，表示将立即调查，严肃处理，并在未来进行改善。这一快速回应让麦当劳迅速占据了舆论制高点，第二天各传媒报道这一事件时几乎都会附带提及这一表明积极态度的微博声明，麦当劳的企业形象也因此在这一事件中得到了保全，这符合速度第一的原则。除了第一时间发布致歉声明，企业相关负责人也及时赶到现场，与公众和媒体进行沟通，同时对问题店进行停业整顿，并通过媒体宣传全国各门店彻底自查的举措，这符合系统运行的原则。在这次事件中，麦当劳除了发布致歉声明，还请北京市卫生监督所进行检查，并将检查结果公布于众。虽然检查结果证明麦当劳在卫生方面确实存在问题和漏洞，但消费者看到了麦当劳认识错误并勇于改正错误的态度和决心，这符合权威证实的原则。

　　从案例 6-4 可以看出，随着现代企业面临的外部环境日益复杂，企业对周围环境的适应能力将决定企业的生存。社会的进步也给企业带来了巨大的压力，这是一个危险与机遇共存的时代，企业及其管理者如何在竞争中变压力为动力，如何在危机与机遇来临时及时有效地处理危机，把握机遇，这很大程度上取决于他们是否具备危机沟通的意识和能力。作为一个新时期的优秀工程师，也需要具备一定的危机处理和沟通能力。

本 章 小 结

　　当代社会，很多企业和组织往往过度重视项目团队规模、人员素质，却忽视了他们之间的合作意识，对成员之间的相处融合、性格互补等因素不予考虑。贪多求快的单方面人员累加以求成功，结局通常是整个团队因彼此猜忌和不满而陷入内耗的僵局。因此，组织管理者应有思维高度，利用组织沟通和合作精神，加强团队的凝聚力，消除不稳定因素，激发每个成员齐心协力为目标奋斗的斗志，让每个成员在团队中发挥自我，实现个人价值与团队价值的结合统一。

　　多元化的文化是当今时代的主流，是目前国际交流的重点问题。改革开放以来，跨文化沟通给我们带来了新的血液，亦带来了冲击。在进行跨文化沟通时，我们应秉承海纳百川的心态，积极吸纳异域文化的优势特色，同时对一些外来文化中的糟粕予以警惕，杜绝其入侵及污染。这就要求我们必须在未来跨文化沟通中认清自身，只有这样才能更好地看待外物。

在信息时代，尤其是随着新媒体的兴起、智能手机的运用，信息传播的速度与扩张度得到了爆炸性的增长。因此，企业在未来的生产经营中要有危机公关意识和成熟的危机公关思维及预案，面对品牌危机时要能沉得住气，做出正确的反应与措施。危机公关实际也是对企业扩大影响力的一次考验，科学地处理好已爆发的危机，能消灭企业的潜藏危机，展现企业的责任心与价值感，获得客户与社会的更大认可，将坏事变成好事。危机公关也必须有法律意识，对于恶意捏造虚假事实诋毁抹黑的，应果断拿起法律武器，还企业自身一个清白，还市场一个良好环境。

第七章　工程师的法律素养

学习目标

　　通过本章的学习，掌握劳动者权益保护法律常识、生产领域法律常识、设计研发领域法律常识及其他相关领域法律常识，树立正确的法律意识和法制观念，学会运用法律思维在工程领域中理性处事及合法维权。

7.1　工程领域中的法律问题

案例 7-1　"3Q 大战"落幕 腾讯最终胜出

　　新华社北京 10 月 16 日电：最高人民法院 16 日在第一法庭公开开庭对奇虎公司诉腾讯公司垄断纠纷上诉案进行宣判，该案审判长、最高人民法院知识产权庭王闯副庭长针对案件的五个争议焦点阐述了最高人民法院的意见，并宣布驳回奇虎公司的全部上诉请求，维持一审法院判决。

缘起：奇虎指控腾讯滥用支配地位

　　此案由奇虎公司 2011 年诉至广东省高级人民法院，指控腾讯公司滥用其在即时通信软件及服务相关市场的支配地位。奇虎公司诉称，2010 年 11 月 3 日，腾讯公司宣布拒绝向安装有 360 软件的用户提供相关的软件服务，强制用户在腾讯 QQ 和奇虎 360 之间"二选一"，导致大量用户删除了奇虎公司相关软件。此外，腾讯公司还将 QQ 软件管家与即时通信软件相捆绑，以升级 QQ 软件管家的名义安装 QQ 医生。奇虎公司主张，腾讯公司的上述行为构成反垄断法所禁止的限制交易和捆绑销售。广东省高级人民法院判决驳回奇虎公司的全部诉讼请求，奇虎公司不服，上诉至最高人民法院。

法院：腾讯 QQ 不构成垄断行为

　　最高人民法院认为，基于中国大陆即时通信服务市场竞争比较充分，市场进入较为容易，大量新兴即时通信服务提供商成功进入市场等因素，本案现有证据并不足以支持被上诉人具有市场支配地位的结论。另外，腾讯公司实施的"产品不兼容"行为仅持续一天，却给该市场带来了更活跃的竞争；同时，也没有证据表明通过实施"产品不兼容"和将 QQ 软件与其他软件打包安装的行为，腾讯公司将其在即时通信市场的领先地位延伸到安全软件市场。尽管上述行为对用户造成了不便，但是并未导致排除或者限制竞争的明显效果，腾讯公司不构成反垄断法所禁止的滥用市场支配地位行为。

　　多家新闻媒体的记者、当事人代表和社会公众旁听了宣判，宣判全程以"全媒体"形式现场直播。宣判后，该案判决书全文在中国裁判文书网上刊出。

专家：为竞争乱象划定法律界线

　　北京大学法学院教授盛杰民等专家认为，这次终审判决对于国内互联网的未来发展秩序起到了重要的标杆意义。盛杰民表示，这次判决给什么是滥用市场支配地位提供了一个标准，为业内的各种竞争乱象进一步划定了清晰的法律界线。他表示，法律本身并不反对企业通过竞争获得市场支配地位，而是反对滥用市场支配地位排除、限制竞争行为。专家表示，当前互联网在快速发展的同时也存在激烈的竞争。国内领先的互联网企业，应在各自擅长的平台上不断发挥特长，在创新的层面不断竞争，为消费者提供更好的产品和服务，同时要以更高的水平参与国际竞争，提升自身的影响力。

影响：互联网发展出现了勃勃生机

腾讯方面回应称，很欣慰"3Q 大战"在法律的轨道上得到解决。面向未来，腾讯清醒地意识到责任和挑战，将与更多优秀互联网同行一道，坚持用户至上，恪守商业准则，创造更好更多的互联网产品和服务，回报广大用户和社会各界。360 方面表示尊重最高人民法院的判决，但对结果表示遗憾。360 总裁齐向东认为，此案作为中国《中华人民共和国反垄断法》在互联网领域的第一个典型案例，虽然最终没有赢得官司，但引发了行业、用户和法律界各方的关注，促进了中国互联网企业创新生态的营造，也推动了中国市场经济的开放与竞争，改变了中国创业者的生存环境。

一些业界人士指出，"3Q 大战"引发的"腾讯垄断案"前后历经四年，这四年恰逢 3G 技术、智能手机、云计算、大数据的普及。针对腾讯的反垄断调查，客观上迫使巨头放弃"模仿＋捆绑"的模式，为中国互联网创业、创新营造了更为良好的环境，一时间中国移动互联网的发展出现了勃勃生机。反垄断带来公平竞争，促进互联网回归创新本质，正是本案的积极意义。

案例 7-1 中，回顾了腾讯公司和奇虎公司之间长达四年的"3Q 大战"，最终还是通过法律途径得以顺利解决。这起被称为"互联网反不正当竞争第一案"的案件，是迄今为止互联网行业诉讼标的额最大，在全国有重大影响的不正当竞争纠纷案件，也是《反不正当竞争法》出台多年以来最高人民法院审理的首例互联网反不正当竞争案，该判决为互联网领域垄断案树立了司法标杆。

事实上，"3Q 大战"只是冰山一角。近些年来，中联重科诉三一重工不正当竞争及阿里巴巴在美国遭遇集体诉讼等案件，皆在工程领域内掀起了轰轰烈烈的"诉讼狂欢"，大有你方唱罢我登场之势。可见，在全面推进依法治国的当下，工程领域也涉及诸多法律问题，需要通过法律途径来解决。因此，作为现代工程师，必须具备一定的法律职业素养，才能从容应对职场中的各种危机和挑战。

法律职业素养是指一个人在职业领域内认知和运用法律的能力，包括法律知识、法律意识、法律思维和法律信仰这四个递进的层次和维度。

作为现代工程师，我们理应具备怎样的法律职业素养，必须具备哪些法律常识，如何知晓自身的合法权益是否受到了侵犯，行为如何方能不违法？这些看似简单的问题，却让一些似懂非懂之人触犯了法律的边界，付出了沉重的代价。因此，只有懂法，才能增强法律意识，守法用法，以法护身；不懂法，则法律意识淡薄，容易以身触法，害己害人。

本章从工程师进入工程领域后涉及的相关法律问题出发，通过析案例、讲法理、谈启示，为你厘清法律的边界，澄清法律的误区，指引法律的方向，帮助你运用法律思维在工程领域中理性处事及合法维权。

7.2　劳动者权益保护法律常识

案例 7-2　用人单位不与劳动者签订劳动合同怎么办？

张玺大学毕业后应聘到某公司从事建筑电气工程方面的施工管理工作，但公司一直未与张玺签订书面劳动合同。尽管张玺曾多次向公司要求签订书面劳动合同并为其缴纳各项社会保险，但公司始终以各种理由推拖不予解决。工作几个月后，张玺明显感觉到公司各方面的管理都不太规范，由于受全球金融危机的冲击，经济效益也不太好，员工工资普遍偏低。此时，张玺打算另谋职业，便向公司提出辞职，并向公司索要未签订书面劳动合同期间的双倍工资差额作为赔偿。公司批准了张玺的辞职申请，却不同意支付赔偿金。假如你是张玺，该如何维护自身的合法权益呢？

案例 7-2 中，根据《中华人民共和国劳动合同法》第七条和第十条规定，用人单位自用工之日起即与劳动者建立劳动关系，建立劳动关系应当订立书面劳动合同。本案中，该公司不与张玺签订劳动合同的情况属于严重违法行为。张玺自到该公司正式工作之日起，该公司就应当依法与其订立书面劳动合同。若当时未订立书面劳动合同，张玺自工作之日起一个月内可以要求该公司与其订立书面劳动合同。若该公司自用工之日起，超过一个月不满一年未与张玺订立书面劳动合同，根据《中华人民共和国劳动合同法》第八十二条第一款规定，应当向他每月支付两倍的工资。据此，张玺在辞职时向该公司索要未订立书面劳动合同期间的双倍工资差额作为赔偿是有法律依据的，他可以采取法律手段维护自身的合法权益。

在我国现行的工程教育体系下，工程师在刚刚进入工程领域时，往往都还是职场的"菜鸟"。且不论此时的你专业技术水平已经达到何种程度，作为一名职场新人，首先需要主动了解的就是已经身为劳动者的你究竟拥有哪些合法权益，以及遇到相关法律问题时该如何维护自身的合法权益。

7.2.1　劳动者的合法权益

劳动者的合法权益，是指劳动者在劳动过程中依法享有并得到法律保障的权利。在我国，劳动者享有广泛的权利。《中华人民共和国劳动法》规定了劳动者在劳动关系中的各项具体权利，主要包括以下九个方面。

1. 劳动者享有平等就业的权利

劳动就业权是有劳动能力的公民获得参加社会劳动和切实保证按劳取酬的权利。公民的劳动就业权是公民享有其他各项权利的基础，如果公民的劳动就业权不能实现，其他一切权利也就失去了基础和意义。

2. 劳动者享有选择职业的权利

劳动者拥有自由选择职业的权利，这有利于劳动者充分发挥自己的优势和特长，促进社会生产力的发展。在劳动力市场上，劳动者作为就业的主体，具有支配自身劳动力的权利，可根据自身的素质、能力、志趣、爱好以及市场资讯，选择用人单位和工作岗位。选择职业的权利是劳动者劳动权利的体现，是社会进步的一个标志。

3. 劳动者享有取得劳动报酬的权利

取得劳动报酬的权利是公民的一项重要劳动权利。随着劳动制度的改革，劳动报酬成为劳动者与用人单位所签订的劳动合同的必备条款。劳动者付出劳动，依照劳动合同及国家相关法律取得报酬，这是劳动者的权利；而及时足额地向劳动者支付工资，则是用人单位的义务。用人单位若违反这些应尽的义务，劳动者有权依法要求有关部门追究其责任。获取劳动报酬是劳动者持续行使劳动权所必不可少的物质保证。

4. 劳动者享有休息休假的权利

《中华人民共和国宪法》规定，劳动者有休息的权利，国家发展劳动者休息和休养的设施，规定职工的工作时间和休假制度。《中华人民共和国劳动法》具体规定了休息时间，包括工作间歇、两个工作日之间的休息时间、公休日、法定节假日以及年休假、探亲假、婚丧假、事假、生育假、病假等。此外，我国实行劳动者每日工作时间不超过 8 小时和平均每周工作时间不超过 44 小时的工时制度，用人单位不得任意延长劳动者的工作时间。休息休假的法律规定既是实现劳动者休息权的重要保障，又是对劳动者进行劳动保护的一个重要方面。

5. 劳动者享有获得劳动安全卫生保护的权利

劳动安全卫生保护，主要是保护劳动者的生命安全和身体健康，是对享受劳动权利的主体的切身利益最直接的保护。由于劳动总是在各种不同的环境和条件下进行，在生产中存在着各种不安全、不卫生的因素，如果不采取劳动安全卫生保护措施，就会造成工伤事故和引发职业病，危害劳动者的生命安全和身体健康。《中华人民共和国劳动法》规定，用人单位必须建立、健全劳动安全卫生制度，严格执行国家劳动安全卫生规程和标准，对劳动者进行劳动安全卫生教育，为劳动者提供符合国家规定的劳动安全卫生条件和必要的劳动防护用品，防止劳动过程中的事故，减少职业危害。

6. 劳动者享有接受职业技能培训的权利

职业技能培训是指针对准备就业的人员和已经就业的职工，以培养其基本职业技能或提高其职业技能为目的而进行的技术业务知识和实际操作技能的教育和训练。我国《宪法》规定，公民有受教育的权利和义务。所谓受教育，既包括受普通教育，也包括受职业教育。公民要实现自己的劳动权，必须拥有一定的职业技能，而要获得这些职业技能，越来越依赖于专门的职业培训。因此，劳动者若没有职业技能培训的权利，那么劳动就业权利也就无从谈起。

7. 劳动者有享受社会保险和福利的权利

社会保险是国家和用人单位依照法律规定或合同约定，对具有劳动关系的劳动者在暂时或永久丧失劳动能力以及暂时失业时，为保证其基本生活需要，给予物质帮助的一种社会保障制度。疾病和年老是每一个劳动者都不可避免的，社会保险是劳动力再生产的一种客观需要。目前，我国社会保险的主要项目包括基本养老保险、基本医疗保险、失业保险、工伤保险和生育保险。此外，《中华人民共和国劳动法》还规定，国家发展社会福利事业，兴建公共福利设施，为劳动者休息、休养和疗养提供条件。用人单位应当创造条件，改善集体福利，提高劳动者的福利待遇。

8. 劳动者享有提请劳动争议处理的权利

劳动争议是指劳动关系当事人因执行《中华人民共和国劳动法》或履行集体合同和劳动合同的规定引发的争议。劳动关系当事人作为劳动关系的主体，各自存在着不同的利益，难免会出现矛盾和分歧。《中华人民共和国劳动法》规定，劳动争议发生后，当事人可以向本单位劳动争议调解委员会申请调解；调解不成，当事人一方要求仲裁的，可以向劳动争议仲裁委员会申请仲裁，当事人一方也可以直接向劳动争议仲裁委员会申请仲裁；对仲裁裁决不服的，可以向人民法院提起诉讼。

9. 劳动者享有法律规定的其他劳动权利

法律规定的其他劳动权利包括：劳动者依法享有参加和组织工会的权利，参与民主管理的权利；劳动者依法享有参加劳动竞赛的权利，提出合理化建议的权利，从事科学研究、技术革新和发明创造的权利；劳动者依法享有解除劳动合同的权利；劳动者依法享有对用人单位管理人员违章指挥、强令冒险作业拒绝执行的权利，对危害生命安全和身体健康的行为提出批评、检举和控告的权利；劳动者依法享有对违反《中华人民共和国劳动法》的行为进行监督的权利；等等。

事实上，我国的劳动者不仅享有广泛的权利，也要履行相应的义务。《中华人民共和国劳动法》规定，劳动者应当完成劳动任务，提高职业技能，执行劳动安全卫生规程，遵守劳动纪律和职业道德。在我国，劳动者的权利和义务是统一的，享受权利的同时必须履行义务。

7.2.2　劳动合同的签署

案例 7 - 3

某建筑工程师何女士，2018 年 1 月和某建筑公司签订了劳动合同，但到期后，双方未及时续签，直到半年后才签订无固定期限劳动合同，何女士将该建筑公司告上法庭，获赔两倍工资差额。

案例 7 - 4

2021 年 12 月 22 日，齐某经招聘录用到湘潭一家公司上班，从事技术研发工作。双方未签订书面劳动合同，只是口头约定了每月工资组成，入职后，他发现公司每月未为其办理相关社会保险，遂将该公司告上法庭。

劳动合同是指劳动者与用人单位之间确立劳动关系，明确双方权利和义务的协议。自《中华人民共和国劳动合同法》生效实施以来，劳动争议纠纷出现了从案件数量大爆发到高位运行的态势，劳动争议案件已经成为占民事案件数量比例较高的一类案件类型，与社会经济发展和民生问题息息相关。

法院在审理劳动争议案件中发现，一些合法权益受到侵害的劳动者往往是因为没有与用人单位签订劳动合同，或是粗心大意签订了内含对自己不利条款的劳动合同，致使在发生劳动争议纠纷后处于被动地位。因此，为了防患于未然，在与用人单位签订劳动合同之前有必要了解一些有关劳动合同的法律常识。

1. 劳动合同必须签

劳动合同是证明劳动者与用人单位之间存在劳动关系的最直接、最有力的证据，也是保护劳动者合法权益的基本证据。因此，劳动合同必须签。

如果用人单位不与你签订劳动合同，或者签订了劳动合同之后将两份劳动合同全都收走，那么以后只要你和用人单位之间发生劳动争议纠纷，身为劳动者的你就必然处于被动地位。面对这种情况，劳动者在平时的工作中就要有意识地收集自己与用人单位之间存在事实劳动关系的证据，如上岗证、工作证、工作牌、工作服、工作记录、考勤表、工资表、离职证明等。一旦劳动者与用人单位之间发生劳动争议纠纷，就可以通过这些证据证明事实劳动关系。因此，当用人单位不与劳动者签订劳动合同时，劳动者最重要的任务就是收集自己在用人单位工作的各种证据，而且越全面越好。

2. 劳动合同怎么签

（1）未签劳动合同先知法。

劳动合同是约束劳动者与用人单位行为以及处理劳动争议纠纷的重要法律依据，签订劳动合同的每个环节都要求劳动者具备一定的法律常识。因此，劳动者在与用人单位签订劳动合同之前，最好了解一下都有哪些法律可以保护自身的合法权益。目前，我国有关劳动者权益保护的法律、法规很多，其中以《中华人民共和国民法典》《中华人民共和国劳动法》和《劳动部关于贯彻执行〈中华人民共和国劳动法〉若干问题的意见》的规定最为全面，是规定劳动关系的主要法律。此外，有关劳动合同的法律、法规主要有《中华人民共和国劳动合同法》《违反和解除劳动合同的经济补偿办法》《违反〈劳动法〉有关劳动合同规定的赔偿办法》等。

（2）劳动合同的形式和内容均要合法。

一份具有法律效力的劳动合同，首先要确保订立劳动合同的程序符合法律规定，并且应当以书面的形式予以确认。劳动合同至少一式两份，双方各执一份，劳动者应妥善保管好自己的劳动合同。在劳动合同的内容上，劳动者一定要确认自己签订的劳动合同是否具备产生法律约束力的条件，包括用人单位应是依法成立的劳动组织，能够依法支付工资、缴纳社会保险费、提供劳动保护条件，并能承担相应的民事责任，等等。

（3）劳动合同的细节要仔细审查。

《中华人民共和国劳动合同法》规定，劳动合同应当具备以下条款：

① 用人单位的名称、住所和法定代表人或者主要负责人。

② 劳动者的姓名、住址和居民身份证或者其他有效身份证件号码。

③ 劳动合同期限。

④ 工作内容和工作地点。

⑤ 工作时间和休息休假。

⑥ 劳动报酬。

⑦ 社会保险。

⑧ 劳动保护、劳动条件和职业危害防护。

⑨ 法律、法规规定应当纳入劳动合同的其他事项。

劳动合同除上述规定的必备条款外，用人单位与劳动者可以约定试用期、培训、保守秘密、补充保险和福利待遇等其他事项。此外，劳动者还要仔细阅读工作说明书、岗位责任制、劳动纪律、工资支付规定、绩效考核制度等规章制度，提前做到心中有数。

（4）对劳动合同中的陷阱要提高警惕。

有些用人单位为了实现自身利益的最大化,千方百计地在劳动合同中设立种种陷阱,以此侵害劳动者的合法权益。陷阱主要包括以下几种情况:采用格式合同,不与劳动者协商,不向劳动者说明合同内容;在劳动合同中设立押金条款;在劳动合同中规定逃避责任的条款,对于劳动者工作中的伤亡不负责任;至少准备了两份劳动合同,一份是假合同,合同内容按照有关部门的要求签订,以对外应付有关部门的检查,但真正执行的是另一份合同;等等。

(5)劳动争议纠纷要依法处理。

发生劳动争议纠纷时,劳动者可以和用人单位自行协商解决,也可以向本单位劳动争议调解委员会申请调解。如果没有达成调解协议或者劳动者拒绝调解而要求仲裁的,也可以由劳动者直接向劳动争议仲裁委员会申请仲裁。如果劳动者对仲裁结果不服,可以向人民法院提起诉讼。这里需要注意的是,在劳动争议案件中,申请仲裁是必经程序,人民法院只有在当事人不服仲裁结果时才会受理案件。

7.2.3　缴纳个税

案例 7 - 5

2022 年 3 月 7 日,深圳市税务局公布了一则纳税人因拒不完成 2020 年度个人所得税汇算清缴构成偷税的案例。纳税人某高级工程师胡某拒不完成年度清缴,经通知后依然拒不完成清缴补缴税款,造成 2020 年度少缴个人所得税 337 960.31 元,被认定为偷税,处少缴税款百分之五十的罚款 168 980.16 元。

案例 7 - 6

2022 年 3 月 15 日,湛江市税务局公布了一则《税务行政处罚决定书》,纳税人温某系某建筑公司高级工程师于 2019 年 1 月 16 日出售位于湛江市赤坎区的两间二手房并依照合同价格做了纳税申报,由于转让合同载明的价款共计 76 万元,低于叶某购入房产的价款(也即亏本出售),因此个税为 0 元。后经税务机关查明,该二手房出售通过阴阳合同的方式进行了虚假申报,逃避了税款,实际的出售价款高达 150 万元,因此予以追缴税款 142 295.67 元并加征滞纳金。

个人所得税是调整征税机关与自然人之间在个人所得税的征纳与管理过程中所发生的社会关系的法律规范的总称。当我们离开大学校园正式步入职场,领到人生中的第一份工资时,在百般激动、兴奋之余,有些人可能就要面对缴纳个人所得税的问题。

1. 征税对象

根据《中华人民共和国个人所得税法》的相关规定,征税对象有两类。一类是在中国境内有住所,或者无住所而一个纳税年度内在境内居住累计满一百八十三天的个人,为居民个人,居民个人从中国境内和境外取得的所得,依照本法规定缴纳个人所得税;第二类是在中国境内无住所又不居住,或者无住所而一个纳税年度内在中国境内居住累计不满一百八十三天的个人,为非居民个人,非居民个人从中国境内取得的所得,依照本法规定缴纳个人所得税。

2. 应税项目

(1)工资、薪金所得。

工资、薪金所得是指个人因任职或者受雇而取得的工资、薪金、奖金、年终加薪、劳动分红、津贴、补贴，以及与任职或者受雇有关的其他所得。这就意味着个人取得的所得，只要是与任职或受雇有关，不管其单位是以何种资金开支渠道支付，都是工资、薪金所得项目的课税对象。

（2）个体工商户的生产、经营所得。

个体工商户的生产、经营所得包括以下四个方面：

① 个体工商户从事工业、手工业、建筑业、交通运输业、商业、饮食业、服务业、修理业，以及其他行业生产、经营取得的所得。

② 个人经政府有关部门批准，取得执照，从事办学、医疗、咨询以及其他有偿服务活动取得的所得。

③ 其他个人从事个体工商业生产、经营取得的所得。

④ 上述个体工商户和个人取得的与生产、经营有关的各项应纳税所得。

（3）对企事业单位的承包经营、承租经营所得。

对企事业单位的承包经营、承租经营所得，是指个人承包经营、承租经营以及转包、转租取得的所得，包括个人按月或者按次取得的工资、薪金性质的所得。

（4）劳务报酬所得。

劳务报酬所得是指个人从事设计、装潢、安装、制图、化验、测试、医疗、法律、会计、咨询、讲学、新闻、广播、翻译、审稿、书画、雕刻、影视、录音、录像、演出、表演、广告、展览、技术服务、介绍服务、经纪服务、代办服务以及其他劳务取得的所得。

（5）稿酬所得。

稿酬所得是指个人因其作品以图书、报刊形式出版或发表而取得的所得。

（6）特许权使用费所得。

特许权使用费所得是指个人提供专利权、商标权、著作权、非专利技术以及其他特许权的使用权取得的所得。提供著作权的使用权取得的所得，不包括稿酬所得。

（7）利息、股息、红利所得。

利息、股息、红利所得是指个人拥有债权、股权而取得的利息、股息、红利所得。利息是指个人的存款利息、贷款利息和购买各种债券的利息；股息是指股票持有人根据股份制公司章程规定，凭股票定期从股份公司取得的投资利益；红利是指股份公司或企业根据应分配的利润按股份分配超过股息部分的利润。

（8）财产租赁所得。

财产租赁所得是指个人出租建筑物、土地使用权、机器设备、车船以及其他财产取得的所得。

（9）财产转让所得。

财产转让所得是指个人转让有价证券、股权、建筑物、土地使用权、机器设备、车船以及其他财产取得的所得。

（10）偶然所得。

偶然所得是指个人得奖、中奖、中彩，以及其他偶然性质的所得。例如，个人购买社会福利有奖募捐奖券、中国体育彩票，一次中奖收入不超过 10 000 元的，免征个人所得税；超过 10 000 元的，应以全额按偶然所得项目计税。

（11）经国务院财政部门确定征税的其他所得。

国务院财政部门是指财政部和国家税务总局。截至 1997 年 4 月 30 日，财政部和国家税务总局确定征税的其他所得项目包括：

① 个人取得"蔡冠深中国科学院院士荣誉基金会"颁发的中国科学院院士荣誉奖金。

② 个人取得由银行部门以超过国家规定利率和保值贴补率支付的揽储奖金。

③ 个人因任职单位缴纳有关保险费用而取得的无偿款优待收入。

④ 对保险公司按投保金额，以银行同期储蓄存款利率支付给在保期内未出险的人寿保险户的利息（或以其他名义支付的类似收入）。

⑤ 证券公司为了招揽大户股民在本公司开户交易，从证券公司取得的交易手续费中支付部分金额给大户股民，个人从证券公司取得的此类交易手续费返还收入或回扣收入。

⑥ 个人取得单位和部门在年终总结、各种庆典、业务往来及其他活动中，为其他单位和部门的有关人员发放的现金、实物或有价证券。

⑦ 辞职风险金。

⑧ 个人为单位或者他人提供担保获得的收入。

个人取得的所得，如果难以界定属于哪一项应税项目，由主管税务机关审查确定。

3. 免税项目

下列各项个人所得，免纳个人所得税。

（1）省级人民政府、国务院部委和中国人民解放军军以上单位，以及外国组织、国际组织颁发的科学、教育、技术、文化、卫生、体育、环境保护等方面的奖金。

（2）国债和国家发行的金融债券利息。

（3）按照国家统一规定发给的补贴、津贴。

（4）福利费、抚恤金、救济金。

（5）保险赔款。

（6）军人的转业费、复员费、退役金。

（7）按照国家统一规定发给干部、职工的安家费、退职费、基本养老金或者退休费、离休费、离休生活补助费。

（8）依照我国有关法律规定应予免税的各国驻华使馆、领事馆的外交代表、领事官员和其他人员的所得。

（9）中国政府参加的国际公约、签订的协议中规定免税的所得。

（10）经国务院财政部门批准免税的所得。

4. 适用税率

个人所得税的税率：

（1）工资、薪金所得，适用超额累进税率，税率为 3％～45％。

（2）个体工商户的生产、经营所得和对企事业单位的承包经营、承租经营所得，适用 5％～35％的超额累积税率。

（3）稿酬所得，适用比例税率，税率为 20％，并按应纳税额减征 30％。

（4）劳务报酬所得，适用比例税率，税率为 20％。对劳务报酬所得一次收入奇高的，可以实行加成征收，具体办法由国务院规定。

(5) 特许权使用费所得,利息、股息、红利所得,财产租赁所得,财产转让所得,偶然所得和其他所得,适用比例税率,税率为 20%。

5. 计算方法

下面以广大劳动者最为关注的工资、薪金所得为例,介绍个人所得税的计算公式。

应纳税额=(工资、薪金所得−"五险一金"−减除费用)×适用税率−速算扣除数

其中,"五险一金"是指用人单位给予劳动者的几种保障性待遇的合称,包括基本养老保险、基本医疗保险、失业保险、工伤保险和生育保险,还有住房公积金。工资、薪金所得的减除费用标准为每月 5000 元,外籍个人为每月 4800 元。适用税率和速算扣除数,则需参照个人所得税税率表(见表 7−1)。

表 7−1　个人所得税税率表(工资、薪金所得适用)

级数	全年应纳税所得额	税率 (/%)	预扣预缴税额
	应纳税所得额		
1	不超过 36 000 元的	3	0
2	超过 36 000 元至 144 000 元的部分	10	2520
3	超过 144 000 元至 300 000 元的部分	20	16 920
4	超过 300 000 元至 420 000 元的部分	25	31 920
5	超过 420 000 元至 660 000 元的部分	30	52 920
6	超过 660 000 元至 960 000 元的部分	35	85 920
7	超过 960 000 元的部分	45	181 920

注:含税级距适用于由纳税人负担税款的工资、薪金所得预缴适用。

劳务报酬所得、稿酬所得、特许权使用费所得,以每次收入额为预扣预缴应纳税所得额,计算应预扣预缴税额。

收入额:劳务报酬所得、稿酬所得、特许权使用费所得以收入减除百分之二十的费用后的余额为收入额;其中,稿酬所得的收入额减按百分之七十计算。

减除费用:预扣预缴税款时,劳务报酬所得、稿酬所得、特许权使用费所得每次收入不超过四千元的,减除费用按八百元计算;每次收入四千元以上的,减除费用按收入的百分之二十计算。

7.2.4　工伤维权

工伤是工作伤害的简称,是指劳动者在从事职业活动或者与职业活动有关的活动时所遭受的不良因素的伤害和职业病伤害。不少工程领域都是工伤的高发区,作为初涉职场的工程师,不仅要掌握工伤事故预防及应急措施,还要主动了解一些相关法律常识,这样才能真正做到防患于未然。

案例 7−7　孙立兴诉天津新技术产业园区劳动人事局工伤认定案
(最高人民法院审判委员会讨论通过 2014 年 12 月 25 日发布)
【基本案情】

原告孙立兴诉称:其在工作时间、工作地点,因工作原因摔倒致伤,符合《工伤保险条

例》规定的情形。天津新技术产业园区劳动人事局（以下简称园区劳动局）不认定工伤的决定，认定事实错误，适用法律不当。请求撤销园区劳动局所做的《工伤认定决定书》，并判令园区劳动局重新做出工伤认定行为。

被告园区劳动局辩称：天津市中力防雷技术有限公司（以下简称中力公司）业务员孙立兴因公外出期间受伤，但受伤不是由于工作原因，而是由于本人注意力不集中，脚底踩空，才在下台阶时摔伤。其受伤结果与其所接受的工作任务没有明显的因果关系，故孙立兴不符合《工伤保险条例》规定的应当认定为工伤的情形。园区劳动局做出的不认定工伤的决定，事实清楚，证据充分，程序合法，应予维持。

第三人中力公司述称：因本公司实行末位淘汰制，孙立兴事发前已被淘汰。但因其原从事本公司的销售工作，还有收回剩余货款的义务，所以才偶尔回公司打电话。事发时，孙立兴已不属于本公司职工，也不是在本公司工作场所范围内摔伤，不符合认定工伤的条件。

法院经审理查明：孙立兴是中力公司员工，2003年6月10日上午受中力公司负责人指派去北京机场接人。其从中力公司所在地天津市南开区华苑产业园区国际商业中心（以下简称商业中心）八楼下楼，欲到商业中心院内停放的红旗轿车处去开车，当行至一楼门口台阶处时，孙立兴脚下一滑，从四层台阶处摔倒在地面上，造成四肢不能活动。经医院诊断为颈髓过伸位损伤合并颈部神经根牵拉伤、上唇挫裂伤、左手臂擦伤、左腿皮擦伤。孙立兴向园区劳动局提出工伤认定申请，园区劳动局于2004年3月5日做出(2004)0001号《工伤认定决定书》，认为根据受伤职工本人的工伤申请和医疗诊断证明书，结合有关调查材料，依据《工伤保险条例》第十四条第五项的工伤认定标准，没有证据表明孙立兴的摔伤事故是由工作原因造成，决定不认定孙立兴摔伤事故为工伤事故。孙立兴不服园区劳动局《工伤认定决定书》，向天津市第一中级人民法院提起行政诉讼。

天津市第一中级人民法院于2005年3月23日做出(2005)一中行初字第39号行政判决：一、撤销园区劳动局所做(2004)0001号《工伤认定决定书》；二、限园区劳动局在判决生效后60日内重新做出具体行政行为。园区劳动局提起上诉，天津市高级人民法院于2005年7月11日做出(2005)津高行终字第0034号行政判决：驳回上诉，维持原判。

【法律解析】

法院生效裁判认为：各方当事人对园区劳动局依法具有本案行政执法主体资格和法定职权，其做出被诉工伤认定决定符合法定程序，以及孙立兴是在工作时间内摔伤，均无异议。本案争议焦点包括：一是孙立兴摔伤地点是否属于其"工作场所"；二是孙立兴是否"因工作原因"摔伤；三是孙立兴工作过程中不够谨慎的过失是否影响工伤认定。

一、关于孙立兴摔伤地点是否属于其"工作场所"问题

《工伤保险条例》第十四条第一项规定，职工在工作时间和工作场所内，因工作原因受到事故伤害，应当认定为工伤。该规定中的"工作场所"，是指与职工工作职责相关的场所，在有多个工作场所的情形下，还应包括职工来往于多个工作场所之间的合理区域。本案中，位于商业中心八楼的中力公司办公室，是孙立兴的工作场所，而其完成去机场接人的工作任务需驾驶的汽车停车处，是孙立兴的另一处工作场所。汽车停在商业中心一楼的门外，孙立兴要完成开车任务，必须从商业中心八楼下到一楼门外停车处，故从商业中心八楼到停车处是孙立兴来往于两个工作场所之间的合理区域，也应当认定为孙立兴的工作场所。园区劳动局认为孙立兴摔伤地点不属于其工作场所，是将完成工作任务的合理路线排除在工作场所之外，既不符合立法本意，也有悖于生活常识。

二、关于孙立兴是否"因工作原因"摔伤的问题

《工伤保险条例》第十四条第一项规定的"因工作原因"，指职工受伤与其从事本职工作之间存在关联关系，即职工受伤与其从事本职工作存在一定关联。孙立兴为完成开车接人的工作任务，必须从商业中心八楼的中力公司办公室下到一楼进入汽车驾驶室，该行为与其工作任务密切相关，是孙立兴为完成工作任务客观上必须进行的行为，不属于超出其工作职责范围的其他不相关的个人行为。因此，孙立兴在一楼门口台阶处摔伤，是为完成工作任务所致。园区劳动局主张孙立兴在下楼过程中摔伤，与其开车任务没有直接的因果关系，不符合"因工作原因"致伤，缺乏事实根据。另外，孙立兴接受本单位领导指派的开车接人任务后，从中力公司所在商业中心八楼下到一楼，在前往院内汽车停放处的途中摔倒，孙立兴当时尚未离开公司所在院内，不属于"因公外出"的情形，而是属于在工作时间和工作场所内。

三、关于孙立兴工作中不够谨慎的过失是否影响工伤认定的问题

《工伤保险条例》第十六条规定了排除工伤认定的三种法定情形，即因故意犯罪、醉酒或者吸毒、自残或者自杀的，不得认定为工伤或者视同工伤。职工从事工作中存在过失，不属于上述排除工伤认定的法定情形，不能阻却职工受伤与其从事本职工作之间的关联关系。工伤事故中，受伤职工有时具有疏忽大意、精力不集中等过失行为，工伤保险正是分担事故风险、提供劳动保障的重要制度。如果将职工个人主观上的过失作为认定工伤的排除条件，违反工伤保险"无过失补偿"的基本原则，不符合《工伤保险条例》保障劳动者合法权益的立法目的。据此，即使孙立兴工作中在行走时确实有失谨慎，也不影响其摔伤是"因工作原因"的认定结论。园区劳动局以导致孙立兴摔伤的原因不是雨、雪天气使台阶地滑，而是因为孙立兴自己精力不集中导致为由，主张孙立兴不属于"因工作原因"摔伤而不予认定工伤，缺乏法律依据。

综上，园区劳动局做出的不予认定孙立兴为工伤的决定，缺乏事实根据，适用法律错误，依法应予撤销。

【法条链接】

《工伤保险条例》规定：

第十四条　职工有下列情形之一的，应当认定为工伤：

（一）在工作时间和工作场所内，因工作原因受到事故伤害的；

（二）工作时间前后在工作场所内，从事与工作有关的预备性或者收尾性工作受到事故伤害的；

（三）在工作时间和工作场所内，因履行工作职责受到暴力等意外伤害的；

（四）患职业病的；

（五）因工外出期间，由于工作原因受到伤害或者发生事故下落不明的；

（六）在上下班途中，受到非本人主要责任的交通事故或者城市轨道交通、客运轮渡、火车事故伤害的；

（七）法律、行政法规规定应当认定为工伤的其他情形。

第十五条　职工有下列情形之一的，视同工伤：

（一）在工作时间和工作岗位，突发疾病死亡或者在48小时之内经抢救无效死亡的；

（二）在抢险救灾等维护国家利益、公共利益活动中受到伤害的；

（三）职工原在军队服役，因战、因公负伤致残，已取得革命伤残军人证，到用人单位后旧伤复发的。

职工有前款第（一）项、第（二）项情形的，按照本条例的有关规定享受工伤保险待遇；职工有前款第（三）项情形的，按照本条例的有关规定享受除一次性伤残补助金以外的工伤保险待遇。

第十六条 职工符合本条例第十四条、第十五条的规定，但是有下列情形之一的，不得认定为工伤或者视同工伤：

（一）故意犯罪的；

（二）醉酒或者吸毒的；

（三）自残或者自杀的。

【知识拓展】

律师支招工伤维权

《工伤保险条例》第十七条第一款规定，职工发生事故伤害或者按照职业病防治法规定被诊断、鉴定为职业病，所在单位应当自事故伤害发生之日或者被诊断、鉴定为职业病之日起 30 日内，向统筹地区社会保险行政部门提出工伤认定申请。当职工因工作原因发生了事故伤害或者被诊断、鉴定为职业病，应及时向用人单位报告，并要求用人单位在法定期限内，向当地社会保障部门提出工伤认定申请。

提出工伤认定申请，申请人应当提交下列材料：

①《工伤认定申请表》原件。

② 与用人单位存在劳动关系（包括事实劳动关系）的证明材料复印件（原件备查）。

③ 医疗诊断证明或者职业病诊断证明书（或者职业病诊断鉴定书）复印件（原件备查）。

同时，根据工伤认定需要，申请人还应提交下列材料：

④ 工伤职工本人身份证明材料（或社会保障卡）复印件（原件备查）。

⑤ 相关旁证材料，如：考勤证明材料、证人证言及证人身份证明材料（或社会保障卡）或现场记录、照片、口供记录等。

⑥ 相关诊疗材料复印件（原件备查），如：就诊病历资料、CT、X 线检查报告等。

⑦ 交通事故或者城市轨道交通、客运轮渡、火车事故伤害的责任认定文书复印件（原件备查）、事故现场示意图原件。

⑧ 涉及刑事伤害的，提交当地公安机关的证明材料复印件（原件备查）。

⑨ 单位、企业法人注册登记材料复印件（所在用人单位未在本市参加工伤保险的）（原件备查）。

⑩ 工伤认定须提交的其他资料。

7.2.5 劳动争议

案例 7-8

高级工程师戴某的人事档案记录的年龄与其身份证和户口簿记载的年龄不一致，依据身份证记载的出生日期，戴某于 2021 年 5 月已达到退休年龄。于是，戴某就拿着身份证要求单位给予办理退休手续。单位认为，根据档案记载，戴某现仍未达到退休年龄，不能办理退休手续。因此产生劳动争议，双方进行民事调解。

民法典第十五条规定："自然人的出生时间和死亡时间，以出生证明、死亡证明记载的时间为准；没有出生证明、死亡证明的，以户籍登记或者其他有效身份登记记载的时间为准。有其他证据足以推翻以上记载时间的，以该证据证明的时间为准。"据此，应当树立登记公示的权威，用人单位在认定职工年龄时，应当执行民法典的规定，以劳动者户口簿或者身份证登记记载的出生时间来确定其是否达到退休年龄。

案例 7 - 9

伍某入职某证券公司担任客户经理，双方签订了劳动合同，在合同期限内，公司删除了伍某工作需要的工号，导致伍某未能继续正常工作，双方协商解除劳动关系未果，之后，伍某未继续回公司上班。该证券公司即作出《关于解除与伍某劳动关系的通知》，但未直接送达给伍某本人，伍某亦表示未曾收到该份通知。双方因劳动关系的解除产生争议诉至法院，伍某要求证券公司支付其违法解除劳动关系的赔偿金 27 160 元，证券公司则表示伍某无法胜任其工作岗位，违反公司的规章制度，公司与其解除劳动关系属于合法。经审理，法院认定该证券公司未能有效举证证明其解除与伍某的劳动关系时已提前三十日以书面形式通知伍某，亦未额外支付伍某一个月的工资，其行为属于违法解除劳动关系，应当向伍某支付 27 160 元。

1. 劳动争议的概念

根据《最高人民法院关于审理劳动争议案件适用法律问题的解释（一）》第一条规定，劳动者与用人单位之间发生的下列纠纷，属于劳动争议，当事人不服劳动争议仲裁机构作出的裁决，依法提起诉讼的，人民法院应予受理：

（1）劳动者与用人单位在履行劳动合同过程中发生的纠纷；

（2）劳动者与用人单位之间没有订立书面劳动合同，但已形成劳动关系后发生的纠纷；

（3）劳动者与用人单位因劳动关系是否已经解除或者终止，以及应否支付解除或者终止劳动关系经济补偿金发生的纠纷；

（4）劳动者与用人单位解除或者终止劳动关系后，请求用人单位返还其收取的劳动合同定金、保证金、抵押金、抵押物发生的纠纷，或者办理劳动者的人事档案、社会保险关系等移转手续发生的纠纷；

（5）劳动者以用人单位未为其办理社会保险手续，且社会保险经办机构不能补办导致其无法享受社会保险待遇为由，要求用人单位赔偿损失发生的纠纷；

（6）劳动者退休后，与尚未参加社会保险统筹的原用人单位因追索养老金、医疗费、工伤保险待遇和其他社会保险待遇而发生的纠纷；

（7）劳动者因为工伤、职业病，请求用人单位依法给予工伤保险待遇发生的纠纷；

（8）劳动者依据劳动合同法第八十五条规定，要求用人单位支付加付赔偿金发生的纠纷；

（9）因企业自主进行改制发生的纠纷。

2. 劳动争议的处理方式

在和用人单位发生劳动纠纷时，有以下几个方式：

（1）双方自行协商。双方通过协商方式自行和解，是当事人应首先争取解决争议的途径。当然协商解决是以双方自愿为基础的，不愿协商或者经过协商不能达成一致，当事人可以选择调解程序或仲裁程序。

（2）调解程序。当事人可以向本用人单位所在地劳动争议调解委员会申请调解。调解程序是自愿的，只有双方当事人都同意申请调解，调解委员会才能受理该案件；当事人可不经过调解而直接申请仲裁。另外，工会与用人单位因履行集体合同发生争议，不适用调解程序，当事人应直接申请仲裁。

（3）仲裁程序。若经过调解双方达不成协议，当事人一方或双方可向当地劳动争议仲裁委员会申请仲裁。当事人也可以直接申请仲裁。仲裁程序是强制性的必经程序，也就是说，只要有一方当事人申请仲裁，且符合受案条件，仲裁委员会即应予受理；当事人如果要起诉到法院，必须先经过仲裁程序，未经过仲裁程序的劳动争议案件，人民法院将不予受理。

（4）法院审判程序。当事人如果对仲裁裁决不服，可以向当地基层人民法院起诉。法律依据根据《最高人民法院关于审理劳动争议案件适用法律问题的解释（一）》第四条规定，劳动者与用人单位均不服劳动争议仲裁机构的同一裁决，向同一人民法院起诉的，人民法院应当并案审理，双方当事人互为原告和被告，对双方的诉讼请求，人民法院应当一并作出裁决。在诉讼过程中，一方当事人撤诉的，人民法院应当根据另一方当事人的诉讼请求继续审理。双方当事人就同一仲裁裁决分别向有管辖权的人民法院起诉的，后受理的人民法院应当将案件移送给先受理的人民法院。

3．劳动争议中应有的法律常识

1）劳动法中规定试用期的相关规定

劳动合同期限三个月以上不满一年的，试用期不得超过一个月；劳动合同期限一年以上不满三年的，试用期不得超过二个月；三年以上固定期限和无固定期限的劳动合同，试用期不得超过六个月。

除了试用期的期限，还有几点需要注意：同一用人单位与同一劳动者只能约定一次试用期；试用期包含在劳动合同期限内；劳动合同仅约定试用期的，试用期不成立，该期限为劳动合同期限；劳动者在试用期的工资不得低于本单位相同岗位最低档工资或者劳动合同约定工资的百分之八十，并不得低于用人单位所在地的最低工资标准。

法律明确规定三种情况下不可约定试用期，这三种情况分别是：① 以完成一定工作任务为期限的劳动合同；② 合同履行期限不满三个月的劳动合同；③ 非全日制用工。此外，若劳动合同仅约定试用期的，试用期不成立，该期限即为劳动合同期限。

2）劳动法中加班的相关规定

虽然劳动法中允许用人单位在休息休假的时间内安排员工加班，也就是延长员工的工作时间，但出于对员工利益的保护，同时也规定了员工有拒绝加班的权利。另外，也对加班的时间做出了限制。

（1）劳动法规定加班时间是多久？

用人单位和劳动者对加班时间的约定，不得违反《中华人民共和国劳动法》第四十一条的规定：用人单位由于生产经营需要，经与工会和劳动者协商后可以延长工作时间，一般每日不得超过 1 小时；因特殊原因需要延长工作时间的在保障劳动者身体健康的条件下延长工作时间每日不得超过 3 小时，但是每月不得超过 36 小时。

（2）加班工资如何计算？

《中华人民共和国劳动法》第四十四条规定：

有下列情形之一的，用人单位应当按照下列标准支付高于劳动者正常工作时间工资的工资报酬：

① 安排劳动者延长时间的，支付不低于工资的百分之一百五十的工资报酬；

② 休息日安排劳动者工作又不能安排补休的，支付不低于工资的百分之二百的工资报酬；

③ 法定休假日安排劳动者工作的，支付不低于工资的百分之三百的工资报酬。

若劳动合同中约定的加班工资高于《中华人民共和国劳动法》第四十四条规定的最低加班工资支付标准，该约定有效；若该约定低于本法规定的最低加班工资支付标准的，该约定无效。约定无效时，用人单位应当按不低于本法规定的最低加班工资支付标准向劳动者支付加班工资。

3）合同到期工资怎么发

劳动合同到期后，如果劳动者或用人单位提出不再续签的，用人单位应一次性结清全部的工资，如果是用人单位提出不再续签的，还应支付终止合同的经济补偿金。

经济补偿按劳动者在本单位工作的年限，每满一年支付一个月工资的标准向劳动者支付；六个月以上不满一年的，按一年计算；不满六个月的，向劳动者支付半个月工资的经济补偿。

劳动者月工资高于用人单位所在直辖市、设区的市级人民政府公布的本地区上年度职工月平均工资三倍的，向其支付经济补偿的标准按职工月平均工资三倍的数额支付，向其支付经济补偿的年限最高不超过十二年。

4）拖欠工资维权要点

用人单位拖欠劳动者工资时，劳动者维权应注意以下要点：

（1）要确认和单位之间的劳动关系的事实，如工资单、考勤记录、工作过程中的文件记录。

（2）确认劳动关系后，对于单位拖欠工资的违法行为，可与单位协商，要求单位补发工资。

（3）如果协商不成，带好相关资料到劳动局投诉，或者直接到单位所在地的劳动仲裁委员会申请仲裁。

（4）如果拖欠工资数额比较大的话，可以直接请律师打官司，通过诉讼的方法来要回被拖欠的工资。

7.2.6 员工离职管理

案例 7-10

2021 年 6 月，某工程师康某试用期间及其试用结束后一年，公司都未为其购买社会保险，康某遂将其告上法庭。

劳动法规定，用人单位应当自用工之日起 30 日内为其职工向社会保险经办机构申请办理社会保险登记。用人单位应当自行申报、按时足额缴纳社会保险费，非因不可抗力等法定事由不得缓缴、减免。

案例 7 - 11

某工程师朱某所在企业一直未提供个人工资清单，一次偶然机会朱某发现其工资多次被故意克扣，故申请劳动仲裁。

根据《工资支付暂行规定》第六条规定："用人单位必须书面记录支付劳动者工资的数额、时间、领取者的姓名以及签字，并保存两年以上备查。用人单位在支付工资时应向劳动者提供一份其个人的工资清单。"

案例 7 - 12

2021 年 1 月，工程师赵某从某企业离职，入职时企业要求员工离职后不能从事同行业工作或者入职后要求保密等并签署相关协议，但却并未支付相关津贴，如竞业津贴、保密津贴。离职后赵某将该企业诉上法庭。

《中华人民共和国劳动合同法》第二十三条规定：对负有保密义务的劳动者，用人单位可以在劳动合同或者保密协议中与劳动者约定竞业限制条款，并约定在解除或者终止劳动合同后，在竞业限制期限内按月给予劳动者经济补偿。企业要求员工离职后不能从事同行业工作或者入职后要求保密等并签署相关协议，就必须支付相关津贴，竞业津贴、保密津贴。

1. 劳动者入职必备法律知识

1) 劳动合同必须签

劳动合同是双方成立劳动关系的重要表象特征，是确认劳动关系、劳动时间、工资、工作岗位等等关键事项的重要证据，劳动合同对于劳动者权益保护的作用不言而喻。但是在实践中用人单位由于自身法律意识的淡薄或者基于逃避用工责任的考虑拒绝与劳动者签订劳动合同，而根据《中华人民共和国劳动合同法》第八十二条规定，用人单位自用工之日起超过一个月不满一年未与劳动者订立书面劳动合同的，应当向劳动者每月支付二倍的工资。因此为了维护自身的合法权益，劳动者在办理入职时应该与单位签订劳动合同，若单位拒绝签订劳动者既可以选择辞职索要双倍工资也可以选择仲裁要求按照法律规定签订劳动合同。

2) 岗前培训不得收费

用人单位为劳动者进行岗前培训等一般职业培训，是用人单位应尽的法定义务，同时也是劳动者享有的法定权利。用人单位不得以此名义向劳动者收取费用。

但是，用人单位为劳动者提供的专项培训是可以约定服务期；劳动者违反服务期约定的，应当按照约定向用人单位支付违约金。

3) 不能扣押劳动者证件

入职时，用人单位有权了解劳动者与劳动合同直接相关的基本情况，如身份信息、联系方式、银行卡号或社保卡号等，但这并不意味着用人单位可以扣押劳动者的身份证和其他证件。如果用人单位违反规定扣押劳动者居民身份证等证件的，劳动者可以要求返还并向劳动行政部门举报或投诉。

另外，用人单位收集员工信息要求提交身份证或其他证件复印件的，劳动者可以在复印件上注明用途、日期等信息，以避免个人信息滥用风险。

除了以上几点，劳动者在入职时还应当了解用人单位不得收取任何押金，不得要求劳动者提供担保，不得招收未满 16 周岁的童工等规定。

2. 劳动者在职的法律知识

（1）用人单位不得单方调岗调职调薪。有些用人单位常把调岗调职调薪视为企业单方的自主权，有的企业甚至以"三调"作为逼迫员工辞职的一种手段，用人单位武断的决定和不规范的操作，往往造成其为此付出惨痛的代价。用人单位调整劳动者工作岗位的，一般应经劳动者同意；用人单位基于劳动合同中约定，可根据生产经营需要随时调整劳动者工作内容或岗位，但用人单位应对调岗调职的合法性、合理性承担举证责任。一般，用人单位与劳动者在劳动合同中约定的薪酬标准不经双方协商一致不得降低，但用人单位根据其经营效益向劳动者发放奖金数额调整可由企业自主决定。

（2）用人单位不得以"末位淘汰"或"竞争上岗"的方式单方解除劳动合同

用人单位单方面要求的"末位淘汰"或"竞争上岗"若未与劳动者协商一致或在劳动合同中进行特别约定，则很难对劳动者产生效力，用人单位以此为由单方解除劳动合同的，一般会被仲裁或判决其继续履行劳动合同或支付赔偿金。

3. 劳动者离职必备法律知识

经济补偿是国家要求用人单位承担的一种社会责任，即用人单位解除或者终止劳动合同时，应当支付给劳动者一定的经济补助，以帮助劳动者在失业阶段维持基本生活，不至于生活水平急剧下降。劳动合同期满，除用人单位维持或者提高劳动合同约定条件续签劳动合同，劳动者不同意续签的情形外，劳动合同终止，用人单位应当向劳动者支付经济补偿。

1）经济补偿的几种情形

劳动者在辞职时，用人单位是否支付经济补偿主要有以下两种情形：

（1）用人单位无需支付经济补偿。

最高法院考虑到有时是劳动者主动跳槽，与用人单位协商解除劳动合同，此时劳动者一般不会失业，或者对失业早有资金积累，如果要求用人单位支付经济补偿不太合理，因此，对协商解除的情形下，应当对给予经济补偿的条件做出一定的限制，劳动者提前三十日以书面形式通知用人单位后，也可以解除劳动合同，但用人单位无需支付经济补偿。

（2）用人单位需要支付经济补偿。

遇到以下情形，劳动者提前三十日以书面形式通知用人单位后，可以解除劳动合同，且用人单位应当向劳动者支付经济补偿：① 用人单位未按照劳动合同约定提供劳动保护或者劳动条件的；② 用人单位未及时足额支付劳动报酬的；③ 用人单位未依法为劳动者缴纳社会保险费的；④ 用人单位的规章制度违反法律法规的规定，损害劳动者权益的；⑤ 用人单位有欺诈、胁迫或者乘人之危等行为，致使劳动合同无效或者部分无效的；⑥ 法律、行政法规规定的其他情形（《中华人民共和国劳动合同法》第三十八条和第四十六条）

遇到以下这两种情形，劳动者不需通知用人单位，即可立即解除劳动合同，且用人单位应当向劳动者支付经济补偿：

用人单位以暴力胁迫或非法，限制人身自由的手段，强迫劳动者劳动的；用人单位，违章指挥，强令冒险作业危及劳动者人身安全的。

2）用人单位辞退与经济补偿

有下列情形之一的，用人单位提前三十日以书面形式通知劳动者本人或者额外支付劳动者一个月工资后，可以解除劳动合同，且应当向劳动者支付经济补偿：

（1）劳动者患病或者非因工负伤，在规定的医疗期满后不能从事原工作，也不能从事由用人单位另行安排的工作的；

（2）劳动者不能胜任工作，经过培训或者调整工作岗位，仍不能胜任工作的；

（3）劳动合同订立时所依据的客观情况发生重大变化，致使劳动合同无法履行，经用人单位与劳动者协商，未能就变更劳动合同内容达成协议的。

劳动者有下列情形之一的，用人单位不得依照前述规定解除劳动合同：

（1）从事接触职业病危害作业的劳动者未进行离岗前职业健康检查，或者疑似职业病病人在诊断或者医学观察期间的；

（2）在本单位患职业病或者因工负伤并被确认丧失或者部分丧失劳动能力的；

（3）患病或者非因工负伤，在规定的医疗期内的；

（4）女职工在孕期、产期、哺乳期的；

（5）在本单位连续工作满十五年，且距法定退休年龄不足五年的；

（6）法律、行政法规规定的其他情形。

3）经济补偿的标准

经济补偿按劳动者在本单位工作的年限，每满一年支付一个月工资的标准向劳动者支付。六个月以上不满一年的，按一年计算；不满六个月的，向劳动者支付半个月工资的经济补偿。劳动者月工资高于用人单位所在直辖市、设区的市级人民政府公布的本地区上年度职工月平均工资三倍的，向其支付经济补偿的标准按职工月平均工资三倍的数额支付，向其支付经济补偿的年限最高不超过十二年。月工资是指劳动者在劳动合同解除或者终止前十二个月的平均工资。

4）劳动者离职时的义务

离职的劳动者应当按照双方约定，办理工作交接。用人单位依照本法有关规定应当向劳动者支付经济补偿的，在办理工作交接时支付。

7.3　生产领域法律常识

案例7-13　劳动保护用品不能"带而不用"

前不久，笔者随同某企业工会、安监、劳动人事等部门组成的劳动保护用品佩戴使用情况专项检查组到生产一线检查职工劳动保护用品佩戴情况时发现，由于企业的强制性要求，职工上班基本上都带上了工作服、口罩、护目镜、手套、统靴、毛巾等劳动保护用品，但是劳动保护用品带到现场后却存在使用不规范，甚至"带而不用"的现象，情况堪忧。

比如，有些职工干活时把本该戴上的口罩挂在胸前或者耳朵上，原因是嫌戴上口罩太热或呼吸不舒服；有些职工在进行电焊、切割作业时不戴护目镜，而是侧着身子眯着眼睛，不仅存在安全隐患，还导致眼睛受刺激红肿；有些职工作业时不戴手套，因为嫌戴上手套麻烦、干活时不灵活；还有的职工不按规定在颈部围毛巾，把毛巾扔在一边；还有些职工把领到的劳动保护用品束之高阁，根本不用，只是在面对检查时用来应付一下；甚至还有个别基层单位把职工应该拿到的劳动保护用品折成现金发放，并趁机提高标准，多折多发，尽管迎合了一些人的心理，但是职工领到现金后却并不用以购买劳动保护用品。

针对上述情况，近期笔者还对该企业 8 个基层生产单位的职工劳动保护用品佩戴使用情况进行了专题调研。笔者还发现，上述这些现象在该企业生产一线相当普遍，很多管理者和职工对此见惯不惊，成为大家习惯性的违章行为。同时，还有职工反映，有的职工个人劳动保护用品被挪作他用，使用率低得令人担忧。工作中因没佩戴劳动保护用品或使用不当而导致的大小事故时有发生，尤为严重的是长期接触粉尘而患尘肺病的逐年增多。然而，这些隐患并没有引起企业及职工的注意，也实属安全检查中的空白区。

另外，有些企业由于采购、储存和运输等环节的原因，其发放的劳动保护用品质量不好，职工不愿意用。笔者调研中发现，企业负责采购劳动保护用品的人员或责任心不强，或劳动保护用品专业知识不高，导致其购买的劳动保护用品质量低劣，职工领回不能用，也不好用。如井矿和建筑企业劳动者工作时常掉帽子、碰脑袋，可安全帽的质量太差，一戴就破；工作服一穿就开线、掉纽扣；手套也是一戴就破，胶靴更是一穿就破，导致劳动者"鞋儿破、帽儿破、身上的工作服破"。长此以往，也就成了劳动者不愿意佩戴和使用劳动保护用品的另一个原因。

当前，随着我国职业健康水平的不断提高，职业健康防护制度的日趋完善，各行各业都很重视职业健康防护。为了确保劳动者的人身安全，很多用人单位都会根据工种的不同发放劳动保护用品，许多规章制度都把穿戴劳动保护用品列入其中作为保护劳动者安全的必要措施，这些措施对保护劳动者身体健康起到了极大的作用。对此，笔者认为，不使用或者不正确使用劳动保护用品不仅给现场安全生产带来了隐患，同时还极大危害着劳动者的身体健康，应该引起各级管理部门和劳动者的高度重视。

首先，要强化劳动者职业健康防护意识教育。各级劳动保障、职业健康部门和企业应经常组织开展职业健康知识培训，同时要充分利用新闻媒体、宣传画、警示标志等媒介教育和引导劳动者科学、合理、正确佩戴和使用劳动保护用品，大力宣传不正确使用或不使用劳动保护用品带来的危害，使劳动者从思想上、行动上达到"要我使用"到"我要使用"的转变。

其次，用人单位不能把劳动保护用品一发了之。企业要把劳动保护用品列入企业日常性的安全检查工作中去，在检查安全生产工作时同时，也要检查劳动保护用品是否按规定佩戴和使用。对不按规定佩戴、使用劳动保护用品的劳动者进行思想教育、行为引导，对屡教不改的劳动者可以采用制度的刚性管理，该停工学习的要停工学习，该处罚的要处罚，特别是现场的管理者不能见惯不惊，默许或者纵容劳动者不按规定佩戴使用用品，而应及时提醒和警示。

再次，劳动者要提高自我职业健康防护意识。当前，随着工业技术的进步，各类设施设备增多，现场作业人多、条件复杂，许多意想不到的事情随时都可能发生，还有很多产品在制造过程中会释放对人体有毒有害的气体或其他化学物质。这就要求劳动者做好充分的思想准备，按规定佩戴和使用劳动保护用品，预防可能发生的人身伤害事故。同时，按规定佩戴劳动保护用品也是对自己安全负责的具体表现，只有劳动者遵守安全规章制度，约束自己在安全生产中的作业行为，佩戴好劳动保护用品，才能防止意外伤害，保证自身或工友的人身安全。

劳动保护用品是企业根据国家安全的法律法规配发给劳动者的防护性装备，它充分体现了党和国家、企业对劳动者的关心与爱护。所以，要解决劳动者个人劳动保护用品"带而不用"的现象，需要各级各部门和企业的共同努力，特别是劳动者要提高自我职业健康防护意识，按规定正确、合理佩戴和使用劳动保护用品，切实保护自身健康，维护自己的健康权益，减少各类伤害事故的发生，促进企业长治久安。

案例 7 - 13 中，根据《中华人民共和国安全生产法》第四十二条和第五十四条的有关规定，为从业人员提供符合国家标准或者行业标准的劳动防护用品是生产经营单位必须履行的法定义务，而正确佩戴和使用劳动防护用品也是从业人员必须履行的法定义务，这是出于生产经营单位安全生产和保障从业人员人身安全的现实需要。

大多数工程师进入工程领域后，首先接触的就是生产领域，每天都要真实地面对安全生产、产品标准及产品质量等问题。这不仅要求工程师们要把多年系统学习的专业知识迅速转化为现实的生产力，还要注重学习相关的法律常识，主动增强法律意识。

7.3.1　安全生产

案例 7 - 14

2020 年 12 月，浙江某新材料有限公司总工程师周某指挥丁某等员工，对公司厂房内烘燥定形联合机钢平台进行拆卸。在未及时用吊索吊住钢架，落实安全防护措施的情况下，未戴安全帽的丁某在第一层钢平台上违规拆除钢柱上的固定螺栓，导致第二层钢平台结构失稳发生坍塌，砸中丁某头部致其当场死亡。

案例 7 - 15

2021 年山西某建筑公司监理工程师高某应没有及时撤除高空作业时可能坠落的物体，以致作业场所物体坠落将他人砸成重伤。

安全生产是指在生产经营活动中，为了避免造成人员伤害和财产损失的事故而采取相应的事故预防和控制措施，使生产过程在符合规定的条件下进行，以保证从业人员的人身安全与健康、设备和设施免受损坏、环境免遭破坏，保证生产经营活动得以顺利进行的相关活动。"安全无小事，生命大于天"，工作场所永远达不到真正的安全，因而强化安全生产意识是生产领域的头等大事。

现将《中华人民共和国安全生产法》在生产实践中运用较多的法律条款摘录如下：

第四十五条　生产经营单位必须为从业人员提供符合国家标准或者行业标准的劳动防护用品，并监督、教育从业人员按照使用规则佩戴、使用。

第五十七条　从业人员在作业过程中，应当严格遵守本单位的安全生产规章制度和操作规程，服从管理，正确佩戴和使用劳动防护用品。

第九十九条　生产经营单位有下列行为之一的，责令限期改正，可以处五万元以下的罚款；逾期未改正的，处五万元以上二十万元以下的罚款，对其直接负责的主管人员和其他直接责任人员处一万元以上二万元以下的罚款；情节严重的，责令停产停业整顿；构成犯罪的，依照刑法有关规定追究刑事责任：

（一）未在有较大危险因素的生产经营场所和有关设施、设备上设置明显的安全警示标志的；

（二）安全设备的安装、使用、检测、改造和报废不符合国家标准或者行业标准的；

（三）未对安全设备进行经常性维护、保养和定期检测的；

（四）关闭、破坏直接关系生产安全的监控、报警、防护、救生设备、设施，或者篡改、隐瞒、销毁其相关数据、信息的。

（五）未为从业人员提供符合国家标准或者行业标准的劳动防护用品的；

（六）危险物品的容器、运输工具，以及涉及人身安全、危险性较大的海洋石油开采特种设备和矿山井下特种设备未经具有专业资质的机构检测、检验合格，取得安全使用证或者安全标志，投入使用的；

（七）使用应当淘汰的危及生产安全的工艺、设备的。

（八）餐饮等行业的生产经营单位使用燃气未安装可燃气体报警装置的。

综上，劳动防护用品是实现安全生产的必要保障。劳动防护用品，是指保护劳动者在生产过程中的人身安全与健康所必备的一种防御性装备，对于减少职业危害起着相当重要的作用。

劳动防护用品按照防护部位可以分为八类：

① 头部护具类，用于保护头部，防撞击和挤压伤害、防物料喷溅、防粉尘等的护具。主要有玻璃钢、塑料、橡胶、玻璃、胶纸、防寒和竹藤安全帽，以及防尘帽、防冲击面罩等。

② 呼吸护具类，是预防尘肺等职业病的重要护品，按作用原理可分为过滤式和隔绝式两类。

③ 眼部防护具，用以保护作业人员的眼睛和面部，防止外来伤害，分为焊接用眼护具、炉窑用眼护具、防冲击眼护具、微波防护具、激光防护镜，以及防 X 射线、防化学、防尘等眼部防护具。

④ 听力护具，有耳塞、耳罩和帽盔三类。长期在 90 dB(A) 以上或短时在 115 dB(A) 以上环境中工作的劳动者应使用听力护具。

⑤ 防护鞋，防止足部伤害，有防滑鞋、防滑鞋套、防静电安全鞋、钢头防砸鞋等。

⑥ 防护手套，用于手部保护，主要有耐酸碱手套、电工绝缘手套、电焊手套、防 X 射线手套、石棉手套和丁腈手套等。

⑦ 防护服，用于保护职工免受劳动环境中的物理、化学因素的伤害。防护服分为特殊防护服和一般作业服两类。

⑧ 防坠落护具，用于防止坠落事故发生，主要有安全带、安全绳和安全网。

7.3.2　产品标准

产品标准是指对产品结构、规格、质量和检验方法所做的技术规定，即一个产品或同一系列产品应满足的要求。目前，我国的产品标准分为国家标准、行业标准、地方标准和企业标准四级。产品标准在工业领域就是"生产大法"，关乎产品的质量和公众的安危。具体而言，产品标准是组织生产的依据，是出厂检验的依据，是贸易（交货）的依据，是技术交流的依据，是仲裁的依据，也是质量监督检查的依据。

在当今日益激烈的国际贸易竞争中，产品标准已成为世界各国竞争的焦点之一，谁掌握了标准的制定权，谁就掌握了市场的话语权。正所谓，"一流企业卖标准，二流企业卖品牌，三流企业卖产品，四流企业卖苦力"，如美国的高通公司，它并不生产手机，却拥有CDMA核心技术标准，这就意味着中国的手机厂商每生产一部CDMA手机都得先向高通公司交纳一笔专利费用。作为现代工程师，理应具备开阔的国际视野和超前的创新意识，在明确我国有关产品标准的具体法律规定的基础上，积极参与各项产品标准的制定和研发工作当中。

现将2017年11月4日第十二届全国人民代表大会常务委员会第十三次会议修订的《中华人民共和国标准化法》在生产中运用较多的法律条款摘录如下：

第二条　本法所称标准(含标准样品)，是指农业、工业、服务业以及社会事业等领域需要统一的技术要求。

标准包括国家标准、行业标准、地方标准和团体标准、企业标准。国家标准分为强制性标准、推荐性标准，行业标准、地方标准是推荐性标准。

强制性标准必须执行。国家鼓励采用推荐性标准。

第六条　国务院建立标准化协调机制，统筹推进标准化重大改革，研究标准化重大政策，对跨部门跨领域、存在重大争议标准的制定和实施进行协调。

设区的市级以上地方人民政府可以根据工作需要建立标准化协调机制，统筹协调本行政区域内标准化工作重大事项。

第七条　国家鼓励企业、社会团体和教育、科研机构等开展或者参与标准化工作。

第二十条　国家支持在重要行业、战略性新兴产业、关键共性技术等领域利用自主创新技术制定团体标准、企业标准。

7.3.3　产品质量

产品质量是指产品满足规定需要和潜在需要的特征和特性的总和。任何产品都是为满足用户的使用需要而制造的。对于产品质量来说，不论是简单产品还是复杂产品，都应当用产品质量特性或特征去描述。产品质量特性依产品的特点而异，表现的参数和指标也多种多样，反映用户使用需要的产品质量特性归纳起来一般有六个方面，即性能、寿命(即耐用性)、可靠性与维修性、安全性、适应性、经济性。

产品质量是指在商品经济范畴，企业依据特定的标准，对产品在规划、设计、制造、检测、计量、运输、储存、销售、售后服务、生态回收等全程时进行必要的信息披露。产品质量的优劣不仅事关产品的生命乃至企业的发展命运，还关乎消费者的使用体验乃至生命安全。因此，无论是企业的决策者还是普通员工，都应当主动把质量意识放在心中，把产品质量放在手中。

案例7-16　致命电热毯

【基本案情】

吴大军的母亲早年因病去世，是父亲吴老头含辛茹苦地把他抚养长大，如今吴大军已长大成人，一心只想着好好孝敬父亲。2013年11月28日正好是吴老头的生日，吴大军特地去某商场买了某品牌的电热毯送给父亲。由于亲朋好友聚在一起聊天到很晚，吴老头的身体又不太好，吴大军就把新买的电热毯给吴老头铺上后让他早些休息。深夜，正当大家都聚在一起的时候，从吴老头的卧室里传出一股烧焦的味道。吴大军赶忙冲进卧室，却发现卧室的床上冒着缕缕的青烟，而吴老头正一动不动地躺在那里。看到这一幕，吴大军赶紧拨打了120并将吴老头送医，但遗憾的是吴老头经抢救无效死亡。

后来有关技术监督部门对电热毯进行了质量监督检验，结果表明该电热毯有两项技术指标不符合国家有关标准的要求，存在重大质量问题，属于劣质产品。吴大军在万般悲愤之下将商场告上了法庭，要求该商场承担侵权赔偿责任，但该商场却辩称电热毯的质量问题应该是厂家的责任，不应该由商场来承担。假如你是吴大军，该如何维护自身的合法权益呢？

【法律解析】

电热毯属于有可能危及人身安全的产品，《中华人民共和国产品质量法》第十三条规定，可能危及人体健康和人身财产安全的工业产品，必须符合保障人体健康和人身财产安全的国家标准、行业标准；未制定国家标准、行业标准的，必须符合保障人体健康和人身财产安全的要求。禁止生产、销售不符合保障人体健康和人身财产安全的标准和要求的工业产品。本案中，电热毯经有关技术监督部门检验，存在重大质量问题，属于劣质产品，没有达到保障人体健康和人身财产安全的要求。显然，作为生产商的厂家和销售商的商场都违反了《中华人民共和国产品质量法》。

至于责任认定问题，《中华人民共和国产品质量法》第四十三条规定，因产品存在缺陷造成人身、他人财产损害的，受害人可以向产品的生产者要求赔偿，也可以向产品的销售者要求赔偿。据此，吴大军可以向当地人民法院提起诉讼，要求厂家和商场赔偿医疗费、丧葬费、死亡赔偿金及财产损失等。人民法院还可以依法判决没收厂家和商场违法生产、销售的该类电热毯及违法所得，并处以罚款，同时责令他们停止生产、销售该类电热毯。

【法条链接】

《中华人民共和国产品质量法》规定：

第十三条 可能危及人体健康和人身、财产安全的工业产品，必须符合保障人体健康和人身、财产安全的国家标准、行业标准；未制定国家标准、行业标准的，必须符合保障人体健康和人身、财产安全的要求。

禁止生产、销售不符合保障人体健康和人身、财产安全的标准和要求的工业产品。具体管理办法由国务院规定。

第二十六条 生产者应当对其生产的产品质量负责。

产品质量应当符合下列要求：

（一）不存在危及人身、财产安全的不合理的危险，有保障人体健康和人身、财产安全的国家标准、行业标准的，应当符合该标准；

（二）具备产品应当具备的使用性能，但是，对产品存在使用性能的瑕疵作出说明的除外；

（三）符合在产品或者其包装上注明采用的产品标准，符合以产品说明、实物样品等方式表明的质量状况。

第四十二条 由于销售者的过错使产品存在缺陷，造成人身、他人财产损害的，销售者应当承担赔偿责任。

销售者不能指明缺陷产品的生产者也不能指明缺陷产品的供货者的，销售者应当承担赔偿责任。

第四十三条 因产品存在缺陷造成人身、他人财产损害的，受害人可以向产品的生产者要求赔偿，也可能向产品的销售者要求赔偿。属于产品的生产者的责任，产品的销售者赔偿的，产品的销售者有权向产品的生产者追偿。属于产品的销售者的责任，产品的生产者赔偿的，产品的生产者有权向产品的销售者追偿。

第四十四条 因产品存在缺陷造成受害人人身伤害的，侵害人应当赔偿医疗费、治疗期间的护理费、因误工减少的收入等费用；造成残疾的，还应当支付残疾者生活自助具费、生活补助费、残疾赔偿金以及由其扶养的人所必需的生活费等费用；造成受害人死亡的，并应当支付丧葬费、死亡赔偿金以及由死者生前扶养的人所必需的生活费等费用。

因产品存在缺陷造成受害人财产损失的，侵害人应当恢复原状或者折价赔偿。受害人因此遭受其他重大损失的，侵害人应当赔偿损失。

第四十九条 生产、销售不符合保障人体健康和人身、财产安全的国家标准、行业标准的产品的，责令停止生产、销售，没收违法生产、销售的产品，并处违法生产、销售产品（包括已售出和未售出的产品，下同）货值金额等值以上三倍以下的罚款；有违法所得的，并处没收违法所得；情节严重的，吊销营业执照；构成犯罪的，依法追究刑事责任。

【知识拓展】

法官教你如何在产品质量责任纠纷案中维权

汽车自燃、食物中毒、热水器爆炸……近年来，产品质量问题、食品安全问题、药品合格问题一再引发社会公众的热议与关注。近日，北京市第一中级人民法院针对产品质量责任纠纷的系列问题召开新闻通报会，通过对此类案件特征的总结和诉讼维权重难点问题的梳理，引导和提示消费者如何在遭受产品缺陷侵害后合法理性维权。

产品质量责任纠纷案件往往呈现出以下四大特征：一是对象的广泛性，此类案件涉及的对象包括普通日用商品、食品、药品、大宗商品、奢侈品等多种产品类型，其中较为典型和多发的对象有汽车、空调、热水器、保健类食品药品和珠宝玉器等；二是责任主体的多重性，产品的生产者、销售者、运输及仓储人都有可能成为责任主体；三是损害后果的复合性，在司法实践中，产品因存在质量缺陷而造成的损害往往不是单一的，除了对产品本身以及其他财产造成损害以外，还可能造成人的安全、健康等方面的人身损害，甚至还可能造成精神损害；四是法律适用的多维性。

目前，我国调整产品质量责任的法律规范较多，包括《中华人民共和国合同法》《中华人民共和国侵权责任法》《中华人民共和国产品质量法》《中华人民共和国食品安全法》《中华人民共和国消费者权益保护法》以及《最高人民法院关于审理食品药品纠纷案件适用法律若干问题的规定》，消费者根据不同的法律依据主张自身权利，可能会导致最终结果呈现出一定的差异性。

基于此类案件的上述特征，消费者在依法维权时，也要相应地注意以下四个方面：

一、注意合理确定诉讼主体

在原告资格方面，消费者以产品质量责任纠纷为案由起诉，原告资格不限于商品买卖合同的当事人，产品的实际使用人和实际受害人均可以起诉。另外，对于明知产品存在质量缺陷仍选择购买的，即"知假买假"的当事人，法律亦不禁止。

在被告方面，消费者既可以依法起诉生产者，也可以起诉销售者。如果是通过商场、展销会、交易市场等场所购买的商品，还可以起诉活动的举办者及柜台的所有者。新《中华人民共和国消费者权益保护法》颁布后，网络购物中的网络交易平台也可能成为被告，在其不能提供生产者或销售者信息的情况下，需向消费者承担先行赔付责任。

二、注意正确选择法律关系和法律依据

选择不同的法律规范主张权利，会导致不同的法律适用，最终的处理结果也会有所差异。在法律关系方面，如果以合同法律关系主张，依据双方的买卖合同约定，确定违约责任和实际损失的大小进行赔偿；若以侵权法律关系主张，则可能获得实际损失之外的惩罚性赔偿和精神损害赔偿。在法律依据方面，消费者以《中华人民共和国侵权责任法》起诉，可以获得实际损失的赔偿金额；若以新《中华人民共和国消费者权益保护法》起诉，则可能获得除实际损失以外的三倍价款的赔偿。选择不同的法律关系和法律依据主张自身权利，可能导致赔偿金额差异巨大，因而消费者需理性慎重选择。

三、注意对核心事实证明的程度与方式

在产品质量责任纠纷中，消费者需要证明的事项一般包括四点：一是购买物的同一性，即消费者所称的瑕疵产品为生产者、销售者所生产或出售的产品；二是产品存在质量缺陷或不符合安全标准；三是产品的质量缺陷造成了消费者的财产和人身损害；四是各种损害与产品质量缺陷之间存在因果关系。

对于第一点的证明，一般可以通过购买凭证、证人证言、监控视频等证据证明。对第二点的证明，只需初步证明产品在不具有使用性能、不符合安全标准等方面存在瑕疵即可。消费者可以通过产品的相关证书和说明、生产者和销售者的宣传广告、相关国家标准和行业标准，以及专门鉴定机构出具的鉴定文书进行证明。对于第三点的证明，消费者可以通过瑕疵商品本身，遭受人身损害的医疗费、误工费、交通费等单据，遭受财产损害的财产价值凭证，以及相关鉴定意见等证据证明。对第四点的证明，可以通过损害发生前后的情况对比、专门鉴定意见以及合理推理来证明。

值得注意的是，消费者在主张惩罚性赔偿时，往往还需证明经营者的主观恶意，即欺诈或明知。对于经营者的主观恶意，可以通过交易过程中的客观行为来证明，包括虚假宣传、隐瞒事实、以假充真、以次充好、证书缺失、检验不合格等情况。

四、注意正确理解损害赔偿法律规定的条件和涵义

在产品质量责任纠纷中，侵害人应赔偿的范围包括：缺陷产品本身及因缺陷产品造成的其他财产损失；造成人身伤害的，侵害人应赔偿医疗费、护理费、误工费和交通费等费用；造成残疾的，侵害人还应支付残疾者生活自助具费、生活补助费、残疾赔偿金以及由其扶养的人所必需的生活费等费用；造成受害人死亡的，并应支付丧葬费、死亡赔偿金以及由死者生前扶养的人所必需的生活费等费用。

在赔偿金额上，可以请求多倍赔偿。依据《中华人民共和国侵权责任法》，消费者可以获得相应的惩罚性赔偿；依据新《中华人民共和国消费者权益保护法》，消费者可以获得退一赔三的赔偿，三倍赔偿金额不足五百元的可获赔五百元；依据《中华人民共和国食品安全法》，对于食品类产品，消费者可以获得退一赔十的赔偿。

7.4　设计研发领域法律常识

案例 7 - 17　G-BOOK 退出中国？赛格导航与丰田汽车专利侵权案

　　如果你惯用导航，深圳赛格到广汽丰田的 120 千米路约 2 小时就能抵达，倘若迷路，还能一键拨通远程中心，等待路线下发，坐享其成。而为你制定路线的可能是深圳赛格在线服务平台，也可能是北京 95190 呼叫中心，这取决于你的导航产品是赛格的后装导航，还是丰田渗透中国四年来的 G-BOOK 智能副驾系统。

合作终止，赛格状告丰田专利侵权

　　2006 年，深圳市赛格导航科技股份有限公司（下称赛格）研发的关于车载终端、行车导航、远程服务中心三者之间的信息交互方案获国家知识产权局专利保护的批准（专利名：一种交互式的行车导航和车载安防系统，专利号：ZL200610157027.7，如图 7-1 所示）。同年，丰田中国汽车有限公司（下称丰田）联系赛格导航，提出与赛格开展汽车在线服务领域的技术合作，双方随后签订了保密协议。

[19] 中华人民共和国国家知识产权局

[51] Int. Cl.
G08C 17/02 (2006.01)
G08C 23/04 (2006.01)
G08C 19/00 (2006.01)
H04B 1/38 (2006.01)
G01S 1/02 (2006.01)
G01S 5/02 (2006.01)

[12] 发明专利说明书

专利号 ZL 200610157027.7

[45] 授权公告日 2009 年 8 月 26 日　　　　　　　[11] 授权公告号 CN 100533503C

[51] Int. Cl. (续)
G01C 21/26 (2006.01)
[22] 申请日 2006.11.23
[21] 申请号 200610157027.7
[73] 专利权人 深圳市赛格导航科技股份有限公司
　　　地址 518019 广东省深圳市南山区高新区
　　　　　市高新技术工业村 T2 栋 B6 厂房
[72] 发明人 侯 丹 刘 云
[56] 参考文献
　　JP10-281801A 1998.10.23
　　US6338020B2 2002.1.8
　　CN1521483A 2004.8.18
　　CN1786668A 2006.6.14
　　审查员 张亚峰

[74] 专利代理机构 深圳市顺天达专利商标代理有
　　　　　　　　　限公司
　　代理人 郭伟刚

权利要求书 3 页 说明书 10 页 附图 4 页

[54] 发明名称
　　一种交互式的行车导航和车载安防系统
[57] 摘要

本发明涉及一种交互式的行车导航和车载安防系统，包括远程控制中心和用户终端，远程控制中心包括用于整合及分析信息并生成相关数据的地理信息系统，用于自动规范和存储来自所述地理信息系统的结果数据，并为呼叫中心提供数据支持的智能信息系统，以及用于提供交互界面、与车载终端进行信息沟通的呼叫中心，用户终端包括车载终端和导航仪，车载终端包括 CPU、第一 GPS 模块、移动通信模块和第一数据接口模块，导航仪包括双 CPU 架构、第二 GPS 模块、存储器、第二数据接口模块和输入输出设备，车载终端与导航仪通过数据接口模块实现一体化连接；车载终端通过移动通信网络与远程控制中心交互信息。本发明既可保护终端用户生命和财产安全，又可节约个人和社会资源。

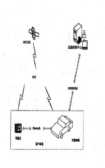

图 7-1　赛格的专利说明书

（图片来源：http://www.cheyun.com/content/302）

赛格技术总监洪军在接受车云网采访时说："当时丰田需要了解我们的产品，我们想，既然签了保密协议，就应该可以有深度的沟通。所以，产品是什么形态，应用是什么形态，服务是怎么做的，我们都以比较开放的形式介绍给了丰田。而当时，丰田在中国还没有开始生产装有 G-BOOK 的车型。"

赛格专利获批的车载系统，事实上其创新并非在产品本身。该车载系统导航仪、车载终端、远程控制中心以及通过车载终端与远程控制中心实现常规的安防功能都是现有技术，赛格所做的改进是将这三者整合起来，实现交互式的信息传递。在当时安吉星还只具备雏形的情况下，赛格的这套服务系统在导航行业做到了业内领先。在丰田提出合作并签署保密协议之后，双方的沟通持续了近两年，而后丰田单方面终止了后续合作，不再有下文。

2009 年，丰田宣布在中国推出搭载 G-BOOK 智能副驾系统的车型，雷克萨斯 RX 350 车型成为首款试水车型。2010 年初，搭载 G-BOOK 的凯美瑞 200G 上市。随后，赛格自费购买了一辆凯美瑞 200G，拆解并分析其 G-BOOK 电路系统、软硬件及产品思路，如图 7－2 所示。在征询过专利机构的意见后，赛格于 2010 年 8 月向深圳市中级人民法院正式提起诉讼（案件号：(2010)深中法民三初字第 309 号），状告丰田 G-BOOK 智能副驾系统专利侵权。

赛格交互式行车导航&丰田G-BOOK智能副驾系统对比

整理by 车云网

	赛格交互式行车安全导航		丰田G-BOOK智能副驾系统	
模块分类（硬件）	1、导航仪	双CPU架构、GPS模块、数据接口模块、输入输出设备	1、导航仪	40G容量硬盘、GPS、输入输出设备、蓝牙等数据接口模块
	2、车载终端	CPU、GPS模块、移动通信模块、数据接口模块	2、无线通讯终端机	数据通讯模块DCM、网络服务安全数字卡等
	3、远程控制中心	赛格在线服务平台	3、数据中心	G-BOOK呼叫中心
实现功能（软件）	•车载终端通过移动通信模块（GSM、GRPS、CDMA等）与远程控制中心实现数据交互 •车载终端通过数据接口模块（232串口、蓝牙等）与导航仪实现信息数据交互 •用户一键接通远程中心，远程中心获取车辆位置、速度等信息，并将实时交通等动态数据发送至用户终端，具有入侵安全、紧急报警功能		•G-BOOK目前有两个版本，G-BOOK+DCM版和G-BOOK+手机版 •当点选屏幕上的"话务员服务"时，无线通讯终端会连接数据中心进行语音服务，进行实时导航 •数据中心提供"大数据交通信息服务"，并可自动发送入侵信息，由GPS定位实现追踪，具有紧急报警等安全功能	
发布时间	2006年获得专利保护		2001年启动海外研发，2009年进入中国市场	

图 7－2　赛格导航与丰田 G-Book 系统的对比

（图片来源：http://www.cheyun.com/content/302）

三年曲折，丰田败诉

2010 年 10 月 13 日，深圳市中级人民法院第一次开庭审理赛格起诉丰田 G-BOOK 侵权案，当庭进行了法庭调查、质证，但并未做出任何判决。此次赛格提供的证据中，包含从自行采购的丰田凯美瑞 200G 汽车上拆卸下来的 G-BOOK 装置。但由于其拆卸过程未进行第三方公证，丰田方面表示不予以确认，这使得赛格导航重新采购了一辆广汽丰田凯美瑞 200G 用以取证。

第二次开庭因追加被告人未到而取消，第三次开庭已是九个月后。2011 年 7 月 21 日，法院对赛格公司公证后的取证车辆进行现场开封，拆下丰田凯美瑞 200G 的车载用户终端（包含导航仪和数据通信模块），并对照起诉书的内容进行实物指证、拍照记录，而后将其封装。

2011 年 9 月 19 日，经过抽签确定"上海市知识产权司法鉴定中心"为第三方司法鉴定单位，随后法院将赛格公司提供的证物寄往该鉴定中心。该鉴定中心的专家组先后召集原告与被告到上海鉴定所分别调查了解情况，并进行了相关证据分析、资料查找与核实等工作，并于 2012 年 7 月 18 日和 8 月 14 日两次来到深圳，将 G-BOOK 设备装回丰田原车上进行技术特征的比对、测试。

2012 年 11 月 7 日上海市知识产权司法鉴定中心做出如下司法鉴定意见：依照 2009 年 10 月 1 日起施行的《中华人民共和国专利法》第五十九条第一款之规定，北京 95190 信息技术有限公司"电信级的专业呼叫中心"与丰田制造的凯美瑞轿车中用户终端（包括车载终端和导航仪）所采用的技术方案与专利号：ZL200610157027.7 专利的权利要求 1 中的技术特征相同，丰田方法 1 与权利要求 10 中的技术特征相同，丰田方法 2 与权利要求 10 中的技术特征既不相同，也不等同，即丰田 G-BOOK 智能副驾系统落入赛格专利保护范围，鉴定结果可认为侵权成立。当然，在深圳市中级人民法院几次开庭期间，丰田公司并没有选择坐以待毙。除了收集、提供被告方的相关证据来证明 G-BOOK 不落入赛格专利保护范围之外，2010 年 9 月 10 日丰田汽车有限公司第一次向国家知识产权局专利复审委员会提出专利号 ZL200610157027.7 的专利无效申请。

2011 年 5 月 19 日，国家知识产权局专利复审委员会做出第 16536 号《无效宣告请求审查决定书》，宣布维持该专利权有效。随后丰田向北京市第一中级人民法院提起诉讼，要求国家知识产权局专利复审委员会撤销对赛格专利的认定。10 月 18 日，北京市第一中级人民法院通过审理后驳回了丰田公司的要求，维持国家知识产权局专利复审委员会的认定。

2012 年 3 月 14 日，丰田汽车有限公司第二次向国家知识产权局专利复审委员会提出专利无效申请，4 月 26 日国家知识产权局专利复审委员会进行了口头审理，6 月 26 日做出了 18911 号《无效宣告请求审查决定书》，再次宣布该专利权有效。

至此，丰田两次向国家知识产权局专利复审委员会提出赛格公司专利号 ZL200610157027.7 的专利无效申请均未成功。

在案件进程中，北京某资深专利律师陈律师曾向车云网介绍，对于丰田而言，赢得这场官司有两个关键的途径需要把握。一是作为赛格侵权案的被告方，在深圳市中级人民法院的庭审过程中，能够从专利的权利要求保护范围来不断举证其 G-BOOK 产品并不存在侵权。但从两次鉴定中心发布的鉴定结果来看，丰田 G-BOOK 产品属于赛格专利的权利要求保护范围内，若无法列举新的证据，丰田很有可能落败。第二点类似于"行政途径"，丰田向国家知识产权局复审委员会提出赛格专利无效申请，若能证明其专利申请存在疏漏，则专利无效，侵权之说也自然消除，但丰田的这一申请也先后两次被驳回。

2013 年 12 月，丰田赛格案在历经五次开庭、取证、第三方鉴定的漫长诉讼过程（见图 7-3）之后，终于迎来了深圳市中级人民法院的一审判决结果，认定丰田 G-BOOK 智能副驾系统侵权成立。该案件的主要判决内容如下：

一、被告丰田立即停止对原告深圳市赛格导航科技股份有限公司专利权（ZL200610157027.7）的侵犯，即被告丰田停止生产、销售、许诺销售搭载有 G-BOOK 智能副驾系统的车辆。

二、被告丰田删除载有 G-BOOK 智能副驾系统相关信息的宣传资料。

三、被告丰田赔偿原告经济损失人民币 200 万元，并支付赛格导航为维权所支出费用。

赛格诉丰田G-BOOK专利侵权案件进程

整理by 车云网

时间		案件进程
2010年	8月	赛格导航向深圳市中级人民法院提起丰田G-BOOK专利侵权诉讼
	9月10日	丰田公司向国家知识产权局复审委员会提出专利号ZL200610157027.7的专利（赛格拥有）无效申请
	10月13日	一审第一次开庭
2011年	5月19日	国家知识产权局复审委做出第16536号《无效宣告请求审查决定书》，维持该专利权有效
	6月2日	一审第二次开庭追加了北京九五一九〇信息技术有限公司为被告
	7月21日	一审第三次开庭
	9月19日	当庭抽签决定法院指定鉴定机构：上海知识产权司法鉴定中心
	10月18日	北京市第一中级人民法院审理丰田诉讼，驳回其专利无效申请
	11月10日	北京国威知识产权司法鉴定中心鉴定意见：丰田G-BOOK落入赛格专利保护范围
2012年	3月14日	丰田第二次向国家知识产权局复审委员会申请专利无效
	6月26日	丰田专利无效申请被驳回
	11月	上海知识产权司法鉴定中心鉴定意见：丰田G-BOOK落入赛格专利保护范围
2013年	5月27日	第四次开庭，鉴定意见质证
	12月20日	深圳中级人民法院判决丰田G-BOOK侵权成立

图 7-3　赛格诉丰田专利侵权案件进程

（图片来源：http://www.cheyun.com/content/302）

专利与合作：雷池边上的舞蹈

丰田 G-BOOK 自 2001 年起正式投入研发至今，已经走过了十二个年头。随着深圳市中级人民法院的判决结果，或许 G-BOOK 在中国市场将面临消失。从专利维权的角度来看，赛格赢得了专利持有人本该持有的权利，而丰田因为踩入雷池，也同样需要付出相应的代价。

雷池的边界上，完美的舞步并不取决于技巧，而是取决于控制。这之中涉及信任、承诺、协议，同时也需要双方从一开始便自觉寻求法律的保护与约束。

有部电影叫《天才闪光》，讲的是一个发明了雨刷器的人满心欢喜地想要与福特公司合作，在没有进行任何法律条款约束的情况下向福特公司展示了技术细节，最终致使专利被侵犯的故事。而主人公 Robert Kerns 的维权之路，走了数十年后终于获得成功，这促进了美国法律对于专利的保护。

尽管法律法规制度在不断完善，但在技术发展的过程中，产品之间的专利侵权却从未停止。例如，比亚迪与三洋的电池侵权官司、凯立德与道道通的侵权案，以及如今曲折三年的赛格与丰田。一旦合作的平衡被打破，专利的雷池引爆，其带来的漫长诉讼过程、梳理不清的利益纠纷以及暴露的法律意识淡薄，总让人在为科技企业维权之路纠结的同时感到无奈。

或许，不少专利纠纷案件本是可以避免的

合作初期，在签订保密协议的同时就应该标明知识产权的归属问题，而后在开放技术的过程中也应注意保留相关证据，比如证明技术方案由谁制定的证据、向对方交付的资料或数据的证据（有些合作协议中有可能约定创造人优先拥有专利申请权，或者一方提供技术，另一方在此平台上改良技术，这部分在申请专利时需要列举技术改良的证据）等。

在制定精细的合作方案之外，还需要企业自身对于专利保护有着极强的意识，这种意识不该以民族、企业进行区别对待，而必须一视同仁。例如有些本土企业讲究所谓的民族气节，在其他本土企业进行技术效仿的时候模糊对待或不予理睬，在外来的"花和尚"抢肉的时候就扛枪斗争到底。这种做法会破坏法律平衡，对专利保护氛围的塑造来讲是不利的，产品同质化会因此变得更为严重，技术门槛降低，专利价值迅速贬值。

此外，病急乱投医是很难对知识产权进行及时补救的。企业需要和相关知识产权代理商保持经常性的沟通，并及时制定保护措施。李顺德教授表示，在专利申请的同时，团队对于专利的管理能力也需要完善、健全。这些方面得到了提高，以往那种以卵击石、拖沓审理的维权案件就会越来越少。

传统车企，尽管在某些角度看来实力雄厚，产品竞争力强，但在技术合作中同样需要规避专利之争。在赛格案件里，赛格公司的专利实际上属于改进型创新，此类专利技术特征一般较多。丰田决定终止与赛格的合作之后，在产品设计中本应规避一部分技术特征，绕行而上，避免侵权，然而"专利大户"丰田却并未有所举措，导致了侵权案的败诉。这将对丰田产品系产生怎样的影响，还是一片未知汪洋。

G-BOOK 的消失或许会激发新一轮维权诉讼案件，这对于车联网产业链上的企业来讲是有积极意义的，具有法律维权的积极意义，但也是劳心伤神的，毕竟亡羊补牢远不如未雨绸缪更有效果。而证据模糊、案件拖沓，还会消耗企业的元气，延滞产品的后续输出，甚至使其沦为夕阳企业。

由上述案例解析我们发现，设计与研发工作所形成的作品与技术应当及时科学地申请专利以获得专利法的保护。因为专利不仅可以给工程师与企业带来重大的经济利益，而且可以使工程师与企业垄断性地独享技术优势，并使企业处于行业领先地位以及占有巨大的市场。当然，设计与研发工作所形成的作品与技术还可以作为著作与商业秘密依法受到

保护。

　　设计与研发工作集中体现了工程师的科研能力与创新精神，以及企业的核心竞争力与发展潜力。因此，设计与研发工作的顺利有序推进对企业与工程师的发展具有重要意义。而作为设计与研发工作的工程师，只有在熟悉部分关键事项的法律后，才能有效降低设计与研发工作的权益的法律风险，最大限度维护自身与企业的权益，进而最终保障设计与研发工作的顺利进行。设计与研发工作的权益保护主要包括专利权、著作权、商标权、商业秘密等权益的保护，即对研发设计过程形成的材料与最终的产品如流程图、产品设计图、论文、调研报告、研究报告、实验报告、项目建议书、技术信息等进行保护。企业与工程师可以运用单一或者综合性的法律作为手段，保护其专利权、著作权、商业秘密等权益（说明：因为很难将设计与研发工作进行严格的流程划分，并与相应的法律一一对应，即每项工作可能同时涉及多部法律，故为了方便阅读与学习，本文遵行现有法律体系与理论体系的安排阐述相关内容。），因而需要学习并掌握《中华人民共和国专利法》《中华人民共和国著作权法》《中华人民共和国反不正当竞争法》《关于禁止侵犯商业秘密行为的若干规定（1998年修正）》（在下文分别简称为《专利法》《著作权法》《反不正当竞争法》《禁止侵犯商业秘密行为的若干规定》）。

7.4.1　著作权

　　著作权也称"版权"，是指自然人、法人或非法人组织对于其具有独创性的文学、艺术与科学作品依法享有的人身权和财产权。广义上的著作权还包括出版者、表演者、录音录像制品制作者和广播电视组织在传播作品的过程中，对其创造性劳动成果依法享有的权利。

　　著作权是知识产权的一个重要组成部分，著作权制度亦是现代社会发展中不可或缺的一种法律制度。

　　在中华人民共和国境内，所有中国公民、法人或者非法人组织的作品，不论是否发表都享有著作权；外国人、无国籍人的作品首先在中国境内发表的，也依著作权法受到保护；外国人在中国境外发表的作品，根据其所属国与中国签订的协议或者共同参加的国际条约享有著作权。

　　1. 著作权主体，即哪些人享有著作权

　　著作权主体包括：作者；其他依照本法享有著作权的自然人、法人或者非法人组织；另外，通过赠与、继承、遗赠等继受方式也可以成为著作权主体。

　　另有几类特殊作品的著作权主体需要特别注意。

　　《中华人民共和国著作权法》（下文简称《著作权法》）第十八条规定：自然人为完成法人或者非法人组织工作任务所创作的作品是职务作品，除本条第二款的规定以外，著作权由作者享有，但法人或者非法人组织有权在其业务范围内优先使用。作品完成两年内，未经单位同意，作者不得许可第三人以与单位使用的相同方式使用该作品。

　　有下列情形之一的职务作品，作者享有署名权，著作权的其他权利由法人或者非法人组织享有，法人或者非法人组织可以给予作者奖励：

　　（一）主要是利用法人或者非法人组织的物质技术条件创作，并由法人或者非法人组织承担责任的工程设计图、产品设计图、地图、示意图、计算机软件等职务作品；

（二）报社、期刊社、通讯社、广播电台、电视台的工作人员创作的职务作品；

（三）法律、行政法规规定或者合同约定著作权由法人或者非法人组织享有的职务作品。

2. 著作权客体，即什么可以成为著作权的对象

著作权的对象是作品，是指文学、艺术和科学领域内具有独创性并且能以一定形式复制的智力成果，包括文字作品，口述作品，音乐、戏剧、曲艺、舞蹈、杂技艺术作品，美术、建筑作品，摄影作品，视听作品，工程设计图、产品设计图、地图、示意图等图形作品和模型作品，计算机软件以及符合作品特征的其他智力成果（参见《中华人民共和国著作权法》（2020年11月11日修订）第三条规定）。而在工程领域的著作权客体主要是流程图、产品设计图、论文、调研报告、研究报告、实验报告、项目建议书、工程设计图、电路图、建筑作品、模型作品、计算机软件等。

需注意的是，在设计与研发领域经常会涉及职务作品与委托作品。

（1）职务作品是自然人为完成法人或者非法人组织工作任务所创作的作品，其著作权归作者所有，但是法人或者非法人组织有权在其业务范围内优先使用。作品完成两年内，未经单位同意，作者不得许可第三人以与单位已使用的相同方式使用该作品。

（2）委托作品，即受托人按委托人的意志或者具体要求，并获得委托人支付的约定的报酬而创作的作品。

（3）计算机软件著作权的客体是指计算机软件，即计算机程序及其有关文档。计算机程序是指为了得到某种结果而由计算机等具有信息处理能力的装置执行的代码化指令序列，或者可以被自动转换成代码化指令序列的符号化序列或者符号化语句序列。同一计算机程序的源程序和目标程序为同一作品。文档是指用来描述程序的内容、组成、设计、功能规格、开发情况、测试结果及使用方法的文字资料和图表等，如程序说明、流程图、用户手册等。需要注意的是，对计算机软件著作权的保护不包括开发软件使用的思想、处理过程、数学概念、操作方法等。

案例7-18　黄鸟飞与蔡一男著作权权属、侵权纠纷

【基本案情】

2014年6月11日，江苏省版权局对黄鸟飞申请登记的美术作品《你我秘密》颁发作品登记证书，作品登记号：苏作登字—××××—F—××××。登记证记载：作品名称为《你我秘密》，作品种类为美术，作者为钱梦婧，著作权人为黄鸟飞。2015年9月15日，海门市文化广电新闻出版局（以下简称海门文广局）在蔡一男经营的"香奈儿网销供货站"门店内当场查扣涉案被控侵权床上用品四件套1套，并制作证据先行登记保存通知书、先行保存物品清单、证据复制（提取）单等法律文书，蔡一男在相关文书上签字确认。经当庭查看，黄鸟飞主张的《你我秘密》美术作品以心形图案，配以分三行排列的"YOU&ME"和"LOVEING""INPINK"英文字母组成，其中"YOU&ME"位于心形图案的中间，"YOU"的字体大于"&ME"的字体，"LOVEING""INPINK"位于心形图案的下方，分两行排列，以此构成整幅作品。被控侵权床上用品四件套中的被套上的图案，其组成元素及排列布局与涉案作品相同。网页上的服装图案由心形加"PINK"中英字母组成，其中，"PINK"字母位于心形的中间。

【法律解析】

本案中，虽然《你我秘密》作品中含有"PINK"字母，但除该元素外，还包括"心形""YOU&ME"和"LOVEING"等多种元素，并结合其要表达的主题，通过特定的表现手法、排列布局呈现给阅览者特定的视觉效果。故《你我秘密》作品能体现作者在创作作品时的独立思想和独特表现方式，具有一定的独创性，应认定构成著作权法上的作品。上诉人主张PINK是国外知名品牌的商标及知名商品的特有包装、装潢，但其所举证据无法证明该主张，且商标权与著作权保护的客体不同，即便PINK在国外是注册商标，也不能以涉案作品含有PINK元素为由而否定其享有的著作权。另被上诉人提交了作品登记证书以证明其享有涉案作品的著作权，在无相反证据时，应对其著作权予以确认。海门文广局对上诉人的涉嫌侵权产品进行了查扣，虽其出具的保存通知书上载明的保存期限截止于2015年9月24日，但此后海门文广局并未对该物品进行销毁，通州区人民法院于同年10月28日向海门文广局提取了查扣物品。上诉人并未举证证明通州区人民法院提取的物品与被查扣物品不一致，故应认定本案被控侵权产品是上诉人生产。被控侵权产品被套上的图案与涉案作品在创作元素、表现手法、排列布局及主体视觉效果上均相同。黄鸟飞与蔡一男均为南通家纺市场的同业经营者，蔡一男存在接触黄鸟飞《你我秘密》作品的可能，故应认定蔡一男在被控侵权产品上印制相应图案的行为构成对涉案作品的复制，侵犯了黄鸟飞的著作权，应承担相应的民事责任。

【法条链接】

《著作权法》规定：

第五十三条　有下列侵权行为的，应当根据情况，承担本法第五十二条规定的民事责任；侵权行为同时损害公共利益的，由主管著作权的部门责令停止侵权行为，予以警告，没收违法所得，没收、无害化销毁处理侵权复制品以及主要用于制作侵权复制品的材料、工具、设备等，违法经营额五万元以上的，可以并处违法经营额一倍以上五倍以下的罚款；没有违法经营额、违法经营额难以计算或者不足五万元的，可以并处二十五万元以下的罚款；构成犯罪的，依法追究刑事责任：

（一）未经著作权人许可，复制、发行、表演、放映、广播、汇编、通过信息网络向公众传播其作品的，本法另有规定的除外；

（二）出版他人享有专有出版权的图书的；

（三）未经表演者许可，复制、发行录有其表演的录音录像制品，或者通过信息网络向公众传播其表演的，本法另有规定的除外；

（四）未经录音录像制作者许可，复制、发行、通过信息网络向公众传播其制作的录音录像制品的，本法另有规定的除外；

（五）未经许可，播放、复制或者通过信息网络向公众传播广播、电视的，本法另有规定的除外；

（六）未经著作权人或者与著作权有关的权利人许可，故意避开或者破坏技术措施的，故意制造、进口或者向他人提供主要用于避开、破坏技术措施的装置或者部件的，或者故意为他人避开或者破坏技术措施提供技术服务的，法律、行政法规另有规定的除外；

（七）未经著作权人或者与著作权有关的权利人许可，故意删除或者改变作品、版式设计、表演、录音录像制品或者广播、电视上的权利管理信息的，知道或者应当知道作品、版式设计、表演、录音录像制品或者广播、电视上的权利管理信息未经许可被删除或者改变，仍然向公众提供的，法律、行政法规另有规定的除外；

（八）制作、出售假冒他人署名的作品的。

第五十四条　侵犯著作权或者与著作权有关的权利的，侵权人应当按照权利人因此受到的实际损失或者侵权人的违法所得给予赔偿；权利人的实际损失或者侵权人的违法所得难以计算的，可以参照该权利使用费给予赔偿。对故意侵犯著作权或者与著作权有关的权利，情节严重的，可以在按照上述方法确定数额的一倍以上五倍以下给予赔偿。

权利人的实际损失、侵权人的违法所得、权利使用费难以计算的，由人民法院根据侵权行为的情节，判决给予五百元以上五百万元以下的赔偿。

赔偿数额还应当包括权利人为制止侵权行为所支付的合理开支。

人民法院为确定赔偿数额，在权利人已经尽了必要举证责任，而与侵权行为相关的账簿、资料等主要由侵权人掌握的，可以责令侵权人提供与侵权行为相关的账簿、资料等；侵权人不提供，或者提供虚假的账簿、资料等的，人民法院可以参考权利人的主张和提供的证据确定赔偿数额。

人民法院审理著作权纠纷案件，应权利人请求，对侵权复制品，除特殊情况外，责令销毁；对主要用于制造侵权复制品的材料、工具、设备等，责令销毁，且不予补偿；或者在特殊情况下，责令禁止前述材料、工具、设备等进入商业渠道，且不予补偿。

3. 著作权内容，即著作权具体包括哪些权利

著作权主要包括下面两类性质的权利：

（1）人身权。人身权包括发表权、署名权、修改权和保护作品完整权。作者有权决定是否发表自己的作品；有权在自己的作品上署真名、笔名，也可以不署名，任何人不得强迫或干预；可以自己动手修改作品，也可以授权他人修改；有权保护其作品不被他人丑化，不被他人篡改。

（2）财产权。

① 使用权，即复制权、发行权、出租权、展览权、表演权、放映权、广播权、信息网络传播权、摄制权、改编权、翻译权、汇编权。流程图、产品设计图、论文、调研报告、研究报告、实验报告、项目建议书、工程设计图等均可以复制、发行、改编、翻译、汇编、在网络上传播等；流程图、产品设计图、工程设计图可以放映；流程图、产品设计图、工程设计图、建筑作品、模型作品、计算机软件等作品可以展览等。

② 许可使用权是指著作权人依法享有的许可他人使用其作品并获得报酬的权利。

③ 转让权是指著作权人依法享有转让使用权的中一项或多项权利并获得报酬的权利。

④ 获得报酬权是指著作权人依法享有的因作品的使用或转让而获得报酬的权利。获得报酬权通常是由使用权、使用许可权或转让权中衍生而来的财产权，是使用权、使用许可权或转让权必然包含的内容。

许可使用权、转让权与获得报酬权可以通过签订著作权许可使用和转让合同的方式行使。

职务作品著作权归作者所有，但是有下列情形之一的职务作品，作者只享有署名权，著作权中除署名权以外的权利归法人或者非法人组织享有。

第一，作者创作的职务作品主要是利用法人或者非法人组织的物质技术等条件创作，并由法人或者非法人组织承担责任的工程设计图、产品设计图、地图、计算机软件等作品；

第二，报社、期刊社、通讯社、广播电台、电视台的工作人员创作的职务作品；

第三，法律、行政法规规定或者依合同约定著作权由法人、其他组织享有著作权的职务作品。

4. 著作权的保护期，即著作权享受法律保护的期限有多长

为激发和保护创作者的积极性，法律对著作权的保护设定了一定的期限，当然该期限亦同时兼顾知识的共享。

《著作权法》规定：

第二十二条　作者的署名权、修改权、保护作品完整权的保护期不受限制。

第二十三条　自然人的作品，其发表权、本法第十条第一款第（五）项至第（十七）项规定的权利的保护期为作者终生及其死亡后五十年，截止于作者死亡后第五十年的 12 月 31 日；如果是合作作品，截止于最后死亡的作者死亡后第五十年的 12 月 31 日。

法人或者非法人组织的作品、著作权（署名权除外）由法人或者非法人组织享有的职务作品，其发表权的保护期为五十年，截止于作品创作完成后第五十年的 12 月 31 日；本法第十条第一款第五项至第十七项规定的权利的保护期为五十年，截止于作品首次发表后第五十年的 12 月 31 日，但作品自创作完成后五十年内未发表的，本法不再保护。

视听作品，其发表权的保护期为五十年，截止于作品创作完成后第五十年的 12 月 31 日；本法第十条第一款第五项至第十七项规定的权利的保护期为五十年，截止于作品首次发表后第五十年的 12 月 31 日，但作品自创作完成后五十年内未发表的，本法不再保护。

案例 7-19　李天与某房地产开发公司有关售楼处图形设计方案的纠纷

【基本案情】

2014 年 9 月 27 日，广告设计公司的李天向某房地产开发公司提供了售楼处图形设计方案，但这一设计方案很快就被否决了。因此，李天没有通过竞争性投标获得该公司售楼处的施工合同。于是，李天要求该公司归还其设计方案，但该公司坚称他们肯定不会使用李天的设计方案，并且答应归还其设计方案。之后，李天多次向该公司催讨其设计方案，但该公司一直没有归还，后来竟然委托某装修公司按照李天的设计方案施工，建造售楼处。

如果你是李天，该如何维护自身的合法权益呢？

【法律解析】

根据《著作权法》第二条"中国公民、法人或者非法人组织的作品，不论是否发表，依照本法享有著作权"。本案中，李天创作并向该房地产开发公司提供了售楼处图形设计方案，所以他对该售楼处图形设计方案享有著作权。但该公司在否定李天的设计方案之后，不仅没有及时归还设计方案，而且在未征得李天的同意下委托某装修公司按照其设计方案进行施工，这显然是侵害了李天对该设计方案享有的著作权。

根据《著作权法》第五十三条规定，有下列侵权行为的，应当根据情况，承担本法第五十二条规定的民事责任；侵权行为同时损害公共利益的，由主管著作权的部门责令停止侵权行为，予以警告，没收违法所得，没收、无害化销毁处理侵权复制品以及主要用于制作侵权复制品的材料、工具、设备等，违法经营额五万元以上的，可以并处违法经营额一倍以上五倍以下的罚款；没有违法经营额、违法经营额难以计算或者不足五万元的，可以并处二十五万元以下的罚款；构成犯罪的，依法追究刑事责任：

（一）未经著作权人许可，复制、发行、表演、放映、广播、汇编、通过信息网络向公众传播其作品的，本法另有规定的除外；

（二）出版他人享有专有出版权的图书的；

（三）未经表演者许可，复制、发行录有其表演的录音录像制品，或者通过信息网络向公众传播其表演的，本法另有规定的除外；

（四）未经录音录像制作者许可，复制、发行、通过信息网络向公众传播其制作的录音录像制品的，本法另有规定的除外；

（五）未经许可，播放、复制或者通过信息网络向公众传播广播、电视的，本法另有规定的除外；

（六）未经著作权人或者与著作权有关的权利人许可，故意避开或者破坏技术措施的，故意制造、进口或者向他人提供主要用于避开、破坏技术措施的装置或者部件的，或者故意为他人避开或者破坏技术措施提供技术服务的，法律、行政法规另有规定的除外；

（七）未经著作权人或者与著作权有关的权利人许可，故意删除或者改变作品、版式设计、表演、录音录像制品或者广播、电视上的权利管理信息的，知道或者应当知道作品、版式设计、表演、录音录像制品或者广播、电视上的权利管理信息未经许可被删除或者改变，仍然向公众提供的，法律、行政法规另有规定的除外；

（八）制作、出售假冒他人署名的作品的。

根据《著作权法》第五十四条规定：侵犯著作权或者与著作权有关的权利的，侵权人应当按照权利人因此受到的实际损失或者侵权人的违法所得给予赔偿；权利人的实际损失或者侵权人的违法所得难以计算的，可以参照该权利使用费给予赔偿。对故意侵犯著作权或者与著作权有关的权利，情节严重的，可以在按照上述方法确定数额的一倍以上五倍以下给予赔偿。

权利人的实际损失、侵权人的违法所得、权利使用费难以计算的，由人民法院根据侵权行为的情节，判决给予五百元以上五百万元以下的赔偿。赔偿数额还应当包括权利人为制止侵权行为所支付的合理开支。人民法院为确定赔偿数额，在权利人已经尽了必要举证责任，而与侵权行为相关的账簿、资料等主要由侵权人掌握的，可以责令侵权人提供与侵权行为相关的账簿、资料等；侵权人不提供，或者提供虚假的账簿、资料等的，人民法院可以参考权利人的主张和提供的证据确定赔偿数额。

人民法院审理著作权纠纷案件，应权利人请求，对侵权复制品，除特殊情况外，责令销毁；对主要用于制造侵权复制品的材料、工具、设备等，责令销毁，且不予补偿；或者在特殊情况下，责令禁止前述材料、工具、设备等进入商业渠道，且不予补偿。

因此，李天可以请求某房地产开发公司赔偿损失，即支付相应报酬。为了赔偿损失债权的实现，李天可在起诉前向人民法院申请采取责令停止有关行为和财产保全的证据保全措施。

【法条链接】

《中华人民共和国著作权法》第五十四条 侵犯著作权或者与著作权有关的权利的，侵权人应当按照权利人因此受到的实际损失或者侵权人的违法所得给予赔偿；权利人的实际损失或者侵权人的违法所得难以计算的，可以参照该权利使用费给予赔偿。对故意侵犯著作权或者与著作权有关的权利，情节严重的，可以在按照上述方法确定数额的一倍以上五倍以下给予赔偿。

权利人的实际损失、侵权人的违法所得、权利使用费难以计算的，由人民法院根据侵权行为的情节，判决给予五百元以上五百万元以下的赔偿。

赔偿数额还应当包括权利人为制止侵权行为所支付的合理开支。

人民法院为确定赔偿数额，在权利人已经尽了必要举证责任，而与侵权行为相关的账簿、资料等主要由侵权人掌握的，可以责令侵权人提供与侵权行为相关的账簿、资料等；侵权人不提供，或者提供虚假的账簿、资料等的，人民法院可以参考权利人的主张和提供的证据确定赔偿数额。

人民法院审理著作权纠纷案件，应权利人请求，对侵权复制品，除特殊情况外，责令销毁；对主要用于制造侵权复制品的材料、工具、设备等，责令销毁，且不予补偿；或者在特殊情况下，责令禁止前述材料、工具、设备等进入商业渠道，且不予补偿。

【知识拓展】

律师谈如何有效维护著作权

著作权维权比较困难，成本较高，因而需要综合考虑，理性选择，主要需要考虑如下几个方面。

一、明确维权的主要目的，确定相应方案

避免维权的盲目性，应明确具体的维权目的，确定相应方案。

（一）如维权者仅希望获得金钱收益，而对方主要是对作品予以转载或者使用，那么可通过中国法律文书裁判网、无讼案例网、聚法网等搜索相关案件的判决书，以确定作品使用费标准和对方必须得到授权许可方可使用的法律依据，然后和对方商谈使用费、使用期限、使用方式等，并签订书面合同。当然，切忌感情用事，发现对方侵权时以敌对的态度谴责他们的"强盗行径"，最终导致双方对簿公堂，可能并不利纠纷的解决。其实，合作的姿态、理性的态度才能化解纠纷，并实现双方利益的最大化。

（二）如维权者主要为了禁止对方转载与使用等，那么就可通过依据《著作权法》第五十条诉前禁令的规定申请法院对侵权行为予以制止，进而再通过判决确定对方侵权行为的法定结果，有力打击对方。

二、收集与固定侵权证据

收集和固定侵权证据是诉讼中最为关键的一环，只有证据才能证明对方存在侵权行为且造成自己损失的事实，法院才能据此支持你的诉讼请求。故俗称，"打官司"就是"打证据"。在网络著作权侵权案件中，因侵权行为大多均以光电信号、数字信息的形式出现，而光电信号、数据信息很容易被截收、截听、窃听、删节、剪接，如果未能全面且有效的固定证据，则该数据信息被修改、增减或者删除后便很难证明对方存在侵权行为。可以有三种方式收集与固定证据：公证取证、申请法院调查取证、证据保全。

（一）公证取证。为了预防证据毁灭损失，需要对大量具有证明作用的网上信息予以固定和保存。当事人请求公证机关公证取证，即在诉讼前或诉讼中由公证机关将涉案的网络信息逐一打印确认并对取证过程予以详细记录，形成客观完整的公证书。公证取证时，如果遇到图形、图像等声像文件，还需采用录音、录像的方式予以固定，以保证证据的完整性、客观性。另外，经过公证的证据其证明力在法律上高于其他形式的证据，如没有相反证明推翻，法院不需审查便可以根据公证书认定侵权事实。

（二）申请法院调查取证。在诉讼前或者诉讼中，当事人可以申请法院向网络服务提供者要求提供证据，网络服务商有协助法官调查取证的义务，如果不协助或不能提供则法院可依据《中华人民共和国侵权责任法》第三十六条的规定追究其相应的侵权责任。《中华人民共和国侵权责任法》第三十六条规定：网络用户、网络服务提供者利用网络侵害他人民事权益的，应当承担侵权责任。网络用户利用网络服务实施侵权行为的，被侵权人有权通知网络服务提供者采取删除、屏蔽、断开链接等必要措施。网络服务提供者接到通知后未及时采取必要措施的，对损害的扩大部分与该网络用户承担连带责任。网络服务提供者知道网络用户利用其网络服务侵害他人民事权益，未采取必要措施的，与该网络用户承担连带责任。

（三）证据保全。当事人可以依据《中华人民共和国民事诉讼法》八十一条规定等规定申请法院保全证据。《中华人民共和国民事诉讼法》八十一条规定，在证据可能灭失或者以后难以取得的情况下，当事人可以在诉讼过程中向人民法院申请保全证据，人民法院也可以主动采取保全措施。

为避免打草惊蛇，一定要力求在起诉前收集固定好全部证据。

三、采取诉前禁令与财产保全

为了防止继续侵权，造成损失的进一步扩大，当事人可以采取预防性措施，即诉前禁令与财产保全。《著作权法》第五十六条规定，著作权人或者与著作权有关的权利人有证据证明他人正在实施或者即将实施侵犯其权利的行为，如不及时制止将会使其合法权益受到难以弥补的损害的，可以在起诉前向人民法院申请采取责令停止有关行为和财产保全的措施。《中华人民共和国民事诉讼法》第一百零三条规定，人民法院对于可能因当事人一方的行为或者其他原因，使判决难以执行或者造成当事人其他损害的案件，根据对方当事人的申请，可以裁定对其财产进行保全，责令其作出一定行为或者禁止其作出一定行为；当事人没有提出申请的，人民法院在必要时也可以裁定采取保全措施。人民法院采取保全措施，可以责令申请人提供担保，申请人不提供担保的，裁定驳回申请。人民法院接受申请后，对情况紧急的，必须在四十八小时内作出裁定；裁定采取保全措施的，应当立即开始执行。《中华人民共和国民事诉讼法》第一百零五条规定，保全限于请求的范围，或者与本案有关的财物。《中华人民共和国民事诉讼法》第一百零六条规定，财产保全采取查封、扣押、冻结或者法律规定的其他方法。人民法院保全财产后，应当立即通知被保全财产的人。财产已被查封、冻结的，不得重复查封、冻结。

四、确定诉讼请求（要求承担何种侵权责任）

侵权责任承担的方式包括赔礼道歉、赔偿损失、停止侵权、消除影响等。在网络著作权侵权诉讼中，如何合理提出诉讼请求呢。停止侵权，即要求对方或者相关方删除著作权所有人作品并不再使用；比较难确定的是赔礼道歉和赔偿损失，很多维权者可能会请求赔礼道歉，但不一定会被支持。其主要原因是，现行司法审判中，要求侵权者承担赔礼道歉责任的前提是侵权者已侵犯权利人著作权中的人身权，这就需要维权者积极收集这方面的证据，或者仔细辨识是否有证据证明已侵犯著作权中的人身权。

根据《著作权法》第五十四条规定：侵犯著作权或者与著作权有关的权利的，侵权人应当按照权利人因此受到的实际损失或者侵权人的违法所得给予赔偿；权利人的实际损失或者侵权人的违法所得难以计算的，可以参照该权利使用费给予赔偿。对故意侵犯著作权或者与著作权有关的权利，情节严重的，可以在按照上述方法确定数额的一倍以上五倍以下给予赔偿。

权利人的实际损失、侵权人的违法所得、权利使用费难以计算的，由人民法院根据侵权行为的情节，判决给予五百元以上五百万元以下的赔偿。赔偿数额还应当包括权利人为制止侵权行为所支付的合理开支。人民法院为确定赔偿数额，在权利人已经尽了必要举证责任，而与侵权行为相关的账簿、资料等主要由侵权人掌握的，可以责令侵权人提供与侵权行为相关的账簿、资料等；侵权人不提供，或者提供虚假的账簿、资料等的，人民法院可以参考权利人的主张和提供的证据确定赔偿数额。

人民法院审理著作权纠纷案件，应权利人请求，对侵权复制品，除特殊情况外，责令销毁；对主要用于制造侵权复制品的材料、工具、设备等，责令销毁，且不予补偿；或者在特殊情况下，责令禁止前述材料、工具、设备等进入商业渠道，且不予补偿。对于文字作品的损失目前通行的参考是2014年颁布的《使用文字作品支付报酬办法》，关于图片等损失的计数标准目前全国各地的判例不同，当事人一般可以要求赔偿实际损失，而不选择仅要求对方支付稿酬。其差异在于，赔偿损失不仅包含稿酬，而且包含惩罚性赔偿，仅要求稿酬就漏掉了惩罚性赔偿。合理支出主要包含公证费、律师费及差旅费用。需要注意的细节是，要求公证处开具公证费发票时详细注明本票据对应哪份公证书，从而明确公证费的真实性与关联性。

五、选择有利于自己的管辖法院开展诉讼等活动

按照民事诉讼法等法律规定，本类案件基本上由侵权行为地、被告所在地法院管辖，当事人可以从中选择最有利于自己的管辖法院立案。那么如何选择呢？一般可以如此选择：距离上选择最近的法院，以节省差旅费与方便执行；选择被告有可供执行的财产所在地的法院，方便财产保全与执行；级别上选择较高级别的法院，较高级别法院中法官的职业能力与素质相对较高，并可以在一定程度上破除司法地方保护主义，获得公平公正的判决；选择有类似案件且支持原告诉讼请求的法院，或者选择支持诉讼请求数额最高的法院；等等。以上几项需要综合考虑。

六、巧用诉讼策略

因为著作权侵权往往涉案范围广，有必要巧妙使用诉讼策略。例如，可以同时起诉很多被告，也可以仅起诉其中几个。同时起诉许多被告需要投入很多的人力、物力，诉讼时间会大大延长，法院审判难度加大，将是一场艰苦卓绝的"持久战"，但因被告众多，可能会产生广泛的社会影响。司法实践，大多律师与当事人会选择较为弱势的被告，胜诉可能性高的案件先行起诉，以稳打稳进。

7.4.2 专利权

1. 专利权的主体，即专利权人

专利权的主体是指依法享有专利权，并且承担相应法律义务的人。专利权的主体包括下列几类：

（1）发明人或设计人。

发明人或设计人是指对发明创造的实质性特点做出创造性贡献的人。如果只是组织发明创造工作的人，或为利用物质技术等条件创造便利条件的人，或者从事其他辅助性工作的人，如负责安排部署工作、打印复印材料、编排文稿、布置工作场所、提供后勤服务的人，都不能成为发明人或设计人；为发明创造者提供精神鼓励的人，也不能成为发明人或设计人。发明人仅仅指完成发明的人；设计人是指完成实用新型或外观设计的人。发明人或设计人，其组成个体只能是自然人，不能是单位、集体或其他组织。

发明人或者设计人包括自由发明、共同发明、职务发明、委托发明的发明人与设计人（为了行文方便，且因多数学者的书也将两者合称为发明人，故在下文将发明人与设计人合称为发明人）。

① 自由发明人，是指完全凭借自己的智力劳动以及资金、设备、技术等条件完成发明创造的人。

② 共同发明人，是指一项发明创造由两人或两人以上的人一起完成，完成发明创造的人即为共同发明人。共同发明的专利申请权和取得的专利权归全体共同发明人共同所有。

③ 委托发明人，在我国法律中是指接受他人委托完成发明的人，主要以合同的形式予以委托，受托人完成的发明称为委托发明。《中华人民共和国专利法》和《中华人民共和国合同法》规定依照合同约定来确定委托发明的权利归属。如果合同约定不明或合同未对权利归属予以约定，那么专利权归完成发明创造的一方，即受托人。

④ 职务发明人，是指执行本单位的任务或者主要是利用本单位的物质技术条件所完成发明创造的人。职务发明创造申请专利的权利属于该单位，申请被批准后，该单位为专利权人。

（2）受让人。

受让人指经由合同或继承而依法获得专利权的个人或单位。专利申请权和专利权均能依法转让。专利申请权转让完成之后，受让人就依约定成为该专利权的主体，即专利权新的权利人。

（3）外国人。

外国人包括拥有外国国籍的自然人和法人。在中国有经常居所或者营业所的外国人，享有与中国公民或单位同等的专利申请权和专利权。

2. 专利权的客体，即专利权的对象

专利权的对象主要包括发明、实用新型与外观设计三种。

（1）发明。

发明是指对产品、方法或者其改进所提出的新的技术方案。因此，发明分为产品发明、方法发明和改进发明三种。产品发明是关于新产品或新物质的发明，这种产品或物质并非自然界客观存在的，而是人类通过利用自然规律对特定事物加以改造而产生的结果。人工加工与改造是产品发明申请专利权的重要条件。方法发明是指为解决某特定技术问题而使用的手段和步骤的发明，通常包括制造方法和操作使用方法两大类，前者如产品制造工艺、加工方法等，后者如测试方法、产品使用方法等。改进发明是以现有的产品发明或方法发明为基础所做出的具有实质性创新的技术方案。例如，20 世纪 70 年代施乐公司发明了第一台个人电脑 Alto，第一个商用鼠标，后又推出了第二代商品 Star，但因其价格昂贵且无法大量推广。于是苹果公司与微软公司分别聘请施乐公司的研究人员，在施乐公司个人电脑 Alto 与商用鼠标发明的基础上做出重大改进性创新，推出享誉全球的 Macintosh 与 Microsoft Windows，进而获得了对电脑与鼠标市场的垄断地位。再如，20 世纪 90 年代初北京大学王选教授设计的激光照排系统直接跨越了当时日本流行的第二代光机式照排机和美国流行的第三代阴极射线管式照排机，促使排版印刷技术从"铅与火"直接跳到了激光照排，从而引发了现代中文印刷技术革命。另外，还有电脑的操作系统 DOS 亦是如此。

（2）实用新型。

实用新型是指对产品的形状、构造或者其结合所提出的适于实用的新的技术方案。因此，申请实用新型专利只能是产品，并且该产品应该是可以通过工业方法予以制造并占据着一定空间的物体。有关方法（包括产品的用途）以及没有经人工制造的自然物都不能成为实用新型专利的客体，即产品的制造方法、使用方法、通信方法、处理方法、计算机程序以及将产品用于特定用途均不能申请实用新型专利。例如，一种普通轴承的制造方法、计算机硬件外表的除尘方法、海底的珊瑚等，都不能获得实用新型专利保护。

产品的形状是指产品所具有的、可以从外部感知到的、确定的物理形状。就产品形状所提出的技术方案，既可以是对产品三维形态的物理外形所提出的技术方案，例如对赛车车轮形状进行的改进，为了能经风吹雨打对景观灯形状进行的改进；也可以是对产品二维形态的物理外形所提出的技术方案，例如对塑钢的横切面形状的改进。没有固定形状的产品，如气态、液态、粉末状、颗粒状的物质或材料，其形状不能作为实用新型产品的形状特征。因此，食品、饮料、调味品、铅粉、墨粉等仅涉及成分或者组合的变化，不涉及产品结构的改进，不能申请实用新型专利。

产品的构造是指产品的各组成部分之间相互连接、匹配、组合等在物理空间上的相互关系。它既可以是产品零部件之间的机械构造，又可以是产品元器件之间的线路连接。

（3）外观设计。

外观设计是指对产品的整体或局部的形状、图案或者其结合，以及色彩与形状、图案的结合所做出的富有美感并适用于工业应用的新设计。

外观设计必须以产品作为载体，该产品是指任何用传统工业或者现代工业的方法能够生产制造出来的物品。不能重复生产制造的手工艺品、农产品、畜产品、自然物不能作为外观设计的载体。一般来说，产品的色彩不能独立构成外观设计，除非产品色彩变化的本身已形成一种图案，如墨汁勾勒的大熊猫图案。单纯一个图画不能成为外观设计，只有成为某项产品的外观，方可以申请外观设计。外观设计的组合有，产品的形状，产品的图案，产品的形状和图案，产品的形状和色彩，产品的图案和色彩，产品的形状、图案和色彩。

另外，需要特别注意的是，职务发明创造容易产生纠纷，职务发明创造主要包括以下两类。

第一，执行本单位任务所完成的发明创造。它具体包括三种情况：一是在本职工作中做出的发明创造；二是履行本单位交付的本职工作之外的任务所做出的发明创造；三是退职、退休或者调动工作后1年内做出的，与其在原单位承担的本职工作或者原单位分配的任务有关的发明创造。在第三种情况中，只有同时具备两个条件，才构成职务发明创造：首先，该发明创造必须是发明人或设计人从原单位退职、退休或者调动工作后1年内做出的；其次，该发明创造与发明人或设计人在原单位承担的本职工作或者原单位分配的任务有联系。

第二，主要利用本单位的物质技术条件所完成的发明创造。"本单位的物质技术条件"指本单位的资金、设备、零部件、原材料或者不对外公开的技术资料等。

3. 授予专利权的条件

（1）授予专利权的发明和实用新型应当具备新颖性、创造性和实用性。

① 新颖性，是指该发明或者实用新型不属于现有技术，也没有任何单位或者个人就同样的发明或者实用新型在申请日以前向国务院专利行政部门提出过申请，并记载在申请日以后公布的专利申请文件或者公告的专利文件中。申请专利的发明创造在申请日以前六个月内，有下列情形之一的不丧失新颖性：在中国政府主办或者承认的国际展览会上首次展出的；在规定的学术会议或者技术会议上首次发表的；他人未经申请人同意而泄露其内容的。

② 创造性，是指与现有技术相比，该发明具有突出的实质性特点和显著的进步，该实用新型具有实质性特点和进步。在技术方案的构成上的实质性特点，必须是通过创造性思维活动的结果，不能是通过简单地分析、归纳、推理现有技术就能够获得的结果。发明的创造性比实用新型的创造性要求更高。创造性的判断以所属领域普通技术人员的知识和判断能力作为标准。

③ 实用性，是指该发明或者实用新型能够制造或者使用，并且能够产生积极效果。该规定有两层含义：一是该技术能够在工业、农业、林业、水产业、畜牧业、交通运输业以及服务业等行业中制造与使用，并且该制造与使用具有可实施性及可重复性；二是必须能够产生积极的效果，即与现有技术相比，该技术能够带来更好的经济效益或社会效益，如能提高生产效率与产品质量、增加产品功能、降低生产成本、防治环境污染等。

本法所称现有技术，是指申请日以前在国内外为公众所知的技术，主要包括以下三种方式公开的技术：出版物公开，即通过出版物在国内外公开披露技术信息，其公开的空间范围的标准是国内外；使用公开，即在国内通过使用或实施方式公开技术内容，其公开的空间标准是在我国境内；其他方式的公开，即以出版物和使用以外的方式公开，主要指口头方式公开，如通过口头交谈、讲课、作报告、讨论发言、在广播电台或电视台播放等方式，使公众了解有关技术内容，其公开的空间范围的标准是在国内。

（2）授予专利权的外观设计应当具备的条件。

① 新颖性。授予专利权的外观设计与现有设计或者现有设计特征的组合相比，应当具有明显区别且不属于现有设计，也没有任何单位或者个人就同样的外观设计在申请日以前向国务院专利行政部门提出过申请，并记载在申请日以后公告的专利文件中。

外观设计相同的判断方式：

a. 按一般消费者水平判断：从一般消费者的角度进行判断，而不是从专业设计人员或者专家等的角度进行判断。

b. 单独对比：一般应当用一项对比设计与涉案专利进行单独对比，而不能将两项或者两项以上对比设计结合起来与涉案专利进行对比。涉案专利包含有若干项具有独立使用价值的产品的外观设计的，例如成套产品外观设计，或者涉案专利包含同一产品两项以上的相似外观设计的，可以用不同的对比设计与其所对应的各项外观设计分别进行单独对比。涉案专利是由组装在一起使用的至少两个构件构成的产品外观设计的，可以将与其构件数量相对应的明显具有组装关系的构件结合起来作为一项对比设计与涉案专利进行对比。

c. 直接观察：应当通过视觉进行直接观察，不能借助放大镜、显微镜、化学分析等其他工具或者手段进行比较，不能由视觉直接分辨的部分或者要素不能作为判断的依据。例如，有些纺织品用视觉观看其形状、图案和色彩是相同的，但在放大镜下观察，其纹路有很大的不同。

d. 应当仅以产品的外观作为判断的对象：考虑产品的形状、图案、色彩这三个要素产生的视觉效果。涉案专利仅以部分要素限定其保护范围的情况下，其余要素在与对比设计比较时不予考虑。在涉案专利为产品零部件的情况下，仅将对比设计中与涉案专利相对应的零部件部分作为判断对象，其余部分不予考虑。对于外表使用透明材料的产品而言，通过人的视觉能观察到的其透明部分以内的形状、图案和色彩，应当视为该产品的外观设计的一部分。

② 实用性。授予专利权的外观设计必须适于工业应用，即要求外观设计本身以及所附载的产品能够以工业的方法复制并在工业上批量生产。

③ 富有美感。授予专利权的外观设计以产品的形状、图案和色彩等为构成要素，在视觉感知上带给人愉悦的感受，不要求其产品功能先进。外观设计的美感非常有助于所依附的产品的推广与销售。

④ 授予专利权的外观设计不得与他人在申请日以前已经取得的合法权利相冲突。

此处所称的现有设计，是指申请日以前在国内外为公众所知的设计，即申请日以前在国内外出版物上公开发表过或者国内公开使用过的设计。

（3）不授予专利权的情形。

① 科学发现。科学发现所认识的物质、现象、过程、特性和规律不同于改造客观世界的技术方案，不是专利法意义上的发明创造，所以不能被授予专利权。

② 智力活动的规则和方法。智力活动规则与方法只是指导人们对信息进行思考、识别、判断和记忆的规则和方法，由于其没有采用技术手段或者利用自然法则，也未解决技术问题和产生技术效果，所以不能认定为技术方案。例如，交通行车规则、数学算法、各种游戏、娱乐的规则和方法、乐谱、食谱、计算机程序本身等。

③ 疾病的诊断和治疗方法。将疾病的诊断和治疗方法排除在专利保护范围之列是基于人道主义的考虑和社会伦理的原因，医生在诊断和治疗过程中应当有选择各种方法和条件的自由。此外，这类方法直接以有生命的人体或动物体为实施对象，在理论上认为不应当属于产业，无法在产业上予以利用，也不属于专利法意义上的发明创造。例如心理疗法、诊脉法、按摩、为预防疾病而实施的各种免疫方法、以治疗为目的的整容或减肥等。但是，药品或医疗器械可以被授予专利权。

④ 动物和植物品种。动物和植物品种的生产方法，可以依照本法规定授予专利权。

⑤ 原子核变换方法以及用原子核变换方法获得的物质。

⑥ 对平面印刷品的图案、色彩或者二者的结合做出的主要起标识作用的设计。

从世界范围看，一些国家还将食品技术领域、化工（包括药品）技术领域等列为不授予专利的技术领域。

4. 专利权人的权利与义务

（1）独占实施权。

发明和实用新型专利权被授予后，除专利法另有规定的以外，任何单位或者个人未经专利权人许可，都不得实施其专利，即不得为生产经营目的制造、使用、许诺销售、销售、进口其专利产品，或者使用其专利方法以及使用、许诺销售、销售、进口依照该专利方法直接获得的产品。因此，产品发明专利权人和实用新型专利权人独占实施权的内容具体包括对专利产品的制造权、使用权、许诺销售权、销售权和进口权。方法发明专利权人享有的独占实施权，除了对该专利方法的排他使用权以外，还包括对依照该专利方法直接获得的产品享有的使用权、许诺销售权、销售权和进口权。这里的许诺销售，是指以广告，在商场橱窗中陈列或者在展销会上展出等方式做出销售商品的意思表示。

外观设计专利权被授予后，任何单位或者个人未经专利权人许可，都不得实施其专利，即不得为生产经营目的制造、销售、进口其外观设计专利产品。可见，外观设计专利独占实施权的内容包括对外观设计专利产品的制造权、销售权和进口权。

（2）实施许可权。

实施许可权是指专利权人可以许可他人实施其专利技术并收取专利使用费。许可他人实施专利的，当事人应当订立书面合同。未经他人许可而擅自使用他人专利，应视为侵权行为。

（3）转让权。

专利权人转让专利权的应当订立书面合同，并向国务院专利行政部门登记，由国务院专利行政部门予以公告，专利权的转让自登记之日起生效。

（4）标示权。

标示权是指专利权人享有在其专利产品或者该产品的包装上标明专利标记和专利号的权利。其他人使用专利权人的专利在包装上标明专利标记和专利号的权利，应当获得专利权人许可并支付报酬。

专利权人的义务主要是缴纳专利年费。专利法第43条规定：专利权人应当自被授予专利权的当年开始缴纳年费。未按规定交纳年费的，可能导致专利权终止。

此外，拥有职务发明专利权的单位在授予专利权后，应当按照规定对发明人或设计人进行奖励；专利实施后，根据其推广应用所取得的经济效益，应按规定发给发明人或者设计人合理的报酬。

5. 专利权的期限

根据《中华人民共和国专利法》第四十二条规定：发明专利权的期限为二十年，实用新型专利权的期限为十年，外观设计专利权的期限为十五年，均自申请日起计算。

自发明专利申请日起满四年，且自实质审查请求之日起满三年后授予发明专利权的，国务院专利行政部门应专利权人的请求，就发明专利在授权过程中的不合理延迟给予专利权期限补偿，但由申请人引起的不合理延迟除外。

为补偿新药上市审评审批占用的时间，对在中国获得上市许可的新药相关发明专利，国务院专利行政部门应专利权人的请求给予专利权期限补偿。补偿期限不超过五年，新药批准上市后总有效专利权期限不超过十四年。

6. 专利权的限制

（1）强制许可。

强制许可又称为非自愿许可，是指国务院专利行政部门依照法律规定，不经专利权人的同意，直接许可具备实施条件的申请者实施发明或实用新型专利的一种行政措施。我国专利法将强制许可分为三类：

① 不实施时的强制许可。具备实施条件的单位以合理的条件请求发明或者实用新型专利权人许可实施其专利而未能在合理长的时间内获得这种许可时，国务院专利行政部门根据具备实施条件的单位的请求，给予该单位实施该发明专利或者实用新型专利的强制许可。

② 根据公共利益需要的强制许可。国务院专利行政部门因国家出现紧急状态或者非常情况时或者为了公共利益的目的给予该单位实施发明专利或者实用新型专利的强制许可。

③ 从属专利的强制许可。一项取得专利权的发明或者实用新型较以前已经取得专利权的发明或者实用新型具有显著经济意义的重大技术进步，其实施又有赖于前一发明或者实用新型的实施的，国务院专利行政部门根据后一专利权人的申请，可以给予实施前一发明或者实用新型的强制许可。在依照前述规定给予实施强制许可的情形下，国务院专利行政部门根据前一专利权人的申请，也可以给予实施后一发明或者实用新型的强制许可。

（2）不视为侵犯专利权的行为。

① 专利产品或者依照专利方法直接获得的产品由专利权人或者其许可的单位、个人售出后，使用、许诺销售或者销售该产品的。

② 在专利申请日前已经制造相同产品、使用相同方法或者已经做好制造、使用的必要准备，并且仅在原有范围内继续制造、使用的。

③ 临时通过中国领陆、领水、领空的外国运输工具，依照其所属国同中国签订的协议或者共同参加的国际条约，或者依照互惠原则，为运输工具自身需要而在其装置和设备中使用有关专利的。

④ 专为科学研究和实验而使用有关专利的。

⑤ 为提供行政审批所需要的信息，制造、使用、进口专利药品或专利医疗器械的，以及专门为其制造、进口、专利药品或者专利医疗器械的。

案例 7 - 20　刘永民、刘永友诉某矿务局、某矿山机械厂专利申请权纠纷案

【基本案情】

刘永民从 2008 年 9 月至 2010 年 2 月任某矿务局机电处工程师。在此期间，刘永民参加风机改造，并负责技术工作，先后研制成"某 1、2、3、4 型叶片"，其中 4 型扭曲叶片达到国内先进水平。2009 年某省煤炭管理局安排某矿山机械厂试产该 4 型叶片，刘永民被单位派去负责试产的技术工作。刘永民利用工作和业余时间，同某矿山机械厂一起进行叶片试制，进行风机的改造工作。2010 年 3 月，刘永民被调到三宝矿任机电副总工程师后，仍经常去该厂参与解决试制的有关技术问题。2010 年 7 月，国家煤炭部拨款 15 万元，在某矿山机械厂建立风机试验站。同年 6 月，某鼓风机厂研制出 2K60 型矿井轴流风机，某省煤炭管理局决定在某矿山机械厂对该机进行测试，并决定由刘永民担任测试组组长。刘永民根据多年来改造风机的经验，借鉴国外先进技术，抓紧构思改造型风机，并进行了初步设计。2012 年 1 月初，确定了以改造叶轮为主的 2KDB－55－1 型矿井轴流式通风机设计原则及主要参数选取的技术方案。同年 3 月 12 日，煤炭部生产司决定由煤炭部拨款，刘永民负责技术，某矿山机械厂负责试制改造型 2KDB－55－1 型矿井轴流风机，同年 10 月完成了样机试制，并在某矿山机械厂风机试验站进行了试验。同年 11 月 2 日，煤炭部委托某省煤炭管理局在某矿山机械厂召开评议会，认为该风机可以定型进行工业试验，条件具备时进行技术鉴定。2013 年 6 月，煤炭部拨 7 万元试验费。2015 年 5 月，在煤炭部委托东北煤炭总公司召开改造型 2KDB－55－1 型矿井轴流风机技术鉴定会上，确定该风机研制单位为某矿务局和某矿山机械厂。2015 年 5 月 12 日，刘永民和其弟刘永友共同向中国专利局提出名称为"矿井轴流式风机"非职务发明实用新型专利申请（申请号：87023256）。2015 年 11 月 4 日，被告某矿务局、某矿山机械厂以"矿井轴流式风机"属职务发明为由，向某省专利管理局提出调处专利申请权纠纷请求。某省专利局于 2015 年 6 月 4 日做出申请人刘永民为职务发明和刘永友不具备专利申请权人资格的处理决定。刘永民、刘永友不服处理决定，以其专利为非职务发明为由，向法院提起诉讼。

【法律解析】

原告刘永民从 2015 年以来，先后担任某矿务局机电工程师、三宝矿机电副总工程师、某矿务局机电总厂总工程师等职务，对煤矿通用的大型机电设备——通风机负有管理、维修、改造等职责。在通风机的改造过程中，刘永民根据自己的实践经验，结合国外的先进技术，创造性地进行风机改造，并结合 2KDB－55－1 型风机的试制，提出了"矿井轴流式风机"技术方案，对风机的试制改造做出了突出的贡献。在风机试制改造过程中，煤炭部、某省煤炭管理局均拨了试制经费，被告某矿务局、某矿山机械厂投入了人力、物力。依照《专利法》第六条第一款关于"执行本单位的任务或者主要是利用本单位的物质技术条件所完成的发明创造为职务发明创造。职务发明创造申请专利的权利属于该单位"的规定，刘永民对"矿井轴流式风机"的创造发明属职务发明创造，该项技术申请专利的权利应属某矿务局和某矿山机械厂。依照《中华人民共和国专利法实施细则》第十三条的规定，刘永民对"矿井轴流式风机"的创造发明的实质性特点做出了创造性贡献，属该项风机技术的发明人。依照《专利法》第十五条的规定，职务发明创造的单位，应当对职务发明创造的发明人给予奖励。原告刘永友在"矿井轴流式风机"的发明创造过程中，为发明人刘永民提供过技术资料，参加了一些讨论，并非是对该项技术的发明创造做出创造性贡献的人。依照《中华人民共和国专利法实施细则》第十三条的规定，在完成发明创造过程中，为物质条件的利用提供方便的人或者从事其他辅助工作的人，不应当认定为是发明人。

【知识拓展】

资深律师现身说法：专利申请与专利诉讼的经验

一、专利申请

专利申请是专利权取得的必须程序，即申请人向国家知识产权局提出申请，经其批准并颁发证书。专利申请的目的在于保障专利申请的规范化操作与良性运行。

（一）专利申请原则

根据《中华人民共和国专利法》（以下简称《专利法》）第九条以及《中华人民共和国专利法实施细则》（以下简称《实施细则》）第十六条的规定，在专利申请时应遵守以下三项原则：

第一，一申请一发明原则，即同样的发明创造只能被授予一项专利权，体现了专利申请的专一性，便于专利局对专利申请的管理和审查，也有利于专利权的转让和专利许可合同的签订。

第二，先申请原则，因专利权具有专属性与排他性，因而对于两个以上的人分别就同一主题的发明创造申请专利的，专利权应授予最先申请的人。

第三，书面原则，即在办理《专利法》及《实施细则》规定的手续时，都应当采取书面形式。

（二）专利申请的主体

专利申请主体是指就某项发明创造有资格向专利局提出专利申请的自然人、法人或者其他组织。专利申请主体的条件有以下两点：

第一，国籍要求，具有中国国籍的公民或者单位有资格向国务院专利行政部门提出专利申请。其次，关于外国人在我国申请专利，依据《专利法》第十七条等规定，应符合下述条件：在中国有经常居所或者营业所外国人、外国企业或外国其他组织在中国申请专利的，应当依照其所属国同中国签订的协议或者共同参加的国际条约，或者依照互惠原则，按本法办理。

第二，申请标的物的合法性要求，即申请的标的物符合《专利法》就发明创造的范围规定，既要符合形式要件又要符合实质要件。其次，专利申请人要拥有合法的专利请求权。

（三）专利类型申请的选择，即专利权客体的选择

① 就技术创新而言，发明对创造性的要求远高于实用新型，创新性较高，一般情况下所获收益也高。而实用新型专利对于创新的要求相对不高，一般情况下，单次所获收益较小。

② 就审查形式而言，发明专利申请需要进行初步审查和实质审查，实质审查合格后才可被授予专利权，故权利比较稳定。而实用新型专利申请只进行初步审查，不作实质审查，初步审查合格即可获得专利权，权利不太稳定。

③ 从专利的生命周期来看，发明专利的保护期限为二十年，保护期限较长，如认为技术的生命周期较长，短时间内不会被替代或淘汰，那么就申请发明专利。实用新型专利保护期为十年，保护期限较短，如预计该技术几年后就会被新技术所取代，那么申请实用新型专利更为合适。

④ 就专利费而言，发明专利的申请费、代理费、年费等费用较高，一般资金允许则可申请，但若资金紧张，更适合申请实用新型专利。

⑤ 可以同时申请发明专利和实用新型专利。根据《专利法》第九条的相关规定，申请人同时提交实用新型专利申请和发明专利申请，由于实用新型不经实质审查，一般实用新型会先被授予专利权。此时可一边使用实用新型专利，一边等待发明专利审批，这样可使申请人尽早获得专利权并拥有较长的保护期限，而且可使有效保护时间得到延长。如果发明专利经审查，认为除和同时申请的实用新型专利存在重复授权问题外不存在其他影响授权

的因素，那么就可以通过放弃已经取得的实用新型专利的方式来获得发明专利；若发明专利申请经过实质审查不能授予专利权，申请人仍然可以拥有此技术方案的实用新型专利权。

（四）专利申请时间的把握，即专利申请日

专利申请日又称为关键日，是指国务院专利行政部门收到专利申请文件之日。专利申请日时间的确定对专利申请人以及能否获得专利权都具有极为重大的意义。在确定专利申请日时应注意如下两个方面：

第一，根据《中华人民共和国专利法实施细则》第九十四条规定，专利法和本细则规定的各种费用，可以直接向国务院专利行政部门缴纳，也可以通过邮局或者银行汇付，或者以国务院专利行政部门规定的其他方式缴纳。

通过邮局或者银行汇付的，应当在送交国务院专利行政部门的汇单上写明正确的申请号或者专利号以及缴纳的费用名称。不符合本款规定的，视为未办理缴费手续。

直接向国务院专利行政部门缴纳费用的，以缴纳当日为缴费日；以邮局汇付方式缴纳费用的，以邮局汇出的邮戳日为缴费日；以银行汇付方式缴纳费用的，以银行实际汇出日为缴费日。

多缴、重缴、错缴专利费用的，当事人可以自缴费日起3年内，向国务院专利行政部门提出退款请求，国务院专利行政部门应当予以退还。

第二，对于最先申请人，其享有优先权应以优先权日为申请日。也就是说，对于专利申请人提出第一次专利申请后，在法定期限内又以相同主题的发明创造提出专利申请的，其在后申请以第一次申请的日期作为申请日。优先权又可以分为国际优先权和国内优先权。国际优先权是指申请人自发明或者实用新型在外国第一次提出专利申请之日起12个月内，或者自外观设计在外国第一次提出专利申请之日起6个月内，又在中国就相同主题提出专利申请，依照该国同中国签订的协议或者共同参加的国际条约，或者依照相互承认优先权的原则，可以享有优先权。国内优先权是指申请人自发明或者实用新型在中国第一次提出专利申请之日起12个月内，又向专利局就相同主题提出专利申请的，享有优先权。

二、专利诉讼经验

专利诉讼因其专业性强，所以过程较为复杂，应注意以下几个方面。

（一）关于起诉主体的问题。由于专利侵权主体众多，要是把所有侵权人当作被告告上法庭，诉讼成本就会过大，很难达到良好维权的效果。因此，起诉对象需要科学选择，选择经济实力与人力资源较弱的，或胜诉可能较大的侵权者。例如公司间的专利侵权中，中小型民营企业较国有企业更为适合，起诉一家然后广为宣传，这样也能起到"杀一儆百"的效果，抑制侵权行为。

（二）关于诉讼时机的把握。根据《专利法》第七十四条的规定：侵犯专利权的诉讼时效为三年，自专利权人或者利害关系人得知或者应当得知侵权行为之日起计算。应当收集整理好侵权的证据之后再起诉；在协商谈判不成时，再理性选择起诉；发律师函或者警告函未取得理想效果时，再向法院起诉主张权利。

（三）关于起诉地选择的问题。根据《中华人民共和国民事诉讼法》（以下简称《民事诉讼法》）一般应按照原告就被告，在被告住所地法院起诉。但由于专利侵权比较特殊，其认定要求较高，如在被告住所地起诉难免会出现地方保护的现象，不利于专利诉讼高效、公平的解决。因此，根据《民事诉讼法》第二十八条的规定，侵权行为地亦可作为起诉地，从而选择有利于维权者的管辖地法院，避免了诉讼的外部干扰。

（四）关于纠纷解决方式的选择，即诉讼、调解与协商的选择。诉讼是对策，协商属上策。法院在办理民事案件时，应当根据自愿和合法的原则进行调解；调解不成的，应当及时判决。无论是通过法院的调解还是双方协商解决，在发生专利诉讼时，由于高额的诉讼费用以及较长的审理期限，原告方随时存在着败诉的风险，所以，通过协商解决专利侵权纠纷往往是最高效的。

（五）关于赔偿数额的确定。尽管在《专利法》第六十八条的规定中明确了赔偿数额、赔偿范围，但在司法实践中对于侵权数额的举证仍然难度较大。一般情况下，法院对于专利诉讼的赔偿都是在法定赔偿100万限额之内进行的酌定赔偿。因此，对于提出赔偿的诉讼请求不宜过高，否则要支付较高的律师费、诉讼费，胜诉的难度大。

有关证据收集与固定、诉前禁令、财产保全、证据保全等可以参考著作权部分的《律师谈如何有效维护著作权》。

7.4.3 商业秘密

1. 商业秘密的概念与范围

按照中国《反不正当竞争法》的规定，商业秘密是指不为公众所知悉、能为权利人带来经济利益，具有实用性并经权利人采取保密措施的技术信息和经营信息。因此，商业秘密包括两部分，即经营信息和技术信息，如管理方法、产销策略、客户名单、货源情报、招投标中的标底及标书内容等经营信息，以及生产配方、工艺流程、技术诀窍、设计图纸等技术信息。

工程师主要接触技术秘密，所以识别技术秘密并预防技术秘密风险极其重要。技术秘密是一种重要的商业秘密，国家科委《关于加强科技人员流动中技术秘密管理的若干意见》专门对技术秘密做了详细规定，即本单位所拥有的技术秘密是指由单位研制开发或者以其他合法方式掌握的、未公开的、能给单位带来经济利益或竞争优势，具有实用性且本单位采取了保密措施的技术信息，包括但不限于设施图纸（含草图）、试验结果和试验记录、工艺、配方、样品、数据、计算机程序等。技术信息可以是有特定的完整的技术内容，构成一项产品、工艺、材料及其改进的技术方案，也可以是某种产品、工艺、材料等技术或产品中的部分技术要素。

2. 商业秘密的构成要件，即如何认定商业秘密

一项信息如何才能被认定为商业秘密？一般认为商业秘密需要具有秘密性、商业价值性、实用性、保密性四个构成要件。工程师将某项信息作为商业秘密予以保护时，需要依据上述构成要件采取相应措施。另外，如自身或者所在企业预防或者处理商业秘密侵权时，要深入分析所涉及信息是否符合上述构成要件，以判断所做出的行为是否构成侵权。下面，让我们进一步理解与把握这四个构成要件。

（1）不为公众所知悉（秘密性）。

国家工商行政管理局《关于禁止侵犯商业秘密行为的若干规定》（以下简称《若干规定》）第二条第二款指出："本规定所称不为公众所知悉，是指该信息是不能从公开渠道直接获取的"。"不为公众所知悉"也就说作为商业秘密的信息在内容上应有新颖性，当然这种新颖性

要求较低，只要其与大众皆知的信息在内容上有最低限度的差异或有新意即可。"不能从公开渠道直接获得"是指商业秘密所包括的信息内容不能从产品说明书、书籍、新闻媒体、互联网、一般人等载体上或者其他公开场合直接取得。

若有人违反法定或约定的保密义务或诚实信用原则等，向公众披露了权利人的商业秘密，则该披露行为即构成对该商业秘密的侵犯。此披露行为会导致该商业秘密丧失秘密性，即该商业秘密不能再认定为商业秘密。若他人违反法定或约定的保密义务或诚实信用原则等，只是向特定的第三人披露商业秘密但没有向公众披露，则该第三人不得使用该商业秘密且不得向任何人披露该商业秘密，即该商业秘密仍具有秘密性，可认定为商业秘密。

秘密性是商业秘密的核心特征，也是认定商业秘密的难点以及纠纷争议的焦点。秘密性是商业秘密区别于专利技术、公知技术的最显著特征。

（2）能为权利人带来经济利益（价值性）。

《若干规定》第二条第三款规定："本规定所称能为权利人带来经济利益，具有实用性是指该信息具有确定的可应用性，能为权利人带来现实的或者潜在的经济利益或者竞争优势"。该规定有两层含义：第一，商业秘密使得权利人具备竞争性优势或者因此带来经济利益。第二，该经济利益不仅包括应用商业秘密已经带来的经济利益，也包括虽没有应用但一旦应用必将获得的经济利益。商业秘密的价值性包括现实的利益与潜在的利益，包括直接的利益与间接的利益，现实与潜在的竞争优势。例如在技术上，因含有技术秘密，所以相较于同种类产品，使用该技术的新产品、新材料、新工艺的使用年限更长，性能更稳定，质量更可靠，或者能够节约原材料，降低能耗以及产品成本。

（3）实用性。

实用性是指商业秘密的客观有用性，即商业秘密能够实际应用，即能为权利人创造经济价值或者竞争优势。此种客观有用性不是主观臆想的，而是依据社会一般化的观念认为是客观存在的。

实用性即要求技术信息、经营信息具有具体性与确定性、可用性。换句话说，商业秘密应该是一项相对独立完整且具有可操作性、应用性的具体方案或阶段性技术成果。实用性另外要求商业秘密具有一定的呈现形式，如一个产品配方、一个产品制造的程序、一项工艺流程的说明书和图纸、产品改进的技术方案、管理档案等。但是实用性并不要求权利人实际应用商业秘密，而只要求该信息具备现实应用的可能性。

（4）采取了保密措施（保密性）。

采取了保密措施是指权利人对经营信息与技术信息采取了一定的保密措施，进而使一般人不易从公开的渠道直接获得。也就是说，权利人对该信息采取了保密措施并建立了保密制度等，但不强调其保密措施的效果。根据《最高人民法院关于审理不正当竞争民事案件应用法律若干问题的解释》第十一条规定："保密措施"是指权利人为防止信息泄露所采取的与其商业价值等具体情况相适应的合理保护措施。

具有下列情形之一，在正常情况下足以防止涉密信息泄漏的，应当认定权利人采取了保密措施。

① 限定涉密信息的知悉范围，只对必须知悉的相关人员告知其内容。

② 对于涉密信息载体采取加锁等防范措施。

③ 在涉密信息的载体上标有保密标志。

④ 对于涉密信息采用密码或者代码等。

⑤ 签订保密协议。

⑥ 对于涉密的机器、厂房、车间等场所限制来访者或者提出保密要求。

⑦ 确保信息秘密的其他合理措施。

3. 商业秘密的权利人，即商业秘密属于哪些人

根据法律规定，商业秘密的权利人包括商业秘密所有人和经商业秘密所有人授权的商业秘密使用人。当商业秘密遭受侵犯时，所有人和使用人均有权要求侵害人停止侵害并承担法律责任。

下面主要介绍雇佣关系、委托开发关系和合作开发关系中商业秘密的权利主体。

（1）雇佣关系中商业秘密的权利主体。

依据是否属于职务技术成果，在雇佣关系中商业秘密的权利归属可以分职务技术成果的权利主体和非职务技术成果的权利主体。

① 职务技术成果的权利主体。根据《中华人民共和国合同法》第三百二十六条，职务技术成果属于单位所有，由单位享有并行使技术成果的使用权、转让权。

所谓职务技术成果是指执行单位工作任务，或利用本单位的物质技术条件所完成的技术成果。

② 非职务技术成果的权利主体。若技术成果与职工的工作任务没有直接关系，又不是利用本单位的物质技术条件完成的，就属于非职务技术成果。

非职务技术成果的属于职工个人，其使用权、转让权由完成技术成果的个人享有和行使。

（2）委托开发关系中商业秘密的权利主体。

企业不仅自行研究开发，而且也会出资委托其他企业或科研机构与个人研发生产技术等。《中华人民共和国合同法》规定，委托开发关系下商业秘密的归属由当事人自行约定，换句话说当事人可以约定委托关系中完成的技术成果的权利主体为委托人，也可约定为被委托人。如果没有约定或约定不明的，委托人和被委托人均有权使用和转让，即为当事人共同享有。但是，被委托人在向委托人交付技术成果之前，不得转让给第三人。另外，除当事人另有约定以外，委托开发中完成的技术成果的专利申请权属于被委托人。

（3）合作开发关系下商业秘密的权利主体。

为了整合科研力量，企业亦与其他企业以及科研机构合作开发技术。合作开发关系中商业秘密的权利主体由当事人自行约定，也就是说当事人可以约定委托关系中完成的技术成果属于参与合作的任何一方或几方。如果没有约定或约定不明的，归全体合作人共同享有，共同享有使用权、转让权和专利申请权。

4. 商业秘密的保护

《反不正当竞争法》第九条规定，经营者不得实施下列侵犯商业秘密的行为：以盗窃、贿赂、欺诈、胁迫、电子侵入或者其他不正当手段获取权利人的商业秘密；披露、使用或者允许他人使用以前项手段获取的权利人的商业秘密；违反保密义务或者违反权利人有关保守商业秘密的要求，披露、使用或者允许他人使用其所掌握的商业秘密；教唆、引诱、帮助他人违反保密义务或者违反权利人有关保守商业秘密的要求，获取、披露、使用或者允许他人使用权利人的商业秘密。

经营者以外的其他自然人、法人和非法人组织实施前款所列违法行为的，视为侵犯商业秘密。

第三人明知或者应知商业秘密权利人的员工、前员工或者其他单位、个人实施本条第一款所列违法行为，仍获取、披露、使用或者允许他人使用该商业秘密的，视为侵犯商业秘密。

本法所称的商业秘密，是指不为公众所知悉、具有商业价值并经权利人采取相应保密措施的技术信息、经营信息等商业信息。

获悉商业秘密被侵犯，商业秘密权利人可通过行政救济、民事诉讼、刑事诉讼的途径保护其商业秘密。

（1）行政救济。

权利人可以请求工商行政管理对商业秘密侵权行为进行行政查处，工商管理局将依据《若干规定》对涉案的商业秘密侵权行为进行调查。《若干规定》以《反不正当竞争法》的基本原则为依据，详细规定了工商管理局行政查处的具体执法程序与要求，包括要求侵权人停止侵权、处以罚金等措施。特别提醒：工商管理局无权判令侵权人赔偿商业秘密权利人。若商业秘密权利人为了获得赔偿，则应该另外向法院提起民事侵权诉讼。

（2）民事诉讼。

依据《反不正当竞争法》以及《中华人民共和国民事诉讼法》的规定，被侵害一方可以提起民事诉讼，请求民事赔偿。具体赔偿的范围根据《司法解释》相关规定确定，对侵权行为进行调查、取证的相关费用亦应予以赔偿。民事诉讼中，权利人还可以申请行为保全，以制止侵权人继续实施侵权行为。为了胜诉，权利人可以申请"证据保全"，以收集商业秘密侵权的证据。

（3）刑事诉讼。

《中华人民共和国刑法》第二百一十九条规定了构成侵犯商业秘密罪的几种犯罪行为。当商业秘密权利人因商业秘密侵权遭受了"严重"或"极其严重"的损失时，可以考虑通过刑事诉讼保护其商业秘密权。因为公安机关在侦查刑事案件时，有权扣押与案件相关的所有物品，并可以询问相关证人以及做相关司法鉴定，且这样均可能作为证据在行政救济和民事诉讼中采用。总体说来，刑事诉讼在保护商业秘密的案件中效果显著，可以大大节省当事人搜集证据与举证的成本。但只有当商业秘密侵权给权利人造成了重大损失（根据司法实践，造成直接经济损失数额在 50 万元以上）时才达到构成刑事犯罪的标准，公安、检察院才会立案侦查，追究侵权行为人的刑事责任。因此，如果商业秘密权利人企图在通过刑事诉讼途径保护商业秘密，权利人应尽可能强调所遭受的损失，使公安机关相信已达刑事犯罪的标准，进而提高启动刑事侦查程序、追究刑事责任的可能性。

【法条链接】

《中华人民共和国著作权法》第三条：本法所称的作品，是指文学、艺术和科学领域内具有独创性并能以一定形式表现的智力成果，包括：

（一）文字作品；

（二）口述作品；

（三）音乐、戏剧、曲艺、舞蹈、杂技艺术作品；

（四）美术、建筑作品；

（五）摄影作品；

（六）视听作品；

（七）工程设计图、产品设计图、地图、示意图等图形作品和模型作品；

（八）计算机软件；

（九）符合作品特征的其他智力成果。

《中华人民共和国专利法》第二十二条：授予专利权的发明和实用新型，应当具备新颖性、创造性和实用性。

新颖性是指该发明或者实用新型不属于现有技术，也没有任何单位或者个人就同样的发明或者实用新型在申请日以前向国务院专利行政部门提出过申请，并记载在申请日以后公布的专利申请文件或者公告的专利文件中。

创造性是指与现有技术相比，该发明具有突出的实质性特点和显著的进步，该实用新型具有实质性特点和进步。

实用性是指该发明或者实用新型能够制造或者使用，并且能够产生积极效果。

本法所称现有技术，是指申请日以前在国内外为公众所知的技术。

《中华人民共和国反不正当竞争法》第九条：经营者不得实施下列侵犯商业秘密行为：

（一）以盗窃、贿赂、欺诈、胁迫、电子侵入或者其他不正当手段获取权利人的商业秘密；

（二）披露、使用或者允许他人使用以前项手段获取的权利人的商业秘密；

（三）违反保密义务或者违反权利人有关保守商业秘密的要求，披露、使用或者允许他人使用其所掌握的商业秘密；

（四）教唆、引诱、帮助他人违反保密义务或者违反权利人有关保守商业秘密的要求，获取、披露、使用或者允许他人使用权利人的商业秘密。

经营者以外的其他自然人、法人和非法人组织实施前款所列违法行为的，视为侵犯商业秘密。

第三人明知或者应知商业秘密权利人的员工、前员工或者其他单位、个人实施本条第一款所列违法行为，仍获取、披露、使用或者允许他人使用该商业秘密的，视为侵犯商业秘密。

本法所称的商业秘密，是指不为公众所知悉、具有商业价值并经权利人采取相应保密措施的技术信息、经营信息等商业信息。

7.5　其他相关领域法律常识

案例 7 - 21　一时糊涂偷小懒　酿成大祸悔终生

被告人：聂某，男，38 岁，公司电工。

被告人聂某 1990 年随某省建筑公司第一建筑公司上海分公司来沪参加浦东建设。1992 年 1 月，被告人聂某在负责敷设上海××学校学生宿舍楼工程施工现场敷设动力电线时，严重违章作业，未按敷设地下动力线应选用电缆线和采用封闭金属管并要保护接零的操作规定，将通电为 380 伏交流电的胶合橡胶线穿入未做保护接零的金属保护管内，且未做封闭，直接埋设于仅7～10厘米深的地层处。同年4月在线路出现故障检修时，被告人聂某又违反电线接头应设在地面上接线盒内的规定，将电线接头仅用一般胶布包扎后直接放入未做密封措施的地下金属保护管内。同年7月2日12时40分许，因雨水渗入地下金属保护管内使胶合线接头漏电，电流通过金属保护套与木工棚金属立柱之间的铁丝构成回路，致使民工孙某在收取晾在该铁丝上的床单时，上肢触及带电铁丝而昏厥，经送医院抢救无效而死亡。

问：假如你是法官，你认为聂某构成什么犯罪呢？

在本案中，聂某因为自身工作上的失职，导致了民工孙某的死亡，其行为可能触犯了过失杀人罪或是重大责任事故罪，那究竟应该定什么罪名呢？重大责任事故罪与过失杀人罪在犯罪的要件方面有许多相同的方面，但两者有着本质的区别。重大责任事故罪在客观方面表现为在生产和作业过程中违反安全管理的有关规定（包括操作规程），因此而发生重大伤亡事故造成严重后果的行为；行为人必须具有违反安全管理规定的行为，且发生在生产过程中，并与生产有紧密联系。过失致人死亡罪在客观方面表现为发生致他人死亡的实际结果，行为人必须实施过失致人死亡的行为。在本案中，聂某正是因为工作时候的一时偷懒，未达到安全的标准才酿成大祸，其行为违反了工作安全章程，应当以重大责任事故罪进行惩罚。

由上述案例可以看出，工程师不仅要关注与重视在生产、设计研发工作中的法律风险点与利益关切点，而且要特别注意刑事责任风险的防范与工程合同的签订与履行等，让法律全面融入生活与工作，成为理性行为与顺利工作的制度保障与思想指引。在此，笔者特意精选了部分工程合同案件、刑事案件以及行政案件等，借此来学习了解相应招标投标、工程合同、节约能源、刑事责任等方面的法律，主要包括《中华人民共和国刑法》《中华人民共和国招标投标法》《中华人民共和国合同法》《中华人民共和国节约能源法》等。

7.5.1 刑事责任风险防范

1. 重大责任事故罪

重大责任事故罪是指在生产、作业中违反有关安全管理的规定，因而发生重大伤亡事故或者造成其他严重后果的行为。这是近年来常见的一种犯罪，不仅危及人民群众的生命安全，也造成了国家和群众的财产的重大损失，严重阻碍了企事业单位的正常经营和发展，直接危害社会的稳定。重大责任事故罪的认定，主要包括以下几个方面：

（1）重大责任事故罪的犯罪主体主要有两类，一类是直接从事生产、科研作业的人员；另一类是领导、指挥从事生产、科研作业的管理人员，既包括国有企业、公司、事业单位的职工，也包括个体工商户和包工头等。

（2）重大责任事故罪侵犯的对象是企业、事业单位的生产安全。现代的生产愈来愈表现为协作有序的状态，从而形成各行各业生产的系统化。某个环节发生的问题，不仅仅是操作者个人的人身安全和财产安全的问题，而往往直接关系到整个生产安全。

（3）重大责任事故罪在主观方面表现为过失，这种过失表现在对造成的后果没有预见，或者轻信可以避免。而对违章本身，既可能是无意之中违反，也可能是明知故犯，均不会影响定本罪的结果，只是在量刑时可以作为一个情节予以从轻或者从重考虑。如果对危害结果出于故意犯罪的心理状态，不构成本罪，可能构成其他刑罚更严重的公共安全罪。

（4）重大责任事故罪在犯罪方式上主要表现为两种：一种是行为人在生产、作业活动中，不服管理、违反规章制度，因而发生重大伤亡事故或者造成其他严重后果的行为，即一般职工本人直接违反规章制度，造成严重后果的行为。另一种是行为人在生产、作业活动中，强令工人违章冒险作业，因而发生重大伤亡事故或者造成其他严重后果的行为，即有关生产、指挥、管理人员利用职权强令职工违章冒险作业。在这种情况下，虽然工人客观上是违章作业，但由于违章作业不是工人本人的意愿，而是被指挥、管理人员强迫去违章作业，所以不能追究被强迫违章作业的工人的刑事责任，而要追究违章指挥人员的刑事责任。

【法条链接】

《中华人民共和国刑法》第一百三十四条规定：在生产、作业中违反有关安全管理规定，因而发生重大伤亡事故或者造成其他严重后果的，处三年以下有期徒刑或者拘役；情节特别恶劣的，处三年以上七年以下有期徒刑。

2. 强令违章冒险作业罪

强令违章冒险作业罪是指企业、工厂、矿山等单位的领导者、指挥者、调度者等在明知确实存在危险或者已经违章，工人的人身安全和国家、企业的财产安全没有保证，继续生产会发生严重后果的情况下，仍然不顾相关法律规定，以解雇、减薪以及其他威胁，强行命令或者胁迫下属进行作业，造成重大伤亡事故或者严重财产损失的行为。

（1）强令违章冒险作业罪的行为主体为自然人，包括对生产和作业负有组织、指挥或者管理职责的负责人、管理人员、实际控制人、投资人等人员，以及直接从事生产、作业的人员。

（2）强令违章冒险作业罪的主观方面必须为过失，这种过失表现在对造成的后果没有预见，或者轻信可以避免。

（3）强令违章冒险作业罪侵犯的是生产作业的安全。强令他人违章冒险作业是对正常的作业安全秩序的严重扰乱和破坏，会导致危害公共安全的后果，即危害了不特定多数人的生命、健康和公私财产的安全。

（4）强令违章冒险作业罪的犯罪表现是强令他人违章冒险作业，因而发生重大伤亡事故或者其他严重后果。"强令"既包括利用职权或地位命令、指使他人，也包括采取威胁等方式逼迫他人。"违章"是指违反生产、作业中有关安全管理规定，"冒险"是指客观存在的对人的生命、身体的危险。如果行为人强令他人违章作业，但所违反的规章与安全生产无关，因而并不存在对人的生命、身体的危险，则不构成本罪；同样，行为人虽然实施了强令他人违章冒险作业的行为，但如果没有发生重大伤亡事故或者造成其他严重后果，只属于一般责任事故，亦不构成犯罪。

案例 7 - 22　　强令冒险采危岩，违章爆破生事故

【基本案情】

2007 年 8 月，被告人鲍某在某岩场利用岩场清理危岩的机会，采用放大炮等冒险方式进行掠夺性开采，致岩场宕面出现新的危岩。8 月 24 日下午 3 时 30 分许，鲍某在明知岩场随时有塌方危险的情况下，仍默认无资格的从业人员李某进场从事爆破作业，并强令何某进场协助违章冒险作业，最终引发危岩坍塌，造成何某被当场砸死的重大事故。事故发生后，鲍某到公安机关投案自首。

问：该案中鲍某的行为如何定性？

【法律解析】

毫无疑问，本案中鲍某的行为属于违法犯罪，但究竟鲍某是构成重大责任事故罪，还是强令违章冒险作业罪？在这里我们要对两者进行一个区分：重大责任事故罪主要是在生产作业过程中不服管理、违反规章制度，或者强令工人冒险作业；强令违章冒险作业罪则是单位劳动安全设施不符合国家规定，经有关部门或者单位职工提出后，对事故隐患仍不采取措施。本案中，被告人鲍某在明知岩场存在危险的情况下，违反矿山安全制度，强令无证工人违章冒险作业，因而发生致一人死亡的重大事故，其行为已经构成强令违章冒险作业罪。

【法条链接】

《中华人民共和国刑法》第一百三十四条规定：在生产、作业中违反有关安全管理的规定，因而发生重大伤亡事故或者造成其他严重后果的，处三年以下有期徒刑或者拘役；情节特别恶劣的，处三年以上七年以下有期徒刑。

强令他人违章冒险作业，或者明知存在重大事故隐患而不排除，仍冒险组织作业，因而发生重大伤亡事故或者造成其他严重后果的，处五年以下有期徒刑或者拘役；情节特别恶劣的，处五年以上有期徒刑。

第一百三十四条之一规定：在生产、作业中违反有关安全管理的规定，有下列情形之一，具有发生重大伤亡事故或者其他严重后果的现实危险的，处一年以下有期徒刑、拘役或者管制：

（一）关闭、破坏直接关系生产安全的监控、报警、防护、救生设备、设施，或者篡改、隐瞒、销毁其相关数据、信息的；

（二）因存在重大事故隐患被依法责令停产停业、停止施工、停止使用有关设备、设施、场所或者立即采取排除危险的整改措施，而拒不执行的；

（三）涉及安全生产的事项未经依法批准或者许可，擅自从事矿山开采、金属冶炼、建筑施工，以及危险物品生产、经营、储存等高度危险的生产作业活动的。

3. 重大劳动安全事故罪

重大劳动安全事故罪是指安全生产设施或者安全生产条件不符合国家规定，因而发生重大伤亡事故或者造成其他严重后果的行为。

（1）重大劳动安全事故罪行为主体是直接负责的主管人员和其他直接责任人员，包括对生产安全设施或者安全生产条件不符合国家规定负有直接责任的生产经营单位负责人、管理人员、实际控制人、投资人，以及对安全生产设施或者安全生产条件负有管理、维护职责的电工、瓦斯检查工等人员。

（2）重大劳动安全事故罪的对象是生产、经营单位中的劳动安全，即生产、经营单位中的不特定的或多数人的生命、健康或重大公共财产安全。

（3）重大劳动安全事故罪的主观方面须是过失，主要分为两种。第一种情形，行为人应当知道劳动安全设施或者安全生产条件不符合国家规定，并可能导致重大伤亡事故或者其他严重后果，但由于疏忽大意没有能够预见结果，这种情形行为人对危害结果的心理属于疏忽大意的过失。第二种情形，行为人明知劳动安全设施或者安全生产条件不符合国家规定，已经预见到不消除安全隐患可能会发生重大伤亡事故或者造成其他严重后果，仍不采取避免措施，这种情形行为人对危害结果的心理属于过于自信的过失。

（4）重大劳动安全事故罪的犯罪形式是，因生产、科研单位的安全生产设施或者安全生产条件不符合国家规定，而发生重大伤亡事故或者造成其他严重后果的行为。此罪的前提和直接原因是生产、科研单位的安全生产设施或者安全生产条件不符合国家规定，如果因符合国家规定但有人破坏等原因而发生重大伤亡事故或者造成其他严重后果的，不构成此罪。

案例 7 - 23　偷工减料赶工期　忽视安全害人命

【基本案情】

郭某头脑灵活，是个生意人，常年从事建筑工程生意，还雇用了一批建筑施工人员。2014 年 6 月，郭某承包了一桩建房工程。为赶工期，在未取得建筑施工资质和缺少必要安全防护措施的情况下，郭某便组织工人开始施工。

2015 年 2 月 13 日，建筑工人李某在工地粉刷外墙体时不幸从二楼的简易吊篮上摔落，随即被送往医院，后经抢救无效于 2015 年 2 月 17 日死亡。同日，郭某到公安机关投案，如实供述了犯罪事实，并支付被害人郭某家属医疗费 1.3 万元。

问：郭某的行为该如何定罪？

【法律解析】

本案中，对于郭某的行为如何定罪，有两种不同意见。

一种意见认为，郭某为了赶工期组织工人施工，造成一人死亡的重大事故，应以重大责任事故罪对郭某定罪。

另一种意见认为，郭某作为安全生产设施、安全生产条件的主管人员，在未取得建筑施工资质和缺少必要安全防护措施的情况下造成施工人员死亡，应当以重大劳动安全事故罪追究郭某的刑事责任。

桐柏县法院审理后认为，被告人郭某在承建施工过程中，安全生产设施不符合国家规定，因而发生一人死亡的重大事故，其行为已构成重大劳动安全事故罪。案发后，被告人郭某自动投案并如实供述了犯罪事实，可依法对其从轻处罚。被告人郭某赔偿被害人李某医疗费 1.3 万元，在量刑时酌情从轻处罚。法院遂根据《中华人民共和国刑法》第一百三十五条第一款、第六十七条的规定，判处被告人郭某有期徒刑一年。

【法条链接】

《中华人民共和国刑法》第一百三十五条规定：安全生产设施或者安全生产条件不符合国家规定，因而发生重大伤亡事故或者造成其他严重后果的，对直接负责的主管人员和其他直接责任人员，处三年以下有期徒刑或者拘役；情节特别恶劣的，处三年以上七年以下有期徒刑。

4. 工程重大安全事故罪

工程重大安全事故罪是指建设单位、设计单位、施工单位、工程监理单位违反国家规定，降低工程质量标准，造成重大安全事故的行为。

（1）工程重大安全事故罪的犯罪主体是特殊主体，即为单位犯罪，只能是建设单位、设计单位、施工单位与工程监理单位，但刑法只处罚直接责任人员。

（2）工程重大安全事故罪的犯罪对象是人民的财产和生命安全以及国家的建筑管理制度。近年来，随着我国建筑市场的发展，一些地方出现管理混乱现象，有的单位违反国家规定，降低工程质量标准；一些建设单位在工程发包时故意压低价款，从中索取回扣；一些承包商、中间商也大捞好处，肆意增加工程非生产性成本；一些施工单位一味压缩工期，降低造价，偷工减料，粗制滥造，索贿受贿，贪图私利，置人民群众生命、财产安全于不顾。工程重大安全事故罪的设立就是为了杜绝此类事件的发生。

（3）工程重大安全事故罪的主观方面为过失，即对于违反国家规定、降低工程质量标准的行为，可能发生重大安全事故，具有预见可能性，或者已经预见而轻信能够避免。

（4）工程重大安全事故罪的犯罪行为的主要表现为违反国家规定，降低工程质量标准，造成重大安全事故的行为。"造成重大安全事故"，不限于造成对人的生命身体的安全事故，还应包括造成工程本身的安全事故（以对人的生命身体安全具有危险为前提），如导致工程本身不合格，无法投入使用等。

案例 7 - 24　安装留隐患　坍塌酿事故

【基本案情】

2004 年 5 月 5 日，位于郑州市北郊陈砦村的郑州陈砦冷藏贸易有限公司所属的 30 号冷库房内发生货架坍塌事故，正在库房进行蒜薹分拣的 34 名民工被压在蒜薹和货架下，其中 15 人死亡。

经检察机关查明，根据陈砦村村委会主任、郑州北环实业总公司董事长陈扎根的决定，2003 年 3 月 6 日陈砦冷藏贸易有限公司在没有认证的情况下，盲目与江苏省常熟市金塔金属制品有限公司签订购买货架的合同。金塔公司法人代表马利江明知本企业不具备生产仓储货架的资质和能力，在利润的驱使下违反国家行业规定，违规套用超市货架标准，指派无设计资质的生产技术厂长杨国忠负责设计并进行生产。

2003 年 4 月初，马利江委派业务员周友凯和无质检资质的质检员陈月新等人到陈砦冷库，进行货架的安装和质量检验。周友凯、陈月新不但没有带专业技术人员现场安装，反而私自改变安装设计草图，在郑州街头随意找来民工安装货架。安装完毕后，周友凯与陈月新未按规定验收，陈砦冷藏贸易有限公司作为使用方也没有进行应有的检查验收，致使货架安装不规范，留下事故隐患。

后经有关部门调查认定，郑州陈砦冷库"5·5"特大货架倒塌事故是一起特大责任事故。造成该事故的直接原因是常熟市金塔金属制品有限公司在没有生产高位仓储式货架资质的情况下违规生产，货架存在整体稳定性差、承载能力不足等严重的质量问题。陈砦村党支部、村委会及陈砦冷藏贸易有限公司在未对常熟市金塔金属制品有限公司资质进行确认的情况下，盲目购买和使用无合格证的货架，并对供货方提供的产品质量缺乏监督。

【法律解析】

本案中常熟市金塔金属制品有限公司违反相关国家规定，降低工程质量标准，造成 15 人死亡、直接损失约 196 万元的货架倒塌重大安全事故，被告人刘永贵、马利江、杨国忠、周友凯、陈月新是该起事故的直接责任人员，均已构成工程重大安全事故罪。2008 年 7 月 18 日，河南省郑州市金水区人民法院对造成郑州陈砦冷库"5·5"特大货架倒塌事故的五名主要责任人作出一审判决。被告人周友凯、陈月新二人犯工程重大安全事故罪均被判处有期徒刑四年，各处罚金 5 万元；被告人杨国忠犯工程重大安全事故罪，被判处有期徒刑三年，并处罚金 4 万元；被告人马利江犯工程重大安全事故罪，被判处有期徒刑一年，并处罚金 10 万元；被告人刘永贵犯重大安全事故罪，被判处有期徒刑一年。

【法条链接】

《中华人民共和国刑法》第一百三十七条规定：建设单位、设计单位、施工单位、工程监理单位违反国家规定，降低工程质量标准，造成重大安全事故的，对直接责任人员，处五年以下有期徒刑或者拘役，并处罚金；后果特别严重的，处五年以上十年以下有期徒刑，并处罚金。

5. 污染环境罪

污染环境罪指违反国家规定，排放、倾倒或者处置有放射性的废物、含传染病病原体的废物、有毒物质或者其他有害物质，严重污染环境的行为。

（1）污染环境罪的犯罪主体为一般主体，只要是具有能够实施污染环境的人，都可能犯本罪。需要注意的是，单位也可能犯污染环境罪。

（2）污染环境罪的侵犯对象是对于环境的破坏，主要是利用放射性废水、废气和固体废物和带有病菌、病毒等病原体的废物对机体发生化学或物理的作用，损害机体的物质，造成环境污染的结果。

（3）污染环境罪在主观上要求行为人是过失犯罪。这种过失是指行为人对造成环境污染，致公私财产遭受重大损失或者人身伤亡严重后果的心理态度而言，行为人对这种事故及严重后果本应预见，但由于疏忽大意而没有预见，或者虽已预见到但轻信能够避免。虽然行为人对违反国家规定排放、倾倒、处置危险废物这一行为本身有时是有意为之，但这并不影响本罪的过失犯罪性质。

（4）污染环境罪在犯罪形式上的表现为违反国家规定，向土地、水体和大气排放倾倒或者处置有放射性的废物、含传染病病原体的废物、有毒物质或其他有害物质，造成重大环境污染事故，致使公私财产遭受重大损失或者人身伤亡的严重后果的行为。把这句话分成三个要件就是：实施人必须违反国家规定；实施人进行了排放、倾倒和处置行为；由于实施人之前的行为造成了严重的污染环境。

案例 7 - 25　　违规排放致污染　　虚心悔改仍判刑

【基本案情】

被告人陶某某是一个个体商户。2014 年 10 月被告人陶某某承租了位于广德县东亭乡柳亭村原东亭小学的房屋，而后购买金属通过发黑工艺（把工件放在很浓的碱和氧化剂溶液中加热氧化，表面生一层 0.6～0.8 微米的四氧化三铁薄膜，以隔绝空气达到防锈的目的）生产所用的不锈钢加热锅、行吊、吊框等生产设备。被告在该小学院内建设金属表面处理生产线，并于 2014 年 10 月底开始投入生产设备，且为安徽力恒动力机械有限公司、安徽优奥机械有限公司的金属配备表面进行发黑处理。被告人陶某某在该生产线没有建设配套的污染治理设施的情况下，将生产过程中产生的废液经过其事先挖掘的溢流渠直接排放到其挖掘的未采取渗漏措施的水井中，造成水土污染。经安徽省环境监测中心站监测，废液池污泥、废液池溢流渠及水井底泥均含有超标的有毒物质。

【法律解析】

本案中，陶某某违反国家规定，利用渗井、渗坑等排放有毒物质，严重污染环境，其行为已构成环境污染罪。案发后，被告人能如实供述自己的犯罪事实，并当庭自愿认罪依法可从轻处罚。且位于原柳亭小学内的金属发黑生产线是被告人自己投资建设，赢利和亏损均由陶某某负责，并且用于排放污水的储水池均是陶某某建设，所以本案的犯罪主体应是陶某某个人，而非单位犯罪。根据被告人的犯罪情节和量刑情节，对其适用缓刑没有再犯罪的危险，对所居住社区不会产生重大不良影响，所以宣判被告人陶某某犯污染环境罪，判处有期徒刑一年，缓刑两年，并处人民币罚金十五万元。

【法条链接】

《中华人民共和国刑法》第一百一十四条规定：【放火罪、决水罪、爆炸罪、投放危险物质罪、以危险方法危害公共安全罪之一】。放火、决水、爆炸以及投放毒害性、放射性、传染病病原体等物质或者以其他危险方法危害公共安全，尚未造成严重后果的，处三年以上十年以下有期徒刑。

第一百一十五条规定：【放火罪、决水罪、爆炸罪、投放危险物质罪、以危险方法危害公共安全罪之二】。放火、决水、爆炸以及投放毒害性、放射性、传染病病原体等物质或者以其他危险方法致人重伤、死亡或者使公私财产遭受重大损失的，处十年以上有期徒刑、无期徒刑或者死刑。

【知识拓展】

在本案中，陶某某作为掌握发黑技术的个体商户，没有树立起保护环境、环保绿色生产的理念，没有做好充分必要的排污准备和措施，对于废物的污染力量过于轻视，对待他人的建议置之不理，是造成此次污染的重要原因。

的确，在这个科技不断蓬勃发展的时代，在这个资源压力剧增的时代，环境污染是不可避免的，也是不容忽视的。因此，环境污染的解决和控制迫在眉睫。

我国颁布的相关法律法规相对较多，也设立了专门的监测机关，可环境污染的案例却层出不穷，这就说明光靠这些是不够的。为了切实做好环境监测和保护，国家应在环境脆弱、工业发展相对落后的地区修建监测台，时刻注意环境变化；同时，应该鼓励各地各阶层的群众做好监督举报工作，实行举报奖励等。

7.5.2　招标投标

招标投标是指由招标人向数人或公众发出招标通知或公告，在诸多投标中选择自己认为最优的投标人并与之订立合同的方式。

招标和投标是一种商品交易行为，是应用技术、经济的方法和市场经济的竞争机制的作用，有组织地开展的一种择优成交方式。这种方式是在货物、工程和服务的采购行为中，招标人通过事先公布的采购及其要求，吸引众多的投标人按照同等条件进行平等竞争，按照规定程序并组织技术、经济和法律等方面专家对众多的投标人进行综合评审，从中择优选定项目的中标人的行为过程。招标投标其实质是以较低的价格获得最优的货物、工程和服务。

1. 招标投标的方式

《中华人民共和国招标投标法》明确规定招标分为公开招标和邀请招标两种方式。

（1）公开招标，又称无限竞争性竞争招标，是指招标人以招标公告的方式邀请不特定的法人或者其他组织投标。凡国有资金（含企事业单位）投资或国有资金投资占控股或者占主导地位的建设项目必须公开招标。

（2）邀请招标，又称有限竞争性招标，是指招标人以投标邀请书的方式邀请特定的法人或其他组织投标。非国有资金（含民营、私营、外商投资）投资或非国有资金投资占控股或占主导地位且关系社会公共利益、公众安全的建设项目可以邀请招标，但招标人要求公开招标的也可以开公开招标。

2. 招标投标的组织形式

招标分为招标人自行组织招标和招标人委托招标代理机构代理招标两种组织形式。

（1）自行招标。具有编制招标文件和组织评标能力的招标人，自行办理招标事宜，组织招标投标活动。

（2）委托招标。招标人自行选择具有相应资质的招标代理机构，委托其办理招标事宜，开展招标投标活动；不具有编制招标文件和组织评标能力的招标人，必须委托具有相应资质的招标代理机构办理招标事宜。

3. 招标投标的基本程序

（1）招标。

① 制订招标方案。

制订招标方案是指招标人通过分析和掌握招标项目的技术、经济、管理的特征，以及招标项目的功能、规模、质量、价格、进度、服务等需求目标，依据有关法律法规、技术标准，结合市场竞争状况，针对一次招标组织实施工作的总体策划。招标方案包括合理确定招标组织形式、依法确定项目招标内容范围和选择招标方式等，是科学、规范、有效地组织实施招标采购工作的必要基础和主要依据。

② 组织资格预审。

组织资格预审又称招投标资格审查，为了保证潜在投标人能够公平获取公开招标项目的投标竞争机会，并确保投标人满足招标项目的资格条件，避免招标人和投标人的资源浪费，招标人可以对潜在投标人组织资格预审。

资格预审是招标人根据招标方案，编制发布资格预审公告，向不特定的潜在投标人发出资格预审文件，潜在投标人据此编制提交资格预审申请文件，招标人或者由其依法组建的资格审查委员会按照资格预审文件确定的资格审查方法、资格审查因素和标准，对申请人资格能力进行评审，确定通过资格预审的申请人。未通过资格预审的申请人，不具有投标资格。

③ 编制发售招标文件。

招标人应结合招标项目需求的技术经济特点和招标方案确定要素、市场竞争状况，根据有关法律法规、标准文本编制招标文件。依法必须进行招标项目的招标文件，应当使用国家发展改革部门会同有关行政监督部门制定的标准文本。招标文件应按照投标邀请书或招标公告规定的时间、地点发售。

④ 踏勘现场。

招标人可以根据招标项目的特点和招标文件的规定，集体组织潜在投标人实地踏勘了解项目现场的地形地质、项目周边交通环境等并介绍有关情况。潜在投标人应自行负责据此踏勘作出的分析判断和投标决策。工程设计、监理、施工和工程总承包以及特许经营等项目招标一般需要组织踏勘现场。

（2）投标。

① 投标预备会。

投标预备会是招标人为了澄清、解答潜在投标人在阅读招标文件或踏勘现场后提出的疑问，按照招标文件规定时间组织的投标答疑会。所有的澄清、解答均应当以书面方式发给所有获取招标文件的潜在投标人，并属于招标文件的组成部分。招标人同时可以利用投标预备会对招标文件中有关重点、难点等内容主动做出说明。

② 编制提交投标文件。

编制提交投标文件是投标程序中十分重要的一环，在编制提交投标文件时，主要要注意以下三点。

第一，潜在投标人在阅读招标文件中产生疑问和异议的，可以按照招标文件规定的时间以书面形式提出澄清要求，招标人应当及时书面答复澄清。潜在投标人或其他利害人如果对招标文件的内容有异议，应当在投标截止时间10天前向招标人提出。

第二，潜在投标人应依据招标文件要求的格式和内容，编制、签署、装订、密封、标识投标文件，按照规定的时间、地点、方式提交投标文件，并根据招标文件的要求提交投标保证金。

第三，投标截止时间之前，投标人可以撤回、补充或者修改已提交的投标文件。投标人撤回已提交的投标文件，应当以书面形式通知招标人。

（3）开标。

招标人或其招标代理机构应按招标文件规定的时间、地点组织开标，邀请所有投标人代表参加，并通知监督部门，如实记录开标情况。除招标文件特别规定或相关法律法规有规定外，投标人不参加开标会议不影响其投标文件的有效性。

投标人少于三个的，招标人不得开标。依法必须进行招标的项目，招标人应分析失败原因并采取相应措施，按照有关法律法规要求重新招标。重新招标后投标人仍不足三个的，按国家有关规定需要履行审批、核准手续的依法必须进行招标的项目，报项目审批、核准部门审批、核准后可以不再进行招标。

（4）评标。

招标人一般应当在开标前依法组建评标委员会。依法必须进行招标的项目评标委员会由招标人代表和不少于成员总数三分之二的技术、经济等方面的专家，且五人以上成员单数组成。依法必须进行招标项目的评标专家从依法组建的评标专家库内相关专业的专家名单中以随机抽取方式确定；技术复杂、专业性强或者国家有特殊要求，采取随机抽取方式确定的专家难以保证胜任评标工作的招标项目，可以由招标人直接确定。

机电产品国际招标项目确定评标专家的时间应不早于开标前三个工作日，政府采购项目评标专家的抽取时间原则上应当在开标前半天或前一天进行，特殊情况不得超过两天。

评标由招标人依法组建的评标委员会负责。评标委员会应当在充分熟悉、掌握招标项目的需求特点，认真阅读研究招标文件及其相关技术资料，依据招标文件规定的评标方法、评标因素和标准、合同条款、技术规范等，对投标文件进行技术经济分析、比较和评审，向招标人提交书面评标报告并推荐中标候选人。

（5）中标。

① 中标候选人公示。

依法必须进行招标项目的招标人应当自收到评标报告之日起 3 日内在指定的招标公告发布媒体公示中标候选人，公示期不得少于三日。中标候选人不止一个的，应将所有中标候选人一并公示。投标人或者其他利害关系人对依法必须进行招标项目的评标结果有异议的，应当在中标候选人公示期间提出。招标人应当自收到异议之日起三日内作出答复；作出答复前，应当暂停招标投标活动。

② 履约能力审查。

中标候选人的经营、财务状况发生较大变化或者存在违法行为，招标人认为可能影响其履约能力的，应当在发出中标通知书前由原评标委员会按照招标文件规定的标准和方法审查确认。

③ 确定中标人。

招标人按照评标委员会提交的评标报告和推荐的中标候选人以及公示结果，根据法律法规和招标文件规定的定标原则确定中标人。

④ 发出中标通知书。

招标人确定中标人后，向中标人发出中标通知书，同时将中标结果通知所有未中标的投标人。

⑤ 提交招标投标情况书面报告。

依法必须招标的项目，招标人在确定中标人的十五日内应该将项目招标投标情况的书面报告提交招标投标有关行政监督部门。

（6）签订合同。

招标人和中标人应当自中标通知书发出之日起三十日内，按照中标通知书、招标文件和中标人的投标文件签订合同。签订合同时，中标人应按招标文件要求向招标人提交履约保证金，并依法进行合同备案。

招标投标的流程如图 7-5 所示。

图 7-5　招标投标流程图

案例 7-26　随意废标拖进度　行政批评作警告

【基本案情】

20××年 10 月，××市某建设工程在市建设工程交易中心公开评标。洪某、范某、吴某、周某等四位专家在对投标文件商务标的评审过程中，未按招标文件的要求进行评审，以"投标文件中工程量清单封面没有盖投标单位及法人代表章"为由，将两家投标单位随意废标，导致评标结果出现重大偏差，该项目因而不得不重新评审，严重影响了招标人正常招标流程和整个项目的进度。

为严肃评标纪律，端正评标态度，维护我市招投标评审工作的科学性与公正性，××市建设委员会根据《工程建设项目施工招标投标办法》(七部委第 30 号令)第七十八条规定，作出了"给予洪某、范某、吴某、周某等四位专家警告，并进行通报批评"的行政处理决定。

【法律解析】

上述案例中，有一个重要的事实是"两家投标单位的投标函和标书封面均已盖投标单位及法人代表章，相关造价专业人员也已签字盖章"。而根据《建设工程工程量清单计价规范》和杭州市招投标的相关规定，"投标函和标书封面已盖投标单位及法人代表章，相关造价专业人员也已签字盖章"的投标文件，实质上已经响应了招标文件的第 19.3 条款"投标文件封面、投标函均应加盖投标人印章并经法定代表人或其委托代理人签字或盖章"的要求，属于有效标书。评审过程中两位商务专家未能仔细领会招标文件的相关规定，在明知"投标文件商务报价书和投标函均已盖投标单位及法人代表章、相关造价专业人员也已签字盖章"的前提下，仍随意将两家投标单位废标的行为是草率和不负责任的。由此导致的项目重评，既影响了项目的正常开工，给招标单位带来了损失，也引发了多家投标单位的质疑和投诉，在社会上产生了一些负面影响。

《中华人民共和国招标投标法》第四十四条第一款规定，"评标委员会成员应当客观、公正地履行职务，遵守职业道德，对所提出的评审意见承担个人责任"。作为评标专家这一特殊的群体，洪某等四人的行为已违反了《中华人民共和国招标投标法》第四十四条第一款的相关规定，应该为自己的行为承担责任，为自己的过失"买单"。

7.5.3　承揽合同

工程合同基本上属于承揽合同，故在此处重点介绍承揽合同。

1. 承揽合同的概念

承揽合同是日常生活中除买卖合同外常见和普遍的合同，根据《中华人民共和国民法典》第三编第十七章第七百七十条，对承揽合同所下定义为：承揽合同是承揽人按照定作人的要求完成工作，交付工作成果，定作人支付报酬的合同。在承揽合同中，完成工作并交付工作成果的一方为承揽人；接受工作成果并支付报酬的一方称为定作人。在日常生活中，如果合同中没有以承揽人、定作人指称双方当事人，也不影响对其法律性质的认定。承揽合同的承揽人可以是一人，也可以是数人。在承揽人为数人时，数个承揽人即为共同承揽人，如无相反约定，共同承揽人对定作人负连带清偿责任。

2. 承揽合同的特征

承揽合同有以下特征：

(1) 承揽合同必须完成一定的工作并交付工作成果。

在承揽合同中，承揽人必须按照定作人的要求完成一定的工作，但定作人的目的不是工作过程，而是工作成果，这是与单纯提供劳务的合同的不同之处。按照承揽合同所要完成的工作成果可以是体力劳动成果，也可以是脑力劳动成果；既可以是物，也可以是其他财产。

（2）承揽合同的标的物具有特定性。

承揽合同是为了满足定作人的特殊要求而订立的，因而定作人对工作质量、数量、规格、形状等的要求使承揽标的物特定化，使它同市场上的物品有所区别，以满足定作人的特殊需要。

（3）承揽人的工作具有独立性。

承揽人以自己的设备、技术、劳力等完成工作任务，不受定作人的指挥管理，独立承担完成合同约定的质量、数量、期限等责任，在交付工作成果之前，对标的物意外损失或工作条件意外恶化风险所造成的损失承担责任。故承揽人对完成工作有独立性，这种独立性受到限制时，其承受意外风险的责任亦可相应减免。

（4）承揽合同具有一定人身性质。

承揽人一般必须以自己的设备、技术、劳力等完成工作并对工作成果的完成承担风险。承揽人不得擅自将承揽的工作交给第三人完成，且对完成工作过程中遭受的意外风险负责。

3. 承揽合同的具体形式

承揽合同具体有多种多样的形式。按照《中华人民共和国民法典》第七百七十条的规定，承揽包括加工、定作、修理、复制、测试、检验等工作，因而也就有相应类型的合同。

4. 承揽合同当事人的义务

（1）承揽人的义务。

① 按约定完成工作。承揽人应按合同约定的时间、方式、数量、质量完成交付的工作，这是承揽人的首要义务，也是其获得报酬应付出的对价。承揽人应以自己的设备、技术和劳力亲自完成约定的工作，未经定作人同意，承揽人不得将承揽的主要工作交由第三人完成。承揽人将承揽的辅助工作交由第三人完成，或依约定将承揽的主要工作交由第三人完成的，承揽人就第三人的完成的工作对定作人负责。

② 提供或接受原材料。完成定作所需的原材料，可以约定由承揽人提供或由定作人提供。承揽人提供原材料的，应按约定选购并接受定作人检查；定作人提供的，承揽人应及时检查，妥善保管，并不得更换材料。

③ 及时通知和保密的义务。对于定作人提供的原材料不符合约定的，或定作人提供的图纸、技术要求不合理的，应及时通知定作人。对于完成的工作，定作人要求保密的，承揽人应保守秘密，不得留存复制品或技术资料。

④ 接受监督检查。承揽人在完成工作时，应接受定作人必要的监督和检验，以保证工作符合定作人的要求。

⑤ 交付工作成果。承揽人完成的工作成果应及时交付给定作人，并提交与工作成果相关的技术资料、质量证明等文件。但在定作人未按约定给付报酬或材料价款时，承揽人可留置工作成果。

⑥ 对工作成果的瑕疵担保。承揽人交付的工作成果应符合约定的质量，承揽人对已交

付工作成果的隐蔽瑕疵及该瑕疵所造成的损害承担责任。交付的工作成果有隐蔽瑕疵，验收时用通常方法或约定的方法不能发现，验收后在使用过程中暴露或致定作人或第三人受损害的，承揽人应根据合同约定或法律的规定，承担损害赔偿责任。

（2）定作人的义务。

① 按照约定提供材料。《中华人民共和国民法典》规定，由定作人提供材料的，定作人应按照约定提供材料。

② 支付报酬。定作人应依约定的期限和数额向承揽人支付报酬；合同中对支付期限约定不明确的，按交易惯例；如还不能确定，应依同时履行原则支付报酬。

③ 协助义务。为了使承揽人及时完成工作成果，定作人应依约定及按诚实信用原则，积极协助承揽人工作。定作人不履行协助义务的，承揽人有权顺延履行期限，并在定作人对所提供的不符合要求的原材料及图纸等拒绝补正时有合同解除权。

④ 验收并受领工作成果。对承揽人完成并交付的工作成果，定作人应及时检验，对符合约定要求的，应接受该工作成果。超过约定期限领取定作物的，定作人负受领迟延责任。

5. 承揽合同的终止

承揽合同是合同的一种具体类型，合同终止的一般规定也适用于承揽合同。但承揽合同是以当事人之间的信赖关系为基础的，当合同履行中这种信赖关系受到破坏时，法律允许当事人解除合同。因此，承揽合同当事人除了可以基于一般的合同解除原因解除合同外，还有以下特殊的法定终止合同的原因。

（1）承揽人解除权。对于定作人不履行协助义务的，承揽人可催告其在合理期限内履行，定作人逾期仍不履行的，承揽人有权解除合同。

（2）定作人解除权。承揽人未经许可将主要的承揽工作交由第三人完成的，定作人可以解除合同。定作人任意解除合同时，对解除合同造成承揽人的损失，应负赔偿责任。

案例 7－27　苏州市天龙起重机械有限公司与苏州市华群特种变压器有限公司承揽合同纠纷

【基本案情】

原告（承包方、乙方）与被告（发包方、甲方）于 2011 年 7 月 5 日签订《起重机工程合同》一份，约定被告向原告定作金额为 225 000 元的规格为 5t－8.6m－3.5m 的单梁起重机 2 台及钢梁、立柱、轨道、电轨一批，付款方式约定为合同签订，甲方支付合同价款的 40%，材料进场，甲方支付合同价款的 40%，产品安装完毕，验收合格，甲方支付合同价款的 20%。合同同时约定，该合同自签订之日起生效，合同生效后，单位单方面终止合同，未给付定金，应承担合同总金额的 30% 的违约金及乙方的实际损失。上述合同签订后，原告按约履行定作义务，但被告未接收定作设备。为此，原告委托律师于 2014 年 7 月 12 日向被告邮寄送达《律师函》一份，载明其已按合同要求完成制作，但被告未按约履行付款义务，故要求被告收到该函之日起十日内付清拖欠款项。被告于 2014 年 7 月 13 日收到上述《律师函》。因被告未向原告支付定作款，也未接收定作物，故引发本案诉讼。另查明，被告已停业，其住所地无人应诉，亦无人处理生产经营事务。

【法律解析】

原、被告之间签订的《起重机工程合同》依法成立，且合法有效，当事人一方迟延履行债务或者有其他违约行为致使不能实现合同目的，另一方当事人可以解除合同，当事人一方不履行合同义务，应当承担继续履行、采取补救措施或者赔偿损失等违约责任。本案中，原告根据《起重机工程合同》的约定完成了定作义务，但被告既未及时接收定作物，也未向原告支付定作款，且被告已停业及无人处理生产经营事务，被告的行为违反了合同约定，已致使合同目的无法实现，故原告要求解除其与被告签订的《起重机工程合同》的诉讼请求，符合法律规定。关于原告要求被告支付违约金的诉讼请求，因被告怠于履行合同的行为致使合同解除，而原告已按合同约定根据被告要求完成定作义务，结合合同约定在被告单方解除合同的情况下须承担合同总金额的 30% 的违约金的事实，现原告要求被告支付违约金 67 500 元的诉讼请求，与法不悖。原告苏州市天龙起重机械有限公司与被告苏州市华群特种变压器有限公司于 2011 年 7 月 5 日签订的《起重机工程合同》于本判决生效之日解除。被告苏州市华群特种变压器有限公司应支付原告苏州市天龙起重机械有限公司违约金 67 500 元。

【法条链接】

根据《中华人民共和国民法典》第五百六十三条规定，有下列情形之一的，当事人可以解除合同：

（一）因不可抗力致使不能实现合同目的；

（二）在履行期限届满之前，当事人一方明确表示或者以自己的行为表明不履行主要债务；

（三）当事人一方迟延履行主要债务，经催告后在合理期限内仍未履行；

（四）当事人一方迟延履行债务或者有其他违约行为致使不能实现合同目的；

（五）法律规定的其他情形。

【知识拓展】

承揽合同起草的实质性工作

一、拟定有关当事人身份等基本信息

（一）当事人身份条款一般包括双方当事人名称或者姓名、身份证号、住所、邮政编码、法定代表人、电话、传真、电子信箱、开户行、账号、签字栏等。当事人名称或者姓名可以放在合同首部，其他信息可以放在合同的尾部。

当事人的名称或姓名一定要写全称，企业法人的名称应与其营业执照一致，个人姓名应该与身份证一致。因此，当事人的营业执照与身份证的复印件要作为合同附件，并要求当事人签字盖章确认该复印件与原件一致。

（二）如何确定当事人的住所？如果企业作为当事人，那么其住所应是营业执照登记的地址。自然人的住所以其户籍地址为准，如果经常居住地址与该户籍地址不同的，应当以经常居住地址为住所。

（三）对当事人身份信息条款可作一个补充性的约定：因任何一方身份信息发生变更，

应在×天内以 EMS 等快件的方式邮寄签字、盖章的信息变更通知至对方的约定地点，如未及时通知，一方已按本合同约定履行合同义务，视为已履行合同，由此造成的损失由信息变更方单独承担。

二、明确描述合同标的各项内容

确定合同标的的信息时，要包涵物理、化学、生物等属性的描述，也要有权利属性的说明，还须有标准或规范的框定。合同标的的条款包括标的名称、数量、型号、成分、规格、样式、品种、等级、花色、功能、能耗、生产日期、生产厂家等，特别当标的为不易确定的无形财产、劳务、工作成果等时，对标的信息的描述务必要准确、简练、清晰。

合同标的不仅要确定而且必须合法，主要考虑两点：第一要考虑是否属于违反国家部门标准、行业标准等标准的物品，如违反国家《中华人民共和国产品质量法》规定的假冒伪劣产品，没有合格证、产品质量说明的产品，违反国家卫生等行政法规或被明令淘汰的产品如超过保质期的食品等，均不能成为买卖合同中的标的。第二，标的是否属于违反《中华人民共和国商标法》《中华人民共和国建设项目环保条例》《中华人民共和国计量法》《中华人民共和国专利法》《中华人民共和国知识产权保护法》等法律、行政法规的物品。

三、撰写数量模块

标的数量务必明确具体，写作时应注意以下三点：

（一）在数量模块中要明确计量单位和计量方式。

首先，按照国家规定的度量衡与法定单位对标的进行计量，尽量避免使用法律尚未规定计量标准的数量单位，如车、包、箱、袋、捆、扎、打等。

其次，确定双方认可的计量方式，如以单位个数、质量、面积、长度、容积、体积等作为计算标准，确实需要使用国家尚未规定的计量单位和计量方法，那么双方必须协商一致选用符合合同标的的性质和特点的计量单位和计量方法，但必须明确、具体、统一。例如，使用"包"、"箱"等计量单位，务必要明确每"包"、每"箱"的具体数量，以避免发生争议。

（二）标的的数量力求明确具体，切忌模糊不清。

（三）应规定所允许的误差的范围。明确规定标的数量的正负尾差、合理磅差、自然减量、超欠幅度等；规定标的的质量时需要注明毛重和净重；对于成套供应的合同标的的物，还应该明确规定主机的辅件、附件、配套产品、易损耗备品、配件及安装修理工具件数等。

另需要提醒的是，标的名称、数量、型号、规格、价格等信息可制作成一个表格或者清单，作为合同附件。

四、撰写质量模块

质量条款在实践中最容易发生争议，撰写时需要力求详细、明确、实用、可操作，一般要注意如下五点。

（一）依据合同标的的性质选用适当的表示质量的方法。合同标的的质量往往以样品、成分、性能、功效、规格、款式、感觉要素、型号、等级标准、商标、产品名称、说明书等方法来确定。最终根据合同标的的性质选用合适的表示方法。

（二）质量标准描述应明确且具有可操作性。质量标准又是质量模块中最核心的部分，也是最易产生争议的内容。因此，交易双方在签订合同时务必对质量标准作出详细具体的约定。如果合同的标的所涉价值较大或对标的的质量有特殊要求，那么建议合同双方还应对标的质量的检验标准、检验方法和检验机构进行明确约定。

（三）细化质量异议条款。质量异议条款包括异议期限与异议方式。法律尚未对质量异议期限的长短作出具体规定，建议合同当事人根据实际情况约定质量异议期限。注意写明质量异议期起算时间点或者终止时间点，以严格界定异议的时间段。质量异议提出方式采用书面形式，更有利预防纠纷与法律风险。另外，需注意隐蔽瑕疵的处理。有些标的物比较复杂或者瑕疵显示需要时间较长，特别是建设工程，因而需要特别约定隐蔽瑕疵检测方法与较长的质量异议期。

（四）质量标准依据要明确。根据《中华人民共和国民法典》有关规定，质量标准可以协商约定，质量要求不明确的，按照强制性国家标准履行；没有强制性国家标准的，按照推荐性国家标准履行；没有推荐性国家标准的，按照行业标准履行；没有国家标准、行业标准的，按照通常标准或者符合合同目的的特定标准履行。

（五）明确质量验收方式、地点、期限、标准与责任等。质量验收有三种方式：按产品说明书验收、按样品验收、按抽样验收。按产品说明书验收的，说明书要真实、明确，包含所需技术标准和其他技术条件；按样品验收的，要明确对样品的共同提取、封存、保管；按抽样验收的，要明确抽样的比例与范围。但是，以产品的说明书作为验收标准存在一定法律风险，因为说明书制作的主动权掌握在承担履行交付标的义务一方的手中，因而有可能会损害到受领履行一方的利益。

五、撰写价款或报酬模块

对于价款包含范围有两种不同的理解，一是广义的理解，价款除包含标的本身的价款外，还包括在运输过程中发生的运费、保险费、装卸费、保管费、报关费、包装费、包装物回收费、过磅费等一系列额外发生的费用；二是狭义的理解，价款仅指标的本身的价款，在运输过程中发生的一系列额外费用统一称为费用。因此，应明确界定价款包含的范围，以避免产生争议。若是报酬，则为服务的对价，涉及所得税问题的，一般需要注明是税前报酬还是税后报酬。

如果双方都是中国企业、自然人或其他组织，两方当事人之间只能约定以人民币为结算单位，不允许以外币结算。如果有一方为中国法人，而其他方为外国法人，就可以选用外币结算。但应该充分考虑汇率波动导致的汇率差，添加有关汇率的条款。

六、撰写履行模块

合同履行包括履行主体、履行期限、履行地点和履行方式。

（一）履行主体是实际承担履行义务的主体。大部分合同由合同当事人履行，但也有部分合同由当事人之外的第三人代为履行。当合同能否全面诚信履行与履行主体的劳务、技术、技能、资质、信誉等密切相关时，如加工承揽合同中不同的承揽方其技术水平与信誉完全不同，其完成的工作成果的质量亦可能完全不一样，便需要在合同中明确约定具体实施履行行为的主体，或者明确约定具体实施履行行为的主体的各种条件。

（二）履行期限是指当事人履行义务的时间界限。履行期限涉及期限利益，亦是判断按时履行或者迟延履行的客观依据。根据履行期限的情况，合同履行可以分为即时履行、定期履行、不定期履行。根据合同的性质与当事人需求，合同履行可选择其中一种。履行期限可以以小时、天、旬、月、生产周期、季度、半年、年计量。不同的合同，其履行期限也是不同的。买卖合同中卖方的期限是指交货的日期，买方的履行期限是付款日期，运输合同中承运人的履行期限是指从起运地到目的地卸载的时间，工程建设合同中承包方的履行期限是从开工到竣工的时间。履行期限届满的时间点是认定违约的一个重要标志，因而一定要明确约定，最好精准到小时与分钟。

（三）合同履行地点

合同履行地点是一方当事人履行义务另一方受领权利的地点。履行地点可以是当事人一方所在地，也可以是第三方所在地，如发货地、交货地、提供服务地、接收服务地、安装调试地等。履行地点不仅关乎风险责任分担、履行费用负担、交易习惯适用、交易价格确定，而且关涉诉讼管辖、法律适用等。因此，当事人要慎重选择合同履行地点。

（四）合同履行方式

合同履行方式是当事人履行义务采取的具体方式。以定作合同为例，其履行方式主要有两方面内容：一是合同标的的履行方式，这种方式主要有自提、送货上门、包工包料、代运、分期分批、一次性缴付、代销、上门服务等；二是履行方式还包括价款或者报酬的支付方式、结算方式等，如现金结算、转账结算、同城转账结算、异地转账结算、托收承付、支票结算、委托付款、限额支票、信用证、汇兑结算、委托收款等。

合同履行是交易意图与合同目的实现的基本途径，在此过程中也最易发生纠纷，所以务必事先对可能出现的纠纷与争议做好全面的预测，并设计好有效的预防措施与救济手段，从而将风险降至最低。

七、撰写违约责任模块

违约责任是指合同当事人违反合同约定造成一方或各方利益损失时，应当依法承担的责任。违约责任是合同中极为重要的内容，也是当事人重要的救济手段。违约责任的种类有违约金、赔偿金、继续履行等。违约责任可以由当事人约定，当事人未约定，则适用法律规定。在此模块中，如有必要，可以完全列举或者补充性列举前文未提及的违约行为或者需要承担责任的情形，甚至尽可能一条义务就要对应一条违约责任，以方便违约责任的认定。

为了预估责任风险的大小以及在诉讼时避免举证出现困难，当事人一般选择约定损害赔偿责任。约定违约责任的方式主要有违约金、迟延履行违约金/赔偿金/滞纳金、定金等。撰写时，务必约定违约金的计算起止时间点与方法及比例，特别是参照利率计算迟延违约金条款的务必核实其可计算性与可操作性。在此，对于违约可能性小的一方，笔者总结了三个关于违约责任制定时的技巧：违约条款宜细不宜粗，违约金额宜高不宜低，赔偿计算宜动态化不宜固定化。

案例 7-28　韩国三丰大楼坍塌事件

韩国三丰百货大楼坍塌事故是韩国历史上在和平时期伤亡最严重的一起事故，也是世界上建筑自行倒塌伤亡极其重大的事故之一，共造成了 502 人死亡，937 人受伤。韩国政府在事后对全国的建筑进行严格检查，结果需要重建的建筑占七分之一，需要大规模维修的建筑占五分之四，只有 2% 的建筑确定为安全，不需要维修。

事件描述

1995 年 4 月，5 楼的天花板开始出现裂痕。

6 月 29 日清晨，三丰百货店设施经理来到他的办公室，他的桌子上有一张守夜的保安留下的字条，内容大致是昨夜守夜的保安发现楼顶忽然出现了裂缝，但是店长却认为该裂缝是两年前不当移动楼顶的冷气机所致，因此并未理会。

6 月 29 日上午，顶楼的裂痕急剧变大，同时顶层的"春园餐厅"向设施经理报告了地板上出现了大裂缝，编号为 5E 的柱子开裂，餐厅暂停经营。在此期间，李鐏（三丰集团会长）和其他管理层对此的唯一对策就是将顶楼的货物和商铺移至地下室。不久后三丰百货里的人发现楼体发生震动，管理层认为是冷气机震动所致，因而关闭了顶层并关闭了冷气机，但为时已晚。土木工程专家也被邀请前来检查建筑结构。在简单的检查过后，土木专家得出的结论是，整栋建筑有垮塌的危险。但是，管理层却没有下达关闭百货大楼或进行疏散的命令，而原因仅仅是因为当天的客流量非常大，管理层不想损失潜在的巨大收益。

下午 4 时许，三丰百货大楼楼顶传来"轰"的一声巨响，但在地下室的人们和管理层对此毫不知情，而此时由于冷气机长期以来对 5E 号柱子施加压力和传导震动，使得 5 楼的地板、天花板和 5E 号柱子开裂，4 楼、5 楼的天花板开始慢慢下陷。

下午 5 时，4 楼的天花板下陷愈发严重，百货大楼工作人员因此封闭了这一楼层。大约 5 点 50 分，楼上又传来一声更大的巨响并伴随着"噼哩啪啦"的断裂声，大楼开始剧烈摇晃，工作人员拉响了警报，并开始疏散顾客。6 点 05 分左右，5E 号柱子在 5 楼天花板的连接点再也支撑不住了，它终于崩塌了，楼顶开始垮塌，上面的楼板连同冷气机掉在了超载的第 5 层的地板上。而起支撑作用的承重柱由于为自动扶梯腾出空间早已变得不堪重负，此时也开始一个接一个倒了下去，楼板一层一层地掉落，致使整栋建筑的一大半几乎在瞬间就垮塌且填满了 4 层的地下室。至此，韩国曾经的标志性建筑在 20 秒内夷为平地。在此次事故中共有 502 人遇难，另有 937 人受伤，财产损失高达 2700 亿韩元（约合 2.16 亿美元）。

事故原因

改变用途　解雇承包商

曾是首尔地标的三丰百货店由三丰集团兴建，位于今日首尔副都心的黄金地段——今日的韩国会计学院大厦旁。1987 年，集团开始在这片位于瑞草区，原本用作垃圾掩埋场的开阔地上建设百货大楼。按照最初的设计，大楼将被建设成一栋 4 层的办公楼，但是三丰集团会长李鐏却在建设工程中将其重新设计成一栋百货大楼。这一改动，导致了很多承重柱被取消，以腾出空间来安装自动扶梯。原先的建筑承包商拒绝按照新的设计继续施工，李鐏因此而解雇了他们，并让自己的建筑公司进行施工。

增加楼层　移动冷气机

大楼建成后不久，第 5 层楼面又被添加到了这栋建筑物上，原计划将其作为滑冰场，但中途改变了用途，取而代之的是八家韩朝美食店。由于韩国人有吃饭时席地而坐的习惯，这些餐馆的混凝土地面下添加了一层加热设备，这极大地增加了承重结构的负担。此外，整幢大楼的空调设备（水冷式冷气机）都被安装在楼顶上。3 台大型冷气机共重 29 吨，加上冷气机注满水时，总重更高达 87 吨，达设计标准的承重负荷 4 倍之多。

让情况变得更糟的是，在 1993 年，由于周围居民对冷气机噪声的抱怨，大楼后部所有的冷气机都被移到了前部。这一移动本应使用起重机，但结果是所有的设备都是直接在楼顶上利用滑轮被推拽到位的，这使整个楼顶结构大受损伤，冷气机所及之处充斥着裂痕，再加上冷气机运作时产生的震动使冷气机附近的 5E 号柱子和楼顶的连接点出现裂痕，支柱不能发挥其作用。

偷工减料　装错钢筋

在之后的调查中调查人员还发现，根据建筑物的安全标准计算结果，三丰百货大楼的柱子直径应该是 80 cm，而实际测量却发现其缩减到了 60 cm，中间的钢筋也从 16 条减小到 8 条。在 4 楼用于强化混凝土楼板的钢筋也装错了位置，本应与地面相差 5 cm，而实际测量发现其与地面相差了 10 cm 之多，这相当于把楼板厚度变薄了，导致了楼板与柱子之间的强度减小了 20%。这两个变化，虽不能直接导致大楼倒塌，但为倒塌埋下了隐患。

后续调查

外界最初认为事故的原因是由于大楼松软的地基。但是随着调查的深入，很快人们便发现事故发生是由于李鐏和其建筑公司对设计的随意改动。后来对废墟的调查显示，混凝土本身并没有问题，但支柱的直径却比原来的要小。

调查也揭示了首尔市的地区官员涉嫌在三丰方面改动建筑的过程中接受贿赂，结果许多官员包括前瑞草区行政官被控玩忽职守而遭起诉并被判入狱。1995 年 12 月 27 日，韩国首尔地方法院根据《特定犯罪加重处罚法》及业务过失致死罪的罪名判处李鐏有期徒刑 10 年 6 个月，其子李汉祥被判有期徒刑 7 年。

有关当局继续对三丰集团作进一步调查时，揭发了更多三丰涉及贪污及诈骗等罪行，结果总共有 21 人被判有罪，其中 12 人是市政府官员。

三丰大楼原址现在已建成为另一座商厦——雄山大厦。

互动环节

1. 劳动者的合法权益主要有哪些？

2. 劳动者工伤损害赔偿包括哪些具体的项目？工伤维权有哪些途径？

3. 什么情况下，劳动者可以请求用人单位支付两倍工资？

4. 发明与实用新型、外观设计的联系与区别是什么？

5. 商业秘密与专利的区别是什么？相较于商业秘密，何种技术方案在什么情况下申报专利更好？

6. 关于生产、设计可能涉及的刑事犯罪有哪几种？

7. 重大劳动安全事故罪与重大责任事故罪的区别是什么？

8. 招标投标的具体流程是什么？

推荐书目、文章与网络资源(法律常识以及实务、案例书、法律实务网)如下:

(1) 常凯. 论劳动合同法的立法依据和法律定位[J]. 法学论坛,2008,23(2):5-14.

(2) 王桦宇. 劳动合同法实务操作与案例精解(增订6版)(企业法律与管理实务操作)[M]. 北京:中国法制出版社,2013.

(3) 洪秀丽. 劳动合同若干问题研究[D]. 长沙:湖南师范大学,2001.

(4) 徐蔚知. 论缺陷产品致人损害的法律救济[D]. 上海:华东政法大学,2014.

(5) 吴汉东. 知识产权法教学案例[M]. 北京:法律出版社,2005.

(6) 林立. 工程合同[M]. 北京:北京大学出版社,2016.

(7) 于海东. 企业知识产权实务操作[M]. 北京:知识产权出版社,2014.

(8) 许伟基. 商标纠纷诉讼指引与实务解答[M]. 北京:法律出版社,2013.

(9) 黎宏. 重大责任事故罪相关问题探析[J]. 北京:北方法学,2008,2(5):67-70.

(10) 曲新久. 从"身份"到行为:工程重大安全事故罪的一个解释问题[J]. 人民检察,2011,17:5-11.

(11) 宋旭娜,刘文佳. 借力从严从重打击环境污染犯罪:两高院《关于办理环境污染刑事案件适用法律若干问题的解释》的思考[J]. 环境与可持续发展,2013,38(4):56-59.

(12) 杨勇,狄文全,冯伟. 工程招投标理论与综合实训[M]. 北京:化学工业出版社,2015.

(13) 李金升. 招标投标重点法律实务[M]. 北京:中国法制出版社,2016.

(14) 孔祥俊. 商业秘密司法保护实务[M]. 北京:中国法制出版社,2012.

(15) 无讼案例、名片、法律法规则 https://www.itslaw.com/bj.

(16) 聚法案例 https://www.jufaanli.com/.

(17) 专利检索 soopat http://www.soopat.com/Home/Index.

本 章 小 结

当前,劳动关系已成为一种最基本、最重要的社会经济关系,劳动关系的和谐发展已成为社会和谐发展的重要内容和保证,但破坏劳动关系和谐稳定的因素一直存在。劳动者作为劳动关系一方,其合法权益屡遭侵犯,由于天生处于弱势群体的地位,劳动者在面临自身合法权益遭受侵犯时往往无能为力,或为了保住工作而不得不忍气吞声。因此,作为一名合格的工程师,我们不仅需要掌握专业的技术技能,也需要了解一定的法律常识用来保护自己的合法权益免受侵犯。本章详细介绍了劳动者的法律权利,如劳动者享有的合法权利,劳动者在签订劳动合同时需要注意的事项,劳动者在工伤情况下可以选择维权的途径和劳动争议及员工离职管理等;同时,也对劳动者在法律上需要履行的义务进行了说明,例如劳动者需要缴纳的各种税款,劳动者必须履行的义务等。希望以上内容能够为未来的工程师在工作生涯中找到保护自身合法权益的途径提供便利。

大多数工程师进入工程领域后,首先接触的就是生产领域,每天都要真实地面对安全生产、产品标准及产品质量等系列问题,为了避免造成人员伤害和财产损失的事故,我们需要采取相应的事故预防和控制措施，这就需要我们具备安全生产意识。在当今生产领域，作为现代工程师除了需要具备安全生产意识外，还应具备开阔的国际视野和超前的创新意识，积极参与各项产品标准的制定和研发。在如今的市场上谁掌握了标准的制定权，谁就掌握了话语权。如果说制定产品标准是每一个工程师的理想目标，那保证产品质量就是每一个工程师成功的基石。产品质量的优劣不仅事关产品的生命乃至企业的命运，还关乎消费者的使用体验乃至生命财产安全。因此，工程师更应当主动把质量意识放在心中，把生产安全落实在行动上。

作为设计与研发工作的工程师，只有熟悉部分关键事项的重要法律，才能有效降低设计与研发工作的法律风险，最大限度地维护自身与企业的权益，进而最终保障设计与研发工作的顺利进行。设计与研发工作的权益保护主要包括专利权、著作权、商标权、商业秘密等权益的保护，即研发设计过程形成的材料与最终的产品，如流程图、产品设计图、论文、调研报告、研究报告、实验报告、项目建议书。企业与工程师可以运用单一或者综合性的法律作为手段，保护其专利权、著作权、商业秘密等权益。

在设计、生产领域也存在许多法律风险和利益切点，作为新时代的工程师，我们应该掌握与生产、设计相关的刑事、行政法律规范，真正使法律融入生活，融入工作，成为理性行为与顺利工作的制度保障与思想指引。

第八章　信息化工程与技术服务能力

学习目标

　　通过本章的学习，掌握数字伦理、信息化工程的概念，了解如何培养数字伦理意识，熟悉信息化工程与技术服务能力的重要性以及未来发展趋势。

8.1　数字伦理与信息化工程概述

案例 8-1　数字伦理前沿论坛

　　数字伦理前沿论坛(2020)在中国传媒大学召开。论坛期间，中国科技新闻学会二级分会数字传播伦理专业委员会正式揭牌。与会专家学者围绕"数字伦理"这一焦点话题，就互联网信息的伦理边界、大数据驱动的传播格局、人工智能背景下的平台责任等一系列核心议题展开讨论，主要内容如图 8-1 所示。

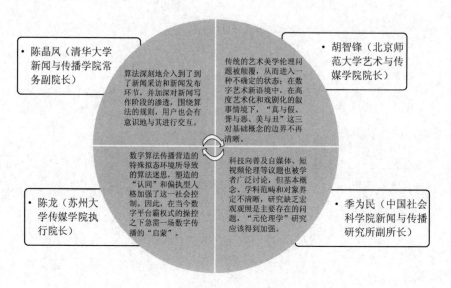

图 8-1　数字伦理前沿的几个观点

8.1.1　数字伦理

　　随着人工智能的采用，人们首次在广泛部署一项技术之前和在此过程中就开始进行伦理道德讨论。所谓数字伦理，是指立足以人为本，在数字技术的开发、利用和管理等方面应该遵循的要求和准则，涉及数字化时代人与人之间、个人和社会之间的行为规范。Gartner 将数字伦理定义为人、企业机构和物之间开展电子交互所遵循的价值和伦理道德原则体系。比如，在社会层面，如何弥补"数字鸿沟"，让数字技术的发展更加公平可持续；在企业层面，怎样避免技术滥用、不当采集用户数据，以正向社会价值创造为目标；在个人层面，应该怎样区分现实与虚拟，化解网络成瘾、短视频沉迷等困扰，怎样解决注意力缺失、知识碎片化等问题？正确应对数字化时代带来的挑战，才能让人们成为数字化时代的主人，而不是被数字和算法驱使。

8.1.2 信息化工程

案例 8-2 仓储库管理执行系统

随着竞争升级，企业秉承质量保证、追溯管理、效率提升、成本降低来保持竞争力。库存管理唯有通过智能数字化管理和先进的管理方式来实现库存数据及时准、库容提高、呆滞预防、成本降低。

图 8-2 所示的业务流程和图 8-3 所示的网络硬件设备架构是某智能制造企业采用最新信息技术和网络技术，结合条码技术、RFID 技术、AIR 自动导航小车及 JIT 管理，精益生产、智能制造、精心研制的一套仓储管理执行系统，可实现库位及物料与设备层、执行层、各业务层的融合。搭建数字化智能仓库，实现了库存物料信息化、智能化、无纸化、快速反应、高效可追溯管理。

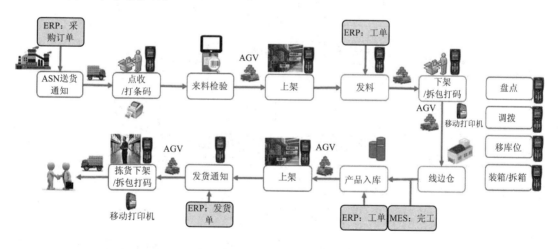

图 8-2 典型的业务流程

随着计算机和网络技术的不断提高，中国的信息化建设也在向深度发展之中。信息化工程是与信息技术相关的学科。信息化工程是指将信息技术、自动化技术、现代管理技术与制造技术相结合，以改善制造企业的经营、管理、产品开发和生产等各个环节，提高生产效率、产品质量和企业创新能力，降低消耗，带动产品设计方法和设计工具的创新、企业管理模式的创新、制造技术的创新以及企业间协作关系的创新，从而实现产品设计制造和企业管理的信息化、生产过程智能化、制造装备的数控化以及咨询服务的网络化。企业信息

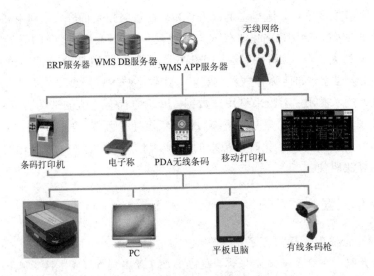

图 8-3　网络硬件设备架构

化工程概述图如图 8-4 所示。

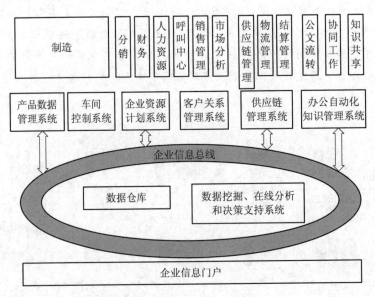

图 8-4　企业信息化工程概述图

　　信息化工程项目按单项工程的属性可分为基础工程、技术工程和应用工程三个类别，如表 8-1 所示。其中，基础工程为信息系统运行与管理提供基本设施和环境平台；技术工程为信息化业务提供需要的专项技术；应用工程指建设单位的自有专属业务，采用信息化手段实现的项目。

表 8 - 1　信息化工程项目类型

类型	名称	说　明
基础工程	计算机网络系统工程	信息化工程中计算机网络系统的新建、升级和改造工程，它包括网络基础设备、信息安全系统、网络管理系统的建设及与相应软件系统的集成调试
	信息系统机房工程	为保证计算机设备、网络设备、通信设备等电子设备的安全有效运行而提供的配套系统的新建、升级和改造工程，它包括室内装饰、供配电、空调、消防、安全防范、机房环境监控、机房环境、防雷、接地等的建设
	综合布线工程	支持广泛应用范围（如语音、数据、图像等数字信息传输）的结构化通用布线系统的新建、升级和改造工程，它包含工作区、配线子系统、干线子系统、设备间、管理、建筑群子系统的建设
	数据中心	集中式数据管理与服务外包发展趋势
技术工程	通信系统	是数据传输的基本通道，包括有线通信网和移动通信网
	网络系统	包括有线网络系统（CAN、LAN、WAN）和无线网络系统（WiFi、WLAN）
	数字化工程	信息化工程的具体实施形式，是信息化最本质的工程体现
	3S 技术应用工程	指全球定位系统 GPS、地理资源系统 GIS、遥感系统 RS、3S 技术和应用系统数字化空间的基础技术和应用系统
	软件工程	软件是计算机系统中与硬件相互关联而实现信息处理功能的核心部件，包括计算机运行时所需要的各种程序、相关数据及其说明文档。按软件的功能可划分为系统软件、支持软件、应用软件
	信息安全工程	信息安全系统是为保护信息系统中的软件、硬件及信息资源，使之免受偶然或恶意地破坏、篡改和泄露，是保证信息系统正常运行和服务不中断的安全防范体系，包括物理访问、逻辑访问、应用环境、网络系统、灾备系统的安全管理
应用工程	信息系统工程	指信息处理系统的工程实现，其依据的科学原理和方法是《信息系统工程》，其功能是信息系统工程建设单位在其业务活动中实现管理流程、组织机构、业务活动机能、业务手段和工具的科学化、信息化、系统化
	电子政务	指运用计算机、网络和通信等现代信息技术手段，实现政府组织结构和工作流程的优化重组，超越时间、空间和部门分隔的限制，建成的一个精简、高效、廉洁、公平的政府运作模式
	电子商务	电子商务是一个为企业或个人提供网上交易洽谈的平台。利用电子商务平台提供的网络基础设施、支付平台、安全平台、管理平台等共享资源，可有效地、低成本地开展企业或个人的商业活动
	电子社区	电子社区是电子政务的高级应用阶段，是全民性电子政务系统的重要组成部分
	智能建筑工程	智能建筑工程是一种智能化信息系统工程，主要内容包括智能建筑自动化控制系统（BAS）的功能、结构和设备与办公自动化系统、建筑自动化网络的集成
	信息数字化工程	信息数字化工程包括两项基本内容，即信息数字化技术与信息数字化管理，在数字化图书馆和数字化档案管理应用系统中，信息数字化工程是关键工程之一

8.2　数字化信息与技术服务

8.2.1　数字化转型的战略重心

数字化信息在各领域都已被广泛应用，在智能制造数字信息化的全面转型中，在前沿理论研究的数值分析、数字仿真实验等研究方法中，以及在社会各领域的深度发展中都起着举足轻重的作用。图8-5所示为智能制造中的"面向超宽带声束工程的色散定制化消色差超构表面"的应用实例。

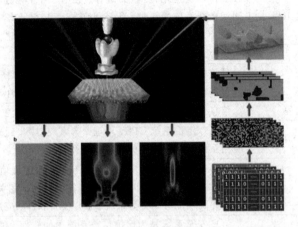

图8-5　面向超宽带声束工程的色散定制化消色差超构表面

当前，在以云计算、大数据、人工智能与区块链为代表的数字技术引领下，生物技术、新材料技术、新能源技术交叉融合，并正在推动全球新一轮科技革命和产业革命加速前进，将对人类生活带来前所未有的影响。

新技术的深入发展在为经济社会的进步创造条件的同时，也将深刻改变国家的竞争优势，对全球格局产生深刻影响。鉴于此，世界各国纷纷出台国家数字化发展战略，来布局科技与经济发展，重点推动教育领域的数字化变革，以抢占未来发展先机。

1. 中国：数字人才将成为下一阶段我国经济全面数字化转型的第一资源和核心驱动力

当前我国经济数字化转型正从需求侧逐渐转向供给侧，从市场营销向物流、制造、研发等产业链的上游渗透。供给侧、产业端的数字化转型更加依赖既懂行业又具有数字化素养的数字人才对产业链上下游数据的采集、整合、分析与应用。数字人才将成为下一阶段我国经济全面数字化转型的第一资源和核心驱动力。数字人才不仅包括传统意义上的信息技术专业技能人才，还应该包括能够与信息技术专业技能互补协同、具有数字化素养的跨界人才。

2. 美国：聚焦前沿技术和高端制造业，引领全球数字化转型浪潮

2016年，美国连续发布了《规划未来，迎接人工智能时代》《国家人工智能研究与发展战略计划》和《人工智能、自动化与经济》三份报告，全面阐释了美国人工智能方面的发展计划。其中，人工智能技术的教育应用是这些报告的内容之一。美国是全球最早布局数字化转型的国家，多年持续关注新一代信息技术发展及其影响，奠定了其数字化转型的领先地位。近年来，美国进一步聚焦大数据和人工智能等前沿技术领域，提出依托新一代信息技术等创新技术，加快发展技术密集型的先进制造业，保证先进制造业作为美国经济实力引擎和国家安全支柱的地位。

3. 英国：强化战略引领作用，打造数字化强国

英国作为最早出台数字化相关政策的国家，先后实施多项战略，积极调整和升级产业结构，以打造世界领先的数字化强国。2018 年，英国的《产业战略：人工智能领域行动》文件提出为确保英国在人工智能行业的领先地位，培养相关专业人才，投资 4.06 亿英镑用于技能发展，重点是数学、数字化和技术教育。此外该文件提出了多项数字化转型战略，包括连接战略、数字技能与包容性战略、数字经济战略、数字转型战略、网络空间战略、数字政府战略和数据经济战略，为数字化转型做出全面部署，将英国建设为全球人工智能与数据驱动的创新中心，并且成为全球创立数字化企业的最佳之地。

4. 德国：积极践行"工业 4.0"，明确五大行动领域

2016 年 3 月，德国联邦经济和能源部发布"数字化战略 2025"，提出"在人生各个阶段实现数据化教育"。德国以"工业 4.0"为核心，逐步完善数字化转型计划，并为中小企业提供良好发展环境。德国强调利用"工业 4.0"促进传统产业的数字化转型，提出了跨部门跨行业的"智能化联网战略"，建立开放型创新平台，促进政府与企业的协同创新。德国政府明确指出了数字化转型的五大行动领域，分别为数字技能、信息基础设施、创新和数字化转型、数字化变革中的社会和现代国家，旨在使数字化变革惠及每个公民，并针对数字革命带来的挑战提供具体解决方案。

5. 法国：明确工业转型和人才培养方案，打造欧洲经济中心

在经历"去工业化"阵痛后，法国实施了一系列创新驱动工业转型升级和提升数字技能的相关政策方案，旨在通过新一代信息技术带动经济增长模式变革，实现重返欧洲经济中心的战略目标。

6. 日本：以技术创新和"互联工业"为突破口，建设超智能社会

为在新一轮国际竞争中取得优势，日本制定和发布了一系列技术创新计划和数字化转型举措。2018 年 9 月，日本内阁发布《人工智能战略草案》，旨在全面推进日本的"人工智能战略"，将培养中学生的数字化素养和人工智能专业人才等内容纳入该战略草案。该草案还提出利用新一代信息技术使网络空间和物理世界高度融合，通过数据跨领域应用催生新价值和新服务，并首次提出超智能社会——"社会 5.0"这一愿景。该草案正式明确将互联工业作为制造业发展的战略目标，并通过推进"超智能社会"建设，抢抓产业创新和社会转型的先机。

7. 韩国：以建设智能工厂为先导，为制造业转型积极布局

随着全球第四次工业革命浪潮的到来，韩国重新审视本国智能制造和信息技术的发展，大力推进智能工厂建设，提出将无人驾驶、智能城市、VR/AR、定制化医疗保健、智能机器人、智能半导体等领域作为第四次工业革命的创新增长引擎。

8. 俄罗斯：注重技术自主研发，着力夯实数字化转型基础

2017 年 7 月 28 日，俄罗斯联邦政府正式批准的《俄罗斯联邦数字经济规划》，给出了俄

罗斯数字经济发展的路线图，"人才和教育"是该规划提出的五个基本发展方向之一。俄罗斯政府将数字化转型视为实现经济复苏和持续发展的关键依托，强调提升本国信息技术自主研发能力以保障国家利益，力争在数字经济监管标准、人才培养、科研能力、信息安全和信息基础设施等方面实现长足发展，指出要在公共服务、医疗、教育和工业等领域引入新一代信息技术和平台解决方案，确保 2024 年前在智能制造、机器人、智能物流等领域进入全球五强。

9. 新加坡：描绘数字化蓝图，助力服务业转型升级

新加坡为加快数字化步伐，2018 年开始描绘"数字化蓝图"，勾勒经济社会的整体转型发展计划，以服务业转型为重点寻求数字化新变革，重点提升本国服务业领域的数字创新能力。为确保公民从数字化转型中获益，新加坡政府发布"数字化能力蓝图"，进一步提升国民数字技能，并设立科技卓越中心培养数据分析、人工智能和网络安全等领域人才。

10. 泰国：以"泰国 4.0"为战略引领，积极开展国际合作

为迈入经济发展的高附加值阶段，泰国政府于 2016 年提出"泰国 4.0"战略，随后推出"东部经济走廊"合作计划，并在曼谷打造东南亚最大的"数字公园"，旨在利用新一代信息技术转变经济发展模式，拓展国际合作交流渠道，推进经济社会繁荣稳定和可持续发展。

11. 欧盟：打造统一数字市场，构筑产业转型共同体

除了以国家为主体制定的数字化发展战略以外，作为政治和经济共同体的欧盟，也于 2016 年正式出台《欧洲工业数字化战略》，旨在整合欧盟成员国的工业数字化战略，加快欧洲工业数字化进程。该战略提出要研究制定"欧盟技能行动议程"，提升人们在数字时代工作所需的技能。

为加快欧盟数字化转型步伐，欧盟坚持合作共赢原则，共同推动建立统一的数字市场，为成员国产业协同发展提供有利条件，计划在 5G、云计算、物联网和网络安全等重点领域加快建立共同标准，以统筹欧盟各成员国的产业数字化转型。

12. 其他国家与组织

2015 年 7 月，印度莫迪政府提出"数字印度"倡议，计划以"印度制造"和"数字印度"两驾马车引领国家未来。培养大众数字素养是这一倡议的重要组成。2015 年 12 月，澳大利亚政府发布《国家创新与科学议程》报告，"人才和技能"是这一报告提出的四个关键领域之一，并制定了"提高澳大利亚所有人数字素养与 STEM 素养"计划。

经济合作与发展组织（OECD）于 2015 年和 2017 年连续两次发布《数字经济展望》，全面呈现了数字经济的发展趋势、政策发展以及供给侧和需求侧数据，并阐述了数字化转型如何全方位影响包括教育在内的各大领域。

8.2.2　教育政策新取向

1. 数字化教育的概念

数字化教育就需要改变老师在台上讲课，学生在台下被动听课这种填鸭式、大锅饭式的教育方式，通过科学技术手段把知识数字化，利用人工智能技术、大数据算法和强化学习算法让机器掌握每个学生的学习规律、学习特长、知识漏洞等数据，形成个性化的知识图谱，制定适合每个学生的学习路径。数字化教育旨在彻底摆脱传统教育没法因材施教和一对一教学的处境，从根源解决学生学不好、学不会、不愿学的问题。

2. 数字化教育的作用

在数字经济时代，伴随着云计算、大数据、物联网、软件定义、信息安全、虚拟化等技术的成熟与普及，数字化技术开始渗透到中国社会与经济的每一个环节，并与各个环节加速融合。

在互联网和知识爆炸时代，以往传统教育"标准化教学"的流程越来越落伍，知识共享和互联网教学逐渐普及。高校需要有效利用互联网、人工智能等技术手段，帮助在校生真正实现个性化的学习，以提升学生未来的竞争力。

人才需求变了，对应的教育培养机制也要改变。为了培养更符合时代需求的人才，全球各大高校都在重构教育教学资源，加强学科深度交叉融合，推动产学研融合，培养创新型个性化人才。

数字化教育展现出的便捷性和高效率使得越来越多的高校开始尝试使用创新性的教育方式，尤其是在线课程。数字化教科书的应用越来越广泛。数字化转型助力"因材施教"，为培养学生的个性化提供可能。数字化时代，不仅是学生要学习全新的数字化技能，我们的老师、我们的教学方式也要和数字化进行良好结合。数字化教育的迅速发展给传统教育带来了冲击，但目前数字化教育只是作为传统教育的有益补充而存在，当然其迅猛的发展势头也不容忽视。我们不否认数字化教育会导致传统教育的某些方面"消失"，但它的长处仍值得认可。

3. 校园数字化的策略

互联网推动校园教学数字化，学校和教育管理部门通过信息化手段，对各种信息资源进行有效集成、整合和充分利用，实现教育教学和校务管理过程的优化、协调，实现教学过程与学习过程的优化，营造一个优良的教学、学习及生活环境，达到提高学校教学质量、科研水平、管理水平的目的。

高校的数字化转型不是简单的"一把手"工程，而是要把它定位于引领发展的高度。如果是引领发展，就要通过信息化建设对整个教育生态进行重组与再造，对教育的流程要进行再造，对教育的体制要进行重组和变革，促进高校教育教学创新发展。

在我们当前的教育体制下，更需要"一把手"强推，实现数字化对教育行业的引领发展，从而重组和变革教育体制，完成教育大国到教育强国的升级。

面对未来的巨大变革，今天最迫切需要做出改革和改变的是教育，数字化教育将会是改变传统教育的第一步。

4. 数字化教育变革

目前，全球教育面临着新的挑战——数字化变革。在数字化时代，自动化和人工智能崛起，旧的职业不断消亡，新兴产业和职业不断出现，这预示着教育与科技之间将展开一场博弈。

为迎接数字技术带来的机遇与挑战，各国先后调整教育政策，全方位促进教育的数字化转型。

（1）完善数字化教学设备和资源。2015 年，法国启动了"数字化校园"教育战略规划，提出三年内投资 10 亿欧元,实现中小学校全景式的数字化转型,包括提高个人移动数字设备的普及率,解决农村地区学校互联网接入问题,建立国家级数字平台,为中小学师生提供丰富多样的多学科网络教育资源等;俄罗斯于 2018 年启动"数字化教育环境"项目,旨在建立安全数字化教育环境,力争在 2024 年前保证所有学校接入高速互联网,建立老师和学生可使用的基础设施和数字平台。2019 年,德国联邦政府正式启动《学校数字协定》,未来五年,联邦政府将每年投入 5 亿欧元用于学校信息化平台建设,各州促进学校教育信息化建设的政策措施也在陆续出台。芬兰以"FINNABLE 2020"项目为代表的基础教育创新项目致力于搭建数字化平台,形成健全的网络学习社区,打破传统的时空限制,实现随时、随地学习。

(2) 将数字化素养培养纳入中小学课程体系。数字素养被看作在新技术环境下使用数字资源、有效参与社会进程的能力。数字素养的培养逐渐被各国纳入基础教育的课程体系。德国拟定了《德国学生数字素养框架》,以该框架为核心依据,各州教育部正在参考数字素养框架,对教学大纲和教育标准进行适时调整,在中小学所有学科教学中开展数字素养的培养。日本积极开发相关教材教具,并提出从小学到高中整个基础教育阶段全面加强信息技术素养培养,以达成提高全民信息技术基本素养的目标。法国"数字化校园"教育战略规划将数字化课程、编码课程纳入通识教育体系,全面培养学生在智能学习环境中的信息素养。2015 年通过并开始实施的《澳大利亚课程纲要(4.0 版)》,将"数字技术"列为澳大利亚从基础年级到十年级的八个学习领域之一。韩国教育部于 2016 年底发布的《应对智能信息社会的中长期教育政策方向与战略》,要求初中从 2018 年开始、小学从 2019 年开始实行软件义务教育,强化智能信息技术人才培养的基础。俄罗斯的"数字化教育环境"计划,要求保证 40% 的中小学生高水平掌握数字技能。俄罗斯教育部计划修订"综合技术"课程国家教育标准,在小学"综合技术"课程中引入编程内容。

(3) 提升教师数字化素养是教育数字化转型的重要条件。面对数字科技快速发展,教师数字素养不足的问题,法国"数字化校园"教育战略规划提出要全面启动教师信息素养培训项目。俄罗斯的"人才与教育"行动计划明确提出每年有不少于 5000 名教师接受数字化培训;韩国在《应对智能信息社会的中长期教育政策方向与战略》中提出,要对现行师范大学的课程进行改编,培养后备师资的核心能力。

8.3　数字伦理意识养成

8.3.1　对数字伦理意识养成的认识

针对人工智能等领域专业人才不足问题,各国的政策首先致力于扩大普通数字技术专业人才培养规模。日本《人工智能战略草案》提出,不分文理科,在医疗、农业、防灾等各种专业领域每年培养 25 万名人工智能人才,并开发人工智能专业教学计划和教材。法国高等教育部表示将提高人工智能领域学生培养数量,使人才培养总体规模翻一番。俄罗斯的"人才与教育"行动计划要求完善教育体系,将高校信息技术专业学生数量由目前的 6 万人提高到 12 万人。

此外,部分国家对于高端数字化人才的培养予以特别关注。英国《产业战略:人工智能领域行动》将额外投资 4500 万英镑支持人工智能及相关学科的博士培养。2018 年 12 月，澳大利亚工业、创新与科学部发布的《澳大利亚的技术未来——提供一个强大、安全和包容的数字经济》政策文件提出，计划提供 140 万澳元的专项博士奖学金，用以支持新增的澳大利亚人工智能研究人员。日本内阁府在"面向社会 5.0 的人才培养"报告中也提出要实施"超量级"的人工智能人才培养。

数字化技术发展主要由数据和算法所驱动，它在使人类生活实现智能化、便捷化的同时，也将引发前所未有的法律、道德、伦理等新问题，数字科技伦理和法律规范建设已经受到普遍关注。英国的"人工智能领域行动计划"中提出将投资 909 万英镑创建一所数据伦理与创新中心，对现有的数据治理态势进行评审，就如何确保数据安全、创新、合乎道德的使用为政府提供建议，并引领全球数据伦理对话。欧盟于 2019 年 4 月发布了人工智能伦理准则——《可信赖人工智能伦理指南》。澳大利亚发布的《澳大利亚的技术未来——提供一个强大、安全和包容的数字经济》提出要制定伦理框架。

在开展数字科技伦理和法律规范建设的同时，加强数字科技伦理教育，强化自律意识也开始纳入数字素养培养。为提出与新科技革命相应的教学目标，韩国教育部 2015 年修订了中小学课程标准总体目标，数字科技伦理教育与信息技术应用能力并重，强调要培养中小学生信息伦理意识、信息保护能力。《德国学生数字素养框架》中单列第一章强调"安全与保护"，内容包括培养学生了解和反思数字环境中风险的能力，保护个人数据和私人领域的意识以及避免网络成瘾等潜在危害的意识等。法国的"数字化校园"发展战略中明确要求培养学生在面对网络世界纷繁复杂的信息时，具备自控自律能力，学会从中筛选准确、真实、客观的有用信息，逐步在虚拟网络社会中树立批判性思维和独立型人格。俄罗斯强调新一代儿童未来将生活在虚拟和现实双重世界中，学生在双重世界中同样需要具备保持身心健康的能力、爱护和改善生存环境的能力以及交往沟通等社会化能力。

8.3.2　聚焦理工学科，回归创新本源

从世界主要发达国家来看，过去的几十年中，各国选择理工专业的学生比例均处于下降趋势，形成一个现象级的共性问题。不少教育专家曾指出，发达国家从急速发展的拓荒时代，转变到如今的优越安逸阶段，是理工科学生比例下降的重要原因。而数字化时代恰恰要求理工基础学科的重新回归，为国家实力的延续与科学技术的创新打下坚实基础。

为此，《英国科学与创新投资框架 2004—2014》从学校课程、继续教育、高等教育、教师专业发展等方面提出了加强科学、工程、数学教育的具体措施，并于 2018 年的《产业战略：人工智能领域行动》计划中强调大力投资与发展 STEM 教育。2017 年底韩国将原来的《科学教育振兴法》修订为《科学·数学·信息教育振兴法》，强调要营造科学、数学、信息各科教育及跨学科整合教育环境，培养学生具备科学、数学及信息素养，通过两门以上学科的整合来培养具有创新实践能力的融合型人才。

在德国，MINT 是 STEM 教育的同义词，德国于 2017 年启动了"学校云"项目为MINT 的发展提供基于云端的学习支持体系，并依托于强大的工业反哺，通过参与大学实验项目、进入企业体验学习等方式，让儿童和青少年在解决具体问题的过程中对相关职业有更加深入的了解。法国则通过一系列有效吸引学生选择理工专业的政策，包括学生态度的着力塑造、学生家庭背景的深度干预，以及对于理工专业领域男女平衡的关注，保障了

法国选择理工专业生涯的学生比例一直高于欧盟平均水平，理工热潮常年不退。俄罗斯作为理工教育的传统强国，其良好的数学教育传统及深厚的数学基础使得俄罗斯一度成为人工智能等前沿领域的先行者，早在2013年12月俄罗斯政府就批准了《俄罗斯联邦数学教育构想》，旨在保持数学科学及数学教育的传统优势，克服不足，加速发展数学科学与数学教育，为俄罗斯应对新科技革命浪潮奠定坚实基础。

总之，数字科技是引领新一轮科技革命和产业变革的重要驱动力，正深刻改变着人们的生产、生活、学习方式，推动人类社会迎来人机协同、跨界融合、共创分享的新时代。与此同时，世界各国也纷纷意识到，教育将成为重建数字化时代世界格局的关键力量，把握全球数字化发展态势，找准突破口和主攻方向，培养适应数字时代科技和社会发展的人才，成为各国教育的新使命。

8.4 信息化工程与技术服务(CNIETS)能力评价

8.4.1 信息化工程与技术服务能力评价的概念

信息化工程与技术服务能力评价简称为 CNIETS 能力评价，CNIETS 即"China information engineering and technology service"的英文首缩写。2021年3月，中国技术市场协会发布了 T/TMAC 033.F—2021《信息化工程与技术服务　能力要求》团体标准，启动信息化工程与技术服务能力评价工作，由中国技术市场协会科学技术评价中心组织实施。

8.4.2 信息化工程与技术服务能力评价的作用

CNIETS 能力评价是指通过互联网、大数据和云计算等信息技术，将硬件、软件、网络、数据和知识等要素整合成为收集、储存、传递、共享、分析、测试和利用各种信息资源的系统，并为系统的建设和运行提供支持服务的活动。信息化工程与技术服务能力评价以结果为导向，从基本能力、技术能力、服务能力和运营能力四个核心领域，评价企事业单位等组织的信息化工程和技术服务能力。

8.4.3 评价介绍和价值

为了建立数字化技术应用与创新能力评价机制、信息化工程与技术服务能力的科学评价机制，有效提升数字化技术应用与创新能力，提高信息化工程与技术服务供给质量，以信息化支撑科技创新，促进高质量发展，中国技术市场协会发布衡量企事业单位"数字化"能力的科学评价标准——《信息化工程与技术服务　能力要求》团体标准，并制定《信息化工程与技术服务能力评价工作管理办法》《信息化工程与技术服务能力评价机构及评价人员管理细则》，在全国范围内启动数字化技术应用与创新能力评价和信息化工程与技术服务能力评价工作。

评价分为"信息化工程与技术服务"能力评价和"数字化技术应用与创新"能力评价，分别面向服务提供商和各类企事业等单位。

信息化工程与技术服务能力分为五个等级，由高到低依次如下：

信息化工程与技术服务能力卓越级(CNIETS-E)，代表组织信息化工程与技术服务能力在同行业处于引领地位。

信息化工程与技术服务能力一级（CNIETS-1），代表组织信息化工程与技术服务能力在同行业处于领先地位。

信息化工程与技术服务能力二级（CNIETS-2），代表组织信息化工程与技术服务能力在大多数能力子域表现优秀。

信息化工程与技术服务能力三级（CNIETS-3），代表组织信息化工程与技术服务能力在大多数能力子域表现良好。

信息化工程与技术服务能力四级（CNIETS-4），代表组织初步具备信息化工程与技术服务的能力。

数字化技术应用与创新能力指各类组织对大数据、云计算、5G、物联网、区块链和人工智能等数字技术的应用及创新能力。数字化技术应用与创新能力评价为符合性评价，不设分级。

评价结果用于以下方面：

（1）作为招标投标机构遴选服务商的参考。

（2）作为各级政府制定奖励、补贴等政策的参考。

（3）作为银行、基金等金融机构对获证组织进行授信、尽调的参考。

（4）作为获证组织达到评先争优目标的证明。

（5）作为获证组织信用、商誉、品牌等方面公信力的证明。

（6）作为获证组织自身数字化、信息化水平的证明。

本 章 小 结

在当前数字经济时代背景下，尤其是在常态化疫情防控背景下，新一代信息技术快速发展，数字化、信息化与经济社会广泛、深度融合，数字化已成为各行各业转型或提升的重要方向，数字经济已成为我国经济高质量、可持续发展的重要引擎。传统教育即将"消失"的论断随之兴起，是耸人听闻还是既定之局？如何衡量传统教育与数字化教育之间的关系是值得高校管理者思考的一个问题。

第九章　新技术学习能力

通过本章的学习，了解新技术在工程发展中的重要作用，加深对新技术学习能力的认识，有意识地实现对新技术学习能力的自我培养，进而提高工作效率和创新能力。

9.1　新技术对工程发展的重要推动作用

案例 9 - 1　BIM 技术助力水利工程建设高质量发展

数字技术、信息技术与传统产业的融合已成为大势所趋，水利行业积极拥抱科技，实现创新发展。BIM 技术从横空出世到真正落地，为水利行业赋能，使水利工程建设和管理有了新抓手。

通俗来说，BIM(Building Information Modeling)就是通过数字技术构建的可视化工程数字模型，使整个工程项目在设计、施工和运行各阶段都能够有效实现提高效率、节省能源、节约成本、降低污染的目的。BIM 技术应用的核心是在工程建造前，预先在计算机中模拟建立数字化信息模型，仿真实体工程，寻找实施方案最优解，达到为水利工程提质增效的目标。将 BIM 技术应用推广到水利工程建设的全过程中，可以降低由"人工误差"所造成的损耗，精确统计工程量，合理规划施工进度，高效整合和利用水利工程全生命周期数据资源，至此水利工程建设和管理工作有了高科技的"参谋员"和"总管家"。

重大水利工程建设投资量大、产业链条长、施工难度高，需要极强的技术保障。我国大型水利工程很早就开始应用 BIM 技术。三峡工程和南水北调工程两大超级水利工程在设计和建造中都大量应用了 BIM 技术，提高了工程质量。当下，更多"大国重器"用上 BIM 技术，加速水利智慧化转型。随着 BIM 技术的不断发展，水利工程建设管理领域正在形成"BIM＋GIS(地理信息系统)""BIM＋全生命期"的发展趋势，数字孪生、智慧工程等新理念、新技术在水利行业被广泛接受。引江济淮工程将 BIM 技术与建设管理深度结合，建立了基于 BIM 的建设管理平台，精准管理工程质量、进度和安全；珠江三角洲水资源配置工程以 BIM 技术为基础，打造了基于 BIM 技术的工程数据中心，全面支撑建设管理、智能监管、安全监测、征地移民等综合管理；引汉济渭二期工程在初步设计中大量应用 BIM 技术。

水利行业正积极以发展 BIM 技术为抓手，突出科技引领，设计单位纷纷成立工程数字中心，施工单位也开始推进施工 BIM 应用。水利工程 BIM 应用已经从设计单位推动，逐渐转变为业主单位自发推动。2019 年，水利部水利水电规划设计总院联合水利部信息中心在全面调研梳理需求广泛征求意见的基础上，编制了推进水利工程 BIM 技术应用指导意见，标志着水利工程建设和管理走进了"BIM 定义的时代"。预计到 2025 年，大型水利工程建设将普遍应用 BIM 技术，助力水利工程在全生命周期中质量更优、效率更高、资金更省、决策更准、监管更实。

互动环节
　　（一）如何认识 BIM 技术助力水利工程建设高质量发展中的作用？
　　（二）你还了解哪些新技术对工程发展有重大推动作用？

9.1.1　技术创新的概念

　　技术创新是指企业应用创新的知识和新技术、新工艺，采用新的生产方式和经营管理模式，提高产品质量，开发生产新的产品、新的服务，使企业占据市场并实现市场价值。

9.1.2　新技术的作用

　　技术创新是国家发展战略的核心，是提高综合国力的关键。提高自主创新潜力，建设创新型国家，是顺应时代特征、事关中国经济建设和社会发展全局的战略选取，是深入贯彻落实科学发展观、构建社会主义和谐社会、全面建成小康社会的客观需要。由此可见，提高技术创新潜力和水平在当今中国已刻不容缓，而企业作为一个国家国际竞争力的重要体现，对技术创新的重视与否将直接决定企业的发展前景。

1. 核心竞争力

　　技术创新是企业创新活动的核心，它为组织实施和过程管理带来必要的支撑和保障，越来越多的公司认识到了其重要性。世界上大的跨国企业每年的研发投入都高达数十亿美元，主要用于支持自己的强大研发机构和团队的创新实践，使企业保持旺盛的创新活力，从而在国际市场竞争中成为赢家。近些年来，我国的华为、海尔、联想等公司也加大了研发投入。更令人惊奇的是中小企业也锐意技术创新，并在市场竞争中获取高效益回报。如分布在世界各地高新技术开发区中的超多中小企业，都是以自身的技术创新成就来创业发展，成为以知识为基础的经济发展中最重要的部分。

2. 生产力

　　技术创新在产品的生产和工艺的提高过程中起着举足轻重的作用。

　　一方面技术创新提高物质生产要素的利用率，减少投入；另一方面引入先进设备和工艺，可降低成本。在市场竞争中，成本和产品的差异一向都是核心因素，技术创新能够降低产品的成本，同样，也会为企业的产品差异带来帮助，如果企业能够充分利用技术创新，就能在市场中击败对手，占据优势地位。当然技术创新本身具有高投入、高风险性，因此在技术创新的过程中，务必建立良好的市场环境和政策条件，以充分激发企业创新的内在动力，为企业创造最大价值。

3. 管理与运营

　　创新还可促进企业组织形式的改善和管理效率的提高，从而使企业不断提高效率，不断适应经济发展的要求。管理上的创新能够提高企业的经济效益，降低交易成本，能够开拓市场，从而使企业具有独特的品牌优势。

4. 权利要求

　　另外，技术创新也逐渐成为企业一项极其重要的无形资产，企业作为利益分配主体，就意味着在照章纳税后，企业有权对技术创新收入进行自主分配。这样企业不仅能够有效补偿技术创新投入，还能够有效地激励研究与开发人员，尤其是对技术创新有突出贡献的人员实行特殊的报酬机制。再者，企业能够根据有效的经济原则，组建有效的研究和开发团队，按要素、贡献分配报酬。

9.1.3　工程发展离不开新技术

1. 新兴技术的推动作用

今天的制造业环境已经发生了很大变化，首先人力成本不断上涨，人口红利不再。其次，市场需求越来越多样化，个性化消费模式兴起，这要求工厂具有快速订制的能力。人工智能、机器人、物联网等新技术已经取得突破性进展，从而推动制造业向智能化、数字化方向转型。新兴技术给制造业带来了强大的推动作用，制造商正在尝试利用新兴技术来提升生产水平，如将物联网、工业机器人、3D 打印等技术应用到生产中，其中还包括实现预测性维护。又如大数据分析成为关键趋势，从大数据分析中获得洞察，通过增强现实技术提升可视化等。

为了应对数字化浪潮的挑战，制造商必须接受新的运营模式，通过数据分析，利用社交网络与客户、供应商进行更好的交互。人工智能也将用于实时或接近实时的数据采集和自动分析，以发现人们可能遗漏的问题和趋势。大数据分析和人工智能可以帮助厂商稳定输出高品质的产品和提供更好的服务，同时可以从原来的被动服务转变为主动服务，因为通过工业物联网和数据分析能够洞察更多的市场机会。例如厂商可以收集到用户的使用习惯，知道哪些功能是客户需要的，从而反馈到设计端进行产品优化，推出更符合市场的产品。随着工业物联网的深入发展，制造业可以与客户保持更紧密的联系，也就是说制造商更接近客户并了解其需求，进而可以充分了解市场方向，从而能够规避一些风险，包括利用大数据分析来驱动业务转变，通过预测趋势来改进企业的流程控制等。

2. 新兴技术带来的机遇

在制造业转型升级的过程中，厂商在不断尝试新的技术。人工智能、物联网等技术具有无限的潜力和应用空间，新技术的应用将给工厂带来全面的改变。目前，已经有不少厂商开始利用传感器和工业物联网进行预测性维护。过去，工厂设备发生故障时才会被发现，并进行停机维护。为了防止这种意外停机，企业通常采用定期给设备进行维护保养的方案，但这并不是理想的解决办法。因为，设备部门不知道机器什么时候需要更换部件，不清楚这些机器能使用多久，定期维护只能是减轻设备发生故障的概率，并不能真正的节省成本。现在工厂可以采用更有效的方法去确保机器的正常运行，例如给设备安装传感器，通过工业物联网采集机器的关键参数，实时监控和检测机器的运行，并利用机器学习来分析潜在的问题，从而在机器发生故障之前能够发现和及时处理，最终提高整体设备的运行效率。工厂可以将有关设备的数据显示在大屏幕，以便于维护团队每天能查看设备发生了什么事情，能识别出任何可能发生的问题，并在机器停机之前提供缓解措施。

除了工业物联网、人工智能等，还有许多新的技术和模式，例如 3D 打印、增强现实技术等，这些新兴技术正在帮助制造商更快地响应市场变化，从客户或者用户端了解产品的真正价值。厂商通过智能系统能够快速收集到所需的数据，从而将时间放在决策上，并能更快地抓住市场的机会。

纵观人类的发展史，就是一部科技创新史，每一次科技的重大进步标志着一个新时代的到来。蒸汽机的发明让人类步入了蒸汽时代，电脑的普及则标志着人们进入了信息时代。科技的进步给人类带来的是经济的发展、生活水平的提高乃至整个社会的进步。

在促进工程进步，引领工程创新上新技术起到了重要推动作用：一是能解决一些长期存在的瓶颈或难点；二是能在技术整合，系统集成，实现工程的安全、精准、绿色等方面发挥重要作用；三是能带动产业发展取得明显的经济社会效益，促进经济、社会高质量发展，提升全人类的生产力水平。

9.2　学习能力是掌握新技术的基础

学习能力是指个体从事学习活动所需具备的心理特征，是顺利完成学习活动的各种能力的组合，包括感知观察能力、记忆能力、阅读能力、解决问题能力等。一般而言，学习能力高低与种系演化密切相关，种系演化越高，其学习能力越强。在教育环境下，学习能力的发展与教学过程相辅相成。对个体而言，学习能力包括能够储存知识、信息的种类和数量，行为活动模式种类，新旧信息更替的能力等，具体表现在如何学、怎样学以及学习的效果等。学习能力在有机体一生中总在变化。

1. 含义

学习能力有两种含义：

其一是指已经表现出来的实际学习能力和已经达到的某种熟练程度。如某位学生是否能解答某一类应用题，以及解答这类应用题所需要的时间长短。这种能力是很容易了解和测验的。通常，学校考试测试的都是这种能力。

其二是指潜在的学习能力，它是一种尚未表现出来的心理能量，但通过学习和训练可能成为实际学习能力和可能达到的某种熟练程度。如某学生不会解答"行程问题"这类应用题，但通过老师的帮助和自己的练习，他学会了解答这类应用题等。这种能力不如实际学习能力那么容易体现和测验，但它仍然是可以测验的。

实际学习能力和潜在学习能力是不可分割的统一体。潜在学习能力是一个抽象的概念，是各种学习能力展现的可能性，在遗传与成长的基础上，通过学习训练才可能变成实际的学习能力。潜在学习能力是实际学习能力形成的基础和条件，而实际学习能力又是潜在学习能力的展现，两者不可分割。

2. 分类

学习能力按能力的倾向可分为一般能力和特殊能力。一般能力，指适合于广泛实践活动要求的能力，包括智力及其要素；特殊能力也称专门能力，指适合于某种专业活动要求的能力，如音乐能力、绘画能力、体育能力等。为此，根据一般能力和特殊能力的定义，学生的学习能力分为一般学习能力和学科学习能力。

一般学习能力，是指反映在学生学习活动过程中的一般能力，主要包括以下十种：

（1）观察力，是指大脑对事物的观察能力，如通过观察发现新奇的事物等，在观察过程中对声音、气味、温度等事物有一个新的认识。

（2）注意力，表现为学生在学习情境下的专注水平，包括注意的范围大小、集中程度、稳定性、转移的快慢、注意分配（即同时注意两个以上的物体）的情况等。

（3）记忆力，表现为感觉记忆、短时记忆、长时记忆的容量和保持时间，记忆力好表现为识记速度、储存牢固、重现，再认效率高、遗忘少等。

（4）思维能力，从思维过程上说，包括分析与综合能力、比较能力、抽象与概括能力、系统化与具体化能力；从思维方式上说，包括概念的形成与掌握能力、判断与推理能力、发散思维与辐合思维的能力等。

（5）想象力，应包括幻想能力、自由联想能力、再造想象和创造想象能力。

（6）语言表达能力，包括口语、书面语的表达能力和内部语言的外化能力。

（7）创造力，是人类特有的一种综合性本领。创造力是指产生新思想，发现和创造新事物的能力。它是成功完成某种创造性活动所必需的心理品质。它是知识、智力、能力及优良的个性品质等复杂多因素综合优化构成的。

（8）感觉统合能力，指身体和大脑相互配合的能力，是所有能力的对外表现。

（9）理解力，源自拉丁文"comprehendere"，意指"抓住总体"，意思是对某个事物或事情的认识、认知、转变过程的能力。

（10）运算能力，是数学能力的基本成分之一，指运用有关运算的知识进行运算、推理求得运算结果的能力。

学科学习能力，是指学生能否顺利地完成某种科目的学习能力。学生的学科学习能力，可从认知能力、操作能力及学习策略三个维度区分。同一个人，长于此，未必长于彼；不同的人，各有其长处，亦有其短处。如，语文好的不一定数学也好，善于思考的不一定也善于动手操作。

学习能力是一种核心竞争力，未来这项能力会变得异常重要，随着人工智能的普遍运用，拥有极强学习能力的人会变得越强。强者恒强，一个学习能力极强的人，只会越来越强，而没有学习能力的人，虽然短时间很厉害，可是会不断地被超越，直到最后无法追赶。

未来是知识经济时代，竞争越来越激烈，传统的死记硬背的学习方法将不能满足激烈的竞争需求，我们必须要提高学习能力！提高学习能力，就是提高掌握新知识的速度和能力，也就提高了竞争力，因此未来的竞争在于学习能力！

掌握新技术也需要拥有良好的学习能力。在当今世界上，没有一个国家能生产自己所需要的一切，而且也完全没有这种必要。我们要赶超世界先进水平，就要把起点放在最新技术上。世界上一切民族和国家，都有自己的长处和短处，只有互相学习，取长补短，才能不断进步。良好的学习能力可以帮助我们快速消化吸收新技术，乃至进行技术创新。因为技术都会更新、过时甚至淘汰，但唯有具备掌握了一定的学习能力才能适应这个技术不断更新的世界。

9.3　提高新技术学习能力的方法

1. 做好学习计划

1）学习的目的

明白学了有什么好处，可以让我们学习的目的性明确，只有清晰的目标感才会给我们后续的学习带来前进的动力。

2）概览式快速学习

刚开始学的时候，建议先找一本经典的入门书籍，根据目录搭建自己对这个技术的整体认识，有了整体的认识，我们才可以更好地把握细节。不建议一上来就找来一本厚厚的理论书籍，容易有挫败感，效率也不高。

选择入门书籍的标准：书籍直白、简单、容易理解，能够让自己快速地对整个领域有比较感性的认识。建立了整体的认识和框架以后，接着，每天的学习和训练就是不断地往你搭建的框架上面填充内容的过程。

3）拆分所学的内容，逐个击破

在想要开始掌握一个技术之前，首先就要搞清楚掌握这个技术，到底要学习什么东西，大体有哪些重要的知识节点，这个技术有哪些核心的步骤。分解知识节点，分步骤学习。明确哪些步骤是重点，哪些内容不太重要。

2. 掌握正确学习方法

学习的时候，要不断记录重点和自己训练过程中的心得，每周总结和整理自己的经验库。经常翻阅和复习，很多人学习，往往看过一遍就过，时间长了，等到用的时候，其实脑子里面的知识已经忘得差不多了。每天可以在大脑里面对学过的知识快速地回顾一遍，就像放电影一样，可能只有 5 分钟左右的思考，想象的时间，但是你这 5 分钟回顾的效果，可能远远超过你浮皮潦草地学习一个小时。

3. 解决问题，注重实践

看再多的书，不去做，也学不会任何技术。掌握技术就像我们玩游戏时升级的经验一样，需要拆分，打磨，高强度地训练，需要花时间去死磕，在做的过程中加深对学习内容的理解。做的过程中，你会遇到各种各样的问题，而这些问题在看书的时候根本就没有想到过。这个时候，你就需要借助网络去查找资料，或者咨询专家。整个过程中，当你把一个个问题解决的时候，你的能力也会不断地提升，而这些都不是仅仅通过看书能够实现的。

4. 通过模仿积累经验，总结套路

很多时候，我们会惊讶于小孩的学习能力，实际上，小孩子说话，或者说很多的动作都是从模仿开始的，但我们在不断成长的过程中，却渐渐地忽略了这种能力。比如学习画画，模仿优秀的作品，从模仿中，你会慢慢找到感觉，结合理论，你会明白他为什么会这么做。

1）找一个好老师

有条件，就找一个好的老师，或者在他的身边近距离模仿。以前，一些传统行业，其实都是需要拜师学艺的，在师傅的身边不断地耳濡目染，近距离学习和模仿。

2）善于模仿

在你没有足够的经验和能力之前，从模仿开始。之所以这样做，是因为你可在长期的模仿中积累和总结经验。想要快速学习，前期就需要减少我们自己摸索和碰壁所花费的时间，直接从别人成功的案例开始。例如关注专家、加入行业社群、和同行交流和探讨，找到典型的素材、案例或人物，开始模仿，从模仿中，思考和实践所学的知识。

5. 高强度的刻意练习，及时反馈

1）高强度，分解专项练习

拆分训练的步骤，不断针对自己不会，或者说不熟悉的部分进行高强度的训练。一项技术往往会涵盖很多的方面，刚开始练习和实践的时候不要尝试从整体去练习，而是从一个细小的点去实践，以点带面，不断去训练和掌握技术，减小练习时候的难度，提高训练的效果。

2）及时反馈

训练的时候，我们需要有正确的反馈，也就是说，要知道训练的方法对不对，训练的成果到底怎么样，有没有效果。这个时候，一个好的教练的作用就凸显出来了，他可以找出你错误的地方，及时改正。你可以进行自我的反馈，比如，通过录像、录音的方式，自己检验训练的成果；也可以利用别人的反馈，让专家或者朋友帮你看，找出错误和需要改进的地方。

6. 整体性训练，每天保证足够的训练量

分解训练做好了，并不是说，你就能很好地运用一项技术了，还需要我们以实际问题为导向，做好整体性的训练，提升熟练度，积累经验。完完整整地把一个案例做一遍，需要你把学过的知识节点，专项训练结合起来。无论在做的过程遇到多少问题，多少坑，你都要独立地把他做完一遍，记录下你的心得，经常查看，这是高手的必经之路。

7. 集中火力，保持专注

想要短时间内快速地出成果，就需要挤出时间，把碎片时间、休闲时间都投入到技能的学习当中，保持高度专注力。我们经常会听到，或者说我们自己也说过这样的话：等我有空了，就如何如何；等我有时间了，就怎样怎样。事实上，时间永远是不够用的，而人的惰性永远是存在的。不如从现在开始，立刻行动，制定好每天的学习计划，复习计划，训练计划，做好每一天。

本 章 小 结

如今的我们处在一个极不确定性的社会，拥有学习能力非常重要。当前，新技术层出不穷，瞬间就可能颠覆产业格局，如果我们个人没有极强的学习能力，就会轻易地被社会淘汰，要想不被这个时代所抛弃，就必须保持极强的学习能力，只有这样才能紧跟潮流，抓住时代给予我们的机会。

第三篇　工程师职业品质养成

第十章　人文素养培养

❀ 学习目标

　　通过本章的学习，掌握工程师人文素养的基本概念并了解人文素养的现状，明确人文素养与职业素养的区别与联系以及人文素养的作用，学会通过正确的途径培养人文素养。

　　人文素养是衡量一个工程师素养的重要指标，它对于具有较强社会责任感、较高文化品位的工程科技人才有着重要的现实意义。工程师既能通过工程项目发明创造、改造自然和创造崭新世界，又可能破坏生态与人文环境、颠覆传统文化与文明。因此，工程师应具备科学的人文素养，正确理解工程与政治、经济、历史、文化的关系和内涵，在关注工程技术问题的同时重视工程技术造福人类的历史使命，促进人类社会的进步与发展。

　　案例 10 - 1
　　中国古时，文人对工匠是鄙视的，故文人而兼科学家的不多。著名的东汉科学家张衡（78—139 年）精通天文历算，第一次正确解释了月食的形成原因，首次创造了"浑天仪"和测定地震的地动仪。同时，他也是文学家和诗人，其代表作为《二京赋》（二京指东西二京，因东汉时首都为洛阳，而西汉旧都为长安），其《同声歌》（五、四言）和《四愁诗》（七言）则各具特色，在五、七言诗发展史上有一定地位。
　　南北朝时期南朝的祖冲之（429—500 年）是著名的科学家，他推算出圆周率的值在 3.141 592 6 和 3.141 592 7 之间，并提出了约率 27/7 ＝ 3.142 857 14…和密率 355/113 ＝ 3.141 592 92…，可见后者更接近"准确"值，较欧洲早一千多年；另外，他还首先给出球体积的准确公式。同时，祖冲之也是文学家，著有《易老庄义释》和《论语孝经注》等。
　　郦道元（466 或 472—527 年）是北魏地理学家、散文家，好学博览，文笔深峭，在各地"访读搜渠"，留心观察水道等地理现象，著《水经注》一书，为有文学价值的地理巨著。笔者曾有机会住在河北承德清避暑山庄文渊阁中（火灾后重建过，原木结构已用混凝土结构代替），望见远处山上的棒槌石，上大下小，历经多次地震，至今仍屹立着。石中有树，据说是桑树，远望仍清晰可见，郦著中即有描述，可能是他调查滦河上游时亲历的。
　　根据这个案例，可以看到杰出的自然科学家也兼有深厚的人文素养，甚至在自然科学与人文科学两方面都有登峰造极的创造。美国著名心理学家麦克利兰于 1973 年提出了一个著名的素质冰山模型。所谓"冰山模型"（见图 10 - 1），就是将人员个体素质的不同表现划分为表面的"冰山以上部分"和深藏的"冰山以下部分"。显露出的冰山也是人员掌握的显性知识，如专业知识；而深藏的部分实际上是人员未表现出的隐性知识，包括社会角色、自我形象、特质和动机，这些素质就是通过提升人文素养得到体现，这是值得我们去深思和学习的。
　　在互联网技术与工业化深度融合的背景下，中国的"中国制造 2025"计划无疑对工程师

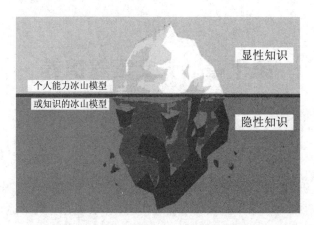

图 10-1　个人素质"冰山模型"(来源：https://www.jianshu.com/p/3e1bf8c05004)

提出了更高的要求。未来工程师必须面向世界，拥有全球化视野，参与跨文化交流和国际竞争。因此，工程师不仅仅需要掌握先进的技术、扎实的专业知识，还要具备较强的创新精神和动手能力，更需要广博的人文知识来满足在工作中与客户沟通、理解客户的需求，只有这样，工程师才能在工业生产过程中快速实现创新和增值。高校培养工程教育专业人才，工程教育需要调整其角色定位，以适应工程科学和技术需求的变化，这就需要将人文素养渗透到工程教育培养体系中，以养成工程职业素养和工程职业道德。

10.1　人文素养概述

10.1.1　人文素养的含义

人文是人类精神世界的三大支柱之一。人之所以是万物之灵，就在于它有人文。"人文"二字，本是相对天文而言，《周易·贲卦·彖辞》中说："刚柔交错，天文也；文明以至，人文也。"宋代程颐《伊川易传》卷二解释："天文，天之理也；人文，人之道也。"

西方的"人文"一词源于拉丁文，意思是人性、教养。19 世纪以后，随着自然科学和社会科学的蓬勃发展，人文一词又专指与科学相对的文史哲等一系列非实证的学科和事业，主要是培养人的内在道德素质的学问。在英语里，人文（人文主义）一词是指"强调人的地位与价值，关注人的精神与道德，重视人的权利与自由，追求人的志气与理想的一般主张"。可见，人文简而言之就是重视人、尊重人、关心人、爱护人，它是人类文化中的先进部分、科学部分和核心部分。

"人文素养"从其字面内涵的表述来看，"人文"在这里应为人文科学（如政治学、经济学、历史、哲学、文学、法学等）；《辞海》给予人文的定义是，"人文指人类社会的各种文化现象"，具体地讲，人文是指文、史、哲这三大方面的知识。然而，人文知识并不等同于人文素养，知识是外在于人的，是具体的内容，是可以看得见且可以量化的；而素养是将知识融入人的认知本体，渗透到他的生活与行为中。素养一词在《高级汉语大词典》里的解释为，"由训练和实践而获得的技巧或能力"。可见，素养与素质、精神不同，它更强调能力，即素质和精神的外显行为，但这种能力必须是由训练和实践而获得的。

现代公民教育意义中的人文素养，主要是指人类在社会发展中逐步形成的社会道德、价值观念、审美情趣和思维方式等内容。就大学生群体而言，人文素养主要表现为具备良好的思想道德素养，有集体主义观点，有正确的学习态度、劳动态度，有正确的审美观点，能认识美、欣赏美等内容。

多数学者同意将人文素养划分为人文知识、人文态度和人文精神三个维度。人文知识包括文学、艺术、历史、哲学、法律等多种知识；人文态度包括关注社会发展、关注自然保护及关注周遭社群伦理等；人文精神包括理想、价值观、人生观等高层次内容。其中，人文知识是基础，人文态度是重要的组成部分，人文精神是最高境界。

10.1.2　大学生人文素养的现状

调查发现，在市场经济、高等教育大众化和现代教育等多重因素的影响下，大学生的道德素养、知识结构、价值观念和责任意识等方面已呈现出多元化的倾向，学生整体的人文素养情况不容乐观。

1. 大学生思想道德素养偏低

道德是以善恶为评价标准，以人的内心信念、传统习惯和社会舆论维系的价值观念、心理活动、行为规范的总和。大学生的和谐发展离不开良好的思想道德素养，大学生思想道德素养的水平反映了其在为人处事中的行为表现。大学生思想道德素养情况调查结果统计如表 10-1 所示。

表 10-1　大学生思想道德素养情况调查结果统计

题　目	备选项	人数	百分比
1. 在校园内看到有人随便扔垃圾，你会怎么做？	当场出来制止	63	11%
	觉得不好，但不制止	314	55%
	熟视无睹	50	9%
	只要自己不扔就行了	143	25%
2. 当你看见有同学在教室里吸烟，你会怎么做？	比较反感，但不会说	80	14%
	站出来阻止	103	18%
	说不清楚	353	62%
	只要自己不吸烟就行了	34	6%
3. 你怎么看待大学生就业过程中简历做假这一问题？	不值得大惊小怪的	68	12%
	比较反感	388	68%
	说不清楚	57	10%
	只要自己不做假就行了	57	10%
4. 你去食堂吃饭，看见排队的人很多，你会怎么做？	找机会插队	91	16%
	直接挤到窗口	51	9%
	跟大家一起排队	348	61%
	前面有人邀请，我就插队	80	14%

题　目	备选项	人数	百分比
5. 大学生在寝室中虐猫的事件曾引起社会广泛关注，如果当时你目睹这一行为，你会怎么做？	自己不做就行了	28	5%
	觉得很正常	46	8%
	很残忍，会当场出来劝阻	182	32%
	虽不好，但也不会劝阻	314	55%
6. 你对四六级考试过程中部分学生的作弊行为怎么看？	表示理解	28	5%
	不太认可	46	8%
	强烈反对	182	32%
	不好说	314	55%

　　表 10-1 中第 1、2、4、5 题的结果反映的是大学生的社会公德问题，食堂打饭插队、校园内乱扔垃圾等现象是校园内时常发生的不文明现象，似乎已经成为一种常态，学生对此似乎已经习以为常了，所以两道问题均有超过三分之一的受访者对这两种不文明现象持默许态度。第 3、6 题反映的是大学生的诚信问题，校园中四六级、期中、期末考试作弊已然成为学生中公开的秘密，有超过半数的受访者认为考试作弊问题是一种正常现象，这反映了当代大学生诚信意识的集体缺失。

2. 大学生知识结构体系失衡

　　大学生人文知识相关问题调查结果如表 10-2 所示。

表 10-2　大学生人文知识相关问题调查结果统计

题　目	备选项	人数	百分比
7. "人定胜天"这种具有朴素辩证法思想的观点是我国哪位著名思想家提出的？	孔子	130	23%
	荀子	229	40.1%
	老子	180	31.6%
	墨子	31	5.3%
8.《少年维特之烦恼》的作者是？	莎士比亚	90	15.8%
	歌德	214	37.5%
	司汤达	68	11%
	海明威	198	34.7%

题　目	备选项	人数	百分比
9. 达·芬奇和黑格尔分别是？	文学家和哲学家	99	17.3%
	画家和音乐家	58	10.2%
	画家和哲学家	337	59.1%
	哲学界和文学家	76	12.4%
10. 你认为学习法律基础后最大的收获是？	学到一点法律常识	180	31.1%
	取得考试成绩	240	42.1%
	没有收获	100	17.5%
	说不清楚	150	26.3%
11. 你认为以下哪类知识对你来说比较重要？	基础人文类（文史哲）	60	10.5%
	社会学科类（法律、经济）	260	45.6%
	理、工类	210	36.8%
	其他	40	7.1%
12. 你比较倾向于看以下哪一类的人文书籍？	名人传记类	102	18%
	散文小说类	381	67%
	哲学类	32	6%
	史学经典类	50	9%

人文知识是"人类总体知识构成的重要组成部分，是以语言（符号）的方式对人文世界的把握、体验、解释和表达"。掌握一定的、结构合理的人文知识是一个人具有良好人文素养的前提与基础。

首先，通过表10-2能够看出，大学生对基本的文史哲知识缺乏必要的了解，知识结构先天不足。文史哲知识是人文社会科学知识的基本组成部分，但目前大学生对此内容的掌握情况不容乐观。第7、8、9题是我们高中历史、语文、政治教科书中明确提到过的知识点，但依然分别只有40.1%、37.5%、59.1%的受访者选出正确答案。这个现象说明，目前理工科大学生在高中阶段的知识结构存在问题，欠缺基本的文史哲等常识性知识。

其次，通过第10、11题可以看出，学生对人文知识的重要性缺乏认识。有将近半数的受访者认为法律、经济类的社会类知识最为重要，有超过1/3的受访者认为，计算机等理工类知识最为重要，只有1/10左右的受访者认为基础性的文史哲知识比较重要。

再次，通过第12题可以看出，学生比较偏爱浅显易懂的人文类书籍，对哲学和历史学等基础类人文书籍缺乏兴趣，一共才有占总数15%左右的受访者会选择阅读哲学类和史学经典类著作。

3. 大学生价值观扭曲

大学生价值观调查结果如表 10 - 3 所示。

表 10 - 3 大学生价值观调查结果统计

题　　目	备选项	人数	百分比
13. 学校开运动会时，你并不是你们院系的运动员，你会怎么做？	不关心与我无关的活动	143	25%
	通过其他方式积极参加	314	55%
	默默支持，祝福他们	50	9%
	为伙伴做好后勤工作	63	11%
14. 当你在学校校园中捡到高档手机时，你会怎么做？	不清楚	80	14%
	设法归还	103	18%
	不归还	353	62%
	有条件归还	34	6%
15. 你认为周围同学积极要求入党的根本动机是什么？	积极要求进步	68	12%
	周围同学都入，随大流	57	10%
	为了以后更好的前程	388	68%
	入党可以满足虚荣心	57	10%
16. 如果日后有机会出国留学深造，学成之后你愿意回国为国效力吗？	愿意报效祖国	91	16%
	不愿意，愿在国外发展	51	9%
	根据国内外待遇再取舍	348	61%
	说不清楚	80	14%
17. 你对于金钱的作用的看法是？	钱是个人能力的象征	28	5%
	说不清楚	46	8%
	金钱是万能的	182	32%
	钱虽然重要，但不是一切	340	55%
18. 将来找工作时，你会以什么标准为主要依据？	福利待遇	314	26%
	兴趣爱好	125	22%
	其他	103	18%
	国家的需要	182	32%

价值观是指对人生价值观念的认识问题，即个人在社会上所处的地位及个人对社会所起的作用等看法，是人生观的核心问题。但受社会转型与市场经济的影响，大学生的价值取向已经发生了一些变化。

首先，通过第16题和18题很容易看出目前大学生择业时的价值取向，约26％的受访者明确表示自己是以福利待遇作为自己择业的主要标准，有高达61％的受访者表示会根据待遇高低决定是否去某个地方就业，这反映出部分大学生择业时存在功利性的取向。

其次，对于参与集体活动的积极性问题，约四分之一的受访者对参与集体活动表示出漠然的态度，这反映出了当前部分大学生集体主义价值观缺失、个人主义价值观至上的态度。

再次，对于入党动机这一问题，68％的受访者表示入党是为了自己的前程着想，表明当前许多大学生价值观更加务实，更注重自己的实际利益。

4. 大学生理想责任意识较差

理想是一种精神现象，是人类社会实践的产物。对现状的反思和对未来的追求，是理想形成的动力。

相关调查显示（见表10-4），对于"个人理想与社会理想"的关系问题，55％的受访者认同在实现社会理想的过程中实现个人理想，但也有32％的受访者认为应该先实现个人理想再实现社会理想。同样的问题在第22题的调查结果中也可以看了一些端倪，约25％的受访者认同国家的富强与个人的关系不大这一说法。而实际上社会理想中包含着个人理想，并通过个人理想的实现而达成，反过来亦然，个人理想也只有植根于社会的共同理想之中才能得以实现。对于"长远理想与近期理想"的问题，62％的受访者选择了"生活安乐，与世无争"作为人生目的；另一题涉及大学生涯规划的问题，约22％的受访者认为自己对大学生涯没有规划。以上两个问题反映了当前部分大学生缺乏长远理想与近期理想。

表10-4 大学生理想责任意识调查统计结果

题 目	备选项	人数	百分比
19. 你学习的动力是?	为了祖国的建设	63	11％
	改变自己的命运	314	55％
	父母、老师、社会的压力	50	9％
	说不清楚	143	25％
20. 你认为人生目的主要在于?	追求真理	80	14％
	有一个称心如意的工作	103	18％
	生活安乐，与世无争	353	62％
	随遇而安	34	6％

续表

题　目	备选项	人数	百分比
21. 假如你以第一名的身份进入奖学金评选名单，但在选举时意外落选，你如何看待自己的经历？	自认倒霉	68	12%
	反思自己，寻找不足	388	68%
	下次再来	57	10%
	认为有人背后使坏	57	10%
22. 你同意国家的富强与发展和个人的关系不大这种说法吗？	大体同意	91	16%
	非常同意	51	9%
	不同意	348	61%
	说不清楚	80	14%
23. 你怎么看待个人理想与社会理想的关系？	在实现社会理想中实现个人理想	314	55%
	个人理想与社会理想无关	46	8%
	先个人理想，后社会理想	182	32%
	说不清楚	28	5%
24. 你对自己的大学生涯有过明确的规划吗？	有过明确的规划	103	18%
	没有规划	125	22%
	有过规划，但不明确	340	26%
	说不清楚	182	32%

对于"责任意识"问题，第21题的调查结果表明，有68%的受访者选择反思自身的问题作为解决问题的突破口，但也有10%的受访者没有从自身寻找原因，而是将出现问题的责任归咎于他人。

10.2　人文素养对工程师的作用

有学者曾指出，"工程科技人才是推进科学技术创新和应用、促进科技成果转化为直接生产力的主力军，是我国工业化、信息化和现代化的骨干力量"。加强工程师的人文素质教育，对于培养具有较强社会责任感、较高文化品位、较好人文素养的工程科技人才有着重要的现实意义。

10.2.1　有利于提升基础文化素质

工程技术人员不仅要掌握科学技术方面的知识，更多的也需要人文社科知识，此外社会上约定俗成的文化知识，如风俗习惯、宗教礼仪也是工程师必备的文化素质。因此，加强人文素质教育，可以丰富工程师的精神世界，促进工程师对人性的感知，提升工程师的情趣修养，形成正确的"三观"。同时，通过对人文知识的学习，工程师不仅可以熟悉有关工程方面的法律法规，而且可增强语言的表达能力，提高文字功底和与人交往沟通能力。从本质上讲，工程师培养是一项有意识、有目的和有计划地教育人、培养和提升人，促进人的全面发展的教育实践活动。工程师的全面发展指人文素质、科学文化素质和健康素质的全面发展。强调人文素质是工程师自身发展的内在需求，也是以人的全面发展理论为指导来满足工程师全面发展过程中对人文素质的基本需要。

10.2.2　有利于形成健全的人格

人格是心理学的一个概念，业界对人格已展开了广泛的讨论。普遍认同健康人格的标准是，和谐的人际关系、良好的社会适应能力、正确的自我意识、乐观向上的生活态度、良好的情绪调控能力、积极向上的人生观价值观、积极快乐的心态。因此，加强素质教育，有利于培养工程师坚强的意志和顽强的毅力，培养谦虚谨慎的态度和沉着稳重的做事风格，培养广泛的兴趣爱好和广阔的科学思维，培养实事求是和迎难而上的科研作风，培养面向未来和开拓进取的开创精神，培养为人类服务的崇高理想和勇于承担责任的高尚情操。

10.2.3　有利于提升科学思维能力

从很大程度上讲，人文素质培养是工程师培养目标顺利实现的基本保障。依据思维形式的不同，哲学中的思维可以分为抽象思维和形象思维，二者所对应的就是科学素质和人文素质，它们在不同情况下相互配合、相互转化。科学素质和人文素质侧重点有所不同，科学素质倾向于理工科，工程师的通过实际操作和科学教育，其分析、判断等抽象思维能力得到锻炼；人文素质借助于人文社科方面的知识，将各学科内容交叉融合，意在培养工程师形成发散思维和形象思维。加强人文素质培养不仅有利于开发工程师的想象力和创造力，提高工程师的创新能力，而且可拓展工程师的思维，培养工程师的学习能力和科研创新能力。

所以，人文素养对工程师的人生意义来说，就是工程师在求知、做事、共处和做人上不断地提升和发展(见图 10-2)。

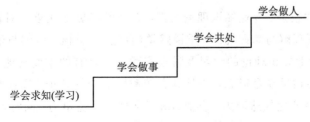

图 10-2　人文素养对工程师人生的意义

【延伸知识】

世界名著推荐

　　名著一般都拥有最广泛的读者。它们不只是风行一两年，而是经久不变的畅销书。"名著"通俗易懂，不卖弄学问，永不过时，令人百读不厌，富有教育意义，论述人生有待解决的问题等。世界名著指的是在世界范围内得到广泛认可和关注的著作，其价值由于已经超越了时代本身而得以流传。需要注意的是，广义的世界名著不仅包含文学名著，还包括社科名著、人文名著等。本书推荐的世界名著100本详见附录三。

10.3　人文素养的培养

10.3.1　工程师人文素养的基本要求

　　培养诺贝尔奖获得者较多的美国加州理工学院认为，单纯的科技技能教育、专业知识理论教育，最终只能提供专业技能和知识而不能提供智慧。智慧是知识与判断及心灵感悟的综合。为取得智慧，科技技能教育、专业知识理论教育必须获得人文教育的支持。中国科学院前院长、著名诗人郭沫若先生在倡导自然科学与人文社会科学相互结合时，也曾发出呼吁，不要以为想象就只是诗人的专利，自然科学家们也要充分地发挥想象，重视人文素养的培养，进而在科学探索和研究活动中集二者之长，创造出更多的科学奇迹，拥抱科学的春天，攀登科学的高峰。

　　纵观科技发展史，但凡卓有成就的科技人才，他们不仅精通各自的专业理论和技术，具有"特技之长"，而且在他们身上也往往蕴聚着一种超一流的素质。列奥纳多·达·芬奇不仅是大画家，也是大数学家、力学家和工程师，他在物理学的不同领域中都有重要的发现。在科学史上，像牛顿对"第一推动力"的哲学思考，爱因斯坦对"统一场"的哲学探讨，都表明他们不是一般意义上的"能工巧匠"，而是卓越的科学家、思想家和哲学家，是人类的大师。他们所取得的成就固然有赖于他们对各自专业知识、理论和技术孜孜不倦的学习、掌握与运用，以及相应专业素养的培养，但同时也有赖于他们对包括人文社会科学知识理论在内的全人类科学和文化知识理论的学习、掌握与运用，其中重要的则是人文素养的培养。

　　相对科技人才的技能、专业知识理论而言，人文素养更加注重人对认识对象的整体认识与把握，注重辩证理解与掌握规律，重视感觉(直觉)和感悟、情感与形象、联想与灵感等，注重在技能、专业知识理论的学习及科学实践中所具有的重要功能，以促使科技人才的知识结构、智能结构呈复合形态，并且具有较鲜明的个性特征，以便在长期的科学实践当中能够保持对环境变化的适应力、应变力和长久的工作竞争力。同时，与此相关联，人文素养对于科技人才而言，还要求科技人才要始终保持对于人类社会问题的高度关注，强调在处理各自的专业技术问题时，要善于与社会系统工程联系起来考察，要有崇高的社会责任感和使命感。

10.3.2　培养人文素养的方法

高校培养学生人文素养的方法如下。

1. 培养高水平的师资队伍，突出工科学生人文素质教育的整体性

教师是大学教育的主导，要在工科专业教育中很好地实施人文素质教育，教师就需要改变教育观念，改革教学方法。学校应高度重视师资队伍建设，通过以老带新、岗前培训等多种形式加强师资队伍的人文素质，使教师在日常教学和生活中体现出独特的人格魅力、高尚的师德、广博的知识、崇高的敬业精神、强烈的社会责任感。理工科专业教师还应该注重提升自己的人文教学能力，突破"工匠"式工科人才培养模式的桎梏，将专业课程中的人文精神逐渐传授给学生，让学生通过知识的学习，树立科学意识和人文意识，形成科学精神和人文精神，养成科学道德和科学作风。

2. 优化人文素质课程设置，突出工科学生人文素质教育的科学性

对工科专业学生来说，学科教育仍然是他们接受人文教育理论研究素质教育的主渠道，除结合专业课教学渗透人文素质教育，学校还必须科学合理地构建工科大学生人文素质教育课程体系，把工科学生欠缺的经济类、文史哲艺、管理类、法律类知识融入人文素质教育课程体系中，使学生的知识结构趋向完整与合理。另外，学校还需注重课程的综合性和整体联系，提倡自然学科与人文社会学科的相互渗透及两者的综合，克服只强调人文而不关注科学的倾向；将第一课堂和第二课堂有机结合起来，把人文调查及社会实践活动融入专业实习实践活动中，培养学生综合运用人文社会科学方法和自然科学方法观察问题的能力。

3. 改进人才培养评价机制，突出工科学生人文素质教育的系统性

人文知识的获取，为工科学生人文素质的提高奠定了基础；通过各种社会实践活动和文化熏陶，可促使学生将人文知识"内化"为人文素质。学校应该大力改进人才培养评价机制，整合各类人才培养评价标准，形成一个涵盖思想道德素质、文化素质、专业素质、身心素质等内容的综合素质评价体系，鼓励和引导广大学生把人文素质教育变成自我的教育，铸造人文精神，完善智能结构，真正培养出兼具深厚文化底蕴、良好修养、创造性思维、广博知识视野和扎实专业知识与技能的未来建设者和接班人。

4. 打造人文校园，突出工科学生人文素质教育的协同性

高校的每一处校园景观都是校园文化的组成部分，学校的每一项活动都是校园文化的重要体现。高校应该把优美、和谐、高品位的校园文化氛围作为对大学生进行人文教育，提高大学生文化素质、综合能力的阵地和课堂，使学生能够随时受到人文精神的启迪，随处受到人文精神的熏陶。因此，要大力加强校园环境文化、制度文化和精神文化等方面的建设，开展丰富多彩的校园文化活动，丰富学生的精神生活，以浓厚的校园文化氛围来熏陶和影响大学生的价值选择、思维方式和行为习惯，不断提升他们的人格、气质、修养等内在品质，培养他们的创新精神，促进人文知识和人文素质的转化。

因此，人文素养作为工程师素质培养工作中的重要一环，对工程师的身心发展和国家战略目标的实现起着重要的基础作用。通过对工程师人文素养的分析，我们更加明确了人文素养对工程师社会责任感的培养、工程职业道德的建立、正确价值取向的坚持、人文科学素养的养成和现代工程意识的构建具有重要的理论与现实意义。

案例 10 - 2

宋代沈括（1031—1095 年）是著名科学家。他著的《梦溪笔谈》涉及科学和艺术很多方面，其中有许多在今天仍然是有用的科学内容，如"石油"即是他首先命名的；又如对地震余震的记录在世界上当属首次；用纸人做实验来显示声音的共振，这较欧洲同性质的实验早 500 多年；等等。英国著名学者李约瑟在其《中国科学技术史》中称沈括为"中国科学史上的活坐标"；《梦溪笔谈》为"中国科学史上的里程碑"，受到很高评价。沈括还著有《长兴集》《入国别录》等，故他也是文学家。正因如此，沈括才能将其科学创见和他人对科学的贡献很好地记录下来，如毕昇活字印刷术被完整记录下来而不致被湮没，是他对科学的贡献。

郭守敬（1231—1316 年）是元代天文学家、水利学家和数学家，他创造和改进十余件观测天象的仪器，测算出一年为 365.25 日，与实际太阳运行只差 27 秒。他和王恂（1235—1281 年）、许衡（1209—1281 年）等合编的比过去准确的《授时历》实施达 360 年，是我国历史上使用最久的历法。另外，他还修治许多河渠。

明末徐光启（1562—1633 年）是科学家，他的研究范围广泛，以农学、天文学最为突出。他较早向罗马传教士利玛窦（1552—1610 年）等学习研究西方科学知识（包括天文、历法、数学、测量和水利等学科）并介绍于我国，对当时社会生产起到积极作用。他编著《农政全书》，另译著很多，其中以《几何原本》最为著名，故他也是文学家。

徐霞客（1586—1641 年）是明代地理学家，不入仕，专心从事旅行，足迹所到，北至燕、晋，南及云、贵、两广，途中备尝艰险，观察所得，按日记载。他死后季会明等将其记载整理成有地理学价值和文学价值的《徐霞客游记》。

顾炎武（1613—1682 年）是明清间的思想家、学者，学问渊博，于国家典制、郡县掌故、天文仪象、河槽、兵农以及经史百家、音韵训诂之学，都有研究。他著作甚富，其中包括《天下郡国利病书》《肇域志》《亭林诗集》，前二者是地理著作，故他也是地理学家，当然也是文学家和诗人。

达·芬奇（452—1519 年）是意大利文艺复兴时期的美术家、自然科学家和工程师，他把解剖、透视、明暗和构图等零碎知识整理成为系统的理论，对后来欧洲绘画的发展影响很大。他强调数学和力学是自然科学的基础，在地质学、物理学、生物学等方面都提出在当时具有创造性的见解；在军事、水利、土木、机械工程等方面也有很多重要的设想和发现。达·芬奇能做出这样多的成果，也许是因为它们之间相辅相成，达到相互促进的效果。

著名的诺贝尔奖获得者（1957 年）李政道、杨振宁教授，不仅在科学方面取得辉煌的成就，在人文方面也有博深的造诣。我国许多科学家在人文研究方面也取得了高的成就，文中不再一一列举。

本 章 小 结

人文素养的培养对工程师来说非常重要，它是工程师启迪思维、开阔视野、提高专业水平的重要渠道，也是塑造工程师良好人格，促进其全面发展的重要路径。随着社会的发展和人类文明的进步，我们比任何时候都需要一大批具有社会责任感和专业技能，且能继承和发扬中国传统文化，有着坚毅品格和创新精神的工程师。

第十一章　艺术素养培养

学习目标

通过本章的学习，掌握工程师艺术素养的基本概念并了解大学生艺术素养的现状，明确艺术素养对工程师的作用，学会通过正确的途径培养艺术素养。

艺术素养的培养，可促进美育的发展，可以使人具有美的理想、美的情操、美的品格、美的素养，具有欣赏美和创造美的能力，等等。

艺术素养与工程职业素养是相辅相成的，艺术素养是工程职业素养的重要组成内容。一名优秀的工程师需要具备良好的素养，才能成为一个综合性人才。通过艺术素养的培养，工程师可以找到合理的高尚的生活情趣，缓解日常工作生活所带来的压力。通过艺术素养的提升，促进美育的发展，实现将美育内容的思想性与艺术性相结合，情绪体验与逻辑思维相结合，美育的内容与实际生活相结合，艺术内容与表现的方法相结合，等等。

案例 11-1

著名桥梁工程学家、教育家茅以升有着极高的文学艺术素养，其祖父茅谦为举人，思想进步，倾向革命，曾创办过《南洋官报》，是镇江市的名士。茅以升出生后不久，全家迁居南京，他6岁读私塾，7岁就读于1903年在南京创办的国内第一所新型小学——思益学堂，1905年进入江南商业学堂，1911年考入唐山路矿学堂。

茅以升积极倡导科普教育，撰写了《桥话》《中国石拱桥》《桥梁次应力》《钱塘江桥》《中国的古桥与新桥》《五桥颂》《二十四桥》《人间彩虹》等大量通俗、生动的科普文章和文学散文。其中，《中国石拱桥》一文发表在1962年3月4日的《人民日报》上，后来被选入初中语文课本，沿用至今。

茅以升是最早、最多从事科普事业的科学家之一。1950年，中华全国科学技术普及协会成立，他当选为副主席。茅以升也是最勤奋的科普作家，在他发表的200多篇论著中，有关科普工作的约占1/3。他的《没有不能造的桥》一文，在1981年荣获全国新长征科普创作一等奖。

茅以升一生学桥、造桥、写桥，在中外报刊发表文章200余篇，主持编写《中国古桥技术史》及《中国桥梁——古代至今代》，著有《钱塘江桥》《武汉长江大桥》《茅以升文集》等。

茅以升的古典文学功底很深，能将汉代的《京都赋》等古代诗文背得一字不漏。

案例 11-2

亚历山大·鲍罗丁是俄国作曲家、化学家，1833年11月12日生于圣彼得堡，1887年

2 月 27 日卒于同地。他少时受过良好教育，精通数国语言，擅长钢琴与长笛，14 岁开始作曲，1850 年进入圣彼得堡医学院，毕业后留校任教，1858 年获医学博士学位，1872—1887 年创办女子医科大学并任教。鲍罗丁从小就对科学和音乐有浓厚的兴趣，但他的专业是化学，1856 年从彼得堡医学院毕业后一直从事教学和科研工作，并在科学上有重要发明。直至 1869 年（36 岁）《第一交响曲》公演前，鲍罗丁一直是业余音乐爱好者。之所以能在化学、音乐两大领域中获得成功，一方面由于他的努力，另一方面要归功于他的音乐老师和朋友巴拉基列夫、里姆斯基·柯萨科夫等人。1862 年鲍罗丁与巴拉基列夫相遇，后者说服他在继续科学工作的同时，用业余时间认真学习音乐。1867 年他的喜剧歌剧《勇士》上演遭到失败，1869 年他的《第一交响曲》上演不成功，同年他的《第二交响曲》上演也不成功。后来他在魏玛拜访了李斯特，1880 年李斯特促成其《第一交响曲》在巴登-符腾堡的演出大获成功，自此，鲍罗丁开始在国外出名。

案例 11 - 3

列奥纳多·迪·皮耶罗·达·芬奇是欧洲文艺复兴时期的天才科学家、发明家、画家，现代学者称他为"文艺复兴时期最完美的代表"，是人类历史上绝无仅有的全才。他最大的成就是绘画，他的杰作《蒙娜丽莎》《最后的晚餐》《岩间圣母》等作品，体现了他精湛的艺术造诣。他认为自然中最美的研究对象是人体，人体是大自然奇妙之作品，画家应以人为绘画对象的核心。在科学上，达·芬奇是一个巨细靡遗的观察家，能以极精细的描述手法表示一个现象，但不是透过理论与实验来验证。因为缺乏拉丁文与数学的正式教育，同时期的学者大多未注意到在科学领域中的达·芬奇，达·芬奇则靠自学习得了拉丁文。也曾有人说达·芬奇打算发表一系列包含各种主题的论文，但终未实现。

达·芬奇在师从韦罗基奥时开始认识人体解剖学，当时韦罗基奥坚持要所有门徒学习解剖学。当达·芬奇成为成功的艺术家时，得到了佛罗伦斯圣玛丽亚纽瓦医院解剖人体的许可，之后他在米兰马焦雷医院以及罗马圣灵医院工作。1510—1511 年，他与托尔医生（doctor Marcantonio della Torre，1481—1511 年）共同工作。30 年内，达·芬奇共解剖了 30 具不同性别和年龄的人体。当与托尔医生共同工作时，达·芬奇准备出版解剖学理论作品，并绘制了超过 200 篇画作。

案例 11 - 4

著名物理学家、戏剧家、社会活动家丁西林，1913 年毕业于上海交通部工业专门学校（上海交通大学前身），次年进入英国伯明翰大学攻读物理学和数学；1920 年归国，历任北京大学物理系教授和主任、中央研究院物理研究所所长；1948 年当选为中央研究院院士，并任研究院总干事；1955 年加入中国作家协会；1958 年任中国科协副主席；1960 年后历任文化部副部长、中国对外文化联络委员会副主任、中国人民对外友好协会副主任、北京图书馆馆长、中国文字改革委员会副主任等。

丁西林曾以热电子发射实验直接验证麦克斯韦速度分布律；设计新的可逆摆测量重力加速度值；研究不同空气压力对摩擦起电的影响及电网络行列式的一般性质；对中国传统乐器——笛进行了改进；主持创办南京地磁台；晚年研究"地图四色问题"。他还在建设北京大学物理系、中央研究院及创建该院物理研究所方面都做出了积极的贡献。

丁西林自幼喜爱文艺，留学期间阅读了大量欧洲戏剧、小说名著，归国后从事业余戏剧创作，成为"五四"以来致力于喜剧创作的有影响的剧作家之一。他一共发表了 10 部剧作，其中 7 部是独幕剧。这些喜剧有着较高的艺术成就，堪称上乘之作，集中体现在《一只马蜂》《压迫》《三块钱国币》和《等太太归来》中，其作品中包括独特的戏剧观念，具有别出心裁的结构，体现了对欺骗、朦胧与多义的嗜爱，采用了机智、简洁、幽默的戏剧语言等。

艺术素养作为众多素养中的一方面，是构建健康、完美人格的必备条件之一。大学生的艺术素养水平不仅体现了高校教学的水平，还反映着国民艺术素养的整体水平。因此，大力提升大学生的艺术素养，对于其完美人格形成和创造性思维培养具有重要的意义，同时相关的活动还可以丰富大学生活和扩大交际范围。

从以上案例可以看出，各国历代卓有成绩的科学家、教育家往往也是艺术家，在他们身上，更多地体现了科学与艺术的统一。艺术素养是拓宽工程师学习面与进行深层次发展的需要。社会的进步与发展，人际交往的高品位与高质量，要求我们的工程师不仅要有扎实的专业知识和创新技能，也要有对古今中外文学艺术的了解。读一部好小说、看一部优秀的电影、听一首悠扬的乐曲、欣赏一幅精美的绘画，不仅可以受到感染和鼓舞、启发和教育，更能提高人格品位和思想境界。

11.1　艺术素养概述

11.1.1　艺术素养的含义

1. 艺术素养的概念

艺术素养是艺术涵养和艺术能力的统一，是含于内而形于外的。含于内，是指艺术涵养；形于外，是指艺术能力。艺术涵养包括艺术经验、艺术认识，以及对各类艺术特性的了解和掌握；艺术能力包括艺术感受力、艺术理解力和艺术创造力。

2. 艺术素养的特性

艺术素养具有整体性、综合性和稳定性，它不是一个抽象的概念，而是贯穿在全部艺术活动之中，并决定某个人是否进入既定的艺术境界。因此，如果一个人只能从某一方面、某一环节或某一层次上感知艺术对象，或者只能以事物的某一部分、某一种美为欣赏对象，那么，还不能说他真正具有艺术素养。

艺术素养具有生成性和可塑性，是后天培养起来的。美感和审美意识是人类特有的一种精神享受，是人们在艺术活动中对于美的主观反映、感受、欣赏和评价，是人的一种特殊的心理活动。人的审美意识不是先天的，而是自然界长期发展和社会实践的产物，在改造社会中，人的感觉、艺术的感受也随之确证。当然，艺术素养有生理方面的基础，它的形成依赖于相应的感觉器官，先天的生理缺陷会导致一定的审美缺陷。但是，艺术素养绝不是遗传所能给予的，它是生活实践、知识修养、思想意识等因素综合作用的结果。

艺术素养是更高层次、更综合的素养。艺术素养较之科学素养、道德素养等，是更高层次、更综合的素质。科学求真，即掌握客观世界发展的规律；道德求善，即实现人伦的道德秩序；艺术求美，即对必然事物的自由运用，对个体与社会和谐关系的实现。艺术作为一种精神生产与生活过程,是一个比文化、道德等更远离物质和经济基础的社会现象,艺术素养作为一种国民素养,是一个比文化道德素养更高层次、更综合的文明进步的标志。

11.1.2　大学生艺术素养的现状

调查发现,当前大学生艺术素养现状如下:

(1) 艺术兴趣高,艺术素养整体水平偏低。

大学生艺术兴趣高于艺术知识、艺术欣赏以及艺术表现三个方面。同时,大学生艺术素养整体水平处于中等偏低的状况。

(2) 具有显著的艺术偏好。

中国艺术与西方艺术相比,大学生更加倾向于中国艺术;传统艺术与近代艺术相比,大学生更加倾向于近代艺术。在喜欢的艺术种类中,大学生主要集中于音乐方面且相对擅长,而在戏剧、舞蹈、绘画等方面才艺突出的相对偏少。

(3) 具备积极的艺术价值观。

多数大学生对于艺术的认识是积极的,认同艺术对于个体发展的积极作用。他们认为艺术可提高人的道德修养、精神境界;认为艺术可以消除疲劳,缓解压力,使人心情愉悦;认为艺术是高雅的学问,可以培养人的气质品行;认为艺术可以提高人的思维能力,影响大脑活动。

11.2　艺术素养对工程师的作用

艺术素养能够陶冶情操、净化心灵,对工程师缓解工作压力、拓展业余生活、培养健康业余爱好有重要的作用和意义。在培养工程师的过程中,加入艺术素养的培养,还能拓展工程师的视野,拓宽工程师的思路,使其在面对工程问题时具有人文关怀,考虑更多方面的信息,进而使工作质量更优。

11.2.1　有助于完善人格

大量事实证明,许多有重大发现的科学家在探索真理的过程中都怀有某种审美情感,而这大都与他们青少年时代所受过的艺术熏陶有很大关系。以美启真的原则有利于调动工程师的学习兴趣,便于他们认识和掌握事物的内在规律。同时艺术修养所特有的对心灵的松弛作用和自由感还可以适当消除工程师在科学研究中过度的紧张与疲劳,从而为创造性想象的充分展开提供条件。

11.2.2　有助于保持心理平衡

情感是心理健康的晴雨表,而艺术就是一种情感教育。当人们沉浸在美的享受中时,美的内蕴如甘甜的雨露滋润着人的心田,使人的精神愉悦,情感得到净化,紧张心理得到放松,心理负担得到转移,从而促进情绪调节和稳定,保持或恢复心理平衡。我们通常提到的“乐学”是在重视工程师有限发展的前提下,通过创造学生感兴趣的环境以培养大学生成功的心理,发展自我学习的内部机制,帮助大学生取得成功。兴趣是一种心理状态,是引起和维持注意的一种重要的内部因素。对感兴趣的事物,人总是会主动愉快地去接受它、研究它。以兴趣入手进行艺术教育能使大学生"乐学",创造成功的心理,主动学习,特别是面对非艺术类大学生,在艺术方面培养学生的成功心理更为重要。艺术教育中欢乐、宽松的教学气氛可以激发大学生内在的自发力,产生主动学习的精神,教师可以运用各种技巧唤起大学生的学习兴趣。

11.2.3　有助于提升创造力

艺术活动与艺术教育是个性鲜明、创造性品质较高的活动。因为,艺术欣赏与创造,要求接受者进行个性化的再创造,这种创造力与一般逻辑思维的创造力不同,它是偏于感性的、综合性的,往往在瞬间发生;它是一种诗化的哲思,是一种顿悟,是在生动的知觉形象中把握世界的真谛。就像郭沫若同志曾经要求科学家"既异想天开,又实事求是"。艺术教育并非局限于几门艺术类的课程,它是融合了相关人文艺术的精华,在融通的基础上,打通不同专业的壁垒,在拓宽大学生视野的同时培养创造力。

11.3　艺术素养的培养

11.3.1　工程师艺术素养的基本要求

工程师艺术素养主要包涵思想、知识、情感三方面,这三方面相辅相成。

1. 思想素养

艺术作品的产生均得益于深刻的思想素养,如莎士比亚作品具有的深刻人文主义思想,是文艺复兴时期的时代缩影。思想实际上就是世界观、人生观、价值观、审美观等观念的总和。艺术素养的关键在于树立进步的世界观。先进世界观可使人正确地观察、体验和认识客观世界与主观世界,从而形成正确的创作目的与动机,选择恰当的创作方法,提高艺术作品的格调和品位,激发健康的感情,创造出崇高的审美境界。

2. 知识素养

知识素养包含以下几个方面:

(1)自然科学知识素养。人类社会已进入知识经济时代,科技作为第一生产力在社会生活中日益显示其巨大的作用,并进入艺术创作的方方面面。科技既是艺术表现的对象之一,也是艺术创作、传播的工具与手段。许多新艺术形式如影像艺术、装置艺术、利用电脑创作的艺术等,都依赖于科技。加强自然科学知识素养,是艺术家从事艺术创作不可或缺的素养之一。

(2)社会科学知识素养。艺术表现的对象以人为中心,艺术与社会密切相关,艺术家只有具备丰厚的人文社会科学知识才能更好地了解社会、了解人,与之进行更好的沟通,产生广博而深刻的人生感悟与社会体验,形成独特的真知灼见,创造出独具一格的优秀作品。

(3)艺术理论知识素养。尽管艺术各门类知识不同,但作为人类的精神产品,它们有相通的地方。艺术家只有广泛吸取不同艺术门类的知识并融会贯通,才能使从事的专门艺术扬长避短,开创艺术新局面。美国现代舞蹈派创始人邓肯之所以能以自然的舞蹈动作打破古典芭蕾传统束缚,开创舞蹈全新局面,正得益于年轻时对绘画、雕塑、戏剧、音乐的深刻研究，以及对尼采哲学、惠特曼诗歌的精深造诣。

（4）社会生活知识素养。社会生活是艺术创作的广阔源泉，艺术家生活经验与生活知识的广度、深度直接关系到艺术家的成就。生活知识的内容包罗万象，既包括历史的、民族的、地域的等时空知识，又包含政治、经济、科技、文化、伦理、法律、宗教等方面的内容。艺术家只有尽可能掌握、熟悉这些理论知识，形成良好的生活知识积淀，才能更好地以艺术作品反映生活。

3. 情感素养

情感是艺术的重要特征，无感人的审美情感就没有艺术美。工程师同样需要强烈的健康感情、完善的审美情感与独立的人格。工程师的情感是日常生活情感的升华，要求品位更高，有独立完善的人格。高尚的情感才能体现工程师的人格魅力，才能使其作品更具生命力，产生更久远的影响。在工程师的培养中，艺术素养的提高可增强工程师在工作生活中的各项积极性，提升工作质量。

11.3.2　培养艺术素养的方法

1. 在艺术鉴赏中提高艺术素养

艺术鉴赏，又称艺术欣赏，指人们在接触艺术作品过程中产生的审美评价和审美享受活动，也是人们通过艺术形象（意境）认识客观世界的一种思维活动。在艺术鉴赏过程中，感觉、知觉、表象、思维、情感、联想和想象等心理因素都异常活跃。在艺术鉴赏中，鉴赏者不是被动、消极地接受艺术形象的感染，而是能动、积极地调动自己的思想认识、生活经验、艺术修养，通过联想、想象和理解，补充和丰富艺术形象，从而对艺术形象和艺术作品进行"再创造"，对形象和作品的意义进行"再评价"。

欣赏优秀的艺术作品可以提高人们的鉴赏能力，从中受到启发，在不断熏陶中提高艺术素养。欣赏优秀的艺术作品，通过一种情感体验，会对艺术作品展现出来的美有所领悟，在这种艺术氛围的熏陶下，对艺术的感知和审美能力就会不断提高。从艺术作品对于人生的影响来看，它于人生的影响很大，欣赏高尚的艺术作品能净化人心，养成健全的人格。愈是优秀的艺术作品，它的艺术描写愈生动愈深刻，艺术形象愈鲜明典型，愈能引起人们的欣赏兴趣。

2. 在音乐鉴赏中提高艺术素养

音乐鉴赏的本意为对音乐作品的鉴别和欣赏，或者是认真地欣赏与回味音乐作品。从音乐欣赏的心理因素来看，欣赏是接受环节，它不是以表演或为获得某种具体成果为目的，而是聆听者结合自己的主观经验，通过内心听觉引起回忆、想象及联想等，丰富自己从欣赏音乐中获得的情感体验，对音乐作品进行再创作的行为。近些年各类音乐有所创新与突破，市场上的音乐作品也是丰富多彩，主要有巴洛克音乐、维也纳古典乐派、浪漫主义乐派、民族乐派、印象主义乐派、现代音乐等派系，这为人们的业余生活提供了听觉盛宴。在鉴赏音乐的过程中，学生通过某种具体的音乐作品来接触音乐，捕捉音乐中所要表达描绘的音乐形象，来感受、鉴赏、表演音乐，这对丰富学生的情感、促进学生的身心健康、提高学生的艺术素养有着十分重要的意义，同时对学生创造能力的培养和团队合作能力的都有着十分重要的作用。

3. 在美术鉴赏中提高艺术素养

美术鉴赏是鉴赏者运用自己的视觉感知与已有的生活经验、审美知识等对美术作品进行感受、体验、联想、分析、判断的欣赏与鉴别过程，使鉴赏者获得审美享受、提高审美能力、陶冶情操、理解美术作品与美术现象的特殊的精神活动，也是鉴赏者对美术作品再创作的过程。当前在中国绘画界存在四种艺术风格、艺术观点截然不同的流派：学院派、主流派、民间派、末日派。在美术鉴赏过程中，大量、广泛地鉴赏优秀艺术作品，有益于提高大学生感受美、理解美的能力，提升精神文化品位和生活质量，促进身心的健康发展，陶冶情操和完善人格，激发创作热情与创造能力。

4. 在艺术创造中提高艺术素养

艺术创造能够提高自身的艺术素养，是培养对艺术的感知和审美能力的有效途径。一个人的艺术素养水平往往也决定了其工作创造能力的高低。艺术素养水平高，会具有丰富知识和较高的综合能力，如表现能力、审美能力等，创作出的作品才会有较高的艺术性和欣赏价值。艺术创造能力的高低还与其他的因素有关，如道德素养、文化素养等。总之，艺术创造与艺术素养的关系可以概括为互相影响、互相促进。通过创作作品，可以加深巩固已掌握的专业知识，如创作一首乐曲，会涉及乐理、曲式学、声学等专业知识，通过对这些知识的运用，会对知识本身有更深的理解，而艺术知识和艺术技能的提高本身就是在提高艺术素养。

5. 在艺术学习中提高艺术素养

艺术既具有审美层面的内容又具有非审美层面的内容。艺术素养的提高，离不开对艺术的非审美层面的素养，包括自然知识、人文知识、社会知识等在内的广博知识的掌握，其中的非审美层面和文化有着密切的联系。苏联作家法捷耶夫认为知识对任何工作都有帮助，对艺术家来说，如果想成为一个生活的真正表达者，全面的教育和渊博的知识更是必需的。如今社会处在飞速发展的时代，接受全面的教育和学习广泛的知识更加便捷。

6. 在艺术批评中提高艺术素养

对艺术作品进行分析评价，能够使人认识到蕴藏在作品里的深刻的思想意义和艺术价值。通过理性思考，开展艺术批评有利于人们对作品的深刻理解，提高鉴赏水平和对艺术的感知能力，从而得到更多的思想教育和艺术享受。

因此，艺术素养培养作为工程师素养培养中的重要部分，对工程师的完美人格和创造性思维培养起着重要的基础作用。通过对工程师艺术素养的分析，我们更加了解艺术素养的重要作用和意义。艺术素养能带动工程师职业素养的发展，同时也是构成工程师职业素养的重要组成部分。它能陶冶工程师的情操，拓展业余爱好，缓解工作压力，拓展工程师的视野和思路，提高工程师的创新能力，使工程师具有良好的人文情怀和健康人格。大量例子显示，不少优秀的工程师具有良好的艺术素养，这些素养有效促进了其工作的开展。所以，艺术素养的培养对工程师来说尤为重要，大学的艺术素养教育不容忽视。

【延伸知识】

世界名曲推荐

尽管音乐无国界，但是不可否认的是音乐具有民族性。世界名曲旨在介绍那些艺术性强、受到公认的音乐。近百年来，因为历史的进步，音乐也以前所未有的速度发展着（详见"附录四 世界名曲推荐（100 首）"）。欧洲音乐因其完整的理论体系，丰富的表现力受到世界各国的欢迎和效仿，浪漫主义后期也出现了富有民族特色、宣扬民族个性的民族音乐。进入新的世纪后，一大批现代主义音乐派别也登上舞台，走进人们的视野。音乐是理性和感性的结合。所以人们要想更好地欣赏这些音乐，应该要了解相关音乐知识，当然也不应完全用理论的眼光看待音乐。这些乐曲有的拥有动人心弦的旋律，有的影响着音乐的走向，还有的则表现出作曲家独特的人格，当然也有这三者都具备的乐曲。它们都经历了时间的检验。

本 章 小 结

　　艺术是人类智慧之树经历春风秋雨而擎起的累累生命之果，它来源生活，表现生活，但是高于生活并指导生活。作为优秀的工程师，应该加强个人艺术修养，陶冶情操，寓教于乐，以高尚和进步的思想指导创造与创新，用技术创造美好的人类生活。

第十二章　体育素养培养

❀学习目标

　　通过本章的学习，掌握体育素养的基本概念，了解大学生体育素养的现状，认识体育素养对工程师产生的影响，学会运用科学的方法进行体育素养的培养。

　　体育素养不仅是个体的基本素养，更是工程师职业素养的重要组成部分。学生在接受学校体育教育的阶段，应形成良好的体育素养，培养其与工程师岗位要求相适应的体育素养，以实现提升职业素养、提高就业竞争力。

　　案例 12 - 1

　　玻尔是量子力学的奠基人之一、诺贝尔物理学奖获得者、哥本哈根学派的领袖。他喜欢足球、乒乓球、帆船、滑雪等体育运动，尤其擅长足球，也许他认为黑白相间的足球和他研究的叫"原子"的小球有很多相似性。玻尔年轻时曾是丹麦国家队的守门员，在一次和德国队的比赛中，他忙里偷闲思考一个数学问题，结果差点让球滚进自家球门。玻尔参加球赛时，常趁对方攻势减弱之际蹲在球门前进行物理演算，在对方大举进攻时聚精会神地把守球门。后来有人评价说，玻尔早期的足球成就可以与其后来的物理成就相媲美。玻尔在被任命为哥本哈根大学教授以后受到丹麦国王的召见，当时国王就把他当作著名的足球运动员。玻尔也喜欢散步，1922 年 6 月在哥廷根郊外的海因山上，他和海森堡一起散步时，海森堡曾受到其指点。海森堡说："那次散步，后来对我的科学事业发生了深刻的影响，或者可以更准确地说，我的真正的科学事业只有到了那天下午才开始。"

　　居里夫人是原子能时代的开创者之一，是世界上首位两届诺贝尔奖得主。居里夫人有句名言："科学的基础是健康的身体"。因为她深深懂得，艰苦的科学实验不但是对意志和学识的严峻考验，也是对身体健康的严峻考验。居里夫人喜欢骑自行车旅行，每逢星期天她都和丈夫骑车到乡间消遣，往往是傍晚日落才尽兴而归。每年夏天，他们经常骑车长途旅行。另外，居里夫人还是名游泳好手。

　　普朗克是德国物理学家，1918 年诺贝尔物理学奖获得者。普朗克在物理学上最主要的成就是提出了著名的普朗克辐射公式，创立了能量子概念。普朗克信守其导师亥姆霍茨的一句名言："散步是自然科学家的神圣天职"。普朗克一生热爱登山和散步，他登山技术高超，曾经征服过阿尔卑斯山等许多高峰，84 岁时还曾登上一座 3000 米高的山峰。普朗克还喜欢演奏音乐，经常和爱因斯坦一起演奏室内音乐。

　　费米在实验物理与理论物理方面成就卓著，建立了物理学上的罗马学派，1938 年荣获诺贝尔物理学奖。他在中学时代就喜欢足球、网球，还喜欢爬山、跑步。他说过："我喜欢体育运动，因为它给予我丰富的智慧和充沛的精力，而科学成就正是需要人们为它付出巨大的脑力和体力的代价！"，在1934年发现慢中子效应的实验中，由于当时设备简陋，为了防止放射源干扰计数器，费米把两者分别放在一条走廊两端的房间里。因为有些放射性物质的半衰期很短，这就迫使费米在两者之间来回奔跑，以缩短间隔时间，使计数更准确。慢中子及其效应的发现可以看作核时代的实际起点，如果费米没有良好的身体，就难以胜任这种长跑，甚至无法完成研究工作。

从以上案例可以看出，健全的精神寓于强健的体魄，历史上许多著名科学家都将体育锻炼当作缓解科研工作疲劳的理想方法。

在通常的研究中，很少把体育素养与工程师的特有品质相联系，很难发现体育素养与工程师特有品质的内在相通性。但是，无论是体育精神还是工程师的特有品质，都可以从不同的角度加以提炼概括，这里将某文献陈述的工程师10种特有品质与10种体育精神加以对照（见表12-1），结果惊奇地发现，体育素养与工程师的特有品质具有多元的、较高相关度的内在相通性。

表12-1　体育精神与工程师特有品质对照

体育精神	工程师的特有品质
更高、更快、更强的拼搏精神	质量更好、风格更独特、内涵更丰富的工程完美主义精神
传承、弘扬优秀传统民族体育文化，学习、借鉴世界先进体育文化	优秀传统民族工程文化传承，世界先进工程文化发展趋势的深刻洞察力及借鉴力
体育环保的认知，公平竞争意识的自觉性	工程环境影响的感知，工程和谐意识的自觉性
全力以赴、坚持到底、永不言败的勇气	坚持正确理念敢于挑战权威的勇气
高超的运动技巧，终生体育理念	很强的专业分析能力，终生学习能力
重在参与，团队精神	实践才能，协作精神
超越自我，超越极限	创新意识，创新能力
高尚的体育伦理道德及运动素养	高尚的工程伦理道德及职业素养
机敏，灵活，具有美感的竞技体育能力	动态，机敏，具有弹性，灵活地更新并应用知识的能力
友谊第一，比赛第二	良好的沟通与协调能力

体育精神是体育素养的整体面貌、水平、特色，以及凝聚力、感染力和号召力的反映，是体育的理想、信念、情操，以及体育知识、体育道德、体育审美水平的标志，是体育素养的支柱和灵魂。体育精神对体育实践活动起着引领和导向作用，规范着体育文化模式的选择。体育精神作为一种具有能动作用的意识，是体育行为的动力源泉，是一种心理资源。体育精神作为一种规范力量，又具体表现为体育面貌、体育风范、体育心态、体育期望等。

同样，工程师的特有品质是工程师的整体素质、水平、特色，以及传承力、批判力和创造力的反映，是工程师的理想、信念、情操，以及业务知识、职业道德、工程审美水平的标志，是工程的支柱和灵魂。工程师的特有品质对工程实践活动起引领和导向作用，引领工程文化模式的选择与方向。工程师的特有品质作为一种具有能动作用的内在素质，是工程师行为的动力源泉，是一种内驱力。工程师的特有品质作为一种规范力量，对工程面貌、工程风范、工程质量、工程文化起决定作用。由此可见，体育素养与工程师的特有品质不但具有多元的内在相通性，而且具有极高的相关度。

12.1　体育素养概述

12.1.1　体育素养的含义

1. 体育素养的定义

所谓体育素养，实际上就是体育文化水平，是指一个人平时养成的在体育方面的修养。体育素养是在先天遗传的素质基础上，受后天环境与体育教育的影响所产生的，是包括体质水平、体育知识、体育意识、体育行为、体育技能、体育个性、体育品德等方面的综合体育素质与修养。

2. 体育素养的构成

根据体育素养的定义，体育素养应包括身心素质和人文素质两个方面，前者我们称之为显性体育素养，后者称之为隐性体育素养。

显性体育素养是指表露其外的容易为人所掌握和评价的体育素养，主要指人体素质、体育知识、体育技能等方面的体育素养；隐性体育素养是指内涵其中的难以为人所掌握和评价的体育素养，主要是指体育意识、体育行为、体育个性、体育品德等方面的体育素养。

12.1.2　大学生体育素养的现状

大学体育教育是学校体育与社会体育的衔接点，是大学生形成良好健身意识、终身体育习惯和体育能力的最关键时期。但是，长期以来受传统陈旧的教育思想观念、单一的课程模式和失衡的课程结构的影响，大学生的体育素养现状不尽如人意，难以适应未来社会发展的需求。

调查发现，大学生体育素养的现状主要涉及以下几个方面。

1. 大学生的体育知识

大学生体育知识欠缺。大学生对学习的体育卫生知识和体育保健知识没有形成理性的认识，没有转化为自身的知识结构；缺乏体育锻炼的知识，不能在体育锻炼中更好地发展身体各器官机能；对体质健康测量评价的知识不熟悉，个人对自身的体质健康状况没有形成良好的认识和评价，等等。

2. 大学生的体育意识

随着我国全民健身计划的贯彻实施，学校体育教育的地位得到了不断提高，大学生的体育意识也正在逐渐增强。他们认识到体育运动的健身功能，并渴望通过锻炼获得一个强健的体魄，在学校及班级组织的比赛中，他们的参与意识和协作意识有所提高，但仍显不足。如，对体育的认识还较肤浅，对许多运动项目的实际价值不甚了解；体育活动的参与意识缺乏整体性；良好的健身习惯和终身体育意识尚未形成。

3. 大学生的体育能力

在素质教育的全面推动下，学校体育教育教学的重心将逐步转到培养学生的体育能力和终身体育上。然而，由于应试教育思想根深蒂固，至今在高校体育教学内容中竞技体育知识和技能仍占有较大比重，体育教师仍围绕着"达标""考试"成绩对学生进行教学和训练，大学生中"高分低能"的现象依然存在，体育能力普遍较低。也正因为如此，许多大学生在体育活动中有些盲从被动，难以科学地指导自己的体育实践和正确地评价自己的锻炼效果。

4. 大学生的体育个性

体育个性是一个人在体育活动中经常表现出来的、比较稳定的、有一定倾向性的个性心理特征的总和，是个性独特的体育行为、思想等精神面貌的体现，如兴趣、需要、性格等。多年来，大学生在统一的培养模式、培养规格，统一的教学大纲和教学计划及多年不变的教学方式的教育体系下，教学主体的作用几乎被忽视，学生的个性发展在很大程度上受到了压制。虽然近些年来高校体育进行了一些改革，但将物化改革放在了显要的位置，而忽视了对学生这个教学主体的研究。不少体育教师在教学实践过程中，还没有彻底落实"因材施教"和"针对性"的教学原则，致使大学生的体育个性缺失普遍比较严重。

5. 对体育价值的认识

一部分大学生对体育价值的认识不足，没有形成良好的体育价值观，没有看到体育锻炼带给自己的价值，没有形成对体育锻炼的良好情感，这些都不利于学生形成自主锻炼身体的习惯。在体育练习和体育活动中，男同学怕累怕受伤，女同学腼腆害羞、怕弄脏衣服等，主体的逃避显然成为体质下降的重要原因之一。

6. 参与体育锻炼的时间

一部分大学生参与体育锻炼的时间少。全国各地的中小学积极开展阳光体育运动，保证孩子每天拥有至少一个小时的体育锻炼时间，但是对于普通高等学校的大学生来说，除了大一大二学生拥有每周一节的公共体育课之外，学生课外的体育锻炼活动时间都是由自己支配的。每一个大学生，每周能够参加几次身体锻炼，每次能锻炼多长时间，锻炼能达到什么效果，这些都在无形之中影响着大学生的体质健康水平。而相当一部分大学生，由于课业繁忙、学习压力大，体育锻炼的时间少之又少。

12.2 体育素养对工程师的作用

体育素养对工程师素养的培养是潜移默化的，不仅为工程师打好体质基础，更重要的是培养工程师终身体育意识、习惯和能力，带动工程师职业素养的发展。

13.2.1 有助于促进身体健康

"体者，载知识之车而寓道德之舍也"一名大学生如果没有健康的身体，学业都可能无法完成，更谈不上能胜任自己的职业生涯工作了。无数事实证明，人体是具有很大的可塑性的。在一定外界作用下，特别是通过科学的运动锻炼，人的体质状况是可以改善的。可以说，运动锻炼是人体未来发展过程中最积极、最有效的因素。而作为成长在美丽校园中的大学生，有丰富的体育教科书可供阅读，有专业的体育教师进行指导，有大量的同学进行交流，这一切都使科学运动成为可能。

俄国诗人马雅可夫斯基曾这样赞美："世界上没有任何一件衣衫比能健康的皮肤和发达的肌肉更美丽"。运动能促进肌肉的形态和结构朝着更加健美的方向发展。经过长期的运动锻炼，富有弹性的肌肉代替了松软的脂肪，不仅改善了身体的形态结构，而且对提高工作、学习、生活效率，以及防止过度疲劳、过早衰老起到了积极的作用。一个人坚持进行运动锻炼，特别是坚持各种协调性、柔韧性较强的运动，会使整个人的形体和姿态显得挺拔、轻灵和矫健。

12.2.2　有利于提高身体机能水平

身体机能是指人体在新陈代谢作用下，各器官系统工作的能力。运动锻炼可以提高各器官系统的机能，尤其是神经系统、心血管系统、呼吸系统和消化系统。经常参加体育运动，特别是到大自然中去运动，可以改善大脑供血、供氧情况，促进大脑皮层兴奋性的增加。此外，要完成任何一项体育锻炼，不仅要求肌肉有一定的力度，而且对动作的幅度、动作的速度和动作的节奏都有要求，这都需要神经系统的调节和控制。这一系列的过程对神经系统是一个很好的锻炼。精神系统的机能得到改善，可使人精力充沛，动作敏捷，思维灵活。长期运动不仅能解除疲劳和精神紧张，改善睡眠，还能改善心血管系统的形态结构和机能。经常参加体育运动，不仅使心脏的功能得以加强，还使心脏增大，运动员的心脏就比一般人重 100～200 克，这种心脏被称为"运动员心脏"。另外，长期坚持体育运动，可以提高心力储备，降低血脂，减少心血管病的发生率。经常参加体育运动，能量的消耗就比平时多，新陈代谢也就旺盛起来了。

12.2.3　有助于增进心理健康

健康的心理是大学生接受教育、学习科学文化知识的前提，随着中国加入 WTO，国际化进程不断加速，人们的生活节奏在不断加快，竞争愈加激烈，大学生面临的就业形势更加严峻，学生间的竞争更加激烈，这就必然增加了学生的心理负担，导致大学生心理健康问题不断涌现。体育锻炼是大学生保持健康心理、适应社会的一种简单、有效的方法。著名的心理学家威廉·詹姆斯说过："现在可以这样理解，身体练习的结果是既训练了肌肉，又训练了神经中枢"。在过去的二十多年中，人们通过研究相信，有规律的体育锻炼也能够预防情绪问题的发生。现代奥运之父——顾拜旦在他的名作《体育颂》中曾满腔热情地歌颂道：体育是勇气，是乐趣，它能使人内心充满欢喜、思路更加开阔、条理更加清晰，可使忧伤的人散心解闷，可使快乐的人生活更加甜蜜。体育锻炼可以培养和保持良好的情感体验感，体育锻炼有助于消除心理障碍，促进健全心理的形成，体育锻炼有助于促进坚强意志品质的形成。

12.3　体育素养的培养

12.3.1　工程师体育素养的基本要求

体育素养是指一个人在体育方面的修养。对于工程师而言，综合起来应具备四个方面的体育素养，即健康意识、体育知识、体育技能、身体素质。

1. 健康意识

健康意识是指维护自身健康而预先必须注意的保健知识和理念。具备良好的健康意识对实现自我健康保护，贯彻执行"预防为主"的健康政策都有十分重要的意义。

具备一定的健康意识是作为一名工程师所具备的基础条件，否则工程师将成为无本之木、无源之水。尤其在高度发展的当今社会，随着生产逐渐走向现代化、科技化，劳动日益趋向复杂化、高强度化、高效率化、高压力化，工程师的身体素质会随着工作强度和压力的增加而走下坡路。因此，良好的健康意识就显得尤为重要。

2. 体育知识

体育知识主要是体育基础知识、体育保健知识、体育锻炼与评价知识以及体育人文知识等。

（1）了解体育基础知识，即对体育的认识和理解。对于工程师而言，要具备一定的体育知识，理解体育的内涵，热爱体育，将体育锻炼提升到有利于身体健康、职业发展的高度。

（2）了解体育保健知识，即对人体身心发展的规律、基本的生理常识以及体育运动对人体生理心理健康的作用的了解，如剧烈运动时和运动后不可大量饮水；进餐后不宜运动；不要在不适当的地点运动；不要在情绪不好的时候运动；选择最佳运动量；剧烈运动后不可马上坐在地上休息，也不宜马上洗澡；等等。

工程师在工作一段时间后，容易出现工作倦怠，社会适应能力差，身体素质不能完全满足职业技能需求的现象。如从事环境监测工作的工程师，因为长期在野外采样而容易出现膝和踝关节损伤、腰肌劳损、过度疲劳及心血管疾病等现象。这些都需要通过必要的体育锻炼来为身体进行充电，以预防职业病和运动损伤的形成并在形成后能够正确地进行纠正和补偿，确保身体机能够成为工程师可持续发展的有力保障。

（3）安排体育锻炼、掌握评价知识，即能够科学地、有计划地安排体育锻炼。一部分工程师因为工作太忙而不能进行运动锻炼，他们中的大多数要么是错误地认为平时的工作能够代替体育锻炼而不愿进行体育锻炼，要么是由于缺乏体育知识和技能而不会进行体育锻炼。因此，作为一个合格的工程师，要能够自觉地进行体育锻炼，此外还要掌握有关预防和纠正职业病、增强体育技能的体育知识和技能。

（4）了解体育人文知识，即对常见的竞技运动的竞赛规则、重大体育事件、体育的功能与价值等方面的认识和了解等。如了解羽毛球、网球等球类竞赛的基本规则；对中国蝉联亚运会金牌榜、权磊被砍伤至重伤、女网大满贯双打夺冠、刘翔破世界纪录等重大体育事件有基本的了解和分析；对姚明、易建联登陆 NBA 之后对于中国篮球的影响，李娜获得2014 年澳大利亚网球公开赛女子单打冠军成为亚洲第一位大满贯女子单打冠军后中国体育在世界上的影响力等有一定的研究和判断分析能力；知道北京 2022 年冬奥会口号为"一起向未来(Together for a Shared Future)"，是中国向世界发出的诚挚邀约：在奥林匹克精神的感召下，与世界人民携手共进、守望相助、共创美好未来。

3. 体育技能

体育技能指人们在掌握体育知识的基础上，在意识的支配下，借助于身体运动而表现出来的技能，主要包括基本运动技能、身体锻炼技能、体育审美技能等。

（1）基本运动技能。工程师应学会多种基本运动技能，如掌握走、投、跑、跳、蹲、钻、爬等基本的运动技能。

（2）身体锻炼技能。工程师应熟练掌握两种以上体育锻炼的基本方法和技能以及常见运动损伤的处理方法。针对劳动日益趋向复杂化、高强度化、高效率化、高压力化，工程师的身体素质会随着工作强度和压力的增加而走下坡路。建议工程师应掌握瑜伽、跑步等放松类的体育锻炼方法，对于工作中常出现的膝和踝关节损伤、腰肌劳损等学会基本的处理方法。

（3）体育审美技能。工程师应具备对重大体育赛事的欣赏能力和初步评价能力。如观看一场 NBA 篮球赛，可以从中学习和体验到体育文化、体育运动的魅力；如通过优美的投篮动作、默契的传球配合感受到体育运动的魅力；通过啦啦队队员的卖力支持、球员的个性装扮感受到体育文化的缤纷多彩；通过专业的裁判规则和敬业的体育态度，感受到体育的强大力量；对球员在球场上的粗暴行为和不公正裁判行为，能有自己的理性判断和认识；等等。这些都是工程师所需具备的基本的体育审美技能。

4．身体素质

林传鼎主编的《心理学词典》如此界定素质："素质是由先天的遗传条件及后天的经验所决定和产生的身心倾向的总称"。身体素质是指人在先天生理的基础上，在后天通过环境影响和教育训练所获得的内在的、相对稳定的、长期发挥作用的身心特性及基本品质结构，通常又称为身体素养。

身体素质是相对稳定的，但并非是不变的。比如，人们通过长期的体育锻炼可以改善和提高人体素质；相反，长期不进行体育锻炼的人，其身体素质就会每况愈下。

良好的职业素养要求工程师要具备良好的职业技能，具体表现为具有较强的动手操作能力，即能够掌握正确的操作技能和用力顺序，动作协调地进行操作等。与此相对应，工程师应具有较好的动作和肌肉的协调性、敏感性、精准性、持久性，以及自身控制肌肉进行运动的能力等职业技能。

12.3.2　培养体育素养的方法

高校培养学生体育素养的方法如下：

（1）转变观念。摒弃纯"竞技体育"技术传授的教学主导思想，抛弃体育教学即为"身体运动论"的观念，树立"以文化为先导，以培养学生的体育兴趣为根本，以终身体育的实现为最终目的"的体育教育思想。

（2）改革体育教学内容和方法。增加体育文化知识的教学课时，完善体育理论教学内容，使学生能够明白"体育是什么？体育为了什么？体育课能干什么？体育精神与成功的关系？体育与科学生活的关系？体育在人一生中的作用？"。兴趣是人生最好的老师，体育教育应培养兴趣，以兴趣培养爱好，以爱好促其发挥特长，使学生了解自己的个体特质，并找到成功的感觉；进一步提高兴趣，形成体育习惯，从而提高学生个体的体育文化素养，形成一个良性循环，实现终身体育的目的。

（3）营造良好的校园体育文化氛围。通过体育节、课外活动、日常教育及图片资料展览，组织学生观摩大型比赛或观看体育录像片等，加强学生对体育过程、规则的认识，使学生对体育产生浓厚的兴趣、爱好、愿望。学校经常性地、有计划地进行各种形式的比赛并形成制度，提高大学生的体育文化素养，并使学生在体育活动中增强竞争意识、公平意识、环保意识、道德意识和社会责任感。

（4）通过第二课堂和社会教育陶冶情操。通过组织区域或民族体育调查，参加社区体育活动、健身健美指导和康复咨询等社会体育活动，以便学生在社会实践中提升敏锐的洞察力和科学的批判力。

（5）利用多媒体技术提高大学生体育文化素养。运用现代多媒体技术辅助体育教学有其不可替代的作用，可以大大增加课堂容量，增大信息密度，传递前沿的运动技战术，提高教学效率。丰富的视觉感受可以丰富学生的学习内容，完善大学生的体育知识结构。

培养大学生体育文化素养应注意如下问题：

（1）体育文化素养的各个方面是有机联系相辅相成的。身体是体育文化的载体，运动是体育文化的外在形式，体育精神是体育文化的灵魂，身心健康是体育文化的终极目的。在体育运动中练就一定的运动技能，进而强身健体，并形成百折不挠、勇于拼搏的顽强意志品质，才能培养出生理和心理都健康、合格、符合社会需要的人才。

（2）普通高校应把培养学生的体育文化素养列为学校体育教育的首要目标和任务，转变体育对健康体质作用的绝对化观念——体育无法解决健康的全部问题。在教学中，不但要提高大学生的体育文化素养，还要培养大学生良好的卫生习惯，了解科学的营养知识，掌握科学、健康的生活理念，这样才能更好地使大学生的健康水平得到提高。

我们在介绍工程师时，往往过分强调他们对科学研究的态度，把他们研究的内容描绘得高深莫测，导致很多学生认为工程师都是一些书呆子。这种认识当然是片面的，物以类聚、人以群分，工程师们无疑具有一些共同的特征，但这种特征更多地表现在科学研究工作中，而在日常生活中，他们也是普通人，也有业余爱好。

实际上，大多数优秀的工程师都是既懂工作又会生活的精英。在他们的业余爱好中，体育、音乐、文学、戏剧占了很大比例，散步、旅行也很受欢迎，少数人还对美术、文学创作、收藏等有兴趣，很多人甚至有多种爱好。

科研工作者的体育爱好可以是说多种多样。富兰克林喜欢游泳、骑马、举重，普朗克热爱登山和散步，卢瑟福喜欢踢足球、登山，玻尔喜欢踢足球、打乒乓球、划帆船、滑雪，爱因斯坦喜欢登山、划船、骑自行车，居里夫人喜欢滑雪、游泳、骑自行车，费米喜欢打网球、登山、跑步，布劳恩几乎是全能运动员。其中有些科研工作者的体育技能达到很高水准，甚至超过了一般专业人员。富兰克林是美国杰出的政治家、教育家和科学家，他体魄强健，体育爱好多种多样。在进行惊险的电学实验中，他虽然被雷电击中，但是最终摆脱了死神，统一了天电和地电，发明了避雷针。

众多科研工作者都爱好体育运动，除了个人经历和社会环境的影响因素之外，繁忙和紧张的科学活动更需要强壮的体魄和充沛的精力。因此，他们在工作之余都自觉进行适合自己的体育运动，以致体育运动成了他们最普遍的业余爱好之一。这些体育爱好有些是在青少年时代就开始养成，有些是在成名后形成，不管是哪一种，它们都为科研工作者从事科学活动提供了坚实的身体基础。

很多工程师一生从事研发事业，对人类的发展做出了巨大贡献，这首先源自他们顽强的毅力和执着的追求，其次是因其重视体育锻炼，所以精力过人，能承担繁重的脑力劳动。这些人的经历告诉我们，要想在事业上做出贡献，不仅需要真才实学，还需要健壮的身体。

磨刀不误砍柴工，适当参加体育锻炼，不仅不是浪费时间，还能为科学研究赢得时间和效率。因此，近年来教育部对大学生体育素养的培养高度重视。

研究表明，体育素养与工程师的特有品质具有多元的及较高相关度的内在相通性。体育素养能带动工程师职业素养的发展，同时也是构成工程师职业素养的重要组成部分，它能培养工程师的集体主义精神、拼搏进取精神，提高工程师的竞争力和创新能力，使工程师具有良好的心理品质和健康性格。所以，体育素养的培养对工程师来说尤为重要，大学的体育教育不容忽视。

大量例子显示，卓越的工程师既懂得工作又会生活，体育素养的培养贯穿他们的一生，拥有良好的体育素养和健壮的体魄，才能使他们更好地投入工作，取得更大的成就。

本 章 小 结

健康的身体是工程师为祖国和人民服务的基本前提，是民族旺盛生命力的体现。体育素养是工程师的基本素养，是培养全面发展的人才的重要内容；是造就一代有竞争力、创造力、高素质的工程技术人才的有效保证；是提高工程师身心素养，健康地为祖国工作的身心基础。

第四篇　压力调适与人际关系

第十三章　工程师的心理压力与管理

学习目标

通过本章的学习，掌握压力的基本概念，明确压力产生的来源以及压力反应，特别是压力对工程师心理健康的影响；学会通过正确、合适的方法分析、解决和处理压力问题。

世界卫生组织对人的健康的定义是"健康不仅是没有疾病，而且包括躯体健康、心理健康、社会适应良好和道德健康"。由此可见，只有身心一致健康，才可称之为真正的健康。工程师作为新世纪的人才，面临着新技术带来的挑战，工作压力大、心理困扰也日益明显。一方面，由于他们长期钻心于专业发展，忽视了个人心理困扰的发现与疏导；另一方面，由于外界对工程师职业的刻板印象，认为他们缺少浪漫气息和人文情怀，使得其在人际交往上也陷入困境。

案例 13 - 1

小庭（男，27 岁）是某企业软件工程师，大学本科毕业，已经工作了四年，且四年来业绩一直不错。但近两年他明显感觉到外部竞争越来越激烈，本企业类似于家族式的管理体制越来越显落后，狭窄的晋升空间使他感到前途渺茫，疲于应对工作已致身心劳损。尽管自己带领的团队非常高效，自己的工作量没有增加，但却无形之间感觉到工作压力越来越大，一种说不清道不明的职业倦怠和恐惧感长时间困扰着小庭，使他对向来驾轻就熟的工作倍感沉重。"每天在规定的时间内完成规定的任务，而且是每天重复做快速的、同样的工作，忙的时候甚至连上厕所的时间都没有，除了上班，就是加班、睡觉，任务的压力使自己焦虑，老担心出错……"小庭已经觉得很麻木了，他采用的减压办法是到处开会和出差，或者一个人逛街，但是感觉这样减压效果并不理想。小庭也没有太多机会与人倾诉，想起一往家里打电话就被逼问"什么时候结婚"的事就不耐烦，有时甚至会感觉到隐隐的紧张不安……

案例点评

在驾轻就熟的岗位出现工作压力和焦虑，往往与自身的需求得不到满足有关。根据马斯洛五层次需求理论，显然小庭的生理和安全需要已经得到满足，但工作的归属感、晋升的自尊心和工作的自我实现等高级需求并不能得到满足，甚至遭受挫折，迫使自己焦虑不安，患得患失，产生心理压力甚至职业倦怠。

13.1　压力概述

13.1.1　压力的概念

当个体确知刺激情景具有威胁性、挑战性时，并且他的能力和经验不足以克服和应对该情景，则会感到压力。所谓压力，在心理学上是指刺激、挑战与反应的相互关系。一般来说，压力是一个过程，一个从刺激即压力源到反应(心理或生理的症状)的动态的过程(见图13-1)。压力过程掺和着多种中介因素，诸如个性变量、社会支持、控制等。有关压力的研究表明，外界的刺激往往只是潜在的压力源，当个体把这种潜在的压力源自我评价为压力事件时，这样的压力源才成为一个真正的压力源。在压力的动态过程中，起着决定性作用的，始终是个体的主观评价。而许多影响压力反应的中介因素，也往往是通过影响个体对潜在压力源的主观知觉评价过程而相应发生影响作用的。

图 13-1　压力过程简易模型

13.1.2　压力的来源

1. 生理性压力

机体受到包括物理、化学刺激在内的生物性应激源的侵害会产生压力，如不适宜的温度、强烈的噪声、机械性的创伤、辐射、电击、病毒、病菌等。生理性压力是由生物性应激源借助人的肉体直接发生作用的。生物性应激源先引起机体的生理变化，生理变化促使个体对生理反应进行认知、评价及归因，最终逐步产生心理反应。

2. 心理性压力

心理性压力来源于个体心理或思想中具有较强的主观负面性特征的刺激物。每个人心中都拥有满足基本需求与达成某个愿望的想法，比如对权利、地位、爱情等方面的需要，如果对这些需求的追寻遭受挫折，就会焦虑不安，患得患失，继而产生心理压力。

3. 社会性压力

社会性压力是指社会生活中所发生的变化，例如重大的社会政治、经济的变动，个人的生活、工作环境的变动，家庭成员的生离死别等重大生活事件，不可避免地引起一系列紧张情绪和种种心理矛盾冲突。在社会性压力源方面，人际交往压力是核心压力源之一。现代社会发展迅速，地区人口密集，人际互动频繁，人们所熟悉的新生活和工作方式不断变化，使得社会性压力成为人们主要的压力源。

4. 文化性压力

文化性压力是指当面对不同民族、国家或地区的文化风俗、语言习惯、生活方式时，个体必然感受到来自陌生文化环境的冲击。在这种冲击下，个体适应和应对来自文化挑战的过程中，必然产生种种压力反应。例如，因为地域生活方式的不同，北方的工程师到南方工作生活，或由于城乡的差异都会出现一些文化性压力。

13.1.3　压力的反应

当个体遭遇紧急情况或面对外在威胁等压力事件时，其心理与生理必须作出及时的行动或反应，以促使个体适应在压力事件中生存与发展。

1. 压力的生理性反应

面对危险或胁迫所产生的身体反应为自主神经系统的反应，时常伴有心跳加快、血压升高、肌肉张力增加以及口干的现象。压力下，身体的反应是感到疲倦，并且减少身体的活动。生理性压力反应出现在个体感知外在威胁或者是个体生理内部的平衡受到威胁时的情景。当个体觉察到外在威胁时，会立即作出相应反应，如果需要额外的力量，身体的自主系统就会根据额外需要作出适当的反应；当威胁是来自于身体内部（如病痛的困扰）时，就会扰乱正常生理功能的发挥，打破生理内部平衡，威胁个体的稳定性和协调性。

2. 压力的心理性反应

压力引起的心理反应有情绪、认知和行为三个方面的反应。

第一，压力的情绪反应。个体面对压力时的情绪反应是多种多样的，从倾向上看，有正向积极的和负向消极的情绪之分。在生活中，压力往往带来的是负面消极的情绪反应。比如，面对危险时压力的情绪反应多是恐惧，面对胁迫事件时压力的情绪反应多是焦虑，而面对失落时压力的情绪反应多是忧郁。

第二，压力的认知反应。当某一压力源被认定为具有威胁性时，个体在智力方面的功能就会受到限制和影响，通常表现为思维受限，思路狭窄，思考的灵活性下降。压力会窄化知觉的范围，影响个体的记忆，影响解决和判断问题的能力，以刻板、僵化的思考方式来取代有创意的思考。很显然，如果个体将注意力集中在威胁性的事件及个人的焦虑上，调适的注意力就会大大降低，威胁就不容易被消除。

第三，压力的行为反应。个体的压力行为反应是多种多样的，这直接取决于个体面临的压力程度、个体特质及压力环境。压力行为反应有直接反应与间接反应之分。直接的压力行为反应是指面临紧张刺激时为了消除刺激源而作出的直接反应，如路遇险境选择逃离趋避。间接的压力行为反应是指为了减小或暂时消除与压力体验有关的苦恼不安，如借酒、烟、麻醉品等使自己暂时缓解紧张状态。

此外，压力从程度上可分为轻度、中度、重度。轻度压力会增强一些生物性行为，如进食是某些人用来应付日常生活压力最典型的行为反应。轻度的压力也会导致正向的行为适应，如敏感性和警觉性的提高等。重度压力会造成重复的、刻板的行为，使个体无法调适环境的要求，而压力所引起的刻板行为会成为一种稳定的形态，从而降低个体对环境的敏感性，降低压力刺激的水平。

13.2　压力对工程师心理健康的影响

13.2.1　压力对工程师心理健康的影响

随着行业竞争的加剧以及技术日新月异的发展，工程师面临着越来越多的挑战和困难。压力长期存在就会变成严重的压力，引起不良适应的行为反应，如注意力减退、缺乏耐心、易烦躁、活动能力降低等。此外，生活中一些不可避免的消极生活事件或破坏性较强的客观经验，会使个体的行为调节困难，极易导致工程师性格畸形和心理创伤，留下严重的心理阴影。从心理压力的反应情况看，工程师面临的心理压力反应主要有生理性反应和心理性反应。

1. 生理性反应

随着现代科学技术的发展，新知识、新技术、新概念、新产品大量涌现，工程师面临的技术变革周期变短，工作强度变大，导致心理压力日渐增大。因为工作的特殊性，工程师面临任务、人际、家庭等的压力往往较大，这些压力必然伴有不同程度的生理反应。一方面，当遇上过度压力时，人会出现一些生理性的症状，如口干、腹泻、呕吐、头痛、口吃等；另一方面，当心理压力调整得当时，这些生理反应会调动机体的潜在能量，提高机体对外界刺激的感受和适应能力，从而使机体能更有效地应付外界环境条件的变化。

2. 心理性反应

压力引起的心理反应有助于个体应付和适应环境，但工程师群体的工作岗位、工作任务复杂迫切，工作创新性要求较高，若其面临的工作压力调整不佳，则易产生烦躁、抑郁、焦虑、激动不安、愤怒、沮丧、失望、消沉、健忘等反应较大的心理压力，这易导致工程师自我评价降低、自信心减弱，表现出消极被动，无所适从。

第一，压力情绪方面的症状反应。就工程师群体而言，忧虑、倦怠、创伤后心理失调是常见的压力心理性反应。如当面临失去挚友、亲人、爱人等生活中的重大变故时，工程师常会产生忧虑情绪反应；又如工程师在多年工作的岗位上，却对工作缺乏冲动，有挫折感、紧张感，甚至出现一种情绪性衰竭的倦怠症状。创伤后心理失调是指当个体经历非常可怕的事件后情绪上会有一种创伤后的心理失调反应。个体不自觉地在梦中或在"瞬间回顾中"再度去经历这个创伤事件，特别是再去体验当时恐怖、震撼、战栗的感觉。这种创伤后心理失调会造成工程师对日常生活事件的情绪反应迟钝、麻木，与他人疏离和失眠，无法集中注意力，并且有夸张的惊吓反应，并对生存的价值产生怀疑。

第二，压力认知方面的症状反应。在面临压力时，工程师极易将注意力聚焦在威胁性的事件及个人的焦虑上，调适的注意力就会大大降低，视野会变得狭窄，进而影响个体的记忆和认知，影响解决和判断问题的能力。这将导致工程师以刻板、僵化的思考方式来取代有创意的思考，削弱工作积极性，降低工作绩效，长此以往，"习得性无助"会泛化到其他事件上，消极处事。

第三，压力行为方面的症状反应。个体对外界环境的知觉和认知与应对压力的能力有关。工作压力较大时逃避工作，面临问题时易消极退缩，逃避问题，不愿意再接触相关的工作。人们有时候为了减小或暂时消除与压力体验有关的苦恼和紧张，采用如借酒、网络游戏、抽烟、赌博等不良的方式麻痹自己，但在暂时缓解紧张状态后始终无法摆脱困境。很显然，如果调整不当，这种行为后果对个人和工作的负面影响是非常严重的。

13.2.2　工程师工作压力的测量与解析

1. 工作倦怠量表简介

工作倦怠量表是由美国社会心理学家 Maslach 和 Jaskson 联合开发的，后经国内研究者的修订变为15道题，共分为三个维度，即情绪衰竭、去人性化和个人成就感。

请您根据自己半个月来的感受和体会，判断它们在您所在的单位或者您身上发生的频率，并在合适的数字上打√。其中，0＝从未有过；1＝极少数时候(一年中有几次或更少)；2＝少数时候(一个月一次或更少)；3＝稍多时候(一个月中有几次)；4＝多数时候(一个星期一次)；5＝几乎每天(一个星期中有几次)；6＝每天。

情绪衰竭(该维度的得分＝所有题目的得分相加/5)

1. 工作让我感觉身心俱疲。0　1　2　3　4　5　6

2. 下班的时候我感觉精疲力竭。0　1　2　3　4　5　6

3. 早晨起床不得不去面对一天的工作时，我感觉非常累。0　1　2　3　4　5　6

4. 整天工作对我来说确实压力很大。0　1　2　3　4　5　6

5. 工作让我有快要崩溃的感觉。0　1　2　3　4　5　6

去人性化(该维度的得分＝所有题目的得分相加/4)

1. 自从开始干这份工作，我对工作越来越不感兴趣。0　1　2　3　4　5　6

2. 我对工作不像以前那样热心了。0　1　2　3　4　5　6

3. 我怀疑自己所做工作的意义。0　1　2　3　4　5　6

4. 我对自己所做工作是否有贡献越来越不关心。0　1　2　3　4　5　6

个人成就感(该维度的得分＝所有题目反向计分后，得分相加/6)

1. 我能有效地解决工作中出现的问题。0　1　2　3　4　5　6

2. 我觉得我在为公司做有用的贡献。0　1　2　3　4　5　6

3. 在我看来，我擅长做自己的工作。0　1　2　3　4　5　6

4. 当完成工作上的一些事情时，我感到非常高兴。0　1　2　3　4　5　6

5. 我完成了很多有价值的工作。0　1　2　3　4　5　6

6. 我自信自己能有效地完成各项工作。0　1　2　3　4　5　6

2. 工作倦怠量表的评分与解析

本量表适合工程师群体测量工作压力状况。量表中的情绪衰竭是指个人认为自己所有的情绪资源都已耗尽，对工作缺乏热情，有挫折感、紧张感，甚至害怕工作，该部分包括5道题；去人性化指刻意与工作，以及其他与工作相关的人员保持一定距离，对工作不热心、不投入，对自己工作的意义表示怀疑，该部分包括4道题；个人成就感指个体对自身持有负面评价，认为自己不能有效胜任工作，此部分包括6道题。本量表以0～6共七级进行评估，得分越高，工程师的工作压力和倦怠症状越明显。

13.3　工程师管理工作压力的方法

13.3.1　物理放松减压法

常用的物理放松减压法非常多，这些方法按照"21天定律"的规则设定，即在21天中重复建立某项新的放松条件反射，21天后，这项放松条件反射能自然而然起到身体放松、情绪调节的效果。常用的物理放松减压法有调节气息法、自我中正法、肌肉放松法等。

(1) 调节气息法。调节气息法的第一步，或坐或躺，闭上眼睛做三个腹式深呼吸(呼气时尽量放慢一点)；第二步再做一次呼吸动作，在呼气的时候将注意力放在自己的眼睛上，由上而下慢慢按眼睛—脖子—肩膀—腰部—腿部—脚掌，逐步放松自己；第三步再做一次呼吸运动，这次呼气更长一些，感觉在更长的一段时间里将整个身体放松，直至平静、舒服为止。

（2）自我中正法。第一步闭上眼睛，将双手一上一下轻轻按在自己肚脐上，进行缓慢而深长的深呼吸；第二步感受腹部的热量，感受热量带给自己的温暖、平静和舒服；第三步，想象呼吸给自己带来的平静，逐步转换为身体的能量，直至身体舒服、放松。

（3）肌肉放松法。肌肉放松法遵循先紧后松的原理，按一套特定的程序，以机体的一些随意反应去改善机体的另一些非随意反应，用心理过程来影响生理过程，从而达到松弛入静的效果，解除紧张和焦虑等不良情绪。如当自己情绪紧张时，可以闭紧眼睛，咬紧牙关，握紧双拳，全身肌肉全部收紧，坚持 5 秒钟后突然松开，多做几次直至身体平静、舒服。

13.3.2　想象放松减压法

身处安静的地方，播放 8～13 Hz 的 α 波音乐，做几次深呼吸，然后利用下面的引导语引导自己开展想象放松训练。

引导语：请你放下你手中所有的东西，找一个你觉得最舒服的姿势，坐好并保持身体不要弯曲，闭上你的眼睛。眼睛一闭上，你就放松下来了，请跟着引导语来做。

（1）先做三次腹式深呼吸，吸气、吐气，再吸气、吐气，做得非常好。请意识到你的呼吸，当你吸气的时候，你感觉到腹部会微微鼓起；当你呼气于时候，全身的肌肉都会放松下来。当你专注于呼吸的时候，觉察到空气在你的体内流动，感觉氧气会进入身体的每一个细胞，你的身体会自动开始补充能量。若你越是集中注意力在你的呼吸上，你的身体就会越健康越有活力。继续深呼吸，很自然，你的心灵越来越宁静，越来越平和，越来越安详。

（2）现在请注意你的感觉，你感觉有一股暖流，让你这个心灵的暖流像扫描仪一样，慢慢地从头扫到脚，你的心灵扫描仪扫描到哪里，哪里就放松下来。现在请注意你的头顶，让你的头皮放松，再放松一点，头盖骨也放松，再放松一点。注意到你的眉毛，让眉毛附近的肌肉也放松，放松耳朵附近的肌肉，放松两边脸颊附近的肌肉，放松你的下巴，让下巴完全地放松，放松你的喉咙，放松你的脖子，放松两边的肩膀，你的肩膀平时承受了太多的紧张和压力，现在让那些紧张和压力全部放松下来，你将发现自己已经完全地放松下来了，松得像放了气的气球，松得像从手中滑落的细沙，松得像在母亲温暖怀里甜蜜地呼吸。你是那样的放松，以至于感到自己越来越放松。现在请注意到自己的左手，放松左手，现在注意到右手，放松右手，感觉到有一股暖流从肩膀往下流动，通过手臂、手腕、手指。放松你的胸膛，放松胸部的骨头，让周围的肌肉都放松。放松你的背部，让你的脊椎和背部的肌肉都放松，彻底放松你的腹部肌肉，毫不费力。放松你的腰部，放松你的脊椎，然后你的呼吸会更深沉，更轻松，放松你的左腿膝盖、脚腕、脚掌、脚趾，放松你的右腿膝盖、脚腕、脚掌、脚趾。

（3）请给自己五分钟，随着自己的深呼吸，深深地体验这种身体放松毫无压力的畅通感觉。一切都是这么自然地发生，一切都是这么自然地过去。当我数到 10 的时候，你将会完全地清醒过来，1，2，3，你已经慢慢地醒过来；4，5，感觉很棒；6，7，感觉所有的能量都充满了你的全身；8，9，10，请张开你的眼睛，完全地清醒过来，做一个深呼吸，揉一揉眼睛，适应周围的光线，做一下深呼吸，伸一伸懒腰揉一揉眼睛，适应一下周围的光线。

13.3.3　情绪宣泄减压法

人和动物的肌肉放松状态与焦虑情绪状态是一个对抗过程，两者是不能相容的。一种状态的出现必然会对另一种状态起抑制作用，利用这个"交互抑制"原理，可以有意创造舒适、快乐、平和、安宁等放松的情绪，从而降低工作中的焦虑、不安、害怕、痛苦等紧张压力情绪。宣泄是指将内心的压力排泄出去，以达到减轻或消除心理压力，避免精神崩溃，恢复心理平衡的目的。有人说："一份快乐由两个人分享会变成两份快乐；一份痛苦由两个人分担就只有半份痛苦"。如果把烦恼、痛苦埋藏在心底里，只会加剧自己的苦恼，而如果把心中的忧愁、烦恼、痛苦、悲哀等向亲朋好友倾诉出来，即使他无法替你解决，也能得到他们的同情或安慰，自己的烦恼或痛苦似乎就只有一半了。

课堂小活动　压力情绪管理的心理辅导活动之"寻找快乐"

活动目的：寻找适合自己降低压力情绪的办法

活动操作：

1. 请在本子上以列表的方式罗列平时能让自己快乐的事，如"听音乐让我快乐"等，至少10件。

2. 将让自己快乐的事按减压的效果排序，根据排序，了解、寻找和整合适合自己管理压力的办法。

活动分享：

如果在生活中遇到了让你紧张、不安甚至痛苦的事情，就打开心理练习本，找到平时能让你快乐的事，强迫自己去做这些事件中的1～2件，直到你感觉到放松并且又充满信心和力量为止。平时无论学习、生活有多忙，也要抽出时间做一些能让自己感到快乐的事情。

本 章 小 结

压力在生活中普遍存在，因为人们的生活经常会有一些变动，诸如亲人生病、离开，或者个人升学、就业、失业等，这些变动或多或少会给人造成压力。本章阐述了压力的基本概念，明确了压力产生的来源以及对工程师心理健康的影响，并给出了测量压力的量表，最后提出了一些应对压力的策略，帮助个体在应激期间处理应激情绪，保持心理平衡。

随着社会的发展，行业的竞争形势日益严峻，工程师面临的挑战和困难也越来越多。压力就像一把双刃剑，压力长期存在就会变成严重的压力，引起不良适应的行为反应，但是，如果处理得当也可以变为促人奋发前进的动力。因此，了解压力，学会应对压力，对工程师来说尤为重要，不容忽视。

第十四章　工程师积极心理资本的开发

学习目标

通过本章的学习，掌握心理资本的相关概念和特性，明确心理资本对工程师心理健康的重要性，加深对心理资本的认识，学会通过科学有效的方法开发积极的心理资本，提升工程师的综合素质。

案例 14 - 1

小锦（男，32 岁）是某公司建筑项目工程师，大学本科毕业。在公司上下级的眼中，小锦常常得到领导的赏识，工作认真而且富有领导力，经常自己加班加点完成棘手的任务，是一位业务能力相当出色的工程师。然而，这似乎与其本人的看法不一致。小锦认为这是他人眼中的自己，真实的自己却很迷茫，不知道自己内心真实的想法和生活追求是什么。每当工作任务完成时，虽然获得一丝喜悦，但却又被下一个任务带走。被任务牵着走，这样的感觉近来越来越明显，加上公司近期人事变动较快，自己的上下级和工作团队面临较大调整，自己将上调至某个与自己专业完全不挂钩的部门。这一事件让小锦惶惶不可终日，认为自己遇事总是没有选择，不能按自己的方式生活，更不知道自己该如何在新部门立足，但这种惶惶不可终日的心态又不能直接向上级部门表达，因为害怕自己向来的好形象毁于一旦。

案例点评

积极心理资本理念认为，当前心理健康理念不应仅仅关注"我有什么问题"，而应该更注重"我达到人生所追求的目标靠的是什么"。心理资本作为除财力、人力、社会三大资本以外的第四大资本，旨在从根本上打造人的竞争优势。小锦在新部门的立足和今后的长远发展，需要重新审视和整合自己诸如自我效能感、乐观、希望、韧性等积极心理资源。

14.1　积极心理资本概述

14.1.1　心理资本的含义

心理资本这一概念最早源于西方，出现在管理学、经济学和社会学等相关文献里，其理论基础主要有人力资本理论、社会资本理论和积极心理学与积极组织行为学理论。所谓心理资本（Psychological Capital），是指个体在成长和发展过程中表现出来的一种积极的心理状态，是促进个人成长和绩效提升的核心心理资源。无论是个人还是组织都在激烈的竞争中求生存求发展，决定成败的关键是人，人的潜能是无限的，而其根源则在于人的心理资本。心理资本以强调人的优势和积极性为基础，关注个体的自信、希望、乐观和韧性等核心心理资源，通过对这些核心心理资源的投资和开发，以提升个体绩效和个体竞争优势。Luthans 和 Youssef 等人提出了积极心理资本的概念，并根据符合积极组织行为学的标准将心理资本划分为自我效能感（Confidence or Self-efficacy）、乐观（Optimism）、希望（Hope）以及韧性（Resilience）四种积极心理状态。

14.1.2　心理资本的要素

心理资本的核心四要素一般表现为：拥有成功完成具有挑战性任务的自信（自我效能感）；对当前和将来的成功做积极归因（乐观）；坚持目标，在成功的路上必要时能够重新选择实现目标的路线（希望）；当面临问题和困境时，能够坚持或快速复原，采取有效途径取得成功（韧性）。

1. 自我效能感

自我效能感是指个体从事某一活动时，对自己是否有能力胜任当前的任务或成功实现目标的自我感知程度，即从事某项活动任务的个体自信心。

2. 乐观

乐观是指个体在不同的情境和时间段中，仍对未来结果保持积极的期望，相信事件必然会朝着积极正向的方向发展。乐观是一种归因解释风格。在对事件的归因倾向上，乐观的个体倾向于把积极的事件归因于自身的、持久性的和普遍性的原因，而将消极的事件归因于外部的、暂时性的以及与情境有关的原因。

3. 希望

希望是指成功的动因与实现目标的计划交叉所形成螺旋上升的一种积极动机状态。希望水平较高的个体，能够设定现实且具挑战性的目标，并抱有达成目标的决心，在实现目标的过程中或计划途径受阻时，也能够找到替代路径来实现所期望的目标。

4. 韧性

韧性是指复原力，即个体在顺境或逆境的状态下，依然能够自如调整自己以适应环境。韧性犹如心理弹簧，一方面表现为在困难之下依然坚持实现目标的行为和信念，在重大困难或危险情境中能保持积极适应的心理状态；另一方面也表现在顺境时的心理恢复能力，如不以物喜，不以己悲的心态。

14.1.3　心理资本的特性

心理资本是新一代人的核心竞争优势资源，其超出了人力资本和社会资本，能够通过有针对性地投入和开发而使个体获得竞争优势。心理资本的自我效能感、乐观、希望以及韧性四要素具备以下五个方面的特性。

（1）均能形成长久的竞争优势。

（2）具有不可复制的唯一性。

（3）可积累和改变，能够持续不断地为该个体或团体增加竞争优势。

（4）相互连通性，协同形成心理资本整体的竞争优势。

（5）具备可更新性，能够不断地通过开发得到更新和补充。

心理资本作为实现人生可持续发展的原动力和核心竞争力，可以整合个体的其他发展资本并产生决定性的、长远的竞争优势。拥有过人的心理资本如自信、乐观、坚韧的个体，能承受挑战和变革，可以让个体从逆境走向顺境，能够因地制宜地将知识和技能发挥到最大限度，勇于创新，敢于创新，成就自我，成就人生。国外研究通过效用分析发现，心理资本增加2%，每年就可能给公司带来1000多万美元的收入。可见，心理资本具有投资和收益特性，工程师可以开发和训练心理资本最终达到提高包括经济资本、社会资本以及人力资本在内的综合发展资本的目的。

14.2　心理资本对工程师心理健康的影响

心理资本与个体的心理健康存在着密切的关系。对心理资本与心理健康关系的考察研究显示，个体心理资本中的自我效能感、韧性、希望、乐观四个维度均与心理资本量表总分及其九个因素呈显著的负相关，即个体心理资本的得分越高，越具备积极的心理能量，其心理健康水平越高。就工程师群体而言，心理资本越高的工程师，其心理也越健康。积极心理资本对工程师心理健康的影响如下。

1. 自我效能感对心理健康的影响

较高的自我效能感可超越和战胜自卑。与学校生活相比，职场生活中工程师相对较少获得关注、肯定和赞扬，这导致部分工程师会感觉自己各方面都很差，变得很自卑。这一认知偏差导致工程师对自己和环境缺乏客观、全面的评价，过低估计自己的知识和能力水平，高估外部环境，放大困难，感到无力把握未来，失去竞争的勇气和信心。自卑使他们丧失了挑战困难的勇气，在心理上采取逃避、退缩的应对方式。工程师要想克服自卑，必须建立自信。自信是对自我能力和自我价值的一种肯定，有自信，才会有成功。工程师群体中心理资本的自我效能感与工程师的归因方式有关，将成功归因于能力会增强自我效能感，反之则会大大降低自身的自我效能感。

2. 乐观对心理健康的影响

较好的乐观心态可减轻心理负担。工程师不仅面对着经济、工作、人际、家庭等方面的压力，日益严峻的行业竞争和技术革新也在不断加重他们的心理负担，使他们可能处于焦虑的痛苦境地。这种紧张不安、焦急、忧虑、恐惧等感受交织而成的情绪会引起一种持续消极的心理状态，使他们情绪低落，表现为思想上的烦躁和行为上的懈怠，严重时甚至出现不与外界交往的状态。反之，具有高度乐观心态的工程师能够充分利用环境中各种可能出现的机会来提升自己的能力，以便在将来拥有更高的成就。心理资本较高的工程师倾向于把积极的事件归因于自身的能力，即使在面对消极事件时，也能相信自己的能力，对未来充满信心，这种信心能够产生一系列积极的情绪。反之，心理资本较低的工程师在面对消极事件时，往往期望坏的结果产生，当面对挑战时更倾向于怀疑自己的能力，对自己的消极评价较多，容易出现焦虑、紧张、生气和抑郁等消极情绪。

3. 希望对心理健康的影响

较高的希望水平可直面挑战。充满希望的工程师往往是独立的思考者，有很强的自我意识，能更好地分析自己所处的状态。他们是拥有以目标为导向的意志力和路径的人，不仅能精力充沛地完成工作任务，也会寻找各种机会提升自己。希望水平较高的工程师群体能够设定现实且具有挑战性的目标，并始终抱有达成目标的决心，当在实现目标的过程中或计划途径受阻时，也能够快速找到替代路径来实现所期望的目标。希望能在工程师的压力和内在行为之间起到缓冲作用，因而工程师可以给自己制定一些有希望的计划，从而使自己更勇敢地面对逆境。

4. 韧性对心理健康的影响

较高的韧性水平可冲破逆境。较低韧性水平的工程师群体的自尊心往往脆弱敏感，遭受挫折时容易自暴自弃，而具有高度韧性的工程师即使身处逆境也不会怨天尤人，而是通过对逆境的反思，赋予生命意义和价值。韧性能够帮助一个人成长，增强自身优势。因此，为了全面提升工程师心理素质，应该重视韧性这项积极心理资本的发展。心理资本作为一种积极的心理资源，如果被合理开发，能够对工程师心理健康产生积极作用。高韧性的工程师因为拥有强的复原力和超越能力让自己最终取得成功，所以更应主动关注并发挥心理资本对心理健康的积极导向作用。

14.3　工程师心理资本的测量与解析

14.3.1　心理资本量表简介

本研究采用费雷德·卢森斯等编著并由李超平等翻译的中文版心理资本量表。该量表具体分四个维度，分别是自我效能感、乐观、希望及韧性，共 24 个项目，采用 1～5 级评分。心理资本因子的得分越高，表示受测者在该因子上的积极心理能力越强。

请根据您最近一个月内的实际感觉打分，答案无对错之分。其中，1 为完全不符合；2 为有点不符合；3 为一般符合；4 为比较符合；5 为完全符合。

1. 我相信自己能分析长远的问题，并能找到解决方案。（　　　）
2. 与管理层开会时，在陈述自己工作范围之内的事情方面我很自信。（　　　）
3. 我相信自己对单位战略的讨论有贡献。（　　　）
4. 在我的工作范围内，我相信自己能够帮助设定目标。（　　　）
5. 我相信自己能够与公司外部的人（如客户）联系并讨论问题。（　　　）
6. 我相信自己能够向一群同事陈述信息。（　　　）
7. 如果我发现自己在工作中陷入了困境，我能想出很多办法来摆脱。（　　　）
8. 目前，我能精力饱满地完成自己的工作目标。（　　　）
9. 任何问题都有很多解决方法。（　　　）
10. 眼前，我认为自己在工作上相当成功。（　　　）
11. 我能想出很多办法来实现我目前的工作目标。（　　　）
12. 目前，我正在实现我为自己设定的工作目标。（　　　）
13. *在工作中遇到挫折时，我很难从中恢复过来并继续前进。（　　　）
14. 在工作中，我无论如何都会去解决遇到的难题。（　　　）
15. 在工作中，如果不得不去做，可以说，我也能独立应战。（　　　）
16. 我通常能对工作中的压力泰然处之。（　　　）
17. 因为以前经历过很多磨难，所以我现在能挺过工作上的困难时期。（　　　）
18. 在我目前的工作中，我感觉自己能同时处理很多事情。（　　　）
19. 在工作中，当遇到不确定的事情时，我通常期盼最好的结果。（　　　）
20. *如果某件事情会出错，即使我明智地工作，它也会出错。（　　　）

21. 对自己的工作，我总是看到光明的一面。（　　）
22. 对我的工作未来会发生什么，我是乐观的。（　　）
23. ＊在我目前的工作中，事情从来没有像我希望的那样发展。（　　）
24. 工作时，我总相信"黑暗的背后就是光明，不用悲观"。（　　）

14.3.2　心理资本量表的评分与解析

　　心理资本的自我效能感是指拥有成功完成具有挑战性的任务的自信，对应项目1～6；乐观是指对当前和将来的成功做积极归因，对应项目7～12；希望是指坚持目标，为了取得成功，在必要时能够重新选择实现目标的路线，对应项目13～18；韧性是指当遇到问题和困境时，能够坚持并很快恢复和采取其他途径来取得成功，对应项目19～24。心理资本总体得分为各项目得分之和除以24，各因子得分即为各因子题目得分之和除以6，其中标"＊"的项目须反向计分。本量表适用于工程师群体，量表总分和四要素的得分越高，表明工程师的该项积极心理资源越好。

14.4　工程师开发积极心理资本的方法

1. 工程师自我效能感的开发

　　赋予成功体验，有利于开发工程师自我效能感。自我效能感涉及的不是技能本身，而是指自己能否利用所拥有的技能去完成工作行为的自信程度。工程师开发自我效能感（自信）的有效方法有以下几种：

　　第一，增加成功体验。工程师可以选择生活、学习中较易成功的某一方面去努力，或者做自己喜欢做的事。通常人们对自己喜欢做的事比较投入，容易取得成功，继而产生成就感，这非常有利于自信心的提高。同时，要对自己的成功进行积极的归因和评价，激发和增强更高的成功体验感。

　　第二，进行替代学习或模仿。观察性的体验可以让工程师认识他人的成功和失误并从中学习，进而有选择地模仿他们的成功行为。这种学习可以增加个人体验成功的机会，例如分享成功的经验就是一种很好的学习方法，在分享中可以发现大量成功的人和成功的事件，这些将有利于工程师的成功经验积累，进而提升自信心。

　　第三，运用积极反馈与社会认可。视情况而定地运用积极反馈和社会认可，能够提高个体的积极性，这种方式有时甚至超过金钱奖励和其他激励技巧所带来的影响。例如进行自我心理暗示和正面心理强化可以不断提升自己的信心。

　　第四，保持生理和心理健康。积极的心理及身体状态能支持与维持个体自我效能感。生理健康是心理健康的基础，心理健康会使自己产生幸福感，工程师应注意全面营养，保证身体锻炼，保持快乐的心境。

2. 工程师乐观心态的开发

　　积极认知和归因，有利于培养工程师乐观心态。所有的生活事件都是"认知过程"，是个体分析和构建、预期与回忆、评价与解释的过程。不同的认知带来不同的体验，导致不同的行为和结果。工程师开发乐观心态须宽容过去、珍惜现在和面向未来。

　　第一，宽容过去。工程师要学会重新认识和接受自己过去的失败、错误和挫折，以问题为导向来对待情境中可控的因素，做有利的判断和归因，从尽可能好的角度看待情境中不可控的因素。

第二，珍惜现在。工程师要接纳自己的角色，感激和满足自己在生活、学习中积极成功的一面，无论在何种情况下，都要学会看到并享受积极的方面，多欣赏现实的工作生活状态，找准时机引导自己由消极厌世逐渐转为积极乐观。

第三，面向未来。工程师在珍惜现在的同时要着眼于未来，抓住所有的发展机会，将未来和难以确定的事看作成长发展的机会，以一种积极的、愉快的和自信的态度迎接未来。

3. 工程师希望心态的开发

希望是对未来的积极预期，包含良好的认知能力、自我肯定的情绪体验和实现目标的意志力。作为一种积极的心理状态，希望对人的行为具有激励作用，是鼓舞工程师工作、学习和成长的强大内驱力。

希望心态的开发可分为三步，首先应立足自我，进行自我评估，评估个性、特长、情商等。自我评估的重点是帮助个体找到自身的闪光点，在设立目标时扬长避短，并在生活工作中找准最合适自己的位置。其次，认识形势，形成合理的认知、心态和人生观。工程师正视现实，对自我、职业和社会环境有清晰的认识，对各种影响因素和变化趋势有准确的分析、推断和把握，了解社会政治和经济发展趋势、目标任务的现状和未来、自身条件和竞争对手的情况等。最后，明确目标并开始行动，为自己做好职业规划，设立充满希望的、具有可实现性的目标，投入到希望的目标上，在充满希望的工作道路上稳步前行。

4. 工程师心理韧性的开发

理性应对逆境，有利于增强工程师的心理韧性。通过规避风险、增加资源、干预影响过程等方式可有效提高工程师的心理韧性。首先，培养韧性从对挫折的正确认知开始。工程师由于岗位要求和工作环境等原因，很少一帆风顺。情绪ABC理论认为，挫折本身并不可怕，而对挫折的认知和解释才是引起情绪和行为反应的直接原因。故而工程师在受挫后，应保持冷静和理智，找出挫折源，分析挫折的原因、性质，把握机遇，评估严重程度，详细总结，迅速平衡自己，将挫折转化为以后发展的有利资源。其次，学习运用积极心理防御机制，带领自己走出困境。工程师在遭受困难与挫折后，乃至在一些乐观的顺境中，都应该恢复心理平衡，不以物喜，不以己悲，表现出自信、进取、弹性的心态。最后，应关注过程。工程师在面对逆境时，应注重过程导向，而不是逆境的消极结果导向；应冷静分析自身优势，坚持不懈地克服困难，学会自我调节，实现成长；应积极主动地、独立地看到自身的长处，放空自己，开发自身的韧性资源。

课堂小活动　开发积极心理资本的心理辅导活动之"爱的环绕"
活动目的：增强个体的自我效能感
活动方法：
1. 在空旷安静的环境下设置一个1米左右的高平台，所有参与人员轮流单个站到高台上成为焦点，并向下方队员展示自己的三个"最"。
2. 其余参与队员手拉手围成一个圈并有序转动。
3. 当面向高台上的焦点队员时随心大声给予其一个正向肯定的回应。

活动分享：

1. 当你站在高平台成为焦点那一刻，你的特别感受是什么？

2. 当你表达自己的三个"最"后，又有什么感觉？

3. 当你给予焦点队员正向回应时，感觉到了什么？这种感觉对提升你的自我效能感有什么触动？

【延伸知识】

心理学中十大规律

心理规律一：罗森塔尔效应

美国著名的心理学家罗森塔尔教授曾做过这样一个试验：他把一群小白鼠随机地分成两组，即 A 组和 B 组，并且告诉 A 组的饲养员说，这一组的老鼠非常聪明；同时又告诉 B 组的饲养员说他这一组的老鼠智力一般。几个月后，教授对这两组的老鼠进行穿越迷宫的测试，发现 A 组的老鼠竟然真的比 B 组的老鼠聪明，它们能够先走出迷宫并找到食物。

于是罗森塔尔教授得到了启发，他想这种效应会不会也发生在人的身上呢？他来到了一所普通中学，在一个班里随便地走了一趟，然后就在学生名单上圈了几个名字，告诉他们的老师说，这几个学生智商很高，很聪明。过了一段时间，教授又来到这所中学，奇迹又发生了，那几个被他选出的学生现在真的成为班上的佼佼者。

为什么会出现这种现象呢？正是"暗示"这一神奇的魔力在发挥作用。每个人在生活中都会接受这样或那样的心理暗示，这些暗示有的是积极的，有的是消极的。妈妈是孩子最爱、最信任和最依赖的人，同时也是施加心理暗示的人。如果该心理暗示是长期的消极和不良的，就会使孩子的情绪受到影响，严重的甚至会影响其心理健康。相反，如果妈妈对孩子寄予厚望、积极肯定，通过期待的眼神、赞许的笑容、激励的语言来滋润孩子的心田，使孩子更加自尊、自爱、自信、自强，那么，你的期望有多高，孩子未来的成果就会有多大！

心理规律二：超限效应

美国著名作家马克·吐温有一次在教堂听牧师演讲。最初，他觉得牧师讲得很好，使人感动，准备捐款。过了 10 分钟，牧师还没有讲完，他有些不耐烦了，决定只捐一些零钱。又过了 10 分钟，牧师还没有讲完，于是他决定 1 分钱也不捐。等到牧师终于结束了冗长的演讲开始募捐时，马克·吐温由于气愤，不仅未捐钱，还从盘子里偷了 2 元钱。这种刺激过多、过强和作用时间过久而引起心理极不耐烦或反抗的心理现象，称为"超限效应"。超限效应在家庭教育中时常发生。如，当孩子犯错时，父母会一次、两次、三次，甚至四次、五次重复对一件事做同样的批评，这会使孩子从内疚不安到不耐烦乃至反感讨厌。被"逼急"了，就会出现"我偏要这样"的反抗心理和行为。可见，父母对孩子的批评不能超过限度，应对孩子"犯一次错，只批评一次"。如果非要再次批评，那也不应简单地重复，要换个角度、换种说法。这样，孩子才不会觉得同样的错误被"揪住不放"，厌烦心理、逆反心理也会随之减低。

心理规律三：德西效应

心理学家德西曾讲述了这样一个寓言：有一群孩子在一位老人家门前嬉闹，叫声连天。几天过去，老人难以忍受。于是，他出来给了每个孩子 10 美分，对他们说："你们让这儿变得很热闹，我觉得自己年轻了不少，这点钱表示谢意"。孩子们很高兴，第二天仍然来了，一如既往地嬉闹。老人再出来，给了每个孩子 5 美分。5 美分也还可以吧，孩子仍然兴高采烈地走了。第三天，老人只给了每个孩子 2 美分，孩子们勃然大怒，"一天才 2 美分，知不知道我们多辛苦！"，他们向老人发誓，他们再也不会为他玩了！在这个寓言中，老人的方法很简单，他将孩子们的内部动机"为自己快乐而玩"变成了外部动机"为得到美分而玩"，而他操纵着美分这个外部因素，所以也操纵了孩子们的行为。

德西效应在生活中时有显现。比如，父母经常会对孩子说："如果你这次考得 100 分，就奖励你 100 块钱""要是你能考进前 5 名，就奖励你一个新玩具"等等。家长们也许没有想到，正是这种不当的奖励机制，将孩子的学习兴趣一点点地消减了。在学习方面，家长应引导孩子树立远大的理想，增进孩子对学习的情感和兴趣，增加孩子对学习本身的动机，帮助孩子收获学习的乐趣。家长的奖励可以是对学习有帮助的一些东西，如书本、学习器具，而一些与学习无关的奖励，则最好不要。

心理规律四：南风效应

南风效应也称温暖效应，源于法国作家拉·封丹写过的一则寓言：北风和南风比威力，看谁能把行人身上的大衣脱掉。北风首先来一个冷风凛凛、寒冷刺骨，结果行人为了抵御北风的侵袭，便把大衣裹得紧紧地。南风则徐徐吹动，顿时风和日丽，行人觉得春暖上身，始而解开纽扣，继而脱掉大衣，南风获得了胜利。故事中南风之所以能达到目的，就是因为它顺应了人的内在需要。这种因启发自我反省、满足自我需要而产生的心理反应，就是"南风效应"。由此我们可以知道，家庭教育中采用"棍棒""恐吓"之类"北风"式教育方法是不可取的。实行温情教育，多点"人情味"式的表扬，培养孩子自觉向上，才能达到事半功倍的效果。

心理规律五：木桶效应

木桶效应的意思是：一只沿口不齐的木桶，它盛水的多少，不在于木桶上那块最长的木板，而在于木桶上最短的那块木板。一个学生的学科综合成绩好比一个大木桶，每一门学科成绩都是组成这个大木桶的不可缺少的一块木板。良好学习成绩的稳定形成不能靠某几门学科成绩的突出，而是应该取决于它的整体状况，特别取决于它的某些薄弱环节。因此当发现孩子的某些科目存在不足时，就应及时提醒孩子，让其在这门学科上多花费一些时间，做到"取长补短"。

心理规律六：霍桑效应

美国芝加哥郊外的霍桑工厂是一个制造电话交换机的工厂，有较完善的娱乐设施、医疗制度和养老金制度等，但工人们仍然愤愤不平，生产状况很不理想。后来，心理学专家专门对其进行了一项试验，即用两年时间，专家找工人个别谈话两万余人次，规定在谈话过程中，要耐心倾听工人对厂方的各种意见和不满。

这一谈话试验收到了意想不到的结果：霍桑工厂的产值大幅度提高。孩子在学习、成长的过程中难免有困惑或者不满，但又不能充分地表达出来。作为父母，要尽量挤出时间与孩子谈心，并且在谈的过程中，要耐心地引导孩子尽情地说，说出自己生活、学习中的困惑，说出自己对家长、学校、老师、同学等的不满。孩子在"说"过之后，会有一种发泄式的满足，他们会感到轻松、舒畅。如此，他们在学习中就会更加努力，在生活中就会更加自信！

心理规律七：增减效应

人际交往中的"增减效应"是指，任何人都希望对方对自己的喜欢能"不断增加"而不是"不断减少"。比如，许多销售员就是抓住了人们的这种心理，在称货给顾客时总是先抓一小堆放在称盘里再一点点地添入，而不是先抓一大堆放在称盘里再一点点地拿出。我们在评价孩子的时候难免将他的缺点和优点都要诉说一番，并常常采用"先褒后贬"的方法。其实，这是一种很不理想的评价方法。在评价孩子的时候，我们不妨运用"增减效应"，比如先说孩子一些无伤尊严的小毛病，然后再恰如其分地给予赞扬……

心理规律八：蝴蝶效应

据研究，南半球一只蝴蝶偶尔扇动翅膀所带起来的微弱气流，由于其他各种因素的掺和，几星期后，竟会变成席卷美国得克萨斯州的一场龙卷风！紊乱学家把这种现象称为"蝴蝶效应"，并做出了理论表述：一个极微小的起因，经过一定的时间及其他因素的参与作用，可以发展成极为巨大和复杂的影响力。"蝴蝶效应"告诉我们，教育孩子无小事。一句话的表述、一件事的处理，正确和恰当的，可能影响孩子一生；错误和武断的，则可能贻误孩子一生。

心理规律九：贴标签效应

在第二次世界大战期间，美国由于兵力不足，而战争又的确需要一批军人。于是，美国政府就决定组织关在监狱里的犯人上前线战斗。为此，美国政府特派了几个心理学专家对犯人进行战前的训练和动员，并随他们一起到前线作战。训练期间心理学专家们对他们并不过多地进行说教，而特别强调犯人们每周给自己最亲的人写一封信。信的内容由心理学家统一拟定，叙述的是犯人在狱中的表现是如何地好、如何改过自新等。专家们要求犯人们认真抄写后寄给自己最亲爱的人。三个月后，犯人们开赴前线，专家们要犯人给亲人的信中写自己是如何服从指挥、如何勇敢等。结果，这批犯人在战场上的表现比起正规军来毫不逊色，他们在战斗中正如他们信中所说的那样服从指挥、勇敢拼搏。后来，心理学家就把这一现象称为"贴标签效应"，心理学上也叫暗示效应。这一心理规律在家庭教育中有着极其重要的作用。例如，如果我们老是对着孩子吼"笨蛋""猪头""怎么这么笨""连这么简单的题目都不会做"等，时间长了，孩子可能就会真的成为我所说的"笨蛋"。所以，必须戒除嘲笑羞辱、责怪抱怨、威胁恐吓等语言，多用激励性语言，对孩子多贴正向的标签。

心理规律十：登门槛效应

日常生活中常有这样一种现象：在你请求别人帮助时，如果一开始就提出较高的要求，很容易遭到拒绝；而如果你先提出较小要求，别人同意后再增加要求的分量，则更容易达到目标，这种现象被心理学家称为"登门槛效应"。在家庭教育中，我们也可以运用"登门槛效应"。例如，先对孩子提出较低的要求，待他们按照要求做了，予以肯定、表扬乃至奖励，然后逐渐提高要求，从而使孩子积极奋发向上。

本章小结

心理资本是除了财力、人力、社会三大资本以外的第四大资本，包含自我效能感（自信）、乐观、希望、韧性。企业的竞争优势不是财力，不是技术，而是人，人的潜能是无限的，而其根源在于人的心理资本。

本章阐述了心理资本的含义、要素、特性，指出了心理资本对工程师的影响，提供了心理资本量表，最后又进一步讨论了工程师如何开发积极心理资本的方法。随着现代企业竞争压力、变革速度的日益加快，人的发展、成功和幸福不仅需要环境和社会文化等，更需要充分认识和开发个人内在的积极心理品质。心理资本将心理学和管理学相结合，能够帮助人们拓宽视野，提升心理素质，以期达到最佳状态。

第十五章　工程师的人际关系与交往

❀学习目标

　　通过本章的学习，掌握人际关系的相关概念及良好人际的基本规则，了解人际关系对工程师心理健康的影响，学会通过正确、合适的方法构建良好的人际关系。

案例 15 – 1

　　张某（男性，汉族，25 岁，大学本科）是公司技术工程师，收入中等，经济状况良好，未婚，父亲是某机关单位领导，母亲是某学校教师，家庭和睦。张某自幼聪明，长相俊秀，身体健康，性格内向，父母文化程度较高，对其要求严格。因父母工作繁忙，张某 3 岁被送到幼儿园，在幼儿园表现乖巧。上学后张某成绩一直很优异，和老师同学都没有什么矛盾。大学毕业后，张某来到现在就职的网络公司任技术工程师，工作表现尚可，但因害怕与女同事接触而经常借故不参加公司组织的活动，为此曾遭到领导的批评，同事们也觉得奇怪。张某自诉从小性格内向，不善表达，平时上班默默无闻。自上大学起到现在，还没有与女生说过几句话，每次见到女生就低下头，不知说什么，看到许多同事同学有女朋友，也想谈一个，可就是不知道和她们说什么，有点像老鼠见到猫的感觉，和男同学可以打打闹闹，可就是不知道如何与异性交往。

案例点评

　　张某出现了典型的人际交往心理问题。像张某这样的男生，一般是由于中学时代过多关注学习，缺少与异性交往的机会和经验。进入青春期，性意识萌发，张某特别希望得到异性的关注，却表现得格外羞涩与敏感，不懂得如何与异性打交道，有时甚至回避与异性的交往。但他内心又极度渴望，导致情感压抑，在异性面前表达不畅，手足无措，缺少自信，而这样的结果往往是得不到异性的青睐，自苦异常。

15.1　人际关系概述

15.1.1　人际关系的概念

1. 人际交往

　　交往指人们运用语言或非语言符号交换意见、传达思想、表达感情和需要等的交流过程，包括物质交往和精神交往。交往是人类的特定社会现象，对于社会的发展和个性的成长有重要作用。交流是群体的黏合剂，能使群体内部个体之间和群体之间在认知、情感和行为上彼此协调，相互统一。

2. 人际关系

（1）人际关系的相关定义。

人际关系的定义有广义和狭义之分。广义的人际关系包括社会中所有的人与人之间的关系以及这些关系的一切方面，包括经济关系、政治关系、法律关系、文化关系、心理关系等。狭义的人际关系指人们为了满足某种需要，通过交往形成的彼此之间比较稳定的直接的心理关系。它主要表现在人与人之间交往过程中关系的深度、亲密性、融洽性、协调性等心理方面联系的程度。

（2）人际关系的构成。

人际关系由认知、情感和行为三种心理成分构成。认知是人际关系的前提条件、基础。人们的相互交往是双方作为信息对象的相互作用，并引起相互间的感知、理解、判断和评价，形成一定的认知结果。情感是指在这种认知结果的基础上发生的积极或消极的情绪状态和体验、情绪的敏感性、对人际关系的满足程度等。在人际关系中，认知起到了唤起情感，控制和改变情感的作用，对人际关系起着调节作用。情感是人际关系的重要调节因素。行为是交往双方外显的行为表现，如语言、眼神、手势、举止、风度、表情等表现个性和传达信息的行为，它是建立和发展人际关系的交往手段与形式。人际关系的三种心理成分是相互联系不可分割的，而其中情感的成分即对人的亲近、喜爱，相互间吸引力的大小是人际关系的突出特征。人际关系总是带有鲜明的情绪与情感色彩，是以情感为纽带的。人们相处中呈现出来的喜欢、亲近或疏远、冷漠的情绪状态是人际关系好坏的基本评价指标。人际关系所具有的这种情绪，使人与人之间的心理距离成为可以直接观察的心理关系。

3. 人际交往和人际关系

人际交往和人际关系是两个既有联系又有区别的概念。人际交往是人际关系实现的根本前提和基础，也是人际关系形成的途径，而人际关系则是人际交往的表现和结果。不仅如此，交往的频率还是人际关系亲疏的调节器。一般说来，交往的频率越高，人际关系越密切；交往频率越低，人际关系越趋于淡化；当交往完全不存在的时候，原有的人际关系也会名存实亡。两者的区别是人际交往侧重于人与人之间联系与接触的过程，以及行为方式、程度等；人际关系侧重于在交往基础上所形成的心理状态和结果。从时间上看，人际交往在前，人际关系在后，人际交往是一个动态的过程，而人际关系则具有相对的稳定性。

15.1.2 良好人际关系的原则

1. 相互性原则

人际关系的基础是彼此间的相互重视与支持。任何个体都不会无缘无故地接纳他人，喜欢是有前提的，相互性就是前提，我们喜欢那些也喜欢我们的人。工程师在人际交往的过程中，首先要学会主动去构建人际关系，其次表达出愿意交往的意愿，最后悉心经营。

2. 交换性原则

人际交往是一个社会交换过程，其交换的原则是个体期待人际交往对自己是有价值的，即在交往过程中的得大于失，至少等于失。人际交往是双方根据自己的价值观进行选择的结果。大体上来看，工程师的人际圈子比较有限且同质性强，一般是与自己工作或兴趣爱好相似的人进行交往。在交往的过程中，工程师应避免工作中的纯理性思维，更多地注入真诚、热情等感性元素，同时注意换位思考，互相尊重。

3. 自我价值保护原则

自我价值是个体对自身价值的意识与评价，自我价值保护是一种自我支持倾向的心理活动，其目的是防止自我价值受到否定和贬低。自我价值是通过他人评价而确立的，个体对他人评价极其敏感，对肯定自我价值的他人，个体对其认同和接纳，并反向投以肯定与支持；而对否定自我价值的他人则予以疏离，此时可能激活个体的自我价值保护动机。因此，工程师在建立人际关系的过程中，不仅要注意保护自身价值，也要肯定他人的价值。

15.2　人际关系对工程师心理健康的影响

1. 良好的人际关系是工程师的基本心理需求

建立并保持良好的人际关系是工程师的基本心理需求。马斯洛需求层次理论将人们的需求分成五个层次，认为当人们满足了生存需求和安全需求后，就有了人际交往的需求、尊重和爱的需求以及自我实现的需求。其实人们即便是为了满足生存和安全的需求也必须进行人际交往，或者说，人们在满足任何一个层次的需求时，都会有人际交往的需求。

2. 良好的人际关系有利于塑造工程师的思想与人格

建立并保持良好的人际关系有利于塑造工程师的思想与人格。一个人的思想和人格主要是后天通过社会学习形成和发展起来的，而人们后天的社会学习，不论是直接知识和间接知识的获得，还是世界观、人生观、价值观的形成，很多都是在人际交往中完成的。在与长辈、老师、同学、朋友的交往中受到他人的影响，才成就了今天的你。所谓"近朱者赤，近墨者黑"，说的就是这个道理。你之所以会成为今天的你，主要是受人际关系的影响，各种不同的人际关系塑造了你的思想和人格。

3. 良好的人际关系有利于工程师事业的成功

建立并保持良好的人际关系有利于工程师事业的成功。戴尔·卡耐基曾说："一个人事业的成功，只有15％要靠他的专业技术，另外85％要靠人际关系和处世的技巧"。哈佛大学曾对几千名被解雇的人员进行综合调查，其中人际交往不良的比不称职的高出2倍多，在每年调离的工作人员中，人际关系不好的占90％以上。人生是在交往中度过的，人生的每一个阶段必然与一定的人际关系相联系。从这个意义上讲，良好的人际关系是集体和个人生存与发展的有利保证，它可以产生合力，使人团结协作，充分发挥群体的效能；它可以形成互补和激励，使人们互相学习，取长补短，产生激励向上的积极情绪；它可以促进信息交流，使人们增长知识和提高能力，不断完善和发展自身，从而促进社会安定，推动精神文明建设。相反，不良的人际关系则会阻碍人的自身发展。

4. 良好的人际关系是工程师自我决策的需要

良好的人际关系是工程师自我决策的需要。人际关系可以促使自我了解：在做自我决策之前，通过了解别人对自己的看法可以对自己做一个恰当的评价。人际关系可以提供建议和帮助：通过人际关系，我们可以从他人那里获得意见和建议，这是我们做决策时的重要参考信息。

5．良好的人际关系有益于工程师的身心健康

一方面，良好的人际关系有益于工程师的身心健康。一个人的痛苦和不幸也常与人际交往的不成功有关。当人际关系和谐、融洽时，它会给人以愉快、充实、幸福、成功、欢乐的感受，并能充分调动人的积极性；而当人际关系紧张、失调时，它又会给人带来烦恼、痛苦、失望、忧伤和阴影。在心理咨询的实践中，人际关系常常是工程师来访者问题中占第一位的。工程师的一些其他心理问题也直接或间接与人际关系不适有关。有的工程师不愿参加集体活动，其真实原因可能是他感到自己缺乏影响力，或者是社交经验缺乏，或者是对集体中某些人不满的缘故；有的工程师对别人不信任，认为周围的人都在议论他，说他的坏话，其原因可能是与同事发生了矛盾；有的工程师失恋是因为不懂得与异性交往的尺度；等等。人际交往不当会给工程师带来不良的心境，有的影响彼此的关系，有的甚至影响工作的完成。有的人孤独、空虚、抑郁、自卑，甚至产生自杀的念头，也是因为没有与同事、朋友处理好关系而遭孤立所致。

另一方面，良好的人际关系是促进工程师咨询和治疗心理问题的重要资源。对于各种严重的精神障碍及心理危机的干预，虽方法不同，技术各异，但有一个共同点，即都需要配以支持性的心理治疗。所谓支持性治疗，最重要的支持来自周围亲人与朋友的关心与理解。当人感到悲观失意、抑郁不快时，有亲人的安慰与关怀，会使人感到精神的慰藉与支持，从而获得战胜困难的勇气。因此，亲情、友情和爱情都是工程师生命中重要的社会支持系统，工程师要倍加珍惜，也要设法开拓！

15.3　工程师人际关系的测量与解析

15.3.1　人际关系综合诊断量表简介

人际关系综合诊断量表由心理学专家郑日昌编制的，适合于工程师群体测量，对工程师的人际交往能力有较好的信度和效度。

指导语：这是一份人际关系行为困扰的诊断量表，共28个题目，每个题目做"是"（打√）或"非"（打×）两种回答，表15-1是记分表。请你根据自己的实际情况如实回答，答案没有对错之分。

1．关于自己的烦恼有口难言。（　）
2．和生人见面感觉不自然。（　）
3．过分羡慕和妒忌别人。（　）
4．与异性交往太少。（　）
5．对连续不断的会谈感到困难。（　）
6．在社交场合，感到紧张。（　）
7．时常伤害别人。（　）
8．与异性来往感觉不自然。（　）
9．与一大群朋友在一起，常感到孤寂或失落。（　）
10．极易受窘。（　）
11．与别人不能和睦相处。（　）

12. 不知道与异性相处如何适可而止。（　　　）

13. 当不熟悉的人对自己倾诉他的生平遭遇以求同情时，自己常感到不自在。（　　　）

14. 担心别人对自己有什么坏印象。（　　　）

15. 总是尽力使别人赏识自己。（　　　）

16. 暗自思慕异性。（　　　）

17. 时常避免表达自己的感受。（　　　）

18. 对自己的仪表（容貌）缺乏信心。（　　　）

19. 讨厌某人或被某人所讨厌。（　　　）

20. 瞧不起异性。（　　　）

21. 不能专注地倾听。（　　　）

22. 自己的烦恼无人可倾诉。（　　　）

23. 受别人排斥与冷漠。（　　　）

24. 被异性瞧不起。（　　　）

25. 不能广泛听取各种各样的意见、看法。（　　　）

26. 自己常因受伤害而暗自伤心。（　　　）

27. 常被别人谈论、愚弄。（　　　）

28. 与异性交往不知如何更好地相处。（　　　）

表 15-1　记　分　表

	题目	1	5	9	13	17	21	25	小计
Ⅰ	分数								
Ⅱ	题目	2	6	10	14	18	22	26	小计
	分数								
Ⅲ	题目	3	7	11	15	19	23	27	小计
	分数								
Ⅳ	题目	4	8	12	16	20	24	28	小计
	分数								
评分标准	打"√"的给1分，打"×"的给0分，总分：								

15.3.2　人际关系综合诊断量表评分与解析

如果你得到的总分在0~8分范围，那么说明你在与朋友的相处中困扰较少。你善于交谈，性格比较开朗，喜欢关心别人，对周围的朋友都比较好，愿意和他们在一起，他们也都喜欢你，你们相处得不错，而且你能够从与朋友的相处中得到乐趣。你的生活是比较充实而且丰富多彩的，你与异性朋友也相处得比较好。一句话，你不存在或较少存在交友方面的困扰，你善于与朋友相处，人缘很好，获得许多的好感与赞同。如果你得到的总分在9~14分范围，那么你与朋友的相处中存在一定程度的困扰，人缘很一般。换句话说，你和朋友的关系并不牢固，时好时坏，经常处在一种起伏波动之中。如果你得到的总分在15～28分范围，那就表明你在同朋友的相处中困扰较严重。如果你的总分超过 20 分，则表明你的人际关系困扰程度很严重，而且在心理上出现较为明显的障碍。你可能不善于交谈，也可能是一个性格孤僻的人，不开朗，或者有明显得自高自大、讨人嫌的行为。

15.4　工程师构建良好人际关系的方法

1. 首因效应的应用

首因即最初的印象，或称第一印象。在人际交往中，人们往往注意开始接触到的细节，如对方的表情、身材、容貌等，而对后来接触到的细节不太注意。这种由先前的信息而形成的最初印象及其对后来信息的影响，就是首因效应，即常说的"先入为主"。第一印象产生的信息是有限的，所以第一印象不一定是真实可靠。由于认知具有综合性，随着时间的变化，认识的深入，人完全可以把这些不完全的信息贯穿起来，用思维填补空缺，形成一定程度的整体印象，正如"路遥知马力，日久见人心"。工程师可以应用这一心理效应构建自己良好的人际交往圈。

2. 近因效应的应用

近因，即最后的印象。近因效应指的是最后的印象对人们认知具有的影响。最后留下的印象往往是最深刻的印象，也就是心理学上所阐释的后摄作用。首因效应与近因效应不是对立的，而是一个问题的两个方面。在工程师的人际交往中，第一印象固然重要，最后的印象也是不可忽视的。在对陌生人的认知中，首因效应比较明显；而对熟识的人的认知中，近因效应比较明显。这就告诉我们，在与他人进行交往时，既要注意平时给对方留下的印象，也要注意给对方留下的第一印象和最后的印象。

3. 光环效应的应用

光环效应又称晕轮效应，指的是在人际交往中人们常从对方所具有的某个特性而泛化到其他有关的一系列特性上，从局部信息形成一个完整的印象，即根据最少量的信息对别人作出全面的评价。所谓"情人眼里出西施"，说的就是这种光环效应。光环效应实际上是个人主观推断泛化的结果。在光环效应状态下，一个人的优点或缺点一旦变为光环被扩大，其优点或缺点也就隐退到光的背后被别人视而不见了。例如，在工程师群体交往中，外表吸引人的工程师多被周边同事赋予较多理想的人格特征；或者那些长相比较靓丽的工程师多被"赋予"和"设计"美好的未来，比如，"你气质好，将来在工作中晋升一定没有问题"。

4. 投射效应的应用

投射效应是指在人际交往中，形成对别人的印象时总是假设他人与自己有相同的倾向，即把自己的特性投射到其他人身上。所谓"以小人之心，度君子之腹"，反映的就是投射效应的一个侧面。投射可分为两种类型：一种是指个人没有意识到自己具有某些特性，而把这些特性加到了他人身上，例如，一个对他人有敌意的人，总感觉对方对自己怀有仇恨，似乎对方的一举一动都有挑衅的色彩；另一种是指个人意识到自己的某些不称心的特性，而把这些特性加到他人身上，例如，在工作职场上工作不认真的人总感觉别的同事也在消极怠工，倘若自己认真就吃亏了，其目的是通过这种投射重新估价自己的不称心的特性，以求得心理上的暂时平衡。

5. 刻板印象的应用

刻板印象是社会上对于某一类事物或人物的一种比较固定、概括而笼统的看法，主要表现为，在人际交往过程中，主观、机械地将交往对象归于某一类人，不管他是否呈现出该类人的特征，都认为他是该类人的代表，进而把对该类人的评价强加于他。刻板印象作为一种固定化的认识，虽然有利于对某一群体作出概括性的评价，但也容易产生偏差，造成"先入为主"的成见，阻碍人与人之间进行深入细致的认知。例如，大部分人认为工程师精通于专业，但在人际交往上总是显得被动甚至木讷，在情感上也不具备浪漫情怀。

课堂小活动　构建良好人际关系的心理辅导活动之"信任之旅"

活动目的：通过助人与受助的体验，增加对他人的信任与接纳。

活动方法：

1. 团体成员两人一组，一位做"盲人"，一位做帮助"盲人"的人。"盲人"蒙上眼睛原地转3圈，暂时失去方向感，然后帮助"盲人"的人沿着指导者选定的路线，带领"盲人"绕室内外前行。

2. 前行期间不能讲话，只能用手势、动作帮助"盲人"体验各种感觉。

3. 活动结束后两人坐下交流当"盲人"的感觉与帮助别人的感觉，并在团体内交流。然后互换角色，再来一遍，再互相交流。

活动分享：

1. 对于"盲人"，你看不见后是什么感觉，使你想起了什么？你对你的伙伴的帮助是否满意，为什么？你对自己或他人有什么新发现？

2. 对于助人者，你怎样理解你的伙伴？你是怎样想方设法帮助他的，这使你想起什么？

【延伸知识】

生活上心理学知识的小运用

1. "杯子技巧"和"脚步间距"试探对方想法

通过杯子间的距离，可测量两个人的内心距离。如果有想关系更进一步的人，找个机会一起喝饮料，闲聊时不经意将杯子靠近对方一些。如果他没动，表示不排斥你的靠近，若默默移动了，还是维持现状吧，对方没有进一步的打算。通过脚步间距也可判断兴趣感，研究发现，当两个人站着面对面交流的时候，如果对方对你讲的话不感兴趣的话，会不自觉把脚往后移。所以想要判断对方是否愿意听你讲话，仔细看看你俩的脚步间距就可以了，如果间距越来越大，说明对方不是太喜欢你讲的内容，这时候你就知道该适可而止了。

小提示：这个方法在现实中很实用，比如路上碰到熟人，如果对方和你对话时脚尖朝向朝外，就说明他正有急事或不愿意再与您聊下去。这时的谈话你需要尽量抓住重点，然后，早点放对方走。

2. 批判心理学"三明治效应"

建议的话夹在两个表扬中，会让人更容易接受，先赞同再建议批评，最后肯定表扬，能让别人积极接受改正意见，并感激你的尊重和认可，也是情商高的体现。

3. 表达即疗愈

不开心时动笔写下来，"写"具有觉察、整理思绪的作用，能让你启动情绪疗愈，从"心情极差"，变成知道"为什么情绪不好"，看到问题本质，减少焦虑，会更快找到解决方法。写下消极的想法，然后丢进垃圾桶，这是改善心情的小窍门。

4. 吸引力法则：自信

完成一件事情需要85％的态度和15％的智力。成功更取决于态度，强者未必是胜利者，而胜利迟早属于有信心的人。例如，钱本身，并不会让你感到自信，但拥有赚钱的能力，会让你更自立，因而更有底气和自信。

教大家自信的两个小方法：

（1）每天起床和睡前花10分钟暗示自己，我可以做得越来越好，我一定可以。这是输入潜意识的最好时间，能让你越来越自信。

（2）在两分钟之内变得自信起来的小秘密：积极的肢体动作，若你开会、学习、工作时感到疲倦无力，不如站起来到有充足阳光照射的地方走走，人会自信许多。哈佛大学的Amy Cuddy教授通过测试检测我们体内激素水平的变化来观察肢体动作对我们情绪的影响。研究发现，肢体动作积极的受试者在两分钟内，体内的荷尔蒙水平会提高20％，而肢体动作消极的受试者体内荷尔蒙水平会下降10％。同时研究还发现，在积极的肢体动作下，人体内的皮质醇（Cortisol）激素会下降25％，消极的肢体动作则会让皮质醇激素上升15％。而皮质醇激素含量的增加会使人变得紧张、焦虑。一系列的研究结果表明，积极的肢体动作能让我们变得更自信，感觉更强有力。所以下次当你感到萎靡不振的时候，不妨调整一下你的肢体动作。

5. 用"双重束缚"策略，让别人没机会拒绝

问"你能当我个忙吗"时，只有"能"和"不能"两个答案。但问"你能帮我倒杯水或者拿杯饮料吗"，这时要么得到一杯水，要么得到一瓶饮料。这就是"双重束缚"策略，给别人选择题而非疑问题，让人不会反感，又能得到你想要的答案。

6. 叶克斯·多得森法则：学会利用焦虑感

叶克斯·多得森法则描述了焦虑程度和解决问题的效率之间的关系，即二者之间的关系呈"倒U型曲线"（见图15-1）。焦虑程度过高和焦虑程度过低时解决问题的效率都很低，

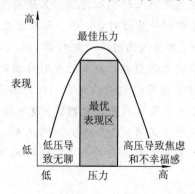

图15-1　焦虑程度和解决问题的效率之间的"倒U型曲线"

而中等焦虑时解决问题的效率最高。焦虑症日渐成为都市人的"心病"，越来越多的研究表明：过度焦虑，事倍功半；适度焦虑，事半功倍。适度焦虑有利于提高学习和工作效率。

7. 在亲密关系中，少争输赢，多找出路

在心理学的语境中，人的绝大多数行为都由两种欲望驱动，一种是为了赢得尊重、权力和影响力，一种是为了被爱。与此对应是两种思维——"排序思维"和"联结思维"。"排序思维"让我们把他人当作潜在的竞争对手和控制对象，"联结思维"让我们想要表达情感、关心和爱，与他人建立联结。"排序思维"最令人困扰的地方是，它经常会出现在一些明明该使用"联结思维"的关系中，它充斥在爱情、亲情和友情的世界中，让身处其中的人饱受折磨却不知道症结所在。"排序思维"是带着心理防御的，尽管你能在其中获益（保护脆弱的自我），但是你的"盾"会变成刺伤对方的"矛"，长此以往只会让事情更加糟糕。"排序思维"潜意识的语言是，如果不能通过爱你获得安全感，那我就会通过赢你获得安全感。然而从逻辑上讲，爱着对方，是你自己的事情。当你做到自己为自己的内心负责，从"排序思维"转向"联结思维"就成为可能。不要一味争输赢，多去找出路，找解决办法。

8. 你的"家庭观"由自己主宰

原生家庭会影响你，但不会决定你，真正决定你的，是你对原生家庭的认同。生活是一个放大器。你对自己不好。生活就会拼命地伤害你。你对自己很好，生活就会拼命地呵护你。

9. 公平法则

想要拥有更多，就要先承受更多，有所给予，才会有所获得。

本 章 小 结

一般我们认为工程师是不善交际的，他们情感淡漠，不善言辞，整天埋头苦干，疏于人际关系的打理。不可否认，工程师的职业特性在一定程度上会影响其人际交往与人际关系，但并未像我们想象得那么严重。良好的人际关系使人获得安全感和归属感，给人精神上的愉悦和满足，促进身心健康；不良的人际关系使人感到压抑和紧张，承受孤独与寂寞，身心健康会受到损害。

本章首先介绍了人际关系和人际交往的概念、良好人际关系的原则，随后阐述了人际关系对工程师心理健康的影响、工程师人际关系的测量与解析，以及工程师构建良好人际关系的方法。无论是从教学需求上还是社会需求上，人际关系与人际交往对于工程师整体职业素养而言都是必不可少的。

人际关系是影响心理健康的一个重要因素，在一定程度上体现了一个人的心理素质。一个具有良好心理素质的人，在处理人际关系上也会得心应手。良好的人际关系能帮助工程师在工作中建立良好的伙伴关系，更有利于交往与合作。

附录一　废弃电器电子产品处理资格许可管理办法

目　录

第一章　总　则

第一条　为了规范废弃电器电子产品处理资格许可工作，防止废弃电器电子产品处理污染环境，根据《中华人民共和国行政许可法》、《中华人民共和国固体废物污染环境防治法》、《废弃电器电子产品回收处理管理条例》，制定本办法。

第二条　本办法适用于废弃电器电子产品处理资格的申请、审批及相关监督管理活动。

本办法所称"废弃电器电子产品"，是指列入国家发展和改革委员会、环境保护部、工业和信息化部发布的《废弃电器电子产品处理目录》的产品。

第三条　国家对废弃电器电子产品实行集中处理制度，鼓励废弃电器电子产品处理的规模化、产业化、专业化发展。

省级人民政府环境保护主管部门应当会同同级人民政府相关部门编制本地区废弃电器电子产品处理发展规划，报环境保护部备案。

编制废弃电器电子产品处理发展规划应当依照集中处理的要求，合理布局废弃电器电子产品处理企业。

废弃电器电子产品处理发展规划应当根据本地区经济社会发展、产业结构、处理企业变化等有关情况，每五年修订一次。

第四条　处理废弃电器电子产品，应当符合国家有关资源综合利用、环境保护、劳动安全和保障人体健康的要求。

禁止采用国家明令淘汰的技术和工艺处理废弃电器电子产品。

第五条　设区的市级人民政府环境保护主管部门依照本办法的规定，负责废弃电器电子产品处理资格的许可工作。

第六条　县级以上人民政府环境保护主管部门依照《废弃电器电子产品回收处理管理条例》和本办法的有关规定，负责废弃电器电子产品处理的监督管理工作。

第二章　许可条件和程序

第七条　申请废弃电器电子产品处理资格的企业应当依法成立，符合本地区废弃电器电子产品处理发展规划的要求，具有增值税一般纳税人企业法人资格，并具备下列条件：

（一）具备与其申请处理能力相适应的废弃电器电子产品处理车间和场地、贮存场所、拆解处理设备及配套的数据信息管理系统、污染防治设施等；

（二）具有与所处理的废弃电器电子产品相适应的分拣、包装设备以及运输车辆、搬运设备、压缩打包设备、专用容器及中央监控设备、计量设备、事故应急救援和处理设备等；

（三）具有健全的环境管理制度和措施，包括对不能完全处理的废弃电器电子产品的妥善利用或者处置方案，突发环境事件的防范措施和应急预案等；

（四）具有相关安全、质量和环境保护的专业技术人员。

第八条　申请废弃电器电子产品处理资格的企业，应当向废弃电器电子产品处理设施所在地设区的市级人民政府环境保护主管部门提交书面申请，并提供相关证明材料。

第九条　设区的市级人民政府环境保护主管部门应当自受理申请之日起 3 个工作日内对申请的有关信息进行公示，征求公众意见。公示期限不得少于 10 个工作日。

对公众意见，受理申请的环境保护主管部门应当进行核实。

第十条　设区的市级人民政府环境保护主管部门应当自受理申请之日起 60 日内，对企业提交的材料进行审查，并组织进行现场核查。对符合条件的，颁发废弃电器电子产品处理资格证书，并予以公告；不符合条件的，书面通知申请企业并说明理由。

第十一条　废弃电器电子产品处理资格证书包括下列主要内容：

（一）法人名称、法定代表人、住所；

（二）处理设施地址；

（三）处理的废弃电器电子产品类别；

（四）主要处理设施、设备及运行参数；

（五）处理能力；

（六）有效期限；

（七）颁发日期和证书编号。

废弃电器电子产品处理资格证书格式，由环境保护部统一规定。

第十二条　废弃电器电子产品处理企业变更法人名称、法定代表人或者住所的，应当自工商变更登记之日起 15 个工作日内，向原发证机关申请办理废弃电器电子产品处理资格变更手续。

第十三条　有下列情形之一的，废弃电器电子产品处理企业应当按照原申请程序，重新申请废弃电器电子产品处理资格：

（一）增加废弃电器电子产品处理类别的；

（二）新建处理设施的；

（三）改建、扩建原有处理设施的；

（四）处理废弃电器电子产品超过资格证书确定的处理能力 20％以上的。

第十四条　废弃电器电子产品处理发展规划修订后，原发证机关应当根据本地区经济社会发展、废弃电器电子产品处理市场变化等有关情况，对拟继续从事废弃电器电子产品处理活动的企业进行审查，符合条件的，换发废弃电器电子产品处理资格证书。

第十五条　废弃电器电子产品处理企业拟终止处理活动的，应当对经营设施、场所采取污染防治措施，对未处置的废弃电器电子产品作出妥善处理，并在采取上述措施之日起

20 日内向原发证机关提出注销申请，由原发证机关进行现场核查合格后注销其废弃电器电子产品处理资格。

终止废弃电器电子产品处理活动的企业，应当对其经营设施、场所进行环境调查与风险评估；经评估需要治理修复的，应当依法承担治理修复责任。

第十六条　禁止无废弃电器电子产品处理资格证书或者不按照废弃电器电子产品处理资格证书的规定处理废弃电器电子产品。

禁止将废弃电器电子产品提供或者委托给无废弃电器电子产品处理资格证书的单位和个人从事处理活动。

禁止伪造、变造、转让废弃电器电子产品处理资格证书。

第三章　监督管理

第十七条　设区的市级人民政府环境保护主管部门应当于每年 3 月 31 日前将上一年度废弃电器电子产品处理资格证书颁发情况报省级人民政府环境保护主管部门备案。

省级以上人民政府环境保护主管部门应当加强对设区的市级人民政府环境保护主管部门审批、颁发废弃电器电子产品处理资格证书情况的监督检查，及时纠正违法行为。

第十八条　县级以上地方人民政府环境保护主管部门应当通过书面核查和实地检查等方式，加强对废弃电器电子产品处理活动的监督检查，并将监督检查情况和处理结果予以记录，由监督检查人员签字后归档。

公众可以依法向县级以上地方人民政府环境保护主管部门申请公开监督检查的处理结果。

第十九条　废弃电器电子产品处理企业应当制定年度监测计划，对污染物排放进行日常监测。监测报告应当保存 3 年以上。

县级以上地方人民政府环境保护主管部门应当加强对废弃电器电子产品处理企业污染物排放情况的监督性监测。监督性监测每半年不得少于 1 次。

第二十条　废弃电器电子产品处理企业应当建立数据信息管理系统，定期向发证机关报送废弃电器电子产品处理的基本数据和有关情况，并向社会公布。有关要求由环境保护部另行制定。

第四章　法律责任

第二十一条　废弃电器电子产品处理企业有下列行为之一的，由县级以上地方人民政府环境保护主管部门责令停止违法行为，限期改正，处 3 万元以下罚款；逾期未改正的，由发证机关收回废弃电器电子产品处理资格证书：

（一）不按照废弃电器电子产品处理资格证书的规定处理废弃电器电子产品的；

（二）未按规定办理废弃电器电子产品处理资格变更、换证、注销手续的。

第二十二条　废弃电器电子产品处理企业有下列行为之一的，除按照有关法律法规进行处罚外，由发证机关收回废弃电器电子产品处理资格证书：

（一）擅自关闭、闲置、拆除或者不正常使用污染防治设施、场所的，经县级以上人民政府环境保护主管部门责令限期改正，逾期未改正的；

（二）造成较大以上级别的突发环境事件的。

第二十三条 废弃电器电子产品处理企业将废弃电器电子产品提供或者委托给无废弃电器电子产品处理资格证书的单位和个人从事处理活动的，由县级以上地方人民政府环境保护主管部门责令停止违法行为，限期改正，处 3 万元以下罚款；情节严重的，由发证机关收回废弃电器电子产品处理资格证书。

第二十四条 伪造、变造废弃电器电子产品处理资格证书的，由县级以上地方人民政府环境保护主管部门收缴伪造、变造的处理资格证书，处 3 万元以下罚款；构成违反治安管理行为的，移送公安机关依法予以治安管理处罚；构成犯罪的，移送司法机关依法追究其刑事责任。

倒卖、出租、出借或者以其他形式非法转让废弃电器电子产品处理资格证书的，由县级以上地方人民政府环境保护主管部门责令停止违法行为，限期改正，处 3 万元以下罚款；情节严重的，由发证机关收回废弃电器电子产品处理资格证书；构成犯罪的，移送司法机关依法追究其刑事责任。

第二十五条 违反本办法的其他规定，按照《中华人民共和国固体废物污染环境防治法》、《废弃电器电子产品回收处理管理条例》以及其他相关法律法规的规定进行处罚。

第五章 附 则

第二十六条 本办法施行前已经从事废弃电器电子产品处理活动的企业，应当于本办法施行之日起 60 日内，向废弃电器电子产品处理设施所在地设区的市级人民政府环境保护主管部门提交废弃电器电子产品处理资格申请；逾期不申请的，不得继续从事废弃电器电子产品处理活动。

第二十七条 本办法自 2011 年 1 月 1 日起施行。

附录二　工业和信息化部行业标准制定管理暂行办法

第一章　总　则

第一条　为加强工业和信息化部所辖领域行业标准制定工作的管理，规范标准的制修订程序和要求，根据《中华人民共和国标准化法》和《中华人民共和国标准化法实施条例》的规定，制定本办法。

第二条　本办法规定了行业标准的立项、起草、审查、报批、批准发布、出版、复审、修改等标准制定的主要程序及要求。

第三条　本办法适用的行业及编号代码是：化工(HG)、石化(SH)、黑色冶金(YB)、有色金属(YS)、黄金(YS)、建材(JC)、稀土(XB)、机械(JB)、汽车(QC)、船舶(CB)、航空(HB)、轻工(QB)、纺织(FZ)、包装(BB)、航天(QJ)、兵工民品(WJ)、核工业(EJ)、电子(SJ)、通信(YD)等19个大行业和信息化的行业标准。

第四条　行业标准的制定工作遵循"面向市场、服务产业、自主制定、适时推出、及时修订、不断完善"的原则，标准制定应与技术创新、试验验证、产业推进、应用推广相结合，统筹推进。

第五条　行业标准的制定工作实行统一管理，分工负责。科技司负责统一归口管理，负责行业标准计划编制、标准批准发布以及综合协调与监督指导工作。相关司局等单位分别负责所管领域标准的项目计划建议，标准起草、审查、报批、出版、复审、修改等管理工作。

第六条　行业标准制定工作应充分发挥有关行业协会、联合会、标准化机构和标准化技术组织的作用。

第二章　标准立项

第七条　行业标准立项，由相关司局等单位根据所管领域的工作实际，提出行业标准制定立项建议。

第八条　行业标准的范围、标准性质等按现行国家标准化法律、法规和规章的规定执行。

第九条　标准立项建议内容包括：

（一）申报项目的总体情况说明（包括项目编制的基本情况、编制原则和重点等）；

（二）行业标准项目汇总表（见附表1）；

（三）行业标准项目建议书（见附表2）。

第十条　科技司收到标准立项建议后，负责归类、汇总，并公开征求意见，并统筹协调和审查后，下达标准计划。

项目执行过程中如需要调整，应填写《行业标准项目调整申请表》（见附表3），按标准立项程序办理。

第三章 标准起草和审查

第十一条 标准草案应按照 GB/T1《标准化工作导则》的规定及相关要求编写。

第十二条 起草标准草案时,应编写标准编制说明,其内容一般包括:

(一)工作简况,包括任务来源、主要工作过程、主要参加单位和工作组成员及其所做的工作等;

(二)标准编制原则和主要内容(如技术指标、参数、公式、性能要求、试验方法、检验规则等)的论据,解决的主要问题。修订标准时应列出与原标准的主要差异和水平对比;

(三)主要试验(或验证)情况分析;

(四)标准中如果涉及专利,应有明确的知识产权说明;

(五)产业化情况、推广应用论证和预期达到的经济效果等情况;

(六)采用国际标准和国外先进标准情况,与国际、国外同类标准水平的对比情况,国内外关键指标对比分析或与测试的国外样品、样机的相关数据对比情况;

(七)与现行相关法律、法规、规章及相关标准,特别是强制性标准的协调性;

(八)重大分歧意见的处理经过和依据;

(九)标准性质的建议说明;

(十)贯彻标准的要求和措施建议(包括组织措施、技术措施、过渡办法、实施日期等);

(十一)废止现行相关标准的建议;

(十二)其它应予说明的事项。

第十三条 标准草案完成后,应将标准草案和编制说明公开征求业内各方面意见,对反馈的意见应做认真分析研究,列出《行业标准征求意见汇总处理表》(见附表 4),对标准草案进行修改,提出标准送审稿。

第十四条 标准送审稿审查形式,分为会议审查和函审。强制性标准必须采用会议审查。

会议审查应写出会议纪要,内容包括本办法第十二条(二)至(十一)项内容的审查结论。函审时应写出《行业标准送审稿函审结论》(见附表 5),并附《行业标准送审稿函审单》(见附表 6)。

第十五条 标准送审稿审查通过后,应对审查意见进行整理,提出标准报批稿和编制说明及相关附件。

第四章 标准报批

第十六条 行业标准报批时,按本办法第十二条(二)至(十一)项的内容,以及是否符合产业发展政策和产业发展水平等对标准报批稿及相关材料进行审查,符合要求的将有关材料送科技司。报送材料包括:

(一)报送函;

(二)行业标准申报单(见附表 7);

(三)报批行业标准项目汇总表(见附表 8);

(四)行业标准报批稿(包括电子版);

(五)行业标准编制说明(详细内容见第十二条);

（六）行业标准征求意见汇总处理表；

（七）标准审查会议纪要或《行业标准送审稿函审结论表》及《行业标准送审稿函审单》；

（八）采用国际标准或国外先进标准的原文和译文；

（九）强制性标准应填写强制性行业标准通报表（见附表9）；

第十七条　科技司对报送的标准报批材料进行审查，并办理标准审批手续。主要审查内容包括：

（一）标准报批材料是否符合要求，标准制定工作程序是否有效；

（二）有关问题的处理是否恰当；

（三）强制性标准是否符合制定强制性标准的规定；

（四）与现行相关法律、法规、规章及相关标准，特别是强制性标准的协调性；

（五）标准中专利情况是否清晰等。

第五章　标准批准和发布

第十八条　科技司行文将标准报批材料报部领导审批，并以部公告形式发布。

第十九条　行业标准批准发布后，相关司局等单位按国家标准化主管部门的有关规定办理备案。

第六章　标准出版

第二十条　行业标准由相关出版机构出版。

第二十一条　行业标准出版后，相关出版机构应及时将标准文本送部机关相关司局各两份。

第七章　标准复审

第二十二条　标准实施后，根据科学技术发展和经济建设的需要应适时提出复审建议。标准复审周期一般不超过五年。

第二十三条　复审形式可采用会议审查或函审。标准复审的程序和要求按照相关规定办理。

第二十四条　标准复审结果分为继续有效、修订和废止三种情况。对复审的每一项标准均应填写《行业标准复审意见表》（见附表10）。

第二十五条　行业标准复审后，相关司局等单位提出复审报告（内容包括：复审简况，复审程序，处理意见，复审结论等），填写继续有效、修订和废止行业标准项目汇总表（见附表11、12、13），并将标准复审材料送科技司。报送材料包括：

（一）报送函；

（二）行业标准复审报告；

（三）行业标准复审项目汇总表；

（四）行业标准复审意见表。

第二十六条　科技司对报送的标准复审材料进行汇总、协调、审核，并将复审结果在网站上进行公示。

第二十七条 科技司将标准复审结果报部领导审批，并以部公告形式公布。

第八章 标准修改

第二十八条 当标准的技术内容不够完善，在对标准的技术内容作少量修改或补充后，仍能符合当前科学技术水平、适应市场和行业发展的需要，可对标准内容进行修改。

第二十九条 行业标准的修改内容，应填写《行业标准修改通知单》（见附表14），整理审查纪要（内容包括：修改原因和依据，审查结论等），按标准报批程序办理。报送材料包括：

（一）报送函；

（二）审查纪要；

（三）行业标准修改通知单。

第九章 附 则

第三十条 本办法由工业和信息化部科技司负责解释。

第三十一条 本办法自公布之日起实施。

第三十二条 相关司局可根据需要制定本办法实施细则。

附件：附表目录

1. 行业标准项目汇总表

2. 行业标准项目建议书

3. 行业标准项目调整申请表

4. 行业标准征求意见汇总处理表

5. 行业标准送审稿函审结论表

6. 行业标准送审稿函审单

7. 行业标准申报单

8. 报批行业标准项目汇总表

9. 强制性行业标准通报表

10. 行业标准复审意见表

11. 行业标准复审继续有效项目汇总表

12. 行业标准复审修订项目汇总表

13. 行业标准复审废止项目汇总表

14. 行业标准修改通知单（格式）

附录三　世界名著推荐(100本)

1. 天下第一奇书——《周易》
2. 中国最早的诗歌总集——《诗经》
3. 欧洲第一部文学巨著——《荷马史诗》
4. 史书之祖——《尚书》
5. 兵学圣典——《孙子兵法》
6. 中国最早的哲学著作——《老子》
7. 世界上第一部寓言总集——《伊索寓言》
8. 儒家经典——《论语》
9. 拟圣而作的儒家经典——《孟子》
10. 西方最早的历史著作——《历史》
11. 世界上最古老的数学巨著——《几何原本》
12. 哲学家主宰下的等级社会——《理想国》
13. 希腊城邦国家制度的发轫——《政治学》
14. 自由至上思想的经典之作——《庄子》
15. 世界上流传最广的宗教典籍——《圣经》
16. "千古之绝作"——《史记》
17. 古代原子唯物主义杰作——《物性论》
18. 中国最早的医学著作——《黄帝内经》
19. 中国最早的百科全书——《山海经》
20. 历史上的第一部算经——《九章算术》
21. 千古奇书载地理——《徐霞客游记》
22. 唯物主义和辩证法的代表著作——《伦理学》
23. 民间文学史的一座金字塔——《一千零一夜》
24. 世界上第一部写实小说——《源氏物语》
25. 中国科学史上的坐标——《梦溪笔谈》
26. 把历史当作一面镜子的巨著——《资治通鉴》
27. 传播东方文明的见闻录——《马可·波罗游记》
28. 承前启后的伟大诗篇——《神曲》
29. 射向禁欲主义的一支利箭——《十日谈》
30. 中国第一部长篇白话历史小说——《三国演义》
31. 中国最早以农民起义为题材的小说——《水浒传》
32. 欧洲历代君主的案头之书——《君主论》
33. 空想社会主义的奠基之作——《乌托邦》
34. 自然科学独立的宣言——《天体运行论》

35. 极富浪漫色彩的神魔小说——《西游记》

36. 一曲人文主义者的悲壮颂歌——《哈姆莱特》

37. 空想社会主义者构想的理想国度——《太阳城》

38. 骑士文学的终结之作——《堂吉诃德》

39. 归纳逻辑的奠基之作——《新工具》

40. 开启物理学大门的巨著——《关于托勒密和哥白尼两大世界体系的对话》

41. 超人智慧杰作——《自然哲学的数学原理》

42. 西方政治思想的理论著作——《政府论》

43. 法国资产阶级革命的宣言书——《哲学通信》

44. 近代经验论的压轴之作——《人性论》

45. 理性与自由的法典——《论法的精神》

46. 经济学世上的奇迹——《经济表》

47. 欧洲资产阶级的福音书——《社会契约论》

48. 吹响北美独立运动的战斗号角——《常识》

49. 经济学的不朽名作——《国富论》

50. 哲学史上的"哥白尼式"的革命——《纯粹理性批判》

51. 中国古典文学的最高成就之作——《红楼梦》

52. 近代人口论理论——《人口原理》

53. 典型资产阶级社会的民法典——《拿破仑法典》

54. 对人类精神的"探险旅行"——《精神现象学》

55. 唯意志论者的开山之作——《作为意志和表象的世界》

56. 盛赞劳动的经典之作——《论实业制度》

57. 批判现实主义的杰作——《红与黑》

58. 一部时代精神的发展史——《浮士德》

59. 具辩证法思想的军事著作——《战争论》

60. 十九世纪法国社会的风俗史——《人间喜剧》

61. 全世界无产阶级革命的共同纲领——《共产党宣言》

62. 西方经济理论的结晶——《政治经济学原理》

63. 科学与上帝的较量——《物种起源》

64. 描述劳动人民悲惨命运的巨著——《悲惨世界》

65. 俄国第一部市民小说——《罪与恶》

66. 现代最伟大的经济学文献——《资本论》

67. 被誉为是世界上最伟大的小说——《战争与和平》

68. 日本近代启蒙思想经典——《文明论概略》

69. 新古典经济学的代表作——《经济学原理》

70. 唯意志主义的尼采哲学——《权力意志》

71. 无产阶级革命斗争的教科书——《母亲》

72. 资产阶级实用主义的基石——《实用主义》

73. 西方现代派文学的圭臬——《变形记》

74. 一部英雄战士的交响曲——《约翰·克利斯朵夫》

75. 亚洲第一部获诺贝尔文学奖的巨著——《吉檀迦利》

76. 现代物理学最伟大的发现——《狭义与广义相对论浅说》

77. 近代教育史上的一座里程碑——《民主主义与教育》

78. 精神分析学派的奠基文献——《精神分析引论》

79. 指导十月革命的国家学说经典——《国家与革命》

80. 反映资产阶级价值观的圣书——《新教伦理与资本主义精神》

81. 唤醒国民灵魂的钟声——《阿Q正传》

82. 西方马克思主义的圣经——《历史与阶级意识》

83. 西方马克思主义的奠基之作——《马克思主义和哲学》

84. 被誉为美国最伟大的小说——《美国的悲剧》

85. 文化形态史观的最早巨著——《历史研究》

86. 中国革命理论的科学论著——《新民主主义论》

87. 二十世纪西方人学的杰作——《逃避自由》

88. 哲学领域的高层次之作——《存在与虚无》

89. 中国现代文坛上的长篇力作——《围城》

90. 西方经济学全书——《经济学》

91. 西方妇女的"圣经"——《第二性》

92. 一代青年运动的教科书——《爱欲与文明》

93. 人与自然搏斗的壮歌——《老人与海》

94. 分析哲学史上的里程碑——《哲学研究》

95. 神学奇书——《禅宗》

96. 二十世纪惊世名著——《铁皮鼓》

97. 引起世界文坛地震的巨作——《百年孤独》

98. 罗尔斯时代的代表作——《正义论》

99. 文化分析的新视野——《资本主义文化矛盾》

100. 一部"巨型炸弹"之作——《第三次浪潮》

附录四 世界名曲推荐(100首)

1. 1812 序曲(柴可夫斯基)
2. E 调前奏曲(巴哈)
3. F 调旋律(鲁宾斯坦)
4. G 弦之歌(巴哈)
5. 三套车(彼得·格鲁波基)
6. 二泉映月(阿炳)
7. 五月花开(佚名)
8. 蓝色多瑙河圆舞曲(小约翰·施特劳斯)
9. 军队进行曲(舒伯特)
10. 匈牙利舞曲第五号(勃拉姆斯)
11. 十面埋伏(华秋平)
12. 卡门(比才)
13. 友谊地久天长(苏格兰民歌)
14. 吉他奏鸣曲(威尔第)
15. 命运交响曲(贝多芬)
16. 啤酒桶波尔卡(杰拉玛·万卓达)
17. 轻骑兵序曲(苏佩)
18. 土耳其进行曲(莫扎特)
19. 圣母颂
20. D 大调卡农(帕赫贝尔)
21. 夏天里最后一朵玫瑰(爱尔兰民歌)
22. 天鹅(圣桑)
23. 天鹅湖(柴可夫斯基)
24. 威廉退尔序曲(罗西尼)
25. 威风堂堂进行曲(爱德华·埃尔加)
26. 寒鸦戏水(广东音乐)
27. 小夜曲(舒伯特)
28. 小夜曲(肖邦)
29. 小步舞曲(比才)
30. 少女的祈祷(巴达捷芙斯卡)
31. 勃兰登堡协奏曲(巴赫)
32. 帕格尼尼主题狂想曲(帕格尼尼)
33. 平沙落雁(中国古曲)
34. 平湖秋月(广东音乐)
35. 幻想即兴曲(肖邦)
36. 幽默曲(德沃夏克)
37. 彩云追月(任光)
38. 摇篮曲(勃拉姆斯)
39. 斗牛士之歌(比才)
40. 星星索(印尼民歌)
41. 春之声圆舞曲(小约翰·施特劳斯)
42. 春之歌(门德尔松)
43. 春江花月夜(萧友梅)
44. 昭君怨(中国古曲)
45. 月光(贝多芬)
46. 月光曲(德彪西)
47. 杜鹃圆舞曲(约纳森)
48. 查拉图斯特拉如是说(理查·施特劳斯)
49. 梅花三弄(中国古曲)
50. 梦幻曲(舒曼)
51. 棕发少女(德彪西)
52. 横笛协奏曲 1 号(莫扎特)
53. 欢乐颂(贝多芬)
54. 步步高(吕文成)
55. 水上音乐(亨德尔)
56. 汉宫秋月(刘天华)
57. 沉思曲(马斯奈)
58. 流浪者之歌(萨拉萨蒂)
59. 浪漫曲(舒曼)
60. 海顿小夜曲(海顿)
61. 清明上河图(吕威)
62. 渔舟唱晚(娄树华)
63. 溜冰圆舞曲(瓦尔德退费尔)
64. 打字机(安德松)
65. 生日快乐(埃尔内斯托·第·库尔蒂斯)
66. 皇帝圆舞曲(小约翰·施特劳斯)
67. 睡美人圆舞曲(柴可夫斯基)
68. 结婚进行曲(门德尔松)

69. 维也纳森林的故事（小约翰·施特劳斯）
70. 绿袖子（英国民歌）
71. 美丽的星期天（丹尼尔潘）
72. 花仙子（筒井広志）
73. 苏格兰之花（威廉姆森）
74. 苏武牧羊（中国古曲）
75. 英雄交响曲（贝多芬）
76. 英雄波兰舞曲（肖邦）
77. 茉莉花（何仿）
78. 莫斯科郊外的晚上（瓦西里·帕夫洛维奇·索洛维约夫·谢多伊）
79. 行星组曲（霍斯特）
80. 西班牙女郎（文谦磋·狄·基亚拉）
81. 邮递马车（赫尔曼·奈克）
82. 重归苏莲托（埃尔内斯托·第·库尔蒂斯）
83. 野玫瑰（舒伯特）
84. 金婚式（马瑞）
85. 金银圆舞曲（莱哈尔）
86. 钟表店（安德松）
87. 钟（李斯特）
88. 钢琴协奏曲 2 号（拉赫马尼诺夫）
89. 胡桃夹子圆舞曲（柴可夫斯基）
90. 自新大陆（德沃夏克）
91. 致爱丽丝（贝多芬）
92. 舞乐组曲（巴哈）
93. 良宵（刘天华）
94. 检阅进行曲（罗浪）
95. 阳关三叠（中国古曲）
96. 阳春白雪（师旷）
97. 鸽子（依拉蒂尔）
98. 雨滴（肖邦）
99. 风流寡妇圆舞曲（弗兰兹·雷哈尔）
100. 高山流水（俞伯牙）

参 考 文 献

[1]　林静. 美国 STEM 教育质量评价新动向：NAEP 技术与工程素养评价要点与启示[J]. 华东师范大学学报：教育科学版，2017，3：78 - 86.

[2]　周玲. 上海高校学生工程素养调查报告[J]. 高等工程教育研究，2016，05：106 - 111.

[3]　让工匠精神涵养时代气质：弘扬工匠精神大家谈. 人民日报.（2016 - 06 - 21）.

[4]　艾建勇，陈英. 职业道德与职业素养[M]. 重庆：重庆大学出版社，2011.

[5]　潘玥斐. 面向实践研究中国工程伦理. 中国社会科学网.（2016 - 11 - 30）.

[6]　何放勋. 工程师伦理责任教育研究[M]. 北京：中国社会科学出版社，2010：62.

[7]　陈万求. 工程技术伦理研究[M]. 北京：社会科学文献出版社，2012：170.

[8]　张嵩. 工程伦理学[M]. 大连：大连理工大学出版社，2015，04：35.

[9]　甘绍平. 论"公正"先于"关乎"[J]. 哲学动态，2006，03：3 - 9.

[10]　王景贵，刘东升. 现代工程认知实践[M]. 北京：国防工业出版社，2012，08：19.

[11]　李莉. 大学生职业生涯规划实训教程[M]. 北京：北京理工大学出版社，2015，09：99.

[12]　林健. "卓越工程师教育培养计划"通用标准诠释[J]. 高等工程教育研究，2014，01：14.

[13]　郭锐. 工程师的伦理责任问题研究[D]. 华中科技大学，2006.

[14]　美国的航天飞机挑战者号是为什么爆炸的. 百度知道[EB/OL]. https：//zhidao. baidu. com/question/110046763. html.（2016 - 4 - 19）.

[15]　吴娟. 工科大学生的工程意识及其调查分析[D]. 合肥工业大学，2013：28.

[16]　戴良明. 员工质量意识的培养与提升[J]. 机械，2012，（S1）：126 - 127.

[17]　付琳. 提高企业职工质量意识的有效途径[J]. 经济与管理，2005，19（06）：86.

[18]　范爱民. 精细化管理[M]. 北京：中国纺织出版社，2005：3 - 213.

[19]　王瑞娜. 化工专业学生工程意识的培养研究[D]. 西北民族大学，2013：11.

[20]　肖平. 工程中的利益冲突与道德选择[J]. 道德与文明，2000(4)：23 - 26.

[21]　孟祥娟. 无效宣告程序中外观设计法律问题研究[J]. 中国社会科学院研究生院学报，2006(4)：89 - 94.

[22]　李世新. 工程伦理学概论[M]. 北京：中国社会科学出版社，2008：231 - 233.

[23]　高树昱. 工程科技人才的创业能力培养机制研究[D]. 浙江大学，2013.

[24]　董杰. 从日企的服务意识看日企文化[J]. 河北企业，2013，12：56 - 58.

[25]　P AARNE VESILIND, ALASTAIRS GUNN. 工程伦理与环境[M]. 北京：清华大学出版社，2003：4.

[26]　苏继争. 从日本企业的服务意识看日本企业文化[J]. 语文学刊（外语教育教学），2012，11：77 - 78.

[27]　华之田. 深度服务[M]. 北京：中国纺织出版社，2009.

[28]　李启明. 中国企业的服务意识：怎样从觉醒、增强到优良[J]. 北京市经济管理干部学院学报，2005，02：3-6.

[29]　中国工程院"创新人才"项目组. 走向创新：创新型工程科技人才培养研究[J]. 高等工程教育研究，2010，01：1.

[30]　杨克明. OEC管理：中国式执行[M]. 北京：中国经济出版社，2005.

[31]　范爱民. 精细化管理[M]. 北京：中国纺织出版社，2005.

[32]　西武. 做事做到位：杰出员工最基本的行事准则[M]. 北京：中国民航出版社，2004.

[33]　查尔斯 E 哈里斯，迈克尔 S 普理查德，迈克尔 J 雷宾斯. 工程伦理概念和案例[M]. 北京：北京理工大学出版社，2006：237.

[34]　王晶. 论应用型卓越工程师之法律职业素养培育的四个维度[J]. 求知导刊，2016，10：36-37.

[35]　张岩. 如何维权：资深版权律师眼中的技巧与经验[J]. 中国记者，2014，7：29-31.

[36]　李顺德. 知识产权公共教程[M]. 北京：中国人事出版社，2007：72.

[37]　包庆华. 企业合同管理工具箱[M]. 北京：机械工业出版社，2009.

[38]　蔡世军. 合同法律问题与实务操作[M]. 北京：中国法制出版社，2010：61-64.

[39]　韩路. 全注全译本四书五经(第一卷)[M]. 沈阳：沈阳出版社，1997.

[40]　何光沪. 月映万川：宗教、社会与人生[M]. 北京：中国社会科学出版社，2003.

[41]　莫小英. 论科技人才的道德修养[D]. 昆明：昆明理工大学，2007.

[42]　石中英. 人文世界、人文知识与人文世界[J]. 教育理论与实践，2001，21(6)：4.

[43]　高鸣. 管析高等工程教育的素质教育[J]. 中国高等教育，2005，21.

[44]　常雅淑. 大学生艺术素养现状研究及培养对策[M]. 上海：上海师范大学，2013.

[45]　方征. 论提高艺术修养的方法[M]. 河北：河北大学，2005.

[46]　王评. 大学生艺术修养的提高与改进[J]. 西南科技大学学报(哲学社会科学版)，2003：9.

[47]　张艺千. 加强音乐欣赏教育 提高学生艺术修养[J]. 艺海，2013，2：120.

[48]　韦波，何昭红. 大学生心理健康教程[M]. 桂林：广西师范大学出版社，2013.

[49]　郭念锋. 心理咨询师[M]. 北京：民族出版社，2010.

[50]　仲理峰. 心理资本研究评述与展望[J]. 心理科学进展，2007，15(3)：482-487.

[51]　雷德·卢森斯. 心理资本：打造人的竞争优势[M]. 李超平，译. 北京：中国轻工业出版社，2007：221-222.

[52]　吴汉东. 知识产权法教学案例[M]. 北京：法律出版社，2005.

[53]　李顺德. 知识产权公共教程[M]. 北京：中国人事出版社，2007.

[54]　曲三强. 知识产权法原理[M]. 北京：中国检察出版社，2004.

[55]　刘春田. 知识产权法原理[M]. 3版. 北京：中国人民大学出版社，2009.